U0344073

水乡·园林·城市

——第十六次建筑与文化国际学术讨论会论文集

WATER TOWNS, GARDENS AND CITIES

Proceedings of the 16th International Conference of Architecture and Culture (ICAC2017)

主　编　吴永发
副主编　孙磊磊

中国建筑工业出版社

图书在版编目（CIP）数据

水乡·园林·城市——第十六次建筑与文化国际学术讨论会论文集／吴永发主编. — 北京：中国建筑工业出版社，2018.10
ISBN 978-7-112-22534-7

Ⅰ. ①水… Ⅱ. ①吴… Ⅲ. ①建筑艺术－国际学术会议－文件 Ⅳ. ①TU-8

中国版本图书馆CIP数据核字（2018）第179678号

责任编辑：吴宇江　孙书妍
责任校对：刘梦然

水乡·园林·城市

——第十六次建筑与文化国际学术讨论会论文集

主　编　吴永发
副主编　孙磊磊
*
中国建筑工业出版社出版、发行（北京海淀三里河路9号）
各地新华书店、建筑书店经销
北京建筑工业印刷厂制版
大厂回族自治县正兴印务有限公司印刷
*
开本：787×1092毫米　1/16　印张：22¾　字数：578千字
2018年9月第一版　2018年9月第一次印刷
定价：**88.00**元
ISBN 978-7-112-22534-7
（32600）

本书编委会

一、阐释与转译：园林

"娜嬛福地"与藏书楼园林——文学与图像的解读 /周功钊 2

古典园林与文人养生相关性研究初探 /展玥，戴秋思 8

陵墓类公园声景和谐性及提升策略研究——以沈阳北陵公园为例 /张圆，熊婷 13

从《慧山记》与《慧山记续编》看无锡惠山明中期以后的变化 /姚舒然 18

《牡丹亭》中的江南园林 /李莹 25

湖湘书院园林的环境特色和营造艺术 /杨宇环，柳肃 29

观假与感真——苏州古典园林中的尺度二重性研究 /钱立，王鑫 35

苏轼在杭州的营建活动初探 /戴秋思，罗玺逸，展玥 41

基于几何与拓扑学角度下的瞻园空间关系研究 /张杰，柳肃 48

不是园林，胜似园林——浅议腾冲一中校园环境的景观设计思考 /杨大禹 53

大理园林风格探析 /杨荣彬，杨大禹 59

历史文化景观中的叙事空间设计方法研究
——以省级文物保护单位南岳邺侯书院的景观展示设计为例 /罗明，石磊，李哲 65

二、地域建筑文化：水乡

日本学者对中国风土建筑的研究及其影响 /潘玥 71

建筑地域性形成过程中的非理性因素——以湘西长田地区为例 /徐文浩，卢健松，姜敏 79

浅析文化背景下中国传统民居研究的多学科与数据思维 /余亮，丁雨倩，曹倩颖，王梦娣，廖庆霞 86

宋金时期晋中地区通柱式连架厅堂结构形式调查与初步分析 /周森 92

德源镇清水河公园滨河绿地景观评价及设计优化 /陈晓琴，刘春尧 97

文化遗产的建筑保护与应急干预——基于西湖三潭石塔的反思 /都铭，张云 103

红石林镇花兰村木构民居空间自适应性 /张亮亮，卢健松 108

基于行为分析的锦溪古镇菱塘湾段水系景观空间形态研究 /付立婷，孙磊磊 114

三、建筑（微）批评及建筑创作的文化策略

王澍建筑创作中的现代性 /于闯，张珍，王飒 122

扎哈·哈迪德建筑作品的当代性解读 /王国强，屈芳竹 128

简单纯粹与多维度叠加——苏州相城基督教堂 /王文慧 134
内蒙古地区博物馆类建筑的地域性创作方法解析 /周秀峰，靳亦冰 138
山地城市剩余空间活化利用策略初探 /袁丹龙，陶芋璇 143
快速城镇化中小城镇建筑外墙面宣传设计的传统传承与创新
——以武汉金口古镇为例 /刘晖，钱俊超 150
地域文化如何承载被动式可持续设计——以新加坡居住建筑为例 /赵秀玲 156
转基因城市现象解读——从长沙北正街的消亡讲起 /伍梦思，袁朝晖，严湘琦 161
基于公众参与视角下的村落活化研究
——以云南剑川沙溪黄花坪村为例 /陈嫣，柳肃 166

四、跨文化探索：多元文化碰撞与融汇

基于文化扩散与整合机制的贵州传统建筑景观研究 /毛琳箐，刘彬 173
乡村文化保护中的苗族民居建造方式演变的连续性研究
——以贵州省陇戛苗寨为例 /吴桂宁，黄文 179
《吴中水利全书》解读 /高文娟 185
从传统私家园林到现代化城市公园——澳门卢氏娱园研究 /童乔慧，唐莉 191
多民族聚居区建筑文化保护传承研究 /崔文河 197
浅析基于“敬惜字纸”信仰的惜字塔建筑文化
——以长沙市及其周边地区为例 /罗明，檀丹丹，喻旌旗 203
多元文化碰撞与融汇下内蒙古农牧交错地带居住建筑的演变
——以包头市固阳县下湿壕村为例 /孔敬，李佳静 209
世俗环境历史变迁对传统宗教声景的影响
——以沈阳四塔地区为例 /张圜，宋佳佳，张东旭 213
工业遗产法律保护论纲 /邓君韬，陈玉昕 219
中西建筑文化交融下的中国地域性建筑表达 /于璨宁，李世芬，李思博，杜凯鑫 225
建筑的图解实践：迪朗理性的类型设计方法 /熊祥瑞，杨豪中 230
建筑叙事中的礼俗文化——以《金瓶梅》中的营造择吉为例 /李辉 236
拾光：一种简明易行的竹建构美学
——楼纳竹结构建造节对活化乡村文化的探索 /宋明星，钟绍声 241

五、青年自由论坛：城市更新与社区营造

"微距城市"视角下的传统民居控保改造研究 /巩雅洁，孙磊磊，李斓珺，胡彪，姚梦飞 247

湘西红石林老司岩村自建住宅的平面演化 /文静，卢健松 254

基于城市记忆的沈阳铁西工业区更新与改造策略研究 /吕健梅，李丹阳 260

基于类型形态学的历史居住街区保护更新探索

——以南京市大油坊巷街区为例 /汪睿，张彧 265

场所营造与城市历史街区的微更新保护 /胡文荟，王舒，赵宸 271

铁西老工业基地"工业铁路"文脉延续探究 /李佳欣，付瑶 277

"双创"背景下特色小镇的公共艺术设计 /杨淑瑞，刘春尧 283

基于文化传承的历史步道建筑改造设计初探

——以长沙市天心区段为例 /解明镜，朱慧桥 289

六、其他论文摘要

华夏遗产之珍——古城水系 /吴庆洲 296

四川鲜水河流域拉日马石板藏寨传统民居初探 /聂倩，张群，吴麒麟，于卓玉 297

大运河水文化景观及评估体系研究——以扬州段为例 /陈思昊，宋桂杰 298

批判的地域主义视角下的朱家角古镇新建筑植入研究

——以朱家角人文艺术馆为例 /罗宝坤，靳亦冰，张少君 299

夜景照明与苏州平江历史街区的保护和发展 /徐俊丽 300

渔泛古村的兴与衰——江汉平原滨水商贸型聚落的兴衰及现状研究 /林文杰 301

自组织理论下的扬州地区乡村滨水景观营造研究 /徐英豪，宋桂杰 302

撒拉族传统村落中水渠与街巷空间演变研究 /黄锦慧，靳亦冰 303

小江村自建住宅空间演化 /蒋兴兴，卢健松，姜敏 304

江安县夕佳山镇五里村传统聚落与民居建筑形态研究 /甘雨亮，陈颖 305

乾隆时期皇家园林对江南园林写仿的三个阶段

——以四座北方《四库全书》藏书楼为例 /杨菁，王笑石 306

"中体西用"下近代江南园林建构中的文化反思——以扬州何园为例 /陈喆，陈国瑞 307

网师园营造山水风格与文化的艺术手法研究 /魏胜林，蒋敏红 308

论中国传统园林理景设计的流动性与整体性 /郭明友 309

"躲进小楼成一统"的苏州文人"园中园"
——以网师园"殿春簃"与艺圃"浴鸥院"对比分析为例 /谢伟斌，柳肃 310
情感与记忆的转置——大众传媒视角下历史园林的文字表征 /李源，李险峰 311
借阅园林——黑格尔美学视角下的江南私园 /徐永利 312
中国传统园林建筑精神的现代表述 /曹怀文 313
岳麓书院园林造园要素及空间研究 /曹莉莉，柳肃 314
点题——中国传统园林"意境"理解的探索 /罗正浩 315
中国古代园林艺术与审美教育及其现代启示 /柳肃 316
中国古典造园艺术的思想、原则、手法与意境 /吴宇江 317
浅析中村拓志现象学设计实践中的得与失 /朱正 318
读王澍建筑里的"自然之道" /宋源，周欣墨，林柔秀 319
非线性的乌托邦——马岩松的"自组织"形体与"山水城市"理想 /卢亦庄 320
明星建筑师介入下的乡村更新思考——以富阳文村为例 /陈颖，柳肃 321
新时期川渝地区文化类建筑特征探讨 /蒋丹，李世芬，于璨宁 322
基于广府建筑文化的"西关绿屋"低碳住宅整合设计 /陈勋，朱瑾 323
介护型养老建筑基于"人文关怀"的设计策略 /杨椰蓁 324
移动互联时代体验式商业综合体文化价值的挖掘 /杨筱平，任婉颖 325
东北大学校园规划布局的文化传承研究 /张珍，于闯 326
滨水环境下的当代建筑形态设计手法分析 /温常波，于莉 327
福州大学旗山校区图书馆的"残缺美" /关瑞明，刘未达 328
城市近郊乡村传统产业建筑"空间——产业"联动更新设计研究
——以湖南浏阳亚洲湖村老烤烟房改造设计为例 /赵彬，王轶 329
梳头溪村自建住宅的空间自适应 /卿海龙，卢健松，徐峰 330
关于闽南历史建筑保护实践中原真性的一些思考
——以泉州几个历史建筑修缮为例分析 /钟淇宇，陈培海，申绍杰 331
多元文化影响下的普光禅寺建筑群研究 /李旭，李泽宇 332
东北亚区域建筑遗产保护的国际合作路径探索 /郎朗，王峤，张俊峰 333
贵州西部多民族地区石构民居材料的超民族性与民族性研究
——以汉族、苗族、布依族村落为例 /吴桂宁，黄文 334
地域性建筑的文化研究——桂北干栏式建筑 /曾晓泉，朱昊中 335
中国园林花卉文化的精神力量对身心健康的作用探析 /郑丽，孙智勇，王莉，庄严，代星 336

沈阳中街“市声”声景史料研究 /张圆，郑旺 337
宋代文学创作与文人园林的互动
——以江西鄱阳洪适《盘洲文集》为例 /许飞进，李元亨，谢晨 338
语言空间认知下的建筑阅读——以岳麓书院和湖南大学近现代校园比较为例 /蒋魅琦 339
北京的建筑风格与北京的多元文化——以历史发展为导向 /刘亚男，赵鸣 340
参与式设计在社区公园景观提升改造中的实践与探索
——以风湖公园参与式设计工作坊为例 /张秦英，李佳滢 341
基于人口密度的保障性住房大型社区发展预测 /张玲玲 342
基于生活—健康状况的适老社区公共空间环境设计建议 /吴岩 343
城市跨河发展的空间形态研究——以济南为例 /牛胜男，程鹏 344
城市聚落空间更新中“场所精神”营造的设计研究
——以台北市蟾蜍山聚落改造竞赛设计为例 /王钊，殷青 345
洪江区岩门村农民自建住宅更新策略类型研究 /杨沐昕，卢健松 346
城市老旧工厂居民区景观改造研究——以南昌市兴柴北苑社区为例 /王璐，屠剑彬 347
基于文化表达的城市滨水景观规划设计研究——以湖北省当阳市为例 /周绍文，屠剑彬 348
社区营造视角下的惠州市水东街历史文化街区保护更新研究 /冯婕 349
历史文化街区更新模式与关键 /陈禹夙 350
广州城市特色风貌研究的理论与方法 /唐孝祥，冯楠 351
南宁市三街两巷历史街区文化特色探讨 /银晓琼，韦玉姣 352
历史街区空间生态适宜性发展研究
——以泉城济南为例 /王宇，刘文，王亚平，赵继龙，张天宇，郭航 353

一、阐释与转译：园林

“嫏嬛福地”与藏书楼园林
——文学与图像的解读

周功钊[①]

摘　要： 元代小说中首次出现了藏书石室“嫏嬛福地”的描写，并成为了藏书空间发展的潜在线索。与晚明文人张岱和清代藏书家完颜麟庆有关的“嫏嬛”文学及图像，展现了其变化的过程：前者拾得并发扬至其文学和园林的构想，后者落实在京城营造的“半亩园”中。从文本分析转向明代园林遗存“天一阁”的考察，引出了“嫏嬛福地”在“四库七阁”藏书楼中隐藏的另一条线索，揭示了中国传统知识分子在知识空间基础上对园林空间实践的影响。

关键词： 嫏嬛福地，写作，关联，藏书园林，天一阁

一、从“嫏嬛福地”到“藏书园林”

“嫏嬛福地”常被用作成语，意为“天帝的藏书胜地”。随着逐渐被古典文学题材所引用和解释，其也慢慢成了现实藏书之地的命名和隐喻。嫏，作琅，玉石之意。嬛，有三种读音：Xuān，轻盈魅力的样子；Qiòng，孤苦；Huán，即嫏嬛。胡玉缙在《四库提要补正》中说：“嫏嬛二字不可解，所造嫏嬛福地事不涉女子，似嫏嬛字皆当从玉”[②][1]，古人常以玉比德，书亦然。其中“福地”指的是具有道教性质的“洞天福地”。元代伊士珍的志怪小说集《琅嬛记》[③]（1540—1602年间）卷首篇，“嫏嬛福地”首先出现了完整的故事情节：“张茂先博学强记，尝为建安从事。游于洞宫，遇一人于涂，……因共至一处，大石中忽然有门，引华入数步，则别是天地，宫室嵯峨。引入一室中，陈书满架，……华心乐之，欲赁住数十日，其人笑曰：‘君痴矣。此岂可赁地耶?’即命小童送出，华问地名，对曰：‘嫏嬛福地也。’华甫出，门忽然自闭，华回视之，但见杂草藤萝绕石而生，石上苔藓亦合初无缝隙。抚石徘徊久之，望石下拜而去。华后著《博物志》多嫏嬛中所得，帝使削去，可惜也。”[④]

这则关于西晋张华（232—300）深山探书的情节让我们想起了东晋陶渊明（376—427年）的《桃花源记》。两个故事都有“出发—历程—回归”极为相似的范式母题[2]。这种相似性可以看出“魏晋”文学在元明时期已被提到了一个很高的关注度，《琅嬛记》之类并非主流的志怪故事集册也已被晚明藏书家所热捧。将“桃源仙境”的母题借用到文人日常生活的描绘之中，这种差

---

① 周功钊，中国美术学院建筑学院，博士生，外聘讲师，241886369@qq.com。

② 从书集成新编87册—嫏嬛记三卷附提要、补正[M].台北：新文丰出版公司，1985。在此文章中，沈梅提出了“琅嬛”在各种抄刻本中所用到的不同的字：“琅嬛”、“琅环”“瑯嬛”，一些为传抄笔误，也有繁简之别，作者根据清光绪大巾本《陶庵梦忆》中所著录“嫏嬛福地”中所用“嫏嬛”为文章中用字。

③ 也有研究认为是明朝人桑怿伪托。

④ 引自《琅嬛记》，西南交通大学中文系古代文学2006研究生整理，底本据台湾新兴书局《笔记小说大观》影印《津逮秘书》本。

异性组合对于当时的价值判断来说，是一种真实生活的选择，而不只是一个简单的诗意化审美[3]。

（一）道教故事中的山石意识

《琅嬛记》中引出的线索是“石室藏书”。“石室”语出《左传》，解释为“藏图书档案之室”。作为藏书的概念来自更早的“禹穴藏书”：民间流传大禹在吴越之地治水时，徒于无法，在会稽（今绍兴）南镇之宛委山处一石穴发现了治水之书，才得以完成治水大业。洞天主题的绘画、园林叠山活动所营造的空间体验，无不带有解释道家图景的需要。正如明代万历年间苏州画家周秉忠仿太湖洞庭西山“洞天福地”林屋洞，明代文人愈趋丰富的山水郊游以及日常的藏书习惯，它们影响着对道教圣地的重新表达（图1）。

图1 “图志”中的“洞天福地”版画
来源：中国古版画·地理卷·山志图[M].长沙：湖南美术出版社，1999

（二）从藏书活动看晚明知识分子视野的改变

《琅嬛记》中“张华探书”与“禹穴藏书”故事转化的自觉性阐释，通过“娜嬛福地”表征在明清两代为藏书楼的命名中。经笔者初步整理，“娜嬛福地”概念的出现过程大致如下：

·（传）元代伊士珍的志怪小说集《琅嬛记》（1540—1602年）开卷第一篇。

·凌蒙初所编《初刻拍案惊奇》（1627年）中：“元（原）来如此，好似娜嬛”。

·张岱所著《陶庵梦忆》（1646年）中收录的“娜嬛福地”篇。

·张岱所著《琅嬛文集》（1654年）中所收录的“娜嬛福地记”篇、“快园记”篇。

·明人韩广业（字子有，一字桃平）江北处藏书楼，题名“小娜嬛书屋”。

·阮元（1764—1849年）在扬州的书楼“文选楼”，题名“娜嬛仙馆”。清代女诗人王照圆在其《题阮太师母石室藏书小照》中提到：“《诂》研经万卷收，娜嬛仙馆翠烟浮。斋名积古从公定，室有藏书是母留。”

·完颜麟庆（1791—1846年）的“半亩园”中的书斋，题名“娜嬛妙境”。

·清人张燮（1753—1808年）在常熟的藏书楼，题名“小娜嬛福地”①[4]。

·清人张蓉镜（1802—？）亦题其藏书楼为“小娜嬛福地”。

·晚清藏书家冯贞群（1886—1962年）提及宁波天一阁为“恍如重叩娜嬛矣”。

从历史资料中可发现，“娜嬛福地”的概念已经转向表达各种文人藏书楼命名。这些活动伴随着晚明“山人”态度的活跃，无一例外地都指向理想洞府仙境——“娜嬛福地”。

明朝中后期私人书籍的保有量已经多到难以估计[5]，藏书楼解决了储藏和利用这些书籍的问题，以及防止毁坏书籍的物理因素，比如理水为池（防火）、筑石为基（防潮）。《史记·太史公自序》中载，“卒三岁而迁为太史令，紬史记石室金匮之书”，甚至在明清山水画中多可看到以“石室藏书”为主题的绘画。

明代学者谢肇淛（1567—1624年）在《五杂俎》记述了在一个在小岛上建造藏书楼的故事：“胡元瑞书，盖得之金华虞参政者。虞藏书数万卷，贮之一楼，在池中央，小木为彴，夜则取之，榜其门曰‘楼不延客，书不借人’。其后子孙不能守，元瑞啖以重价，给令尽室载至，凡数巨舰及至，则曰：‘吾贫不能赏也。’复令载归。”[6]

① 张燮的藏书楼，《清稗类钞·鉴赏类13》：“张子和藏书处曰小娜嬛福地，印记累累，不减项子京。”为虞山派藏书的代表。

伴随着同时兴盛起来的园林活动，藏书楼与石室作为园亭活动的一部分也被纳入文人园林兴造中。无锡寄畅园中主人藏书处“含贞斋”前便有假山石室“九狮台”，苏州耦园沈氏夫妇所用书楼“织帘老屋”及“城曲草堂”读书处前分别做有湖石及黄石假山石室。藏书之法也在流行于明代文人之间的造园手册《园冶》中出现，书籍的作者亦是造园家的计成（1582—1637年）在其“书房基”篇中有记载这种“经营位置”之法：“书房之基，立于园林者，无拘内外，择偏僻处，随便通园，令游人莫知有此。……势如前厅堂基余半间中，自然深奥。或楼或屋，或廊或榭，按基形式，临机应变而立。”[7]“必须另构一楼，迥然与住房、书室不相接联，自为一境方好。但地僻且远，则照管又难，只可在密园之内外截度其地。”[8]

作为一种教化和参照，《园冶》等书籍的出版使得这种关于书楼的经营被普遍认可，如计成最后所留一句“临机应变而立”一样，不同对象发生着不同复合的呈现。他们（包括后文的张岱）试图将所见或未见之事物及现象用文学的方式记录在话语或行文的既定结构中，并投射于园林的建造中。

二、“嫏嬛福地”的明清图文显现

张岱和完颜麟庆两位明清时期的藏书家，用文学写作的方式分别记叙了他们生活中的“嫏嬛福地”——《陶庵梦忆》卷八末篇“嫏嬛福地”篇以及《鸿雪因缘图记》卷六中“嫏嬛藏书”篇。引起笔者注意的是，张岱描述了一处不存在的纸上园林，完颜麟庆则是描写了其真实存在的藏书园林。他们都提到了《琅嬛记》中的道教故事，试图以想象和记叙一个属于自己的环境来回应“嫏嬛福地”的存在。

（一）张岱构想的“嫏嬛福地”

《陶庵梦忆》一书完稿于顺治三年丙戌（1646年），此时“嫏嬛福地”篇并未完成。顺治六年己丑（1649年）九月，时年53岁的张岱从项里移居至绍兴城中幼时曾住过的“快园”，甲午年（1654年）于快园“渴旦庐”完成了《嫏嬛文集》。他在这期间一直处在故园的记忆中，并把性情寄托在了对“嫏嬛福地”的构想。张岱在客居之地富阳为《陶庵梦忆》增作“嫏嬛福地”篇、为《嫏嬛文集》增作“嫏嬛福地记”篇以及为《张子诗秕》中增作《嫏嬛福地》五言古诗，最后他在项王里鸡头山建造了自己的生前墓地：“缘山以北，精舍小房，绌屈蜿蜒，有古木，有层崖，有小涧，有幽篁，节节有致。山尽有佳穴，造生圹，俟陶庵蜕焉，碑曰‘呜呼有明陶庵张长公之圹’。……楼下门之，匾曰‘嫏嬛福地’。缘河北走，有石桥极古朴，上有灌木，可坐、可风、可月。”[9]

初看此文，本以为张岱是为了给自己建造一个在世墓地而营造的场所环境。晚年的张岱根本无力营造这样的园林。他通过这四百余字的记叙，试图实现与张华、陶渊明居处一地的“洞天福地”。张岱开篇就提到了与道教故事“嫏嬛福地”之间的关系，即便他省去了故事的人物和对话，但还是掩藏不了他对这处胜地的喜爱和追求：“欲得一胜地仿佛为之”。它的记叙方式正如《琅嬛记》一样玄妙而琢磨不透，这些碎片都来自张岱的真实生活，虚构的情节展现出其现实的意义。

1．快园的“嫏嬛福地”

多年羁绊的龙山快园存在于张岱的生活及其祖父的叙述。康熙十一年（1672年）移居快园近24年的张岱在《快园记》中回忆幼时随祖父张汝霖在快园中游玩的场景：“园在龙山后麓。山既尾掉，是背弗痴；水复肠回，是腹勿闷。屋如手卷，段段选胜。开门见山，开牖见水，前有园地，皆沃壤高畦，多植果木。……法书名画，事事精辨，如入嫏嬛福地。痴龙护门，人迹罕到，大夫称之谓‘别有天地，非人间也’。”[9]“屋旁多瓦砾，用以筑高台。江右一拳石，溪西几树梅。”“嫏嬛真福地，南面有书城。”[9]

张岱同乡好友祁彪佳（1602—1645年）所著《越中园亭记》中也有提及“快园”：“堂与轩与楼，皆面池而幽敞，各极其致”，“嫏嬛福地”也是由水而来，但写作却难以与园中具体景致及位置关系相联系。在随后所写的五言诗中，快园仍然难以成为具体的形象，而更像是作为“桃源”般寄托回忆的地方。

2. 于园中的磥石

“园中无他奇，奇在磥石。……后厅临大池，池中奇峰绝壑，陡上陡下，人走池底，仰视莲花，反在天上，以空奇。”[10] 崇祯二年（1629年）张岱游瓜州（今江苏省邗江区南部）“五所园”，明代文人的园林已然是游憩的场所，正如张岱用三“奇”点出了这处堂屋外假山石构之精巧。除了叠石空间中“实－虚”的感官经验外，诸如“人走池底，仰视莲花”的体验已经超出了作为现实生活经验可以想象的地步。

3. 巘花阁看山

“巘花阁在筠芝亭松峡峡，层崖古木，高出林皋，……隔水看山，看阁，看石麓，看松峡上松，庐山面目反于山外得之。”[10] 张岱以一种模式性短语方式铺陈了记忆中所有的路径，包含了身体及观想状态的变化，构成了一个完整体验经历。重复出现的意指对象正是在这些空间映射的线索中若即若离。张岱无心为里面的各个事物命名，唯独留下了最为重要的“嫏嬛福地”，希望最后能够为回到这处构想之境进行坐标。

（二）完颜麟庆“半亩园”中的“嫏嬛妙境”

清代学者完颜麟庆（1791—1846年）在道光二十一年（1841年）购得北京弓弦胡同（今黄米胡同）半亩园，并题之：“纯以结构曲折，铺陈古雅见长，富丽而有书卷气，故不易得。”之后于道光二十三年（1843年）完成修建。完颜麟庆在《鸿雪因缘图记》（1849年）中记录了半亩园的状态，包括“半亩营园”、“拜石拜石”、“嫏嬛藏书”、“近光贮月”、“园居成趣”、“退思夜读”、“焕文写像”共7篇。

完颜麟庆是在修建半亩园时将其题曰“嫏嬛妙境”（图2）。传当时麟庆藏书颇丰，萃六七世之收藏共八万五千余卷。半亩园今已废弃并遭到了严重的破坏，“嫏嬛妙境”也无从寻迹。近现代学者对园林进行的复原平面，以及一些摄于1909年的半亩园照片（图3）为笔者提供了“嫏嬛妙境”的讨论条件。其中“嫏嬛藏书”，所记道光二十二年（1842年）麟庆携两儿整理书楼之事：“半亩园最后，垒石为山，顶建小亭，其南横板作桥，下通人行，西仿嫏嬛山势，开石洞二，后轩三楹，颇爽垲，颜之曰：‘嫏嬛妙境’，……喜示两儿诗曰：嫏嬛古福地，梦到惟张华。藏书千万卷，便是神仙家。……守户以二犬，石洞相周遮。今我欲效之，毋乃愿太奢。小园营半亩，古帙积五车。”[11]

图2 《鸿雪因缘图记》中“嫏嬛妙境”
来源：[清]完颜麟庆著.汪春泉注.鸿雪因缘图记[M].杭州：浙江人民美术出版社，2011：886

图3 半亩园中“嫏嬛妙境”中的假山，1909年摄
来源：贾珺著.北京私家园林志[M].北京：清华大学出版社，2009：222

完颜麟庆在文章最后提到了“张华石室探书”的故事，以“今我欲效之”回应那个道教故事“嫏嬛福地”。作为一个对实存对象的描写，

完颜麟庆直接开始述说“嫏嬛妙境”的藏书生活。《图记》中的7则故事虽然有图像为佐，但其表述几近独立。“嫏嬛藏书”、“近光贮月”、“退思夜读”都提到了假山的布置，叠山中“下洞上桥”的做法将生活要素彼此拼连构成了一个“生活于此”的完整世界。

从张岱到完颜麟庆，前者记录园林建造前的构想，后者是园林建造之后的文字记录。意在经营位置的张岱，文字的身临其境来自对文体（小品文）的敏感和自觉。知识分子一系列的“在场经验”最终在实践的创作中反映出来，面对佛道神怪及虚构场景等并无“真容”之物，文人的兴趣从悟空转向实现此世之理，而麟庆更重视事物的具体性。张岱和麟庆的藏书园林实践显示了两种呈现记忆载体的方式。但是这样的文字是否有助于对失存的建筑遗产（如半亩园）的描述呢？我们并不能说文学写作会导致对建筑理解的纷杂，它至少在向我们提出一个可能性。作为文学写作的特征，两者对于情节和叙事有着相似性，所构想出的园林图景暗示着文字并不是没有意义的，它被赋予了如何表达对象的任务，或者说他们试图安排情节，让故事得以发生，可以被读者所理解[12]。

三、作为园林遗存的“天一阁”和“文澜阁”

与张岱、完颜麟庆对“嫏嬛福地”个人意识的开放性定义有所不同，被清末藏书家冯贞群题为“嫏嬛”的建筑遗产“天一阁”具有强烈的自我约束规例，它并没有那种带有个人传记般诗意的趣味，特别是另一个建筑遗产“四库七阁”中的“文澜阁”在完成公共性转变之后更是将藏书活动的潜象变成了表象，官府将“四库七阁”的藏书设定为仅某些知识人群使用。共享条件的讨论使得之前从《琅嬛记》的石洞经历到张岱的园林身体经验讨论同样适用于天一阁和文澜阁。从表面上看，家族性、官方性的公共图书管理机构与“嫏嬛福地”个人性场所之间存在某种隔障。但是笔者认为这种“个人和群体”、“封闭和开放”的对立讨论过于片面化，“嫏嬛福地”与两阁之间的关系会发现某种照应的存在。

（一）“天一阁”的情节

宁波天一阁为明代兵部右侍郎范钦（1506—1585年）的藏书楼，始建于明嘉靖四十年至四十五年（1561—1566年）。范钦在建立之时就有着非常严格的规定，在所立《要约》中明确提到只允许自己的直系男性后裔接近他的藏书。设想一个19世纪的到访者，就必须经过102个具有同等权力的家族成员同意[5]。这些史料的传闻中所带的神秘性与“嫏嬛福地”的故事效果无不相似，都是试图产生一个圣地般供人想象之地，直到黄宗羲被范钦曾孙范文仲带入了之前从未能目睹的、被渲染了半个世纪的神秘空间。

那些记录着藏书楼奥秘的内容（书楼的建制、景观的营造）甚至不被允许公示，即便是那些有幸登阁的个人，在他们的文记中对“天一阁”的描述也是少之又少。完颜麟庆在嘉庆十四年（1809年）登楼之后所记“天一观书”篇中只写了“阁前不植花木，石峋林立”[11]，在所附插图中更是错把北京文渊阁绘制上去，也许这是刻意的隐藏，可能登阁之事本是捏造。真实场景与图像的反差让这次的阅读更为迷离和困难。

（二）两张园图中的经营意识

天一阁的形制与景观来自《易经》的“天一生水，地六成之”。起初范钦建阁，在前凿池，名曰“天一池”。康熙四年（1665年），范钦曾孙范光文（1600—1672年）在天一池的基础上改造增筑了假山和亭子。笔者在现场从天一阁的石刻画中看到这处藏书园林在时间上经营的意图。

相对于天一阁有意的留白，文澜阁的绘图中则是极其有效地规制了每一个对象出现的位置和方式。乾隆三十九年（1774年）为了在全国七地分造书楼以藏《四库全书》，诏令浙江省织造局寅著亲赴天一阁学习书楼营造：“……详细询查，荡具准样，开明尺呈览。”[13] 作为负责皇家宫室营造的样式雷家族绘制了用于建造四库七阁的“地盘图”（图 4），它们无不指向当时被称为标准的“天一阁”。寅著在奏报中提及了天一阁建筑规制之外，还提到了其景观布置：“阁前凿池，其东北隅又为曲池。传闻凿池之始，土中隐有字形，如‘天一’二字。”这番语辞与天一阁图之间的差别引起了笔者的疑问。

图4 “文澜阁”地盘图（局部）
来源：作者拍摄于杭州文澜阁展览陈列室

文澜阁图的绘制已经近似现代意义上的平面图，对象被安放在其特定的范围（原有敕建宫室空间）和关系中，表达其完整特征的“入口—假山石洞—垂花门—仙人石—书楼”轴对称有序空间。前景中的假山意指“天一阁”的假山营造（图 5）。与其他七阁的地盘图比较来看，这样的绘图方式清楚地阐明了一次山石建造的“范式”，即对“标准”天一阁假山一次理解与抽象概括。从《文澜阁志》中的插图可以看到对真实园林的描绘，“文澜阁”作为藏书园林，不只是关注山石的整体布局，正是景观小品间的细微差别区分了所谓的七阁。

图5 “天一阁图”局部放大的山石画法
来源：作者拍摄于宁波天一阁图石刻

四、结语

从作为园林历史遗文的“娜嬛福地”到历史遗存的“天一阁”和“文澜阁”的在场答疑，笔者在研究过程中出现的疑问与解释其实在另一层面也已经构成了“娜嬛福地”内容的一部分，它饱含着不断被解释和定义的空间。这种藏书楼及其园林的想象与叙述方式的语境停留在某种简单直接的、带有经验性的关系组合，在各自现象和回忆中构成了另一个世界的形象，这不只是一个赋形方式，而是一次有建筑学意味的思维构建。

参考文献：

[1] 沈梅.《琅嬛记》考证 [J]. 合肥学院学报，2009（6）.

[2] 李丰楙. 仙境与游历：神仙世界的想象 [M]. 北京：中华书局，2010.

[3] 鲁晓鹏. 从史实性到虚构性：中国叙事诗学 [M]. 北京：北京大学出版社，2012.

[4] 吴晗. 吴晗史学论著选集 [M]. 北京：人民出版社，1984.

[5] 周绍明. 书籍的社会史 [M]. 何朝晖译. 北京：北京大学出版社，2009.

[6] 谢肇淛. 五杂俎 [M] 卷十三. 上海：上海书店出版社，2009.

[7] 陈植. 园冶注释 [M]. 北京：中国建筑工业出版社，1988.

[8] 祁承㸁. 澹生堂集 [M]. 北京：国家图书馆出版社，2013.

[9] 张岱. 琅嬛文集 [M]. 杭州：浙江古籍出版社，2013.

[10] 张岱. 陶庵梦忆 [M]. 杭州：浙江古籍出版社，2012.

[11] 完颜麟庆. 鸿雪因缘图记 [M]. 汪春泉注. 杭州：浙江人民美术出版社，2011.

[12] 梅尔清. 清初扬州文化 [M]. 上海：复旦大学出版社，2004.

[13] 王蕾. 清代藏书思想研究 [M]. 桂林：广西师范大学出版社，2013.

古典园林与文人养生相关性研究初探[①]

展玥[②]，戴秋思[③]

摘　要：研究古典园林的意义在于与古为新，在养生日益受到重视的当今，探索古典园林与养生的关系是以其现实价值进行古典园林研究的一种途径。本文通过资料分析与比较研究，重点阐述两者在四个方面具有相关性，即造园与养生主体思想同源，造园与养生发展脉络相合，养生成为造园目的之一，养生影响园林空间营造。从古典园林与文人养生的相关性角度，对古典园林与“养生”的现实意义提供研究基础。

关键词：古典园林，文人，养生

随着人们对健康生活品质的需求不断提升，养生话题日益受到学界重视。梳理历史文献和当代研究成果发现，“养生”作为一种文化现象并发展成为一门独立的学科已经广泛渗透进各个学科，与中医学、社会学、文化学、心理学、植物学、园林学等学科建立起了紧密的联系。论文在前人研究基础上，采用了文献收集、比较分析、归纳总结等研究方法，以中国古典园林与文人养生的相关性为研究主旨，追本溯源，由表及里，探讨两者在物质形态和精神层面追求上反映出来的相通性和共同特质，揭示出两者的相互作用，借此为现代诗性的生活环境创造提供借鉴和启示。

一、相关概念与研究范畴

（一）养生的概念

“养生”一词最早可见于《庄子·内篇·养生主》，后又见于中国道家、医家文献及历代诗文笔记中。《吕氏春秋》记载：“知生也者，不以害生，养生之谓也。”在历代与养生相关文献中，摄生、颐生、保生、遵生等词被用作近义词，其含义与养生相似。

当下，“养生”的含义是遵循人体自身规律和人与环境相协调的规律，对生命体的保养或调适，以达到生理和心理的健康，增强生命活力，并最大限度地延年益寿。

（二）文人·文人园林·文人养生

帝王、文人与百姓，阶层不同，养生的认识与应用差异很大。文人养生一方面注重身体的调养与锻炼，另一方面注重心性与情志的培养与调整，将“养身”与“养心”相结合。古代文人养生，遵从自然规律、顺应四时变化、以文人雅趣调养心性、以适宜活动锻炼身体。因此本文中古典园林为文人园林，养生思想指文人养生思想。

---

① 项目资助：重庆市社会科学规划博士项目（2015BS109）；中央高校基本科研业务费专项基金项目（106112016CDJXY190003）。

② 展玥，重庆大学建筑城规学院，硕士研究生，2501291035@qq.com。

③ 戴秋思，重庆大学建筑城规学院，山地城镇建设与新技术教育部重点实验室，副教授，daiqiusi@cqu.edu.cn。

二、造园与养生主体思想同源

古典园林与文人养生相关性体现在造园主体与养生主体思想同源。造园主体与养生主体都是中国古代的文人。文人思想受到中国古代儒释道思想的影响，从自然山水中汲取灵感，推崇闲适淡雅的追求和诗情画意的情趣。

（一）造园主体亦是养生主体

在古典园林中，文人既是园林的使用者，也直接或间接参与园林的营建。《园冶》“三分匠七分主人”中，“主人”乃指“能主之人”。由此可见文人在园林营建中的作用。因而，文人是造园的主体。

文人不仅是造园的主体，也是养生的主体。文人将养生带入生活，使养生“生活化”。古代文人在读书写字中抄写养生诗文，在吟咏诗词中悦性怡情，在山水游赏和卧游（书画欣赏）中养生……更有许多文人钟情于养生创作，如宋代苏轼的《养生偈·养老篇》，明代罗洪先的《仙传四十九方》、陆树声《病榻寤言》、高濂《遵生八笺》等。

（二）园林与养生具有共同的哲学思想

儒释道哲学思想影响着园林与养生，是使园林与养生多元而丰富的思想来源。儒家重视道德修养，在园林山水建筑营造中呈现出明显的教化特征，而养生中则提倡琴棋书画等具有陶冶道德情操的养生活动。此外，园林中“静”“幽”意境的营造与养生思想中“心性的修养”则反映出佛家思想的影响。追求自然的道家和魏晋时期发展起来的隐逸思想，也都是园林与养生哲学思想的共同来源。儒释道等哲学思想既影响着古典园林的审美特征，又令文人养生的活动呈现不同的面貌。

三、园林与养生发展脉络相合

（一）先秦到汉：神仙崇拜

先秦至汉是园林的生成期，“养生”一词亦于此时诞生，古人从神灵崇拜转向对“人”的关注。园林与养生虽已从“娱神”转向“娱人”，但仍未摆脱原始神灵崇拜特征。蓬莱三岛与“仙人好楼居”而发展楼阁式园林建筑等，既是长生不老的渴望推动下的产物，又是园林的重要表现手法。由此可见，园林与养生自生成之初就息息相关。在此时，园林有“术”而无“道”，养生也是如此，园林与养生还不具备文人特征。

（二）魏晋南北朝：文人思想初现

魏晋南北朝时期，玄学清谈、山水隐逸盛行，文人士大夫将调养心性与文人活动结合，园林与养生中的文人思想初现。如嵇康写道：“可以导养神气，宣和情志，处穷独而不闷者，莫近于音声也！”一些文人既经营园林又有调养心性、讲究自然为道的养生思想。如谢灵运建有谢氏庄园，并有“虑淡物自轻，意惬理无违。寄言摄生客，试用此道推”（《石壁精舍还湖中作》）的诗句。

（三）唐代：多元与发展

唐代，士族瓦解，开放的社会促进了新兴文人阶层的发展。文人造园群体规模突增，养生活动亦在文人阶层中盛行。儒释道哲学融入造园思想与养生理论，促进了古典园林与文人养生的多元发展。在文人的推动下，园林与养生完成从“术”到“道”的转变，并在多元文化的碰撞下融合。以白居易的“中隐”思想为例，“中隐”既是满足“仕”与“隐”的园林思想，也是平衡“仕”与“养”的养生思想。

（四）宋代：文人影响深入

宋代文化昌盛，文人思想渗透到社会各阶层。文人园林完成“写意”的转化并转而影响皇家园林。大量以园林为创作对象的文学作品的产生与文人园林的兴盛，成为古典园林成熟的重要标志。与此同时，文人热衷于养生，呈现出群体养生的局面。以苏轼为代表的文人将养生融入文学创作，推动了养生思想在社会各阶层的传播，使养生逐渐成为文人化的社会风尚。

（五）明清：普及化与个体化

明清时期，社会经济发展，园林与养生步入成熟末期，园林数量与养生作品极大增多。在不同地域条件和文人个体差异的影响下，养生与个人的身体紧密结合，养生理论具体地应用于实践，园林与养生走向普及化与个体化。明清时期涌现出大量的园林与养生作品。文人退于园、养于园、老于园的追求，使养生成为园林营建与题咏的主要题材之一。

四、养生是造园目的之一

从造园目的可以看出中国传统园林的空间本质、形式的演变。文人对于造园目的的表述，有的体现在园林与园林场所的命名和园林题咏中，有的体现在以园林为创作题材的文学作品中。

以养生作为造园目的主题词的表达类型按造园对象分，有为自己和为父母两种；按表达方式分，有直接点醒和含蓄隐晦两种（表1）。

以养生为造园目的主题词的表达类型表 表1

造园对象	表达方式	养生主题词
自己	直接	遵生、自养、寿
	间接	鹤（比喻）、虚（养心）、静（养心）
父母	直接	孝亲、娱亲
	间接	萱草（比喻）、春晖（比喻）

园林场所的命名和园林题咏是认识园林造园目的、园主人情怀志向的直观体现。园林场所的命名如留园的“林泉耆硕之馆”，直接点明为老人与隐士名流的游憩之所。其匾额题写“奇石寿太古”，其中也寓意养生。与此相比，留园鹤所和网师园集虚斋的景名较为含蓄[①]。

园林中的题咏主要包括匾额、楹联、题刻和碑刻等。其中直言造园目的的如扬州何园的“种邵平瓜”楹联[②]。拙政园静深亭里的大理石屏额，以“寿”为主题点明了“静深”是为了长寿：“遐龄八百，介尔眉寿”。而“静深”的表达就较为含蓄，一明一隐，主题因而明晰。

通过历史文献的梳理，以园林为题材的文学作品中亦不乏以养生为造园目的的表述。早在魏晋南北朝时期，谢灵运就在园林诗中“寄言摄生客”。而白居易在不同的诗文里表达了修建园林的目的和对园林建成后的期待，明确表达了对心安体宁、养生终老的目标。明代，园林普及，因而产生大量园记，以养生为造园目的的表述更加丰富（表2）。

根据园林场所的命名和园林题咏，以及以园林为创作题材的文学作品养生目的表述的梳理，可以知道养生是造园目的之一，且以多元化的主题丰富了园林的类型。

五、养生思想影响园林要素营造

养生对于园林空间营造的影响表现在功能和精神两个方面。功能上的影响，即营造具体养生功能的景观空间，如“可坐卧”的石（图1）、

图1 东坡卧石图
来源：马奉信作品

① 《庄子·人间世》：“惟道集虚，虚者，心斋也。”

② 扬州何园楹联：“种邵平瓜，栽陶令菊，补处士梅花，不管他紫姹红嫣，但求四季常新，野老得许多闲趣；放孤山鹤，观嬴上鱼，押沙边鸥鸟，值此际星移物换，唯愿数椽足托，晚年养来尽余光。”

文学作品中以养生作为造园目的列举 **表2**

园林及单体名称	养生主题词	文献中养生表述	文献出处	作者
寿萱堂	养亲	寿萱堂，杭州李愚若虚养亲之所也	寿萱堂记	龚斆
/	娱亲	居近市，嫌其喧狭，别做娱亲之所	草亭记	赵撝谦
致乐轩	太夫人燕息	复即内堂之前，构为小轩，前临清池……以为太夫人燕息之所	致乐轩记	王袆
/	养亲	有园池竹树之胜，以养亲、自娱乐	行素轩记	王行
/	娱亲	为园池以娱其亲	清如许记	杨维桢
玉山佳处	养亲	觞酒为寿，以养其亲，且筑室于溪之上	芝云堂记	郑元佑
/	自适	叠石为山，环植兰菊……觞咏自适	尚义潘公墓碣	张宁
葑溪草堂	退休归宿之地	豫以为退休归宿之地也	葑溪草堂记	邱浚
/	自养，自娱	田园足以自养，琴书足以自娱	武功集	徐有贞
竹泉山房	自乐	绕舍种竹，凿池引泉，周流庭除间……怡然自乐	竹泉山房后记	徐有贞
/	娱老景	得有其适……以娱老景，而消长日	唐诗绝句序	陆深

来源：根据顾凯《明代江南园林研究》自绘

"观望劳形"的廊、负阴抱阳的鸳鸯厅等，是养生对园林要素具象的影响。精神上的影响，即是将养生思想渗透进景观的意境之中，如山水具有自然之态从而"寄情"、植物有象征作用而"比德"等，是养生对园林要素抽象的影响。

本文仅就山水、建筑为园林要素，分析养生对园林要素具象的影响。

（一）养生对山形水态的影响

园林中的山、水是园林景观的重要特征，其形态不仅受到美学和文人"隐逸"思想的影响，与养生也息息相关。是叠石为山还是堆土成山，与园主人对于登临活动需求相关。

如唐代园林修建纯用石料堆叠的石山尚不多，多为组合成景的"置石"。其原因之一是当时的园石有着"坐卧"的需求。养生思想中的亲近自然和动静结合，使白居易选择石的依据是"方长平滑，可以坐卧"①。这体现了山石的选择与文人养生思想的联系。

养生思想的影响下，水的设计不刻意追求水面的大小，大则开阔浩瀚，使人心旷；小则虚静，令人望而生幽。此外，有的园主人造园追求水的流动，以自然之活水，象征生机之盎然。白居易修建庐山草堂时，他借助剖开的竹子搭接在一起，把山中泉水引至屋檐，使水从檐口滴下，形成一处与池中静水相呼应的动态水景②。从此看出，在白居易的养生思想下，对水的布置模拟自然、简单质朴，又生机盎然。

（二）养生思想对建筑形制的影响

宋代开始，养生生活化，精致的文人生活与养生活动开始融合。园林中原来具备坐、卧、游、行功能的山石水体等向景观转变；原来对功能重视不足的园林建筑受到越来越多的关注，种类也丰富起来。下文将以"观望劳形"和"负阴而抱阳"两种养生思想及养生活动为例探

① 《池上篇序》："弘农杨贞一与青石三，方长平滑，可以坐卧……曲未竟，而乐天陶然已醉睡于石上矣……"

② 《庐山草堂记》："堂西倚北崖右趾，以剖竹架空，引崖上泉，脉分线悬，自檐注砌，累累如贯珠，霏微如雨露，滴沥飘洒，随风远去。"

讨养生对园林建筑的影响。

传统养生以静为主，兼注重动静结合。“观望劳形”，意为斋、亭等观景场所中的“观望”乃是活动，因而在此场所及周边有供休憩的坐凳、卧石、美人靠等，以在“凝神而观”之余还能“闭目而思”。从身体而言，“动观”时身体在活动，乃动也；“静观”时身体在休息，乃静也。“静观”之后还应当活动身体，故而有了廊、桥等“动观”场所。“动观”与“静观”相结合的园林品赏方式即是动静结合的养生方法。

而在廊内行走的“动观”之中亦不可“过劳”，园林中的“劳形”功效妙在适度，“形劳而不倦，气从以顺”。因而，廊在设计中长度、转折次数、每段的长度都依照此思想而修建。以爬山廊为例，爬山廊比平地的廊每一段长度更短，常见曲尺手法以达到“动静结合”的目的。而沧浪亭中的步碕亭下临坳谷深潭，潭边一石上刻有篆书的“流玉”。在此处宜漫步徐行，既能在“劳形”中活动筋骨，又能在“观望”中瞥得渊池之美，真是养生佳处。

老子说“万物负阴而抱阳，冲气以为和”点明了万物“生”的秘诀，既要能平衡阴阳，又要能调和阴阳。拙政园的“三十六鸳鸯厅”即是采用鸳鸯厅以应对不同气候而作。南厅“十八曼陀罗馆”是向阳空间，厅前小庭院又挡风又聚暖，阳光能照射入厅上，是冬季“养阴”之所。北厅“卅六鸳鸯馆”外有小池，池中载荷，水能降温，荷风更是清凉，是夏季“养阳”之处。

六、结语

论文选取文人这一历史上的代表性群体为原点，从历史、哲思、文学、美学等角度来初步探索中国古典园林与文人养生二者的紧密联系，均是在共同的哲学思想浸润下经历了形成、发展和成熟时期，建立起了各自文化的体系；同时以实例展开分析、佐证了园林景观要素中所展示的养生智慧。二者构成了一组相互依存的关系，即养生为园林提供素材，是造园目的之一；园林满足养生的环境需求，是养生思想的生活化应用的良好场所。“古为今用”，在传承蕴含其间的合理内核的基础上，为当下人创造和谐健康的生活空间这正是论文的目标所指。

参考文献：

[1] 王毅. 中国园林文化史 [M]. 上海：上海人民出版社 ,2014.

[2] 曹林娣 . 苏州园林匾额楹联鉴赏 [M]. 北京：华夏出版社 ,1991.

[3] 顾凯 . 明代江南园林研究 [M]. 南京：东南大学出版社 ,2010.

[4] 张一奇 . 中国古典园林的养生方法与思想 [J]. 福建林业科技 ,2010, 37(03):150-153.

[5] 敖仕恒 . 中国古代养生文化影响下的传统建筑创作研究 [D]. 天津：河北工业大学 ,2007.

[6] 许慧 . 养生文化在中国古典园林中的应用 [J]. 广东园林 , 2009, 31(01):28-31.

[7] 白丹, 闫煜涛 . 白居易的园林情结及其对传统私家园林的影响 [J]. 广东园林 , 2007(03):8-10.

[8] 李文鸿 . 中国古代养生的文化生产 [D]. 上海：上海体育学院 ,2013.

[9] 杨清平 . 中国江南私家园林楹联艺术及其园林应用研究 [D]. 武汉：华中农业大学 ,2007.

[10] 方茜 . 苏州私家名园中的景名文化 [J]. 华中建筑 ,2005(02):123-125.

陵墓类公园声景和谐性及提升策略研究[①]
——以沈阳北陵公园为例

张圆[②]，熊婷[③]

摘　要：北陵公园是以清昭陵为核心的现代陵墓类城市公园，幽静肃穆的环境氛围加入喧嚣的居民休闲活动，声景和谐性成为值得关注的问题。本文利用声景漫步，进行声景客观调查和游客主观评价。结果表明：①陵前区和陵区背景噪声水平和声景构成差异显著，形成了不同的声景气氛；②游客对声景的满意度和和谐性评价与区域声景构成和背景噪声水平相关；③声景和谐性影响游客的游览体验。据此提出“声景过渡区”策略，以改善陵区声景和谐性。

关键词：陵墓类公园，声景和谐性，声景过渡区，北陵公园

清昭陵因处沈阳城北而得名北陵，占地18万平方米，是清朝第一位皇帝皇太极与孝端文皇后的合葬陵，始建于清崇德八年（1643年），顺治八年（1651年）初成，康熙、乾隆、嘉庆各朝又对之做了若干增建和改建，才形成今天独具特色的城堡式陵寝建筑体系，是清初“关外三陵”中规模最大、气势最宏伟、最具代表性的一座清帝陵，也是我国现存最完整的古代帝王陵墓建筑群之一。2004年，被列入《世界遗产名录》。1927年，奉天省政府将昭陵连同陵前、陵后区域共同僻为面积达303万平方米的大型综合城市公园，称作北陵公园。扩建后的北陵公园，陵前为休闲文化的游览区，陵后为古油松保护区，承载了公众游览、文化休闲及运动健身等功能，吸引大批游客参观游玩。幽静肃穆的陵区环境氛围加入喧嚣的市民休闲活动，声景和谐性成为值得关注的问题。

一、北陵公园传统声景

（一）声景及声景气氛

20世纪60年代末，加拿大作曲家谢弗（R. Murray Schafer）首次提出了“声景”(Soundscape）的概念，用来描述相对于视觉景观(Landscape）而言的听觉景观。[1]声景既包含环境中的自然声，又包含人类活动带来的人工声，国际标准化组织将其定义为“个体、群体或社区所感知的在给定场景下的声环境”。[2]声景作为环境的听觉要素，强调声音的“在场性”，即声景与环境氛围的相互和谐。[3]

根据声音元素功能和特色的差异化，以及与环境的相互关系，声景分为背景声和标志声和信号声。基调声又称为背景音，是环境中最频繁被听到并作为其他声音的背景而存在，如海滨的波浪声，公园的鸟叫声，城市的交通声等。标志

① 项目资助：辽宁省自然科学基金项目（2016010637）。

② 张圆，沈阳建筑大学建筑与规划学院，副教授，jzdxzhy@163.com。

③ 熊婷，沈阳建筑大学建筑与规划学院，建筑学专业，18524408397@163.com。

声，具有独特的场所性，是象征着某一地域或时代特征的具有代表性的声音[4]，如西安大雁塔北广场的音乐喷泉声[5]、沈阳“九一八”纪念日的公众鸣笛声[6]；信号声也称前景声，具有传达信息的符号学意义，如军队的号角声、广场的钟声等。

相比于视觉，听觉更具感性和联想性，对于气氛营造起着至关重要关键的作用，环境内缺乏声音便是不完整的场景，如同电影里没了背景乐，就无法传递独特的情感，缺乏气氛的张力。

（二）北陵公园选址及布局

古代帝王将阴宅的地形地势、方位视为关乎后人的命运的大事，因此陵墓的选址重视审察山川形势，讲究方位、向背和位置的排列。风水理论认为，气乃万物本元，而气遇水则散，遇水则停，因此墓地大都选择在山环水抱、相对封闭的“藏风聚宝”之地。陵园建筑在其布置上通过严格的秩序和轴线来强调庄严感。在自然环境的营造上，林木栽植是主要的手段，有“陵寝以风水为重，荫护以树木为先”，“陵寝仪树，关系重大”之说。

清昭陵选址时，因为此处是一望无垠的平原，不满足“前有沼，后有靠”的风水条件，为了营造太宗万年吉地，便在宝城身后用土堆积起来一座小山，即隆业山，用“人造风水”来塑造水脉分流、堂局开阔、藏风聚景之景。

昭陵建筑布局严格遵循“中轴线”及“前朝后寝”等陵寝规制，主体建筑以南北轴线为中心线一字排开，附属建筑按对应安排在主建筑两侧，整个陵区南北长东西窄，呈方正的矩形（图1）。[7]

严谨对称的排布体现当时的忠君思想和严格的封建等级制度。陵区及陵后遍植松柏，现存古松2000余棵，松龄多数达300多年，形成了壮观的古松群。这些古松摇曳挺拔，参天蔽日，把金瓦红墙的昭陵衬托得更加肃穆威严。

（三）北陵公园的传统声景

陵区和陵后区浓密的松林吸引了大量的鸟类在此停留筑巢，声声鸟鸣，婉转悠扬，风过之时，伴着萧萧树叶声，成为陵区的基调声，奠定了陵区深邃宁静的环境氛围。严谨对称的空间形式，丹楹刻桷的殿宇楼阁，瑟瑟鸟声回荡其中，自然与人工浑然一体的气象，强化了神圣、崇高、庄严、永恒的陵寝艺术性格，产生了强烈的艺术效果。

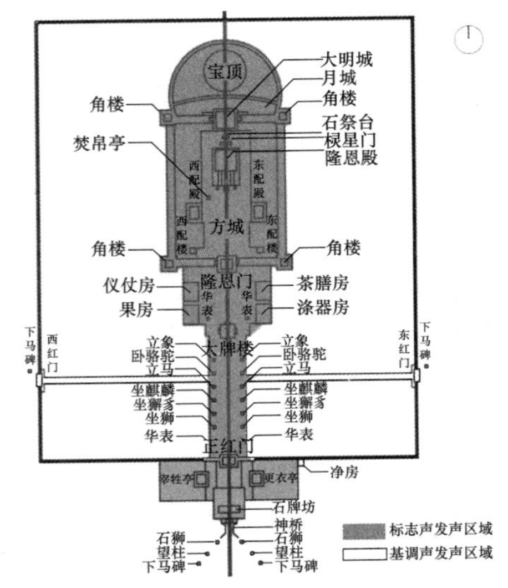

图1　清昭陵建筑布局和声景区域分析

陵墓的功能是为亡者提供安息场地，平日安静肃穆，逢皇家祭祖活动，则带来恢宏盛大的场景。清代祭祖分“大祭”“小祭”“皇帝东巡致祭”等，是昭陵最基本的活动，受到皇家极大的重视。昭陵每年举办7次大祭，22次小祭，祭礼频繁，场面隆重。如在中元时，有“羊一，献果酒，供香烛，焚帛，读祝文”的祭祀规定；在皇帝和皇后的忌辰之日，祭扫者要穿戴孝服，场面严肃，气氛庄重悲伤。除此以外，还要举行若干次其他名目的祭扫，如每年皇帝或皇太后生日举行的“万寿告祭”，为皇太后加徽号举行的告祭，或出征凯旋向陵告祭，或皇子每隔三年来此行礼，此外还有途经盛京的官员或者到盛京上任的新官也要到昭陵拜谒等等。这些活动是昭陵所独有的，无论是祝文朗读声，还是告祭时号角声，都是生者和亡者的对话，是北陵公园的标志音，无不悲怆凄厉，为昭陵更添肃穆感。

时过境迁，各种祭祀活动已不再，但其规

划、布局依然完整，主体建筑保存完好，传统的陵墓自然声景和相应的环境氛围依然存在。

二、北陵公园声景现状调查

北陵公园的功能布局如图 2 所示，分为清昭陵、人工湖、陵后古松保护区、陵前休闲娱乐区。

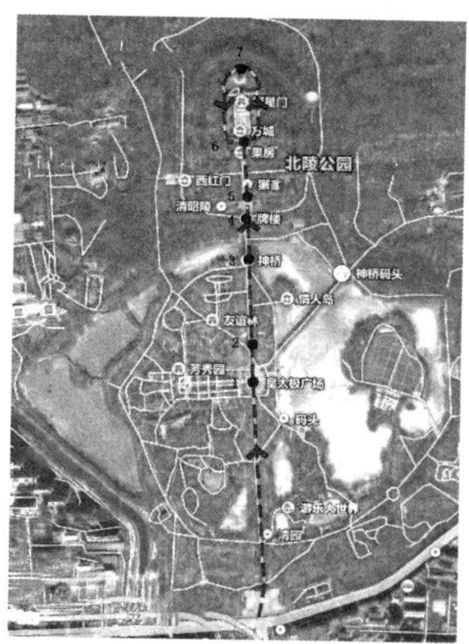

图2　北陵公园功能布局

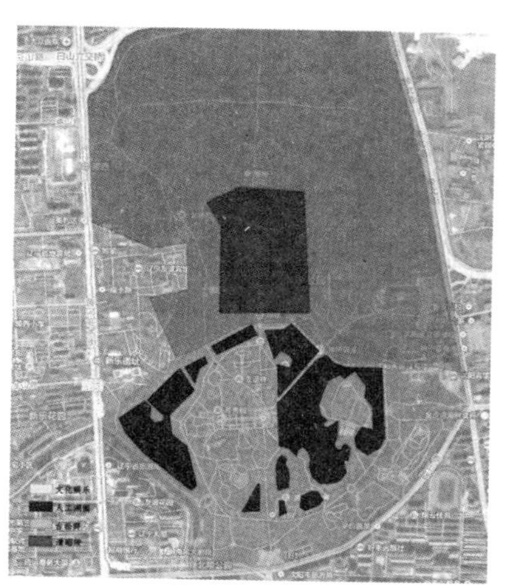

图3　声景漫步路线和测量节点分布

（一）调查方法及内容

首先，由现场田野观察发现，大部分在进入陵区游览的游客都会选择径直地穿过前区游憩区，再沿着轴线依次参观方城内的建筑和后面的宝城，而此路线相较于其他游览路线，人的活动更加复杂，声景的构成也更加多样。因此将其确定为声景漫步路线，沿此路线进行声景采集和声景体验。

其次，沿声景漫步路线选取具有空间代表性和声景变化显著的 7 个代表性节点作为测点，利用积分声级计测量每个测点的等效连续 A 声级，以代表该空间节点的声压级水平。测量的同时，在每个节点记录声音的构成，并按照感知显著程度进行排序。

在选取的 7 个节点附近，对 112 名游客进行了现场访谈，测量受访者对现场声景的感知、满意度及和谐性评价。声景漫步路线和测量节点的选择如图 3 所示。

（二）声景漫步体验

北陵公园入口至皇太极公园的陵前大部分娱乐休闲区，游客的数量较多，既有前来休闲的城市居民也有慕名来参观昭陵的各地游客。空间开放，人们在此区域开展各种活动：孩子们放风筝，年轻父母带着孩子在树下露营野餐，中老年人组织唱歌跳舞，以及商铺贩卖零食饮料。视觉景观要素包括各类常绿高大乔木、低矮灌木、草坪以及花艺等，主路面为水泥路面，绿化区内布置石面的小路、座椅等。同时还有皇太极广场这样的空间节点以活跃气氛。其声景特征为：交谈声、儿童嬉戏声所占比重比较大，氛围愉悦轻松，由于热闹的人声的掩蔽，自然声很难被听见，人工声的影响突出。

离开皇太极广场向陵区方向行进至陵区入口，即牌楼的这段区域，视觉景观要素与娱乐休闲区无明显差别。道路两侧分布着商品的贩卖点和湖区游艇的售票点。声景特征为：商业活动声非常突出，包括叫卖声，商铺为吸引游客播放的音乐声，以及游艇售票处的广播声，显得非常嘈杂喧闹。该区域人群构成以参观昭陵的游客为主，大多不在该区域过多停留，只是经过或驻足拍照，声音种类以交谈声为主，夹杂着儿童的嬉闹声，自然声几乎很难被捕捉，声环境较差。

通过牌楼就正式进入陵区，在石牌坊与跨院围成的小院内，服装租赁的摊位，为招揽生意以较大的声量播放音乐，又因该区域比较封闭，使得此处的声压级较高。跨过正红门，音乐声逐渐消失，视觉景观要素多为古迹和各类高大的松柏，还有些草坪和灌木，路面为砖铺路面，保持历史原样。环境宁静、肃穆，有非常好的历史文化氛围。随着向陵区内的行进，自然声越来越突出，人声所占的比重变得非常低，仅为轻微的交谈声，在安静的氛围下，可以充分感受到鸟鸣声、风吹树叶声、虫鸣声等自然声。

在声景漫步中，对游客游览状态变化也进行了观察，发现游客在刚进入陵区时因受外部喧嚣环境的带动，交谈声量相对未进入陵区时并未降低；随着向陵区内部行进，视觉任务加大，且被肃穆的环境氛围所感染，交谈声量和频率都有所降低。

（三）声景构成及声压级分布

根据声源类型，将在场的声音类型分为自然声和人工声两大类。自然声包括植物声、动物声、水声和自然现象声，人工声包括社会声、交通声和机械设备声三类。具体声音类型见表1。

声景构成　表1

类型	种　类	声　音
自然声	植物声 动物声 水声 自然现象声	风吹树叶声、风吹草声、鸟鸣声、虫鸣声、湖水拍打水岸声、船桨击打水声、风声
人工声	社会声 交通声 设备声	交谈声、儿童嬉戏声、儿童哭闹声、文娱活动声、商业活动声、广播与背景音乐声、交通工具声、车辆鸣笛声、施工声

这些声音要素在声景构成中担任着背景声、信号声和标志声的功能。而不同的区域因景观空间和使用状态的不同，声景的构成和不同声音要素所占的比重也不同。对各测量节点，进行声音要素统计，并根据其显著度进行排序，结果见表2。

由表2可知，各个空间节点的声景构成存在差异。测点1的声景构成中，全部为人工声；测点2至5的声景构成中，人工声所占的比重大于自然声，且人工声构成复杂；而测点6、7的声景构成中，自然声的比重小于人工声，尤其是测点7，自然声占绝对的主导地位。

各测点声景构成和其声音要素的显著度排序 表2

测点	声景构成（按显著度从高到低排序）
1	商业活动声、交谈声、休闲活动声、儿童嬉戏声、交通工具声
2	儿童嬉戏声、交谈声、鸟鸣声、休闲活动声、交通工具声
3	公园广播声、商业活动声、儿童嬉戏声、鸟鸣声、交谈声、交通工具声
4	交谈声、儿童哭闹声、鸟鸣声、商业活动声
5	商业活动声、交谈声、儿童哭闹声、鸟声
6	鸟叫声、交谈声、虫鸣声、风吹树叶声、风声
7	鸟鸣声、虫鸣声、风吹树叶声、风声、交谈声

各个测点的等效连续A声级数值如图4所示，测点1所在区域声压级最高，达到68.2dB(A)，测点3、4、5，也均超过1类声环境功能区所规定的昼间环境噪声等效声级限值的55dB(A)。[8] 测点2、6、7较为安静，声压级测量值低于55dB(A)。

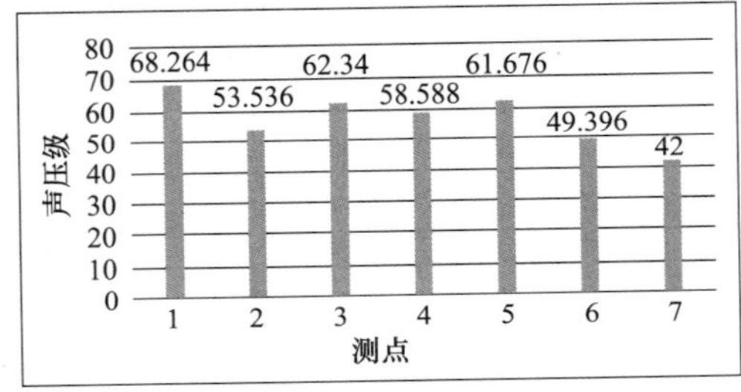

图4　各测点连续等效A声压级

（四）基于体验的声景和谐性评价

通过询问受访者“你对该区域声环境是否满意”和“你觉得现在声环境与周边环境是否和谐”两个问题，以得到游客对7个测点所在区域声景满意度及和谐性评价结果，如图5所示。数值越大，满意度越高，声景和谐性评价越高。

从图中可以看出，满意度与和谐性评价趋势大致相同，可见声景和谐性体验与声景满意度显著相关。同时结合各测点连续等效A声景的测量结果，可以发现：一般情况下，环境内声压级水平越低的，游客主观评价结果越好。但决定游客对声景评价好坏的因素，并非只有单一的声压级大小。如测点1所在区域虽然声压级最高，但游客对其评价普遍较好，究其原来，主要因为该测点位于皇太极广场内，是前部休闲活动区的核心空间节点，场地开阔，人群密集，活动丰富，因此具有较大声压级水平。但由于聚集的人大多为游玩放松的城市居民场所传递的氛围是愉快热闹的，符合他们对于游乐场所的要求，所以和谐性评价较好，因此满意度也较高。

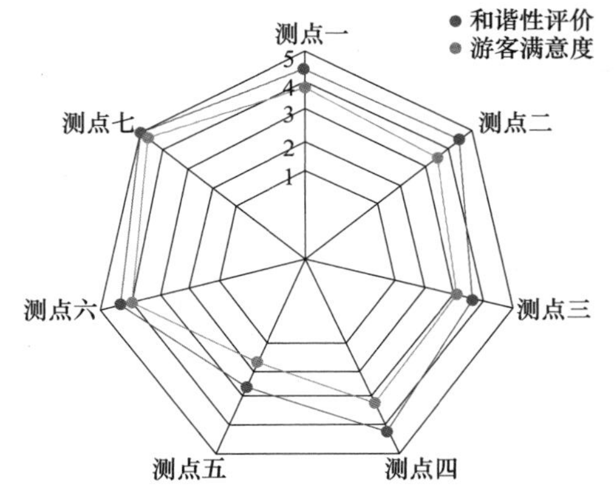

图5　和谐性评价和满意度分析图

分析 5、6、7 三个测点的主客观调查结构，可以综合评价陵墓区的声景和谐性。测点 6、7 所代表的大部分区域，其声压级水平较低，以自然声为主，游客声景和谐性评价优，声景满意度高，与声景漫步的区域体验一致，声景气氛符合陵墓区环境特征。但测点 5 所代表的入口内部区域，声压级水平较高，人们对此处的声景满意度和和谐性评价均为最低，根据现场观察和游客反映，问题来自于该区域内服装租赁和摄影服务，这样的商业行为放置在陵区本就格格不入，带来的商业喧嚣加之外放的流行乐，破坏了该区域的声景和谐性，严重影响了游客的游览体验。

三、声景和谐性提升策略

（一）“声景过渡区”概念的提出

为了改善陵区的“声景和谐性”，维护提升游客的游览体验。根据社区公园的空间功能布局，结合上述对社区公园声景的研究和解析，在陵区前部新增游憩区域末端，将进入陵区前大约 200m 的范围设置为“声景过渡区”。

“声景过渡区”一方面在空间上，可以对热闹休闲区的娱乐活动声进行削减，降低对陵区的干扰，另一方面，人在倾听声音时，其审美感觉并不仅仅取决于听觉的感知，还和“在场”的环境及对其的视觉感知有关，人对声音的审美体验是听觉感知和视觉感知协同完成的。因此研究声景就得研究人与声音的关系中的环境的影响，且主要是人以审美目的倾听时，“在场”环境的影响。[2] 通过视觉景观的塑造可以使游客心情平静下来，从而更好地参观和感受昭陵，也会减低人工声在昭陵中所占的比重。

（二）“声景过渡区”设计策略

（1）让可能产生干扰声的娱乐设施和商业活动适当远离“声景过渡区”，若要保留则要尽可能地降低干扰声的声量，如关闭商品贩卖点和服装租赁的音乐播放，降低叫卖声的音量和游艇处的广播声。

（2）转换“声景过渡区”声景特色。原本该区域的背景声是以人工声为主，通过移除干扰声声源或降低干扰声声量，增加树木景观，丰富区域生物多样性，创造符合陵墓区声景特征的自然声；将背景声向自然声为主人工声为辅转变。

（3）空间布局与陵区内部相呼应，通过空间感受的塑造，营造庄严肃穆的氛围，提示游客将要进入陵区，帮助游客调整心理状态。

参考文献：

[1] Schafer M R. The tuning of the world[M]. Toronto: Mc Clell and and Stewart, 1977.

[2] ISO. ISO 12913-1: Acoustics-Soundscape-Part 1: Definition and conceptual framework. International Organisation for Standardization[S].2014.

[3] 秦佑国 . 声景学范畴 [J]. 建筑学报，2005（1）：45-56.

[4] 赵秀敏，王竹，石坚韧 . 社区公园的声景观研究 [J]. 新建筑，2006（4）：118-122.

[5] 杨萌 . 大雁塔北广场声景观调查及评价研究 [D]. 西安：长安大学 ,2009.

[6] Zhangyuan,Zhouyue,Liutong.Research on Shenyang 918 Soundscape Based on Semiotics. Theory[C]//Environment and Sustainability, 2014.

[7] 刘托 . 皇陵建筑 [M]. 北京：中国文联出版社，2009.

[8] 中华人民共和国环境保护部 .GB 3096—2008 声环境质量标准 [S]. 北京：中国环境科学出版社 ,2008.

从《慧山记》与《慧山记续编》看无锡惠山明中期以后的变化[①]

姚舒然[②]

摘　要：惠山是无锡古城西郊的风景名胜。《慧山记》与《慧山记续编》记录了惠山自南北朝至清末的发展历史。两部专志在编纂者、体例、所述内容等方面均有关联。本文从考察两部专志之间的传承和差异出发，讨论惠山在明中期以后发生的三大变化，即惠山园墅的大量出现，惠山祠堂的集中和宗祠化，锡山龙光塔的建设带动惠山景观的开拓等等，并探讨明中期以后江南文官阶层的成熟和壮大对惠山发生这些变化的推动作用及影响。

关键词：惠山，园墅，祠堂群，龙光塔，文官阶层

自宋代江南人口再次充实，农业垦殖和水利建设日渐发展，商业贸易日渐繁盛。经济是文化的基础，江南社会财富增加带来了文化的繁荣，一个突出表现就是乡邦文献的蔚然兴起。宋元以降直至清末，不仅各府各县频繁修志，乃至各乡各镇，名山名水，甚至一个寺，一座园，也不乏志书的编撰和流传。这些水经山志，不仅仅是江南人民利用改造自然环境，营建景观空间的记录，也是反射当时当地社会生活的镜鉴。《慧山记》与《慧山记续编》这两本有关无锡惠山的专志即是其中的优秀代表。联系比较这两部志书，我们不仅可以了解惠山名胜的营建史，更可以考察明中期以后发生在江南社会的某些变化。

一、从《慧山记》到《慧山记续编》

惠山位于无锡古城西郊，山南距太湖五里，山的东北有大运河蜿蜒而过，运河有支流直抵惠山山脚。惠山古称慧山，“慧”字出自南北朝时惠山寺开山住僧慧照，因“惠”与“慧”同音通义，因此慧山有时又称为惠山。清中期康乾二帝南巡惠山，诗文中皆用“惠”字，在此之后“惠山”反而成为常用之名。从山名即可以看出，惠山名胜始于惠山寺的开创，寺之僧人即山之主人。唐代文人陆羽等品列惠山寺右的山泉为“天下第二泉”，吸引唐宋间诸多文人名士前往惠山游观。至明中期，惠山已是江南著名的近郊风景名胜，惠山寺成为占地极广、寺僧众多的千年古刹，同时无锡地方文人也多在二泉附近吟诗结社，僧者与文人之间交游颇密，遂有《慧山记》成书之缘起。

《慧山记》初由寺僧觉性草创，未竟而殁后由其弟子圆显接踵，初成二十卷稿。明正德年间漕运总督邵宝[③]辞官归乡无锡，在惠山寺左立尚

① 项目资助：国家自然科学基金课题（51478101）。

② 姚舒然，东南大学建筑学院，博士研究生，ashuy@126.com。

③ 邵宝（1460—1527），无锡人，明代著名藏书家、学者。字国贤，号泉斋，别号二泉先生，右副都御史，总督漕运致仕，明史称其“文典重和雅，诗清和澹泊”，谥号“文庄”。邵宝辞官归乡后，于惠山开办二泉学院讲学，对无锡地方文化影响甚大。

德书院讲学，他又接手圆显之稿，并对其删繁就简，最终厘定为四卷《慧山记》，并于正德五年（1510年）刊刻出版。当时《慧山记》的版片藏于惠山听松庵中，可隆庆年间即毁于大火。由于此版本印刷很少，至清代已近失传。清末咸丰初年，邵宝之八世族孙、南和县知县邵涵初，得赠一手抄本《慧山记》，遂辞官不拜，“每居山中日抄而附志近事”①，并命其孙邵文焘抄附历代诗文随附其后。而此时至《慧山记》问世已逾三百多年，惠山已发生诸多变化，于是邵涵初又接续其体例编撰《慧山记续编》三卷，“凡昔无今有、无可附志者则续记焉”。②而就在二记成书刊刻的次年（1860年），太平天国战火波及惠山，两书版片再次毁于战火。同治七年（1868年），邵文焘在无锡地方士绅的资助下，将咸丰刻本重刻出版，是为今日所见之《慧山记》与《慧山记续编》。

从《慧山记》与《慧山记续编》的体例来看，二者的延续性非常明显，但将其列表对比，也不难发现差异。首先，相比《慧山记》，《慧山记续编》（以下简称续编）中删除了“峰坞”“池涧”和“土产”三个门类。这三者均属于不易发生变化的自然要素，即邵涵初所称“今犹古也”，因此续编中均省略不表。其次，增加了卷首“宸翰”以及卷一中的“浮屠”、卷三中的“园墅”和“附坊、附桥”等内容（表1）。所谓“宸翰”，即帝王墨迹，康乾二帝共12次南巡中均多次前往惠山，尤其乾隆于惠山留下近百首诗文题匾，故邵涵初按“四库全书”通例，将帝王诗文列为续编之卷首。“园墅”记录的则是建设于明中晚期的以寄畅园为代表的惠山园林，“浮屠”即指建于万历年间的锡山龙光塔。相比因没有变化而省略的内容，这些续编中新增的内容恰恰印证着惠山在明中期以后发生的三方面变化。

《慧山记》与《慧山记续编》体例比较 表1

《慧山记》体例及内容		《慧山记续编》体例及内容	
		卷首	宸翰
卷一	慧山、泉、石、峰坞、池涧	卷一	慧山、泉、石、寺（附僧房、庵院、浮屠）、祠庙
卷二	寺、庵院、释老、祠庙		
卷三	物望、山居、古迹	卷二	物望、山居、园墅、古迹、附坊、附桥
卷四	胜览、墓、土产	卷三	胜览、墓

二、两记差异看变化之一：园墅的大量出现

在有关康乾南巡的历史记载中，二帝的每次惠山之行，都必定伴随“驻跸寄畅园”这几个字。甚至乾隆第一次的南巡，“所列出临幸地，不曰无锡，不曰惠山，而曰秦园”③。在续编的卷首“宸翰”中，乾隆近百首惠山诗文中也有约1/5有关寄畅园。也正因寄畅园受到如此非凡的帝王礼遇，“叠荷天章，亦奇逢也”④，故而邵涵初在续编中列出“园墅”一门，记载以寄畅园为代表的明中晚期建于惠山山脚的私家园林。

不知何时起，人们发现无锡城西门附近惠山横陈，梁溪环绕，是个绝佳的观景地。因此城西门外，自北宋有李纲的梁溪居，南宋有尤袤的乐溪居、元代有华瑛的溪山胜概楼，园宅代有延续。随之人们发现“溪山胜概”不仅仅只在西门外这一小片地方，从西门沿护城河北上直至惠山寺山门的水路旁都是连绵不断的山水胜景。因此明正德嘉靖年间，这一水路沿线的私家园墅渐起。若于万历某年，出西门舟行，溯梁溪北上至运河北塘，左岸边即是蓉湖庄，由嘉靖年间礼

---

① 文献[1]：邵涵初识语。
② 文献[1]：邵涵初识语。
③ [清]黄卬. 乾隆南巡秘记。
④ 文献[2]：邵涵初诠次。

部尚书顾可学建，该园“清波绕门，烟深树密，山堂朴野，奇石林立，是名手布置，直可拜杀米颠”①，虽近城郭，但背山面湖，有山庄缥缈之野趣。船过蓉湖庄，至黄埠墩，向左拐进寺塘泾，舟行一里半后右岸是以深藏幽邃见奇的黄园。该园初建于为正德年间，后由大夫黄擢于嘉靖年间改建，相比蓉湖庄，此园更近山一步，登上园中擎秀阁，眼前即是一幕山林、田野和建筑交错的风景，时人给予黄园极高评价，明代诗人华淑称其“鼎峙于山泉间，可以凌秦驾邹已”。② 从黄园沿寺塘泾继续向前抵宝善桥，桥下即是栖隐园，栖隐园由侍郎秦咨于嘉靖间建，“凡园皆近慧，此独全面锡山”③，入门即有楼横临泾上，可见为观山景，楼其实突于园外。从宝善桥沿河岔口南行，进入惠山浜，可直抵王园门外。王园初建于嘉靖，万历时由衢州推官王大益扩建。王世贞称“此园于山色得其三垂，黄园仅当一面尔”，他对其山水羡慕不已，称：“使吾中有真山一卷，泉一勺，所谓新妇得配参军，宁讵若是而已哉。”④ 从王园弃舟登岸，步行一两百步，即是惠山寺山门，推门入寺，左为愚公谷，右为寄畅园。正德间，佥事冯夔、尚书秦金相继购得惠山寺僧房，欲意改造为山中园墅，以为辞官归乡后的终老之地。于是龙泉精舍和凤谷行窝相继出现在惠山寺山门内，万历年间，龙泉精舍易主，湖广提学副使邹迪光改其为“愚公谷”，凤谷行窝则依然姓秦，更名为“寄畅园”。与前面所见几座临溪观山的园林相比，邹秦二园更是在山的怀抱中：不仅有山景，还有地势高差，寄畅园中还有真山余脉“案墩”；就水景而言，愚公谷中有黄公涧溪流汇入，寄畅园中有二泉之流脉汇入锦汇漪，相比寺外平地之园，水流更与地形结合，对造园来说是可遇不可求的自然条件，这两座园林也以“惠山双璧”的美誉称颂江南（图1）。

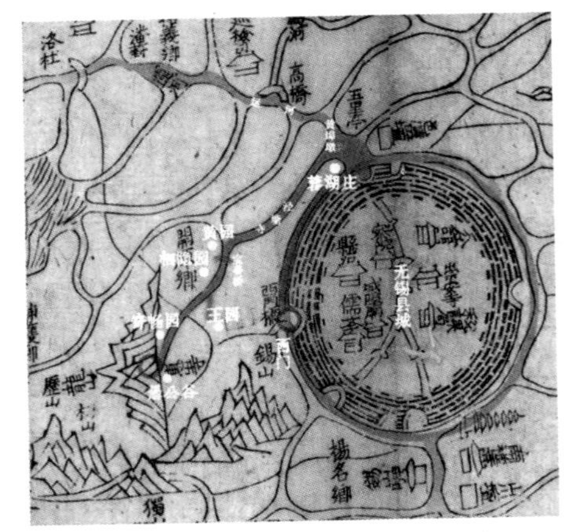

图1　惠山园林在前往惠山的水路沿线的分布
来源：作者自绘，底图出自《无锡县志》明万历二年（1574）刻本

以上所述园墅，是续编中所列八座园墅中最具有代表性的6座。而这8座园墅，几乎都兴建于明正德嘉靖两朝。因此至万历年间，已是“环惠山而园者，若棋布然”⑤，邵涵初于续编中编辑“园墅”一门也成为可能。正因为惠山周边的山水条件，使得园林景观可以借天然之势不造而有，而且有着比平地造园的城中宅园更加真实，更为广阔的山水意境。同时由城门经由运河——寺塘泾可以直达惠山山脚的水路，也给园林的大量建设带来极大的便利。因此一旦时代条件成熟，惠山脚下的园林建设就如雨后春笋般地展开。而这时代的条件，不仅仅是物质条件的丰富，同样甚至更为重要的是江南社会文化的成熟。如上所述，惠山园林的主人均属于无锡地方文官。明中期以后江南文官阶层发展壮大成熟，兴诗结社，游观曲艺活动皆频繁，造园不仅仅是为了观景，更同时还有容纳文化活动的需求。可以说，惠山园林在明代正嘉间的大量出现，是江南地方文官阶层利用山水表达其诉求和审美的一个突出表现。

由明至清，进一步成熟的江南文化又通过文官阶级影响了北方的异族统治者。虽然众多

① 文献[4]：P333。
② 文献[4]：P167。秦指秦园，即寄畅园；邹指邹园，即愚公谷。
③ 文献[4]：P331。
④ 文献[4]：P170。
⑤ [明]王穉登，寄畅园记，文献[4]：P288。

的惠山园林经历明清易代仅有寄畅园存世，但当深受汉文化影响的清代帝王来到惠山后，寄畅园所蕴藏的山水意境令其陶醉，他们所接受的教育与江南文官阶级塑造的园林艺术环境产生了共鸣。乾隆六次南巡来到惠山和寄畅园次数多达11次，并留下大量诗文，足见其对惠山和寄畅园的喜爱。而其随后在北京清漪园中建惠山园以写仿寄畅园，则是乾隆首次在皇家园林中写仿江南山水，这也是惠山园林的艺术成就对后世产生影响的最有力的证明。惠山园林所表现出的人文与山水结合艺术意境，以及其对后来的传统园林营造所产生的影响，足以使其成为与苏州园林、扬州园林等相提并论的江南园林的类别之一。

三、两记差异看变化之二：祠堂的集中与宗祠化

《慧山记》卷二和《慧山记续编》卷一中虽然都有“祠庙”一门，但续记中所记载的祠庙无论在数量上还是性质上都较《慧山记》中大为丰富。在《慧山记》成书之时正德初年，祠庙包括废者也仅有8座，这8座祠庙中有3座是神庙，祠堂仅5座。且这5座祠堂华孝子祠（祀孝子华宝）、尊贤堂（祀以陆羽为主的群贤）、邹国公祠（祀孟子）、周文襄公祠（祀周忱）、李忠定公祠（祀李纲）所祀均为先贤，也即续编所归为的“遗爱祠”。在传统社会，先贤祠和风景地向来存在着密切的联系，人们往往在风景优美的地方建造祠堂旌表先贤，以供后人瞻仰。而至续编成书的清晚期，惠山祠堂已有76座，其中有31座乡先生祠（即乡贤祠）、8座遗爱祠、15座贞节祠、20座分祠和2座义庄宗祠，祠堂的数量与类型都与明中期时不可同日而语，成为一个位于城市近郊风景地的祠堂群落。

嘉靖十五年（1536年），嘉靖帝在尚书夏言的建议下颁布允许臣民祭祀始祖的“推恩令”，将民间一直存在的祭祀始祖的风俗合法化，这一政策对明清两代的宗族社会产生了深远的影响，此后民间联宗立庙之风渐起，宗族祠堂迅猛发展。[①] 在江南地区，“推恩令”的影响虽然不如在皖南、岭南等山区的影响大，但随着江南社会的成熟，出身江南的文官增多，品级较高的官员开始遵照“推恩令”在家族宅邸附近建立宗祠。与此同时，文官阶层中的杰出者因为突出的才能或对地方的贡献，也成为风景地先贤祠的祭祀对象，即“乡先生”。因此明中期之后，不仅江南城市和聚落附近的宗祠开始悄然而增，惠山等风景地的“乡先生祠”也逐渐增多。

从明至清，异族统治的清王朝继承了明代以孝和人伦为宗旨的治国理念，并将其逐步细化和强化，雍正年间的《圣谕广训》倡导民间立家庙，修族谱[②]，民间建宗祠之风更盛前朝，“凡有族者，类皆有祠”，江南地区的宗祠也开始大量出现。而就在此时，因为政治的需求，紧邻京杭运河的便利，和惠山寄畅园美景的吸引，康乾二帝在逾百年间频繁南巡惠山。二帝的光临使得惠山成为无锡最为尊贵，最具“龙气”的地方，二帝于此会见地方家族耆老、旌表乡贤，最高的奖赏恐怕就是准许家族为先贤在惠山建立祠堂了。从这时起，不仅原来的乡先生祠因为祔祀其后世杰出子孙而出现了宗祠化的倾向，一些宗族分祠、贞节祠堂也开始于此建立，甚至一个宗族的主祠也从城中宅邸附近迁往惠山与本族的乡贤祠合并。卷首“宸翰”中，乾隆御诗就曾提及“先贤周敦颐后嗣，持小像求祠名”[③]，此祠即是乾隆七年（1742年）周敦颐居锡后裔在惠山建的周敦颐分祠。又如祀宋抗金名臣李纲的李忠定公祠，原本设在无锡东北隅的胶山，后邵宝因仰慕其品节，在惠山尚德书院内为其又设一祠，康熙五年（1666年），李氏后裔奉檄迁建惠山李祠

---

① 王鹤鸣，王澄.中国祠堂通论[M].上海：上海古籍出版社，2013：138。
② 王鹤鸣，王澄.中国祠堂通论[M].上海：上海古籍出版社，2013：129。
③ 文献[2]：卷首。

至惠山寺山门内，新祠反而成为李氏在锡宗祠。仅惠山寺山门内，在康雍乾三朝间出现了8座祠堂，且都是“奉檄”而建。其中的过郡马祠、钱武肃王祠，邹忠公祠、李忠定公祠等均是该姓宗祠。而位于惠山的寄畅园中于乾隆十一年（1746年）设先祖祠和双孝祠，不仅是对清帝王倡导孝治的回应，同时也将园林由个人私产变为家族公产，从法理上维持了寄畅园的保全，使得这座杰出的惠山园林得以流传至今。

由此可见，惠山祠堂的集中与宗祠化开始于明中期，经过由遗爱祠而乡先生祠、由乡先生祠而宗祠的漫长发展过程，最终成型于清中期。帝王对惠山的频繁巡幸使得清中期的惠山就如同一块巨大的磁石，而由城至山的便利水路，就仿佛一根导线，强烈地吸引着祠堂建筑聚集于此。与皖南、岭南山区聚落周边的宗族祠堂群不同，位于城市近郊的惠山祠堂群中不仅有着大量的先贤祠，其中的宗祠也多以家族先贤为主要祭祀对象；而与江南其他风景地的先贤祠堂相比，惠山祠堂群不仅数量多密度高，其中的乡贤祠、分祠和贞节祠等与城市家族的关系非常密切（图2）。

图2　惠山祠堂群在惠山名胜中所处位置
来源：作者自绘，底图由无锡规划部门提供

经历清中期的爆发式增长后，清末至民国，惠山对地方祠堂建设的“磁性”仍然维持不减，不断有祠堂于此新建。祠堂建筑密度的增加，带来了人口的增多——既有流动性的家族人群和观光人群，也有常住的祠丁人群。而人的增多，又导致了坊、桥等交通节点设施的建设，也因而有了续编中“附坊、附桥”等门类的增加。同时，便利的水路条件和人流结合，带动了商业的发展，继明中期昙花一现的园林社会，清中期之后的惠山山脚形成了一个城镇化的祠堂社会。

四、两记差异看变化之三：振兴文运的“浮屠”带动惠山景观的开拓

在续记卷一“寺”门类之后，增加了一篇附志“浮屠”，此浮屠即指建于明万历年间，位于锡山之巅的龙光塔。《慧山记续编》中有关浮屠的记载很简短：

> 龙光塔在锡山顶，万历丙子年建，案王学士达有锡山塔影诗，是洪武永乐间本有塔，不知废于何年，先文庄有锡山塔基诗可证。正德间昆山顾文康公鼎臣喜谈风鉴，谓邑无巍科，当是龙不角尔，顾懋章等因建石塔，或又言龙以角听，宜空中，故又改为今塔，郡守施观民名之曰龙光，国朝康熙壬子县令吴兴祚，雍正邑绅华希闵，道光邑绅杨德墉又修之。

记载虽短小，但信息量巨大。在明正嘉之前，锡山上有塔无塔并不是件紧要之事。当顾鼎臣将无锡久不出状元与锡山上无塔联系在一起之后，无锡地方上开始了关于建塔的讨论。在这场讨论中，邵宝就保持中立态度，并不认为建塔和出状元有联系。[①] 随着追崇方术的帝王嘉靖登基和“喜谈风鉴”的顾鼎臣以及顾懋章顾可学父子得势后，风水之说占据了上风，锡山顶相继建塔。巧合的是，新塔即龙光塔立成第二年后，无锡即出了历史上第二位状元。因此，从万历一直到清末，龙光塔就再也没有废圮，始终得到地

① 文献[2]：卷一。

方文官阶层的重视，清朝又三次修之。而清末同治四年（1865年）因火灾龙光塔毁，此后就一直未得以重建，一直到1930年荣德生出资才得以重塑于锡山顶，也可见此塔与封建文官阶层的兴衰与共了。

龙光塔虽因文运而建，却在振兴“文运”之外，对于惠山乃至城市景观，产生了深远的影响（图3）。首先，龙光塔的出现，扩展了惠山园林的借景对象。龙光塔落成之前，惠山园林因借的山景，大部分是惠山，因为锡山的高度仅有惠山1/3，两者无论是气势还是形势，都相去甚远；龙光塔的出现，无疑是给借景锡山提供了一个视觉焦点，从此锡山也成为借景的主要对象。愚公谷专门设了“塔照亭”，在亭中望锡山；万历二十七年（1599年）秦燿改建寄畅园后，园中不仅能观塔，还能欣赏水中塔影，《寄畅园五十景图》中有三幅与借景锡山龙光塔有关。① 时至今日，寄畅园中依旧能够多角度观赏龙光塔，而站在嘉树堂隔锦汇漪远望龙光塔，园与山的空间关系进入“你中有我，我中有你”的境界，这一经典角度也成为江南园林借景教科书式的案例（图4）。

图3　龙光塔与惠山景观视线
来源：作者自摄于惠山

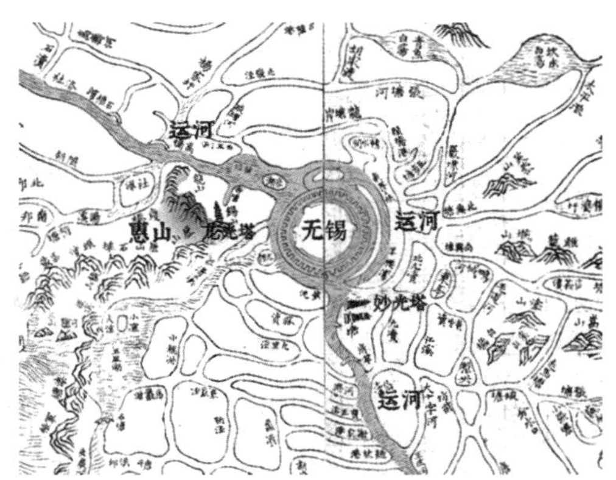

图4　城市、运河与南北二塔的位置关系
来源：作者自绘，底图出自《无锡金匮县志》清嘉庆十八年（1813）无锡城西草堂刻本

其次，锡山上龙光塔的出现，也影响了京杭运河与无锡城市之间的空间格局。众所周知，京杭运河自南向北穿越无锡城而过，而锡山正好位于运河和无锡城的北交汇点。龙光塔的这一竖向空间的出现，正好成为运河出入城市的一座航标塔。而在城市与运河的南交汇点，有城外南禅寺的妙光塔。而龙光塔与妙光塔不仅在名称和型制上有所呼应，同时在影响城市空间景观上也异曲同工：两塔作为运河沿线的标志塔，一南一北遥相呼应，不仅限定了城市南北的边界，同时还给观览运河和城市提供了制高点。

由此可见，起初因文运而建的锡山龙光塔推动了惠山乃至景观格局的改变，不仅是郊野名胜的风景塔，也是运河沿线的航标塔，城市空间的地标塔。在今天，人们甚至已经不太记得龙光塔是因振兴文运而建，但龙光塔在人们心中，已然成为京杭运河边的一座风景，锡惠名胜的一个标志，甚至是无锡城市的一张名片。

五、推动变化形成的因素及其影响

明中期以后，无锡惠山的变化虽表现在园林、祠堂和浮屠三个方面，但这三者背后共同的推动因素却是一致的。唐宋时期，以门阀贵族为

① 黄晓，刘珊珊. 明代后期秦燿寄畅园历史沿革考[M]//贾珺主编.建筑史（第28辑）. 北京：清华大学出版社，2012：112-135。

主的官僚阶级逐渐瓦解，取而代之的是以读书人为主的绅士阶层。明初洪武立朝，即实行重文轻武的一元化统治。至明中期，文官阶级基本发展成熟①，而江南社会作为全国的经济重心，其经济与文化都较其他区域更为发达，文官集团中的多数出自江南，他们不仅在政权中心起着决定作用，也对地方社会的发展起着主导作用。明正嘉以后，江南文官阶层的成熟和壮大，催生了惠山文人园的建设，而惠山园林的经典之一寄畅园能经历明清易代而保全，也是因其背后的文官家族秦氏在明清两代政权中的延续，从而迎来清代帝王的若干次巡幸，不仅惠山园林的艺术成就于此时得以传扬，也推动着惠山祠堂建筑的集中以及宗祠化。而"浮屠"龙光塔的营建和维护则更是与地方文官阶层的兴衰息息相关，文官阶层不仅推动了地方名胜的形成与发展，甚至也影响了城市空间格局的改变，成为明中期以后地方城市建设背后的主导力量。而发生在无锡惠山的这些变化，也仅仅是在文官集团主导下的江南社会变迁的一个片段，一个缩影。

同时，《慧山记》与《慧山记续编》的成书与流传的背后，也可见地方文官阶层对于传统营建历史的记载和传承。中国文人历来有"谀地"的传统，如热衷编排"四胜八景"②，并以诗文为之称颂；而水经山志因非官方钦定编撰，向来被归为野史之流，其编纂也因"谀地"传统而不够严谨，可信度值得推敲。邵宝将圆显所辑初稿由二十卷厘为四卷，不记"远而失之"的南北朝之前事，是追求严谨之表现，精简后的《慧山记》"条理清晰，简繁得当，堪称彰显惠山丰厚人文积淀的权威"③。邵涵初继承先祖文风，续编体例除了上承《慧山记》之外，亦"恪遵四库全书通列"，将南巡诗文冠于卷首，这也是其追求如同国史般的正统之性表现，这使得二记足以成为历史研究的素材和对象。

或许，我们也应重新审视文人的"谀地"传统。邵宝之所以要接踵僧人圆显编纂《慧山记》，是因为锡惠二山对城市来说，是可"产锡占治乱"的神地，是出"天下第二泉"的圣地，是"所系大矣"的城市历史文脉所系。因此，为其作记不仅仅是歌功颂德般的"谀地"，而是为"由是海内之人，闻兹山而未至，亦得览焉而知其概"④；邵氏九世三代人为之传承，也不仅仅是为了家族文献的传承，更是为了城市历史的延续。正如清末庚申之劫后，抗捻督军李鹤章在《慧山记续编》前序中所述："惠山之景物与其名胜所最著，有夷为丘墟者焉，则固幸其书之存之者，如未泯也"。也正是这样"存亡续绝"的使命意识，使得我们今日得以这些宝贵的文献来研究我们的园林史、名胜史和社会史。

参考文献：

[1] 邵宝订，圆显辑．慧山记 [M]. 二泉书院刻本，清同治七年（1868 年）.

[2] 邵涵初辑．慧山记续编 [M]. 二泉书院重刻本，清同治七年（1868 年）.

[3] 黄仁宇．万历十五年 [M]. 北京：生活・读书・新知三联书店，2006.

[4] 无锡市园林管理局等编，梁溪古园——无锡古典园林史料辑录 [M]. 北京：方志出版社，2007.

[5] 王鹤鸣，王澄．中国祠堂通论 [M]. 上海：上海古籍出版社，2013.

[6] 陈国柱．乾隆南巡游惠山 [M]. 南京：凤凰出版社，2015.

[7] 秦志豪．康熙乾隆的惠山情节 [M]. 苏州：苏州大学出版社，2015.

[8] 黄晓，刘珊珊．凤谷行窝考——锡山秦氏寄畅园早期沿革 [J]. 圆明园，2010（10）：107–125.

[9] 黄晓，刘珊珊．明代后期秦燿寄畅园历史沿革考 [M]//贾珺主编．建筑史（第 28 辑）：北京：清华大学出版社，2012:112–135.

① 黄仁宇. 万历十五年[M]. 北京：生活・读书・新知三联书店，2006。

② 唐晓峰，姚大力. 拉铁摩尔与边疆中国[M]. 北京：生活・读书・新知三联书店，2017。

③ 王立人主编. 无锡文库（第22册）[M]. 南京：凤凰出版社，2011：1。

④ 文献[1]：邵宝《慧山集续编》。

《牡丹亭》中的江南园林

李莹[①]

摘 要：昆曲《牡丹亭》的剧本为著名的文学家、戏剧家汤显祖所作。其唱词之华美可以说几百年几乎无本能出其右，其中杜丽娘与春香“游园”的唱段又更是惊艳绝伦，这不仅仅是因为这一段的唱词文学性极高，也由于昆曲与中国古典园林的意境高度契合。本文通过对《牡丹亭》中园林的还原和分析来理解中国古典园林，同时更加直观地感受到“不到园林，不知春色如许”的意境。

关键词：文人，空间意象，空间组织，建筑空间

对于大多昆曲迷而言，初闻昆曲都来自于《牡丹亭》中的一句“良辰美景奈何天，赏心悦目谁家院”。这座昆曲中的园林历经百年风雨，直到今天依旧“姹紫嫣红”地活在人们心中，成了人们心中的一块至美之地。本文希望透过对《牡丹亭》中的园林的分析，让人们能够更加深切地体会到这种昆曲和园林意境结合的美感，此外，也使我们从一种新的角度来看中国古典园林。

一、研究背景

昆曲发源于苏州昆山，可以说昆曲是浸润在江南水乡中成长的艺术，而且它在发展过程中，受到越来越多的文人士大夫的喜爱，因此，大量的文人投身到昆曲的戏曲创作中，这些剧本不仅仅文学性高，同时也反映了文人的精神世界。而江南园林多为文人园林，大多精巧而雅致，可以说是文人们寄托理想，陶冶情操的避世之所。所以两者几乎都高度浓缩了中国传统文化中的“雅文化”。因此，昆曲和园林在很多方面都高度的契合。这种契合不仅仅显现在两者的美学共性上，也存在与园林空间与昆曲叙事上。

近年来，人们开始重新重视昆曲艺术，逐步发现其与园林的众多艺术共性，也开始尝试昆曲与园林的结合，例如园林版的《牡丹亭》。而昆曲中存在的空间意象也渐渐被我们使用在园林氛围的营造上。

二、昆曲《牡丹亭》中的园林空间分析

（一）独处空间

游园之前，杜丽娘在闺房之中开始梳妆打扮，感慨自己天生爱美，却一直幽居深闺，如花美貌却无人赏识，她走出闺房后，一开口就是“人立小庭深院”，一个“深”字，足见闺阁较为幽静。而在这闺阁内有一个小庭院，丝丝春意从这个小院子里传来，引逗得她想去春香口中的“大花园”踏春。

---

① 李莹，武汉大学城市设计学院建筑系，本科生，954790192@qq.com。

闺房空间对于庭院较为开放，内外空间相互渗透，使得屋内也可观赏到院外的景致（图1）。但这种空间的渗透只是在这个闺阁的范围内，整个闺阁空间四周封闭，与外界隔绝，这庭小院深，更显得闺阁幽深而寂寞。如此才引发了杜丽娘的“在幽闺自怜”。

图1 闺阁
来源：汤显祖.牡丹亭[M].北京：人民文学出版社，1963。

（二）幽会空间

杜丽娘游园时，园林虽然废弃，但是也时常有人打理，所以虽然是“付与断井颓垣”，但也是“姹紫嫣红开遍”，无限春光都浓缩在一园之中，我们能看到“荼靡外烟丝醉软”，能听到“呖呖莺声溜得圆”，整个园林给人一种区别于寂寞闺阁的世外桃源之感。而这种典雅而至美的园林景观让杜丽娘和柳梦梅的相遇更显得如梦如幻。

二人转过芍药栏，行至牡丹亭畔，亭四周丛植牡丹，芍药牡丹多鲜妍，而且芍药往往有象征爱情之意，牡丹则常常指代大家闺秀，两者绽放在牡丹亭前，预示着爱情的甜美明媚。亭旁边有一架秋千，前面太湖石假山遮掩，垂柳梅树相互映衬。亭的空间非常开敞，可以欣赏四面景色，把无限的景色引入有限的空间中。而且亭的造型飘逸空灵，有一种动态美，亭与景动静结合，营造出一个层次丰富的朝气蓬勃的空间。展现出二人爱情的浓烈和美好，而且这种宛如仙境的美景更烘托出了这“梦”的浪漫（图2）。

图2 惊梦
来源：汤显祖.牡丹亭[M].北京：人民文学出版社，1963。

（三）寻梦空间

梦醒之后，杜丽娘日日相思，便往花园寻梦。她一径行来，心急意切，顾不得欣赏沿途风景，直走到牡丹亭边，结果寻来寻去寻不到踪影，心中自然凄凉。昨日灿烂明媚的花园突然显得荒凉冷落。杜丽娘觉得这里“没多半亭台靠边”，空旷冷寂，没有依靠之处。而在这无人之处，一株大梅树花开磊磊，衬得杜丽娘孤单落寞（图3）。

图3 牡丹亭
来源：汤显祖.牡丹亭[M].北京：人民文学出版社，1963。

当她寻梦不得，回到闺房，自画春容时，她倚着太湖石，背后垂柳，身旁几株芭蕉。自古柳有离别的含义，人们常常折柳枝送别，柳也婀娜，更显杜丽娘的温婉多情。芭蕉在中国的诗词中多有孤独寂寞，凄恻离别之情。杜丽娘在垂柳芭蕉的映衬下，更显得寂寞凄凉，也体现了她用情至深，以至于寻不到柳梦梅后日日相思，最后一病而亡。

三、《牡丹亭》中的园林空间转译

（一）叙事

《牡丹亭》的叙事方式与园林的组织方式有很多相似之处。它们大致遵循一个开始到高潮最后结尾的方法。不会一下子开门见山。而且在汤显祖的描述的园林中，也绝非直接详尽整座园林，是有组织的逐步呈现出整个园林的景象。这与园林中通过高低起伏、虚实结合、藏与露、蜿蜒曲折等方法，营造出空间的趣味，引人入胜（图 4）。

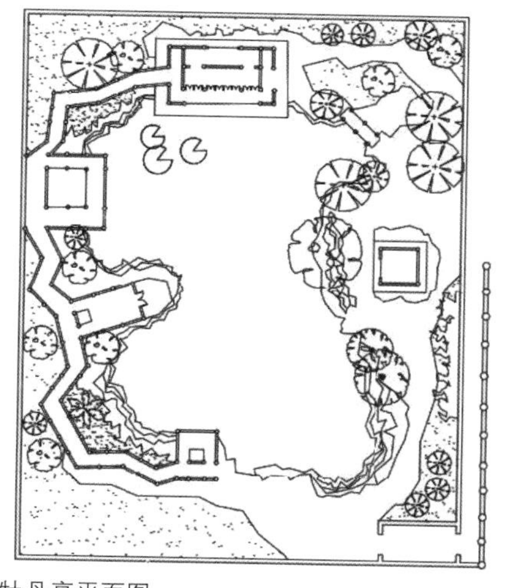

图4　牡丹亭平面图
来源：自绘，由原文及明万历间朱氏玉海堂刊《牡丹亭还魂记》绘图推测而来。

这座纸上的园林也遵循了古典园林的营造方法。从主要住宅区过来，经过一段长廊，便走到了园门。开始段是一个狭小的入口空间，由围墙和花架围合，其与园内形成了一种极强的空间对比，使人一进园门便顿觉豁然开朗。进了园内，竹林形成一道屏障，避免开门见山，一览无余。

转过竹林，看到园内的池馆画廊，花木姹紫嫣红，吸引人走向园林的纵深处。顺着竹林和池岸的走向，空间开始收缩，直到步至游廊入口，开始了空间的引导段。水榭连着带状的折廊，开始折向西墙，到翠轩处就倚墙而建，空间逐步收束，视野逐渐缩小，有极强的游览指向性。杜丽娘寻梦时走过游廊，心急意切，嗔那“睡荼蘼抓住裙钗线”，可见游廊两侧花木繁盛，可供人欣赏，避免行走的单调。最终游廊指向园林深处的阁，空间一下子开敞，步入全园的高潮段。

经过前面较为封闭和狭窄的空间后，在位于园林纵深处的阁内，可以一览全园景观，视野也一下变得开阔，心情也随之舒畅。从阁内望去，右侧“云霞翠轩”，“烟波画船”，游廊连接着高低错落的建筑，背后画墙也上下起伏，结合着掩映在建筑四周的大小树木，使得景观层次丰富，让空间显现出极其强烈的韵律感和节奏感。左侧湖面上一座小桥，桥边芍药花开，太湖山石后亭台依稀，亭边一座秋千架。而正前方的中央水池上，红莲开放，池水倒映着院内景色，虚实结合，更放大了此处的开阔。

走出阁内，经过小桥，转过芍药阑就到了牡丹亭。亭前的太湖山石和梅树垂柳阻断视野，空间又再一次收缩。走过牡丹亭后，就到了园林的尾声段，这里一侧种有垂柳榆树，一侧是东墙，人的视野在空间的压迫下逐渐缩小，此外沿路种有藤花蔓草，园林氛围逐渐变得幽深而曲折，直到回到园林的起始处。

在这一张一弛中，园林呈现出丰富的空间变化，虽然其面积有限，却创造出无边景致，让人在漫步中不觉疲惫，更添游览的兴致。

（二）情感表达

杜丽娘在后花园中与柳梦梅相遇，情不知所起，一往而深，两人爱得诚挚而狂热。这时的园林春和景明，花木繁盛，莺飞蝶舞，是一个色彩浓烈，有动感的明朗的空间。而在拾画叫画一折中，柳梦梅旅寄梅花观，走入后花园，看见满目疮痍，“寒花绕砌，荒草成窠”，杜丽娘所经受的相思苦似乎都呈现在园林之中。整个空间幽深，杂乱，几乎没有什么色彩，也缺乏生机。

四、结语

《牡丹亭》与园林的关系可以说是相辅相成。希望通过本文对于《牡丹亭》中的园林分析，给昆曲的发展带来一些灵感。同时，希望从《牡丹亭》中转译的园林空间使得对于中国古典园林的分析不仅仅局限于空间特征和造园手法，更要注重其文化内涵，了解中华民族的精神世界及需求，让我们在日后的建筑设计中，考虑这种情感和文化的因素。也给日后做昆曲相关的设计和对《牡丹亭》中某一场景的重现带来一些参考。

参考文献：

[1] 彭一刚．中国古典园林分析 [M]. 北京：中国建筑工业出版社，1986.

[2] 陈从周．陈从周讲园林 [M]. 长沙：湖南大学出版社，2009.

[3] 郑锦燕．昆曲与明清江南文人生活 [D]. 苏州：苏州大学，2010.

[4] 周详，严国泰．戏剧与园林艺术——空间隐喻性辩证关系探究 [J]. 新建筑，2015(01):145-149.

[5] 李妍．苏州园林和昆曲的共通美学价值 [J]. 艺术探索，2009(02):124，126.

[6] 张震英，雷艳平．闺阁园林间的浅吟低唱——从宋词看宋代闺阁的园林情调 [J]. 学术论坛，2013(02)：73-76，83.

湖湘书院园林的环境特色和营造艺术

杨宇环[①]，柳肃[②]

摘　要：本文以湖南省全省范围内的书院为对象进行对比与研究，归纳出湖湘地区传统书院园林中的选址类型、造园要素，并从文化层面分析生成湖湘书院园林形式的缘由。以探寻湖湘书院园林营造的艺术特色。通过对比和实地调研总结出湖湘书院园林景观的空间序列、处理手法、竖向空间的营造等特点，探究湖湘地区书院园林营造的模式以及深层的设计思想。

关键词：书院园林，湖湘书院，选址类型

一、湖湘书院与湖湘书院园林

（一）湖湘书院

书院是我国古代儒家人士聚集、讲学、藏书、习艺、游息之所，是古代封建社会的一种特殊的文化教育组织，乃处于官学系统之外并在我国私学之基础上形成的一种社会办学形式。“书院”的名称出现在唐玄宗开元年间，距今已有近1300年的历史。书院是私学发展的高级阶段，是唐宋以来影响甚大的一类私学教育机构。

在南宋时期，湖南已拥有125所书院，仅次于江西省，广泛分布于长沙、湘潭、醴陵、宁乡、湘乡、茶陵、衡山、安仁、常宁、宁远、道州、平江、靖州、澧州、临武等地，而以长沙、衡山、醴陵、平江、茶陵等地最多，其中，岳麓书院和石鼓书院（图1）都曾被列入天下四大书院，是湖湘地区非常具有代表性的书院。

湖湘书院就其功能分为两种类型。一类是为尊贤重道，承启名士风范而设立的，具有纪念性质。书院前身是中国古代知识分子“士”读书之地，或是才子流放、高官隐居的居住、学习之地，在他们亡故后，后人为了表示纪念并继承他们的精神和遗愿，而将之辟为书院。另一类由官方或社会私人出资以办学为目的，并且宋代时许多理学大师如朱熹、张栻、周敦颐等人都以湖湘书院为阵地，来传播自己的理学思想和学术主张。例如岳麓书院、文定书院、石鼓书院、甘泉书院都属于此类。

图1　石鼓书院远眺

（二）湖湘书院园林

书院园林是一种有别于皇家园林、寺庙园林、私家园林的园林。书院园林作为文人学习、交流的场所，其造园的思想、审美情趣都彰显着

① 杨宇环，湖南大学建筑学院，硕士研究生，623404472@qq.com。
② 柳肃，湖南大学建筑学院，教授，liusu001@163.com。

士者斯文、典雅的气质。湖湘书院园林的优美环境，突出人与建筑、环境等的和谐统一，反映“天人合一”的理想追求。而湖湘书院的建设，往往形成著名景区，为地方增胜。例如衡阳的“石鼓江山”、祁阳的“书院歌声”、临湘“药湖夜月”、安仁“五峰琴韵”、资兴“程乡绿水”等景，皆因书院的建造，形成“八景”或“十景”。湖湘书院园林从物质内容到精神功能、从立意布局到园内景区的主题分配、从园景本身的表象及内涵到园景之间的关系，都蕴藏着丰富的湖湘美学思想和深厚的湖湘传统文化。

二、湖湘书院的选址类型

湖湘书院在选址的时候，往往会采用“择胜”这一理念，“择胜”，就是选择优美、最佳的环境，由于儒家的教育理念一直以来就崇尚自然与人和谐相处的思想，所以湖湘书院一般多选在环境优美宁静，远离尘俗的清幽秀美的自然山水间，有利于清心静修学习。这里笔者就将湖湘书院的选址类型分为以下四类：

（一）环山面水型

这类的书院一般选址三面环绕着山体并且面朝水体，建筑一般建在山脚下，或者在山腰上，置于一片树林之中，符合“居阳背阴”“山水环绕”的风水理论，也是风水学里面最佳的“吉地”。例如，长沙的岳麓书院就选在岳麓山脚下，面对着湘江，建筑依山延展，隐露于绿林中，相互穿插、渗透，与岳麓山成为一个整体。株洲醴陵的渌江书院也是如此，三面环山，面向渌水，整个书院隐于自然山水之中。还有湖南宁乡的云山书院、湖南慈利的渔浦书院等等。

（二）背山环水型

这类型的书院大多面向水体，而背面倚靠山体，书院以水为龙脉，表现了“水注则气聚”的思想。这种类型的书院以水为主要的景观，且视野十分开阔，是一个理想的读书的环境。这类以水为主的书院十分具有特色，但在湖湘地区的数量并不是很多，比如，衡阳的石鼓书院选址位于衡阳城北的石鼓山上，蒸水环其左，湘水伴其右，耒水横其前，三面环水，站在合江亭上居高临下，眺望三水。湖南常德石门县秀峰书院选址于县城内的中心地带，位于学署东侧，北倚白云山，南和东南方向被长溪环绕，前有三义桥架于长溪之上，也是属于背山环水型。

（三）完全以山或水为主的类型

湖湘书院中完全以山景为主的大多数分布在衡山地区，这种类型的书院主要是由于地理位置的限制，由于南岳地段地势较高，山多，故这里的书院一般都建在山里面而距离水流较远。例如衡山的邺侯书院、白沙书院等等。反之，完全以水体为主的书院则都分布在岛上，这类的书院选址可能考虑到了四面环水能够隔绝与外世之间的联系，适合读书，故选在岛上。例如，衡阳的船山书院就位于东洲岛上，四周都是水，郴州安陵书院也位于一独立湖中的岛上。

（四）依山傍水型

在这种形式中，是指山水分别位于书院两侧较近的位置，但是并不以山水为主要的考虑因素，这种形式一般存在于乡村中，由于经济条件等因素，村落就地选址，利用乡野环境起到文化熏陶的作用。为了提高其在乡村的地位，湖南乡村的很多书院或兼具教学的祠堂都在中轴线最前端开设半圆形泮池，既能弥补乡村未普及官学建筑的遗憾，又能在村民心目中提高书院的地位，以加强乡野村民对“唯有读书高”的认同感。这类型的书院既方便各家子弟到达，又起到加强乡野文化氛围的作用。例如，溆浦的崇实书院是一座乡村书院，它并非以山水兼具的环境作为首要考虑因素，而是在满足基本风水格局的基础上，以村口或家族所居的中心位置为首选，同时兼具依山或傍水的自然格局。

由此可见，山和水是湖湘书院在选址上不可或缺的元素。湖湘地区丰富的自然条件书院提供了众多的基本环境形式，在此基础上，湖湘书院也依据各自环境的具体特色，因地制宜，辅以人工手段，注意继承和利用历史人文景观，使湖湘书院的环境形式表现得更加多样化（图 2）。

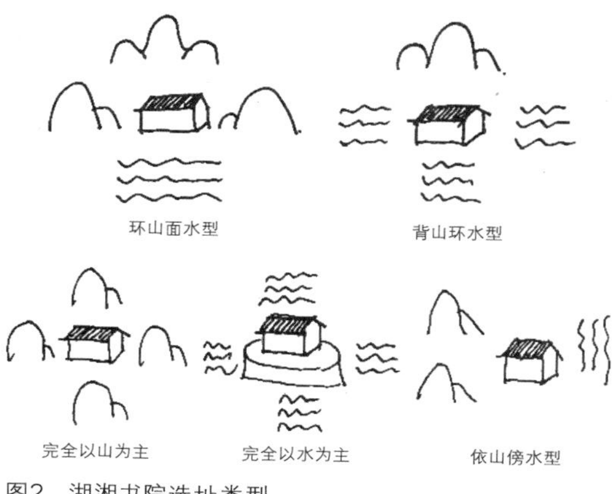

图2 湖湘书院选址类型

三、湖湘书院园林造园要素

湖湘书院园林的造园的要素主要从以下几个方面来分析：

（一）植物

我国传统书院植物造景遵循古典园林的风格与手法，但迥异于一般园林的是，传统书院的植物配置更加突出和强调"君子比德"思想。在书院造园时，经常要为学生提供欣赏和陶醉自然草木的空间和场所，还要把植物的品性与文人和求学者的内在素质进行隐喻和象征，从而实现人格升华。同时书院的植物栽植也经常借引植物的吉祥寓意为莘莘学子的学运仕途祈福。植物的配置是在湖湘书院园林最常用的造园手法，例如，在石鼓书院中，有一棵 1200 岁高龄的国宝级古银杏树，寓意着"杏坛讲学"，标明尊师重教的良好氛围。同样，在岳麓书院中，前门左侧为簧门池及吹香亭，池中散植荷花是组成八景之一的"风荷晚香"，取其"出淤泥而不染，濯清涟而不妖"的君子高洁之义，隐喻在污浊的社会环境中，人应具备高尚的情操。而赫曦台的周边片植桃花，春天红霞满天，其后硕果累累，象征着书院桃李满天下的杏坛地位，也是八景之一的"桃坞烘霞"所在，再例如长沙城南书院十景中绿竹成荫的琼挣谷，运用了竹来托物言志，体现君子高风亮节，陶冶书院学子心性，培养其高尚的人格。

植物不但可以作为主角存在于景观空间中，也可以作为陪衬辅助着建筑等其他元素的存在，同时，也可以改善书院的环境质量，维持生态平衡，美化书院景观。湖湘书院园林在植物配置时始终贯穿着"志于成人"的教育目标，并且注重园林植物品种对于学子道德精神的塑造。

（二）水景

在中国古典园林中，水既可以自成一体，独具特色，也可以与自然山体等诸多要素相融相生，形成朴野灵动的自然山水园林特征。洗心池、方塘等是水在湖湘书院中最直接运用，几乎每座书院里面都有一个小水塘，例如湘潭碧泉书院即是胡氏父子为隐山碧泉池景色所陶醉，遂与弟子在此开荒蒌草，植松竹，结庐舍，是为"碧泉书院"。岳麓书院八景中就有四景与水有关，醴陵的渌江书院门前的泮池等等。水景在书院园林中具有扩展空间，丰富视景的作用。在面积有限的情况下，水为赏景者提供了一个新的透视点，还是沟通内外空间、丰富空间层次的直接媒介。

（三）园林建筑

寓教化于游憩中，乃湖湘书院园林布局的突出特色。书院园林建设充分利用自然环境特点，建有亭、台、阁、桥、坊等园林建筑，显现书院淡雅、含蓄、朴实之品格。园林建筑常配合园内风景布局形成游览路线的起、承、转、合，以它们有利的位置和独特的造型，为人们展现出一幅幅或动或静的自然风景图画，让游人在有限的空间中感受景物的变幻莫测，达到步移景换的效果。例如岳麓书院中的百泉轩，位于讲堂和御书楼的右侧，并引岳麓山清风峡的溪水贯穿全园过碑廊，经咏归桥，绕百泉轩至院外的饮马池。百泉轩被称为“书院绝佳之境”。湖湘书院对建筑小品如亭、廊、轩的灵活运用，形成一开一合，一连一断，在引导和观瞻中通过，在悠闲的通过中偶尔驻足观望(图3)。例如，汝城濂溪书院的廊院结合的形式，这些灰空间是南方庭院园林中最有魅力的场所，它不仅成为建筑和庭院的过渡区，同时也是人感受自然、停留休息的最佳场所。

图3 岳麓书院园林建筑

园林建筑在湖湘中的应用屡见不鲜，在布局上更是注重蜿蜒曲折、参差错落，利用建筑巧妙地把山石、水面、花木联系为一个整体，极大地丰富了空间层次，达到了小中见大的艺术效果。

（四）其他

除了上述四种造园要素之外，湖湘书院还有其他装饰性的要素来丰富园林空间—书院内的碑匾石刻和道路铺装。湖湘书院内的碑匾石刻记录了书院的发展历史，具有极其重要的历史价值，如石鼓书院沿江古迹的“摩崖石刻”，岳麓书院内的麓山寺碑等等。而湖湘书院内部的道路铺装大多数为青石板和鹅卵石为主，讲究细部和纹理，如中轴线空间道路尺度较大，材料规整大气，显得隆重典雅；而处于小庭院空间的道路用材和尺度上亲切宜人，而游园中道路显得更加自然朴实生态。湖湘书院对这些碑匾石刻的充分运用和道路铺装的考究透露出了造园设景的湖湘文学渊源。

四、湖湘书院的景观空间研究——以石鼓书院和岳麓书院为例

（一）景观空间的序列

景观空间序列是指对于景观空间的中心、重点的展示内容，不应一目了然而是通过人工组织的空间变化的序列让人逐步看到。游人在通过这一空间变化序列时，思想和情感不断产生变化。通过充分酝酿、递进，最后达到情绪的高潮。湖湘书院的景观空间序列，以岳麓书院和石鼓书院为例来进行分析。

岳麓书院有着十分突出的景观空间序列主轴线，简单概括为“两纵两横”(图4)，两纵为东西方向上的分为一主一次，第一条主轴线是以藏书教学区的建筑为主，从赫曦台到大门、二门、讲堂、御书楼，有三重景观院落，每重景观各异，大门到二门是青石板铺就的小中庭，大部分的留白显得这个过渡空间简洁大方、朴素典雅。二门到讲堂则两侧种植着罗汉松、银杏的树木，显得比较庄重，随着地势的步步升高，这种递进的节奏和规则的韵律将园林景观序列推向高潮，现存书院制高、至尊点——御书楼。第二条次轴线则是以祭祀为主导的建筑空间，由照壁、牌坊大成门、大成殿构成。单一的植物沿中轴线两侧等距种植，单一简洁中透出庄重严肃的祭祀氛围。两横为南北方向也蕴藏着一主一次两轴线，横向主轴以讲堂为中心，它将位于非轴线上的两个功能主体—孔庙与后花园统一到整体之中；横向次轴则由风雩亭和饮马池、赫曦台、吹香亭和簧门池所形成的，并以赫曦台为核心形成广场。使书院内的建筑园林景观化，园林和建筑你中有我，我中有你。

石鼓书院也有着明显的景观空间序列轴线(图5)，主体建筑禹碑亭、山门、大观楼、合江亭都位于中轴线上；在中轴线的两侧，主要是书舍和祭祀的专用祠堂，以及师生游憩区。石鼓书院的景观空间序列以中轴线为核心将各单体串联起来，层层递进，最后将园林景观引向书院的

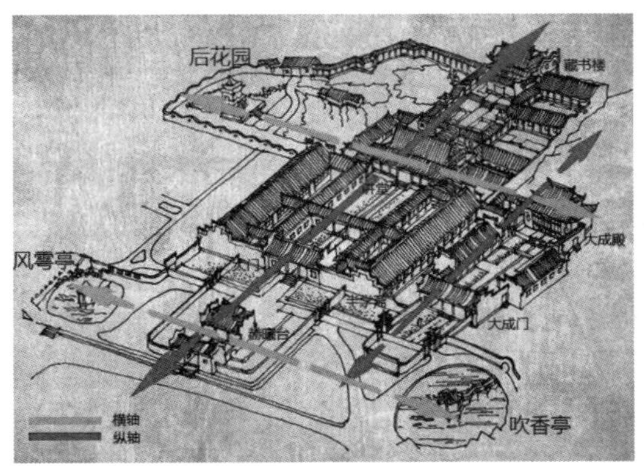

图4　岳麓书院两横两纵轴线

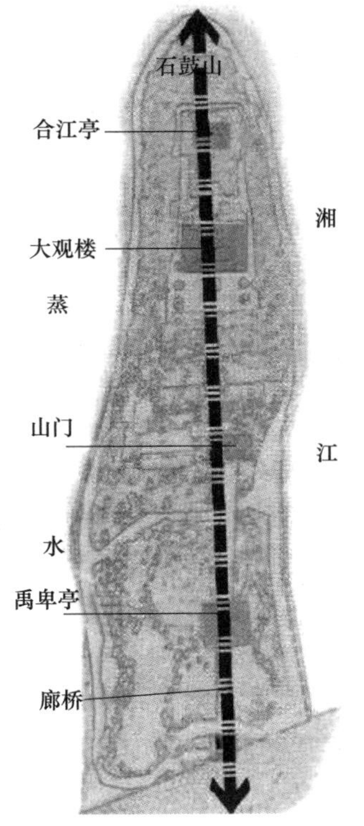

图5　石鼓书院景观轴线

高潮，也是观景的最佳处——合江亭，它的景观序列既是书院的步行流线，同时更是一条无形的标准线控制着各个单体。

湖湘书院园林景观轴线变换颇具匠心，形成层层推进、步步深入的空间序列，能做到既主次分明又有层次变化，既精巧又富有节奏韵律变化之美。同时也体现了我国儒家思想文化中尊卑有序、等级有别、主次鲜明的社会伦理关系，烘托出书院的神圣与尊严。

（二）景观空间的处理手法

1. 以轴线为引导

湖湘书院大都有明显的中轴线，景观空间的组织都是以轴线作为牵引，利用轴线的导向和组织秩序的作用，强化景观空间的主次、尊卑关系，将各个单体按功能的主次依照中轴线依次排列，从抑到扬，逐步升华将空间推向高潮，最终完美收尾，达到共鸣。

2. 借景、框景手法的运用

借景指利用地形以外的事物来做对景或框景。石鼓书院的合江亭空间四面开敞，方便借景。此外，书院建筑本身造型优美，于周围环境也是一个重要的景观元素，形成因借的关系。框景是通过特意设计的洞口去看某一事物，框景更偏重于框的处理，强调以画入室的效果。湖湘书院作众讲学场所，框景与借景等空间处理手法在湖湘书院中有灵活的运用，不管是框景还是借景，它们都具有空间渗透的性质，只是具体的处理情况不同，二者的穿插用使书院内外空间变化更丰富，同时也增强空间的层次感。

3. 竖向空间的营造

景观竖向空间的营造包括挡土墙、台阶、排水系统。以岳麓书院与石鼓书院为代表的湖湘书院选址上依山傍水，自然就少不了其所在的整体环境高低错落。依山就势，有利于书院对周边环境借景望境。这样的书院景观竖向以自然原始地貌为依托。有时，为了氛围营造需要，也会专门设计台地空间，在岳麓书院中的赫曦台就是这样，刚一进山门，迎面而来的赫曦台有一米多高台阶，上到平台后四处观望，周边空间一览无余，而后又下台阶进入书院大门。这一上一下的空间营造，将外界的喧嚣隔离，也将来客的内心进行全新的梳理。为真正进入书院留下伏笔。湖湘书院的景观竖向空间处理的巧妙得体，整体把握自如，层层递进的庭院，形成了每进院落均缓缓升高的亲近山体的格局（图6）。

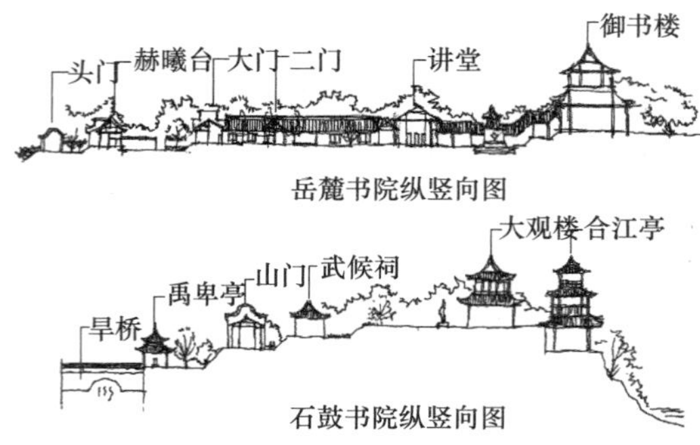

图6　岳麓书院与石鼓书院纵竖向图

五、湖湘文化

湖湘大地书院教育之盛，与湖湘文化的博大精深及其传播有着必然的联系。湖湘文化作为一种地域性的文化，是中华文化多样性结构中的一个独具特色的组成部分。在历史的长河中，湖湘地区逐渐形成的以屈原为代表的南楚文化与以孔子为代表的儒家文化不断冲突融会，中原文化的“文雅”与群苗文化的“蛮野”这两大基因的结合，就构成了湖湘文化独特的“倔强”、“刚坚”、“峻激”的风格。

宋代的理学大师均在湖湘讲学、创建书院，不仅带动了地方文化和学风的发展，同时书院的教学活动也培养造就了大量人才，为湖湘文化的繁荣发展奠定基础。湖湘书院的兴盛，得益于湖湘学派与湖湘文化在湖南的发展和传播，并且深刻地影响了湖湘书院园林的建设。

六、结语

湖湘书院作为全国书院体系的一个分支，其园林既反映了书院园林共性的特点，同时又表现出鲜明的地域特色和独特的文化内涵，具有很高的文化艺术研究价值。湖湘书院园林的营造与湖湘书院建筑共同体现了湖湘学子的精神境界和天人合一的世界观，也透露出湖湘传统文化的深厚内涵和底蕴。

参考文献：

[1] 曾孝明 . 湖湘书院景观空间研究 [D]. 重庆：西南大学，2013.

[2] 刘翔，王永奇，王安平 . 浅析四大造园要素空间组织的视觉景观特点 [J]. 山西建筑，2010（8）：350-351.

[3] 朱汉民，李弘琪 . 中国书院 [M]. 长沙：湖南教育出版社，1997.

[4] 刘志红 . 衡阳石鼓书院文化内涵及价值研究［D］. 北京：中国林业科学研究所 ,2014.

[5] 朱汉民 . 湖湘文化的基本要素与特征 [J]. 湖湘论坛，2000（5）：59.

[6] 刘文莉 . 石鼓书院史略［D］. 长沙：湖南大学岳麓学院 ,2008.

[7] 邹裕波 . 中国传统书院景观设计浅析——以霞山书院设计为例［D］. 北京：清华大学建筑学院 .2011.

[8] 伍辉 . 浅谈书院园林特色及文化内涵——以石鼓书院为例［J］. 中国园艺文摘 .2010（6）：81-82.

[9] 吴帆 . 岳麓院园林造园意匠研究［D］. 武汉：华中科技大学 ,2011.

[10] 罗明 . 湖南清代文教建筑研究［D］. 长沙：湖南大学 ,2014.

[11] 刘枫 . 湖湘园林发展研究［D］. 长沙：中南林业科技大学 ,2014.

观假与感真
——苏州古典园林中的尺度二重性研究

钱立[①]，王鑫[②]

摘　要：苏州古典园林既是一个象征的世界，同时也是一个物质构成的真实世界。本文试图通过分析苏州园林的整体经营，局部处理以及整体到局部的尺度变化，说明园林的象征性与真实性的特点与他们之间的联系。

关键词：真实，象征，苏州园林，尺度

明清时代的江南园林往往被认为是文人理想的寄托。虽然园林在整个江南地区都有较广的分布，但仍以苏州古典园林占数量和质量上的优势。苏州园林是既一个"微"的自然山水，又多藏于城市的住宅区之中，故有"城市山林"之说。建筑稠密的苏州古城，自然山水本已经远离，多的是"市井"，从很多方面来说，园林与城市是异质的，但从另外一些角度来看，苏州园林与苏州古城又达到了一种奇妙的统一。

从园林本身来看，造园者想要的是一个微观的，浓缩的但却完整的世界。园子的周围有一圈围墙与外部的城市或自然隔绝，屋宇散布于园中，用廊以连接，正中位置附近常有水池，水池四周常有假山与树木。其中，围墙是限定空间范围的手段，池与石树代表了人居环境之外的自然，是"他者"，而土与建筑代表了人的固定生活的环境，是"此在"。当然，园林绝不是上述诸元素的简单累加或者构成，不是有了"围墙""池""树木""山石""建筑"的组合既是园林了，至少说，不是有了这些就是好的园林了。为了营造这个小而完整的世界，各要素之间的位置经营，比例关系，尺度关系，转折处理比单个要素的造型与大小更加重要。本文想论述的主要问题，即以苏州古典园林为例说明园林在营造象征世界和与人发生关系的真实世界的矛盾性与统一性，笔者认为，正是因为处理了这一问题，园林达到了用园林和人模拟了自然与人的关系的效果。更准确的说法是，成功模拟了世界与人的关系。

一、观山水

假山在园子中有许多不同的形式与处理手法，但无论形式与手法有多么不同，假山的意义都在于象征真山，而这样的象征首先作为背景的山存在。根据透视学近大远小的原理，在视觉上假山模拟真山成为可能。陈从周先生认为，"园有静观、动观之分...何为静观，就是园中予游者多驻足的观赏点，动观就是要有较长的游览线。小院应以静观为主，动观为辅，庭院专主

① 钱立，苏州大学建筑学院，硕士研究生，邮箱153102104@qq.com。
② 王鑫，苏州大学建筑学院，硕士研究生。

静观。大园则以动观为主，静观为辅。”然而，不论静观还是动观，都离不开一个观字，如果把静观比作点，动观比作线，那么动观也是由无数静观的点组合而成。那么，在这些观看的点里，不可避免会有更重要的，更愿意观看的点。在观赏山水时，位于主要建筑的观赏点往往是设计出的较佳观赏点。

假山需要离这座主要建筑有一定的距离，但又不至于过远。假山过远，则在人的视域中所占空间比过小，无法形成山的气势；假山过近，则不易看出其整体形态而徒有细部的肌理，易产生土堆或石堆感。所以山的外形，高可能只有几米，远不如自然山水中的山，它只需要注意各部分之间，整体长宽高之间的比例，而不用带入人的真实身体与感官，这是园林中的第一种尺度，即一套“假”的尺度。

在多数以水池为中心的园子里，常见的布局方式是假山在水池一侧，而主要的建筑在正对着假山的另一侧。如艺圃的中心水池，南侧为一块完整的假山，北侧为整体横跨在水面上的延光阁（茶室），延光阁作为主要的建筑物也是观赏假山具有正面性的最佳位置，面积虽小而开阔的水面的存在拉大了对岸假山的距离感，以假的尺度的山和水模拟了真实山水的感受（图1）。规模大的园子中拙政园的中部体现了这样的特征，其中部土山置于水中，尽管这样做削减了水面的实际宽度，但主要的一座建筑——远香堂观看假山仍具有距离的“远”感。与艺圃不同的是，水中的（而非一侧的）假山使得除远香堂之外的其他位置看待假山同样有距离感，也更

图1　艺圃 延光阁

注重山的整体形态，这也符合陈从周先生“小院应以静观为主……大园则以动观为主……”的判断。当然，其客观原因是面积更大，拥有更多下文论述的“真”的尺度供人活动。同样的例子还有留园的中部水面，虽然其假山位于西北而非正北，但位于正南的涵碧山房还是观山水的较佳位置，且也与北侧可亭近似对位（图2）。不过，由于假山蔓延西北，平面上的长度较长，其本身高度也并不高，此处假山的整体效果并不如前两者。其他的例子如怡园藕香榭一带，其布局关系不出前述范围，在此不再赘述。

图2　留园 涵碧山房

假山的位置经营也有一些比较特殊的情况，比如留园五峰仙馆的前院与后院。五峰仙馆高大宽敞，前后两院不大，无水池，但皆有假山，刘敦桢先生将其归为“厅山”。虽然因为庭院小而无法做池，但前院仍有一块完整假山沿南侧高墙而建，虽然现在因管理原因不允许攀登，不过原初此山是用以上山游山的，而五峰仙馆的后院，则用湖石叠高了整个北半部分，绝对高度并不高，但是山上建廊，可以通左右与后院，是通过假山组织交通的巧妙案例。

二、游山

对于可以让人攀登其上的山来说，大小不再是最重要的影响对山的认知的因素。苏轼诗说，“不识庐山真面目，只缘身在此山中”（《题西林壁》），身在自然界的山中，无法看到山的全貌，只能依据所见判断自身的处境。如果行走于假山上，山路蜿蜒起伏，周围都是树木遮挡而不

见所处位置的实际低矮，自然有身处真山之感。

由于无法看到山的全貌，这时山的外在形态已经不再重要，进入眼中的主要是眼前的近处的真实景物及其变化，部分的完整性与真实性的重要程度在此大于假山或者园子的完整性与象征性。景物对视线会产生控制作用，重点的要素如山上的亭子和形态突出的大树会吸引游人的目光，景致在此是经过设计的，而不像山的部分则被遮挡或者弱化。在这样的设计中，道路，亭子皆为人的尺度而设计，以满足人体工程学的要求。当然，假山上的道路有的比较狭窄，如上山之处和一些空间转折之处，但这样的处理仍是真的而非假的尺度，都足以让人通行，而且很好地营造了空间的紧张感，或者我们也可以认为这是模拟了山的险峻。而在达到一定的高度之后，道路都略微宽敞起来，甚至会有局部的放大以供人驻足赏景或坐下休息，是一套“真”的尺度。

其实例首推沧浪亭，沧浪亭假山从体量上已经占据了主院的绝大部分，主要水面位于园外，也不存在能远观山整体的位置，所以，这座假山从一开始就没有在山外“观假”的包袱，可以说，从进入北侧的大门开始，游客就已“身在此山中”了。山上树木高大，山路曲折，甚有古意（图3）。

图3　沧浪亭
来源：刘敦桢《苏州古典园林》

西南角的水池从布局来看，既非山外之水也不是山外之水的引入，而完全是山内部的，在假山原有高度下又降下数米距离，高差突出，更具山涧之意。沿水池北侧曲廊高低变化强烈，正如山中道路的处理（图4）。

而艺圃南侧的假山虽然体量上小很多，然而树木同样高大，层次与高差丰富（图5），将外部景色拉远（北侧）或以墙隔绝（东南西三侧），加上位置恰当的朝爽亭，同样成功营造了真山的尺度与观感。环秀山庄的湖石假山同样也不高大，但因为与人接触的部分较多，有蹬道，有洞，有谷，有涧，有高大乔木，形成了完整的山上景观，而体量大于一般山上亭子的建筑补秋山房也恰当地“藏”于山中，此处建筑与建筑东部平台空间舒展，其整体也并无建筑大而山小的头重脚轻弊病。另外西部假山也有较大高差，登山而来到过街楼入口，实际二层建筑的门已经是意境深长的山门了。

图4　沧浪亭 西南侧曲廊

图5　艺圃 南部假山　　图6　留园 冠云楼东侧

以上实例的论述仍然在完整的山的框架内探讨局部与细节的，然而，园林中还有很多地方，并不位于完整或者主要的假山上也可以完成场景的自治。在拙政园的宜两亭一带，台阶沿白墙而上，墙外看宜两亭，只能仰视，如在山上。而拙政园见山楼的附廊，直接与黄石假山相接，仿佛穿行山中。而在留园的冠云楼东侧，平坦的庭院从冠云亭开始便通过湖石叠山抬高高度，蹬道沿东北上升，因为这两个方向被冠云楼和墙遮挡，也成了局部的登山（图6）。沧浪亭堆高的看山楼，吴江退思园菰雨生凉西南角的假山也属于这一类型，前者山路有廊，而后者假山蹬道分为两段，中间还种了一棵较高的树，更具山林气息。

三、望山下

人处于山上时，虽然可以用树木遮挡视线以达到真山之效果，但不必要也不可能处处遮挡，忽而置于树林之中，忽而看到山下之境，有合有开，则山林之趣更佳。以建筑观山到山中俯视，如“我见青山多妩媚，料青山见我应如是”（辛弃疾《贺新郎·甚矣吾衰矣》），是一种微妙的对话关系。

不过，往山下相望仍是作为游在山中的矛盾面出现的。近景与远景的同时存在使得场景中出现了两种不同的尺度，与前两节所论述的场景都只涉及一种统一的尺度不同（观山只涉及假的尺度，游山只涉及真的尺度），这里出现了真尺度（近景）与假尺度（远景）的对立与矛盾。而在真实的自然山水中是不存在这样的矛盾的，无论山下观山与游山望山下都只存在一种源于土地，又服务于人的“真实”尺度；另外，在盆景艺术和现代建筑与景观设计行业所制作的“模型”中，又只存在象征意义上的“虚假”尺度。

再次举艺圃为例，主假山虽然在部分空间借助高差与树木掩盖了外部世界的存在，但依然在多处可大面积的俯视远景，站在高处，又能看到园墙外的二、三层建筑，更显得水池与水榭（延光阁）的小（图7）。网师园南侧黄石假山实际尺寸更小，如选择登山，更加凸显远近两者之间的矛盾。不过，也不是每一处园林的每一处都会出现这一特征。留园中部西侧山上的曲廊，因为曲折较多，高度与整个中部平面尺寸相比并不太高，所以即便看到远处明瑟楼与绿荫一带的山下，也并没有“逃出”真实的尺度（图8）。

图7　艺圃南部假山北望

图8　留园 中部西侧曲廊

四、尺度的暧昧性——峰

“峰”与“山”应区别开来，“山”是土或者石的“集合”，即“叠石为山”，而石峰一般以自我的形体占据位置，自成一体，或有几座峰，但仍是互相独立再形成整体，与山的整体性不同。石峰可以罗列在山上，也可以单置于“庭前，院内，道侧和走廊旁”（刘敦桢《苏州古典园林》）。每个石峰具有自我完整性，异于叠石，这是峰与山在第一种尺度上来看的差异。石峰既可远观，也可近观，但是却不可进入，这是峰与山在第二种尺度上来看的差异。作为集合的山和作为个体的峰在形态上的显著不同是，山绵延而峰陡峻，山细节多而峰的细节相对较少，故山更像山水画中的中景，峰更像远景。然而，峰虽不可进入，却可以接近，人可以走到形态上更像远景的峰的咫尺之前的位置，远景成为近景，这种人所在的真实尺度与峰的象征尺度之间的直接对话有着戏剧性的空间张力。所以，这里尺度的暧昧性并不指峰本身，而是峰与周围纳入人身体的空间设计上的尺度差异。在这种直接对话的场景里，峰更接近于“盆景”的概念，只是很多时候，界定盆景空间的“盆”并无实物，而是以空间的距离感受在人的观念上存在着。

最为人知的峰恐怕是留园的冠云峰了，冠云峰所在的庭院，北侧为冠云楼，南侧为林泉耆硕之馆。冠云峰虽然高大，但是其基底面积与所在庭院面积之比其实非常小。处于南馆观峰是远景，庭院仍占视觉中的绝大面积，只是竖向的峰占据中央，而当人绕过浣云沼，在平坦的道路上到达冠云峰面前时，峰则是远景形态特征的近景，这既是上一段所谈到的两种尺度的矛盾（图 9）。

峰也不一定要像冠云峰这样的高大、细长，也可以作为点缀而不只是主景。这样的例子有退思园西侧廊旁沿水岸散布的湖石（图 10），拙政园海棠春坞砖额下的石头，网师园殿春簃小院东南西三侧的假山群。从这个概念出发，我们就不难理解为什么刘敦桢先生认为沧浪亭临水黄石石壁较差了。因为以观赏角度看，如果实际距离不足，山就最好集合布置而难以布置一个大假山了，沧浪亭石壁连成一体，但缺少变化，无法居游，却又较为高大。和退思园邻水的散布型做法相比，是用力多而效果差的。

图9　留园 冠云峰

图10　退思园 水池西廊

来源：陈从周《说园》

五、结语

虽然我们常认为以苏州古典园林为代表的江南私家园林是文人的山水寄托，是封闭与内向的，甚至有些观点认为园林只是文人的个人趣味，已经不适合现代的城市与环境建设学习。然而，园子作为作品，看待作品本身的高低是不宜以作者是谁来评判。也许现代城市环境的外部空间设计应该“开放”而非“封闭”，“宽敞”而不“狭迫”，但本文从上述四种场景类型出发，所论述的园林的观看假世界与感受真环境的条件是不受这些特点所限的。反观近十几年来国内快速城市化背景下制造的无数新城，伴随着大量新的街道、广场、公园等，投入了大量资金，占据了大片大片宝贵的土地，但绝大部分的城市景观的空间品质却是如此之低。第一，从观景的角度来看，他们多采用几何形的划分，占地大而层次少，北京大学的董豫赣老师称之为“地毯景观”，这种浪费土地的行为才是最大的“不绿色”；第二，从人进入其中的“感真”来看，为了配合城市的整体透视效果，这些公共空间常常尺度过大以至于无法吸引市民停留休息，更无法经营出丰富的环境感受。在一定空间内，从艺术角度进行和“观假”有关的形式创造，或是设计和“感真”有关的与人的身体发生亲切尺度关系的舒适环境，是无论古与今，私家园林与公共空间都应有的追求。

园子是一个小世界，而当代的城市如果要做到宜居而自然，城市的某一部分及其整体何尝不能是一个浓缩而完整的小世界呢？

参考文献：

[1] 刘敦桢 . 苏州古典园林 [M]. 北京：中国建筑工业出版社 ,2005.

[2] 童寯 . 江南园林志 [M]. 北京：中国建筑工业出版社 ,1984.

[3] 计成著 . 陈植注释 . 园冶注释 [M]. 北京：中国建筑工业出版社 ,1988.

[4] 陈从周文 . 陈健行摄影 . 说园 [M]. 济南：山东画报出版社 ,2002.
[5] 叶维廉 . 中国诗学 [M]. 北京：生活·读书·新知三联书店 ,1992.
[6] 潘谷西编著 . 中国建筑史 [M]. 北京：中国建筑工业出版社 ,2009.
[7] 缪朴 . 传统的本质——中国建筑的十三个特点 [J]. 建筑师 ,1989 36 (12) ,1990 40 (3) .
[8] 董豫赣 . 石山壹品 [J]. 建筑师，2015 (01) : 79-91.

苏轼在杭州的营建活动初探[①]

戴秋思[②]，罗玺逸[③]，展玥[④]

摘　要：文人在中国建筑文化发展中有着重要地位。北宋的苏轼不仅是一位文人，也是一位在城市建筑营建活动中的实践家。苏轼在杭州两次为官，在此地参与了修浚西湖、修葺官居、创设安乐坊等系列营建活动。在建设活动中充分表现出苏轼的两种身份，一是作为官员，注重考据调查、加强工程的后续管理、追求一举多得的建设成效；二是作为文人，用笔墨记录下这些建造活动，为后世的营建提供了重要参考依据，同时在各类建设中注入了文化因素，促进了杭州文化景观的建设和发展。苏轼在城市营建过程中所展示出的践行济世的道德哲学、崇尚自然的美学思想，以及寻求真理的科学精神值得后世深入地研究和学习。

关键词：苏轼，杭州，营建活动

2011年6月，“杭州西湖文化景观”申遗成功，被列入《世界遗产名录》。世界遗产委员会认为这是文化景观的一个杰出典范，它极为清晰地展现了中国景观的美学思想。杭州西湖经历了漫长的历史积淀逐渐演变至今，其间，渗透着古代丰富而深厚的文化内涵，尤其是古代文人对其景观营建和发展起到了重要的作用。论文拟对文人与建筑的关系展开论述，探讨营建视野下的文人与建筑的关系问题。本文选取北宋文士的代表——苏轼为研究对象，通过对历史文献的解读并结合当代对苏轼文化的系列研究成果，梳理出苏轼两次仕杭时期的建筑营建活动，以此考察其营建活动背后的思想动机，为建立文人与建筑关系研究提供实证依据。

一、概念界定与对象界定

（一）文人建筑师

《中国文人的起源历程》中指出文人不单指文学家，还包括了画家、书法家、音乐家等有知识并将知识转化为人格气质的人群[1]。著作《中国古代建筑师》[2]依托于朱启铭先生所编的《哲匠录》，总结出古代文人与建筑的三重关系，可以帮助我们建立起对“文人建筑师”的理解：文人本身就是建筑师，文人从哲理上阐述建筑本质，文人通过文学、诗歌、绘画等其他艺术形式来评论建筑。

（二）时代背景下文人建筑师

宋朝是我国古代封建社会文化发展的高峰。历史学家邓广铭指出：“两宋期内的物质文

① 项目资助：重庆市社会科学规划博士项目（2015BS109）；中央高校基本科研业务费专项基金项目（106112016CDJXY190003）。

② 戴秋思，重庆大学建筑城规学院，山地城镇建设与新技术教育部重点实验室，副教授，daiqiusi@cqu.edu.cn。
③ 罗玺逸，重庆大学建筑城规学院，硕士研究生，376937396@qq.com。
④ 展玥，重庆大学建筑城规学院，硕士研究生，2501291035@qq.com。

明和精神文明所达到的高度，在中国整个封建社会历史时期之内，可以说是空前绝后的。”根据《哲匠录》、《中国古代造园家》和《中国古代建筑师》三本书中统计，宋朝文人建筑师达39位之多。其中不乏苏轼、司马光一类的文学大家，亦有郭忠恕、张择端一类的知名画家，还有韩琦、蔡襄等宰相大臣，这些有着记载的文士们对宋朝建筑的发展都有过不同程度的贡献。

（三）苏轼为政杭州是其营建历程中的重要组成部分

苏轼（1036—1101年）作为封建时代士大夫的典型代表之一，是中国历史上艺术成就极高的文士之一。观其人生经历，从苏轼到京师开始政治活动到去世约40年的时间，为探究苏轼的建筑营建活动和思想就不得不考虑苏轼的政治生涯和心理变化的影响，本研究根据其政治起伏划分为四个时期：

入朝后平稳时期（1057—1079年）；

第一次被贬时期（1079—1085年）；

再次启用时期（1085—1093年）；

再度被贬时期（1094—1101年）。

苏轼曾两次到杭州为官。时间分别对应着在入朝后平稳时期和再次启用时期。苏轼第一次在杭州的营建活动（熙宁四年至七年，1071—1074年），该时期任职杭州通判，时年36岁，由于其和神宗皇帝、王安石的大政方针相左，又是分管“推囚决狱”的副职，不能全力施展其政治才干，只能在权力允许的范围内做些有利于百姓的事。苏轼第二次在杭州的营建活动（元祐四年至六年，1089—1091年），时年54岁，再次被启用，以龙图阁大学士之职到杭，任太守兼辖浙西军区，在杭约有两年半的时间。此次因得到当时皇太后的恩宠，上书申请的许多工程项目都得以实施，使得其终于可以在杭州大展拳脚，建设成果影响深远。尽管苏轼前后两次入杭有着明显的差异，但他自有“居杭积五年，自忆本杭人”说法，可见，他已经把杭州看作是自己的故乡，且在杭州的足迹遍及西湖山水、园林、寺庙，留下了题名、碑刻、诗词、传说，为杭州增添了浓厚的文化底蕴。

二、苏轼在杭州的营建活动类型

（一）改善杭州城的水系统

水利建设活动是苏轼在杭其间最为突出的贡献。他亲自参与调研和规划，从六井治理、运河修浚、到西湖的开挖构成了苏轼在杭州的一系列水利工程。

1 小方井
2 白龟池
3 方井
4 金牛池
5 相国井
6 西井
7 西湖上湖
8 西湖下湖
9 宝石山
10 吴山

图1　六井与西湖位置示意
来源：作者根据《中国六大古都》编绘

1. 监管修浚六井

苏轼第一次任职杭州时，杭城百姓为汲水而苦。西湖六井又淤塞废坏，沈公井也废不能用，苏轼经调查寻找原因。次年，在新任太守陈襄的支持下，苏轼选用僧人四人负责修浚六井、沈公井的工事，并参与监管了整个过程，作有《钱塘六井记》详记此事。文中记叙了钱塘西湖地区的大环境、西湖六井（图1）的历史由来、各井的井水来源处和各井的治理方法，并记述这次修井经过以及给百姓带来的益处。文末语“故详其语以告后之人，使虽至于久远废坏而犹有考也”，为后世人重新修建治理提供参考依据。

苏轼第二次来到杭州时，面临输水管道破坏，人民又不得不继续使用带有咸苦味水的状况，“经今十八年，沈公井复坏，终岁枯涸，居民去水远者，率以七八钱买水一斛，而军营尤以为苦”。故重修六井，上书《乞子珪师号状》《申三省起请开湖六条状》记载具体重修事宜。此次苏轼再次寻找到当年参与过修浚六井的僧人子珪（当年有四僧人参与工程，但其余三人都已去世），询问六井废坏的原因，子珪说输水管所用材料是竹管，而竹管容易废坏损毁，因而六井又被闲置。于是苏轼“用瓦筒盛以石槽，底盖坚厚，锢捍周密”，用瓦筒代替竹管来做输水管，上下用石板加以保护，使得“水既足用，永无坏理”。苏轼有意识地将六井与西湖、运河通过地下暗沟连接，把对六井的修治作为杭州水利工程整体规划的一个组成部分，使西湖水通过地下暗沟流入运河，使运河水源不致乏绝，“西湖甘水殆遍全城”。

2. 修浚运河

苏轼任杭州知州时，运河（图2）干浅，航运困难，使得谷米薪柴等货物价格高涨。他组织了悍江兵士及诸色厢军千余人，疏浚了茅山河、盐桥河，各十余里，水深八尺，疏浚后公私船只通行便利。百姓都说：“自三十年已来，开河未有若此深快者也。”（《申三省起请开湖六条状》）苏轼总结了以往治河的经验教训，采用“避浑扬清”的治理方案，设置堰闸，涨潮时闭闸，避免泥沙进入，防止淤塞，退潮后开闸，保证运河水位，利于通航。

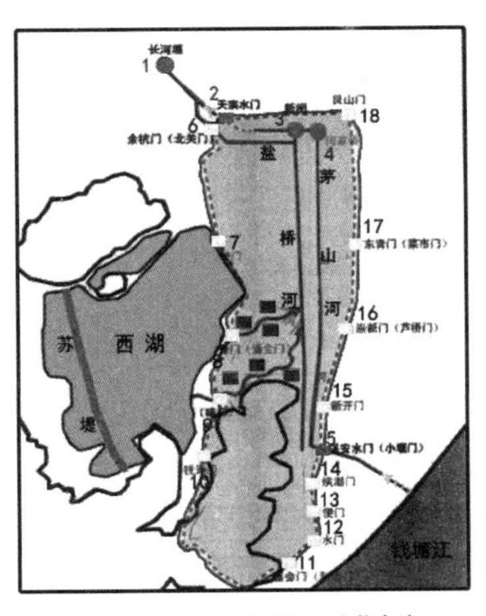

1 长河堰
2 天宗水门
3 断闸
4 梅家桥
5 保安水门
6 余杭门
7 钱塘门
8 涌金门
9 清波门
10 钱湖门
11 嘉会门
12 水门
13 便门
14 候潮门
15 新开门
16 崇新门
17 东青门
18 艮山门

——▶湖水引入方向 ■引流附近所建蓄水池 ● ■ 控水闸门和堤坝
—— 运河 ▪宋杭州城范围 ▪古城门

图2 苏轼治水示意

来源：作者根据《北宋士大夫阶层对城市园林兴废的作用——以苏轼、王安石整治西湖、玄武湖为例》编绘

3. 修浚西湖

西湖修浚工程是上述治理运河、修六井工程的延续，也是上述工程建设中必要的一环。

苏轼初任杭州时就有修浚西湖的意愿。在第二次到任杭时，见西湖封堵情况更为严重，已“水浅葑合，如云翳空”，几乎一半淤塞，再不对湖水进行修浚“倏忽便满”，“更二十年，无西湖矣”。不仅提出“杭州之有西湖，如人之有眉目”这一论断；同时也看到于百姓眼中，西湖“非止为游观之美”。最后以“盖不可废”点明了西湖对杭州城的重要性，而这一定性一直影响到后世的杭州城市建设。苏轼在《杭州乞度牒开西湖状》请求拨取款项彻底修浚西湖，充分论证了“臣愚无知，窃谓西湖有不可废者五”，即从西湖之水有利于民饮、灌田、助航、酿酒等五方面论述了湖不可废的理由，条条关乎国脉，以证修浚西湖的迫切性，得到朝廷同意。

施工中，为了增加西湖的蓄水能力，苏轼采取开挖西湖葑泥，用葑泥筑成堤坝，创造性地解决了疏浚中挖出的葑泥处理难题。在堤坝上种植树美化环境，并制定出详细的维护管理制度，刻在石上以告世人。苏轼在给章衡的书信中记叙了西湖中堤岸的修建“近以湖心叠出一路，长八百八十丈，阔五丈，颇消散此物（按：葑），相次开。路西葑田者，当如教揭榜示之”，“公间至湖上，周视良久，曰：今欲去葑田，葑田如云，将安所置之？湖南北三十里，环湖往来，终日不达，若取葑田积之湖中，为长堤以通南北，则葑田去而行者便矣”。利用葑泥筑堤不仅免去处理葑泥时运输的麻烦和消耗，还连通了西湖两岸，促进了城中交通。

在开挖葑泥修筑堤岸后，为了防止农户侵占水面种植，苏轼在西湖中设立了三塔，“于今来新开界上，立小石塔三五所，相望为界，亦须至立条约束”。三塔在后世经历多次兴废，原塔早已不在。三塔即今三潭印月之滥觞。据《三潭印月变迁图考》一文考证，北宋时期所修的北塔对应明代万历年间的湖心亭处，中塔和南塔则对应放生池的位置。

（二）修葺官居

苏轼初任杭州时，在该地旧官居的基础上修缮了新居和园子，且官居、园景皆有命名。并著文《与文与可十一首》记述了凤凰山官居的环境和营建情况，“官居在凤凰山下。此山真如凰，有两翅，翅上各建一塔，而凰嘴正落所居池上。旧有一堂，在山欲落处。近葺之，谓之凰咮堂。……山上草中多怪石，近取得百余株，于东斋累一山，激水其间，谓之溅玉斋。……堂后有屋正方，谓之方庵。……累石为山，上有一峰，穿窍如月，谓之月岩斋”官居位于凤凰山下，凤凰山形似凤凰，又因其正好位于凤凰嘴处，因而房屋取名“凰咮堂”（“咮”即指“嘴”）。凰咮堂后有间屋舍形状方正，因而取名“方斋”。此次苏轼将旧官居修葺一新，还整治了园子：引水入园、垒筑假山两座。凤凰山杂草中多乱石，就地取材，取乱石在屋东面垒建假山一座，并引水流窜梭其间，因有水激流而过，水花溅起，取名“溅玉斋”；又建另一座假山，因石峰如月，取名“月岩斋”。苏轼所筑两处假山，足见其对“石”的喜爱。在造园中体会“快人意，实获我心哉”的感觉，人工理水、叠造假山，构筑园林是该时期文人营造活动的重要项目之一。

（三）集资创设安乐坊

苏轼在公共服务设施建设方面的主要成就是营建了杭州安乐坊。面临“岁逢大旱，饥疫并作”的境况，苏轼投入抗灾，他创办并资助的为百姓免费治病的病坊明显带有官办民助的性质。安乐坊及其运作模式很快引起朝廷关注和重视。朝廷开始在各地设置安济坊，专为穷人治病。苏轼也著文介绍安乐坊的建设资金、管理运营方法，但没有提及具体建筑的建造情况。

在北宋中期之前，朝廷对民间的利益其实并不重视，国家根本就没有发达的慈善事业，但是自北宋中期之后，慈善事业开始取得长足的发展，应该说，以苏轼为代表的儒士确实起到了相当重要的作用。

（四）其他城市建设活动

苏轼参与的其他城市建设活动有疏浚西湖后修建湖上堤坝和桥，筑堤坝在前文已述。在堤坝上建筑有“中为六桥、九亭”，六座拱桥分别为映波、锁澜、望山、压堤、东浦、跨虹，以沟通里湖和外湖的水流，也便于游船通行。堤上还建有亭子，为诱人赏景休息之处，但九亭之说未见详细记载。苏轼自赋诗云：“六桥横绝天汉上，北山始与南山通。”在堤坝修建完成后，苏轼在堤坝上种植了柳树和芙蓉，构成了“杨柳其上，望之如图画”。苏堤（图3）不仅仅是一瑰丽的“横绝天汉”的湖上通道，更有“十里长虹，焕成云锦”的韵致，“杭人名之苏公堤”。

图3　苏堤历史形态

来源：［清］沈德潜等合纂.西湖志纂[M].杭州：杭州出版社，2003

（五）未实施但记录翔实成为重要文献

1. 乞开石门河计划

在完成运河、西湖等一系列建设改造项目后，苏轼又准备了另外一个运河改造计划。然而后来被召回京，计划没有得以实施。苏轼诗集卷三十三中的“施注”记载，前知信州侯临曾来往杭州之南荡，在查探地形后向苏轼建议开石门河。于是苏轼与叶温叟、张秉道同去探查，发现却是实情，于是上书请求开石门河。

苏轼在《乞相度开石门河状》中记载了开石门河缘由，所作《开石门河利害事状》一文，并绘制了地图一幅。之后朝廷准许了工程申请，然而不久后苏轼被召回京，工程一事由林子中代管，然而有政治敌对者造谣说开凿龙山（开石门河所经之处）犯了忌讳，因而最终工程没有得以施行。

2. 考察吴中水利状况

元祐三年（1088年）单锷写成《吴中水利书》，论述了苏轼对太湖洪涝的治理主张。元祐四年苏轼知杭州，曾与单锷研讨浙西水利，对《吴中水利书》颇为赞赏，并具疏代奏于朝。《进单锷〈吴中水利书〉状》中，苏轼指出吴中水患频繁，向朝廷提出了根治太湖、淞江水患的计划，“三吴之水，潴为太湖，太湖之水，溢为松江以入海。海日两潮，潮浊而江清，潮水常欲淤塞江路，而江水清驶，随辄涤去，海口常通，则吴中少水患。昔苏州以东，公私船皆以篙行，无陆挽者。自庆历以来，松江大筑挽路，建长桥以阨塞江路，故今三吴多水，欲凿挽路、为十桥，以迅江势”。但苏轼的建议同样没有被宋政府采纳，“亦不果用，人皆以为恨”。然而苏轼的《进单锷〈吴中水利书〉状》却成为太湖地区水利史上的重要文献；同时单锷的《吴中水利书》也因苏轼的延荐得以流传于世。

三、苏轼营建活动的特点及其思想

（一）科学的营建措施

1. 重视考据调查的工作方法

提议兴建乞开石门河和考察吴中水利，可以看出苏轼严谨的建设态度；疏浚运河前，苏轼实地勘察查找原因，发现淤塞是由于堰闸废坏后，他果断地调集悍江兵和厢军1000人，用半年时间修浚两河，又组织军民在串联两河的支流上加修一闸，使江潮先入茅山河，待潮平水清后，再开闸，放清水入盐桥河，以保证城内这条主航道不致淤塞。自此“江潮不复入市”，再加上在涌金门设堰引西湖水补给。此后，苏轼修治的杭州西湖，在其改造过程中对周围水系也做了详细深入的研究，使得改造工程符合自然水系的发展变化规律。如此种种，都证明苏轼对前期的考据和实地调研极为的重视，视为工程的基础。

2. 制定后续有效的管理措施

苏东坡十分注重西湖疏浚之后的后续管理，在《申三省起请开湖之条状》中还规定建置“开湖司”的机构，由负责治安的钱塘县尉代管，专门负责整治与疏浚西湖。“如有菱薪不切除治即申所属点检申吏部理为遗制”。并把对西湖的治绩作为考察钱塘县尉政绩的内容之一。把种菱人所缴纳税金作为专项开支。“如敢别将支用，并科违制。”这样就比较长期地解决了西湖的淤塞问题。自此以后，终北宋之世未见西湖湮塞的记载。西湖的疏浚、保护对整个杭州城的发展与繁荣起了积极作用。

3. 追求一举多得的建设成效

典型的有二：一例是引水多用的巧妙做法，苏轼对西湖兴废历史和西湖对于杭州城的功用先做了详细的考察。苏轼考证西湖水的流向“贯城以入于清湖河者，大小凡五道”。五处水都流入清湖河最后从北流出余杭门，与城中运河系统没有交汇，水资源没有得到最大化的利用。为了能补给盐桥运河的用水，苏轼引西湖水入盐桥河。这样的引流不仅能补给运河，水流经过的地方蜿蜒曲折，容易形成水塘，人民可用来做浆洗用池也可用来做消防水池，“而湖水所过，皆曲折之间，颇作石柜贮水，使民得汲用浣濯，且以备火灾”，可谓一举多得。另一例是将修湖与种菱相结合。在苏轼与众人讨论修湖事宜时，钱塘县尉许敦仁提出“吴人种菱，春辄芟除，不遣寸草。且募人种菱湖中，葑不复生。收其利以备修湖”。吴人在种植菱时，春天都会打捞湖中水草，在湖中种植菱则可防止葑草生长堵塞湖面，并且租佃出的种菱湖面还可收取利润用以修湖，最后苏轼采用了这个办法以防止葑泥的形成，种菱所得的款项日后还可用来修浚西湖。

（二）营建活动背后的思想

从对苏轼营建活动的梳理，在这一系列可

行性措施的背后体现了他眼光高远，思路清晰的思想。

1. 传承哲思，践行济世的道德哲理

苏轼饱受儒释道哲思的浸润，一直效仿白居易“外以儒行修其身，中以释治其心，旁以山水风月诗歌琴酒乐其志”的人生观。苏轼继承了传统的儒家学派“以人为本”学说，将“兼济天下”作为入仕目标，以民为本，仁政爱民思想是安邦立国的根本。因此，不管自己的处境如何，身份如何，爱民亲民始终是其人生中不变的价值诉求。政治伦理观也同时影响其经济伦理观，他着眼于国家的稳定和社会经济的发展，重视民众之公利的义利观表现出义利兼重的鲜明特色[3]。杭州地区水系发达，水治理成为他重要的政治任务，从湖水治理到城市发展必要的运河交通、城市居民用水都有所涉及。工程对象和内容也都较之在其他的城市建设项目更为全面系统，不求急功近利而重在长远的出发点。《钱塘六井记》就体现了经世致用的思想“余以为水者，人知所甚急，而旱至于井竭，非岁之所常有也。以其不常有而忽其所甚急，此天下之通患也，岂独水哉？”为治病而集资创设安乐坊，远远突破了一般慈善事范畴，显示出苏轼敬畏生命，珍视健康，对人民的关爱，闪烁着人性的光辉。

2. 顺应时尚，构建诗性的游赏景观

富庶华丽的杭州都市文化催生了各种娱乐活动，令该时期的娱乐精神成为一种时代潮流，苏轼在公务之余也充分地享受这样的时光。为民创造山水的形胜、提供游赏享乐的条件，也自然地成为苏轼顺应潮流并追求的内容。苏轼本人对西湖美景是观之不足，爱之有余，留下了“水光潋滟晴方好，山色空蒙雨亦奇。欲把西湖比西子，淡妆浓抹总相宜”的赞誉。西湖之上筑苏堤，促进“北山始与南山通”，改善过去“环湖往来，终日不达”。田汝成《西湖游览志》卷二记载了苏堤的热闹繁华，“堤桥成市，歌舞丛之，走马游船，达旦不息”。夹道杂植花柳，堤上筑 6 座拱桥，桥名皆为他亲自所取，诗意盎然。苏堤方便了交通，客观上丰富了西湖的景观资源，成为杭州休闲文化设计的神来之笔，一举达到了疏浚、节用、交通、造景等诸多目的。六桥烟柳的苏堤春晓，后成了西湖十景之首。

3. 吟咏美景，崇尚自然的美学思想

苏轼崇尚自然的山水审美体现在大型城市营建活动和小型人居单元（即住宅庭院）两个方面。前者将自然湖泊纳入了城市风景的范畴，呈现出人与自然和谐相处的山水美学思想；后者在居住庭院中建造亭台建筑、叠山理水，建造中渗透了他对自然的热爱。作为文人身份，苏轼将文人的情怀充分地融入到山水营建之中，或为建筑命名以表达出自己的志趣和追求；或写下赞美的诗文。据统计，苏轼任职期间，创作了43 首歌咏西湖的诗，为杭州、西湖留下了丰富而宝贵的文化遗存[4]。

4. 探索新知，寻求真知的科学精神

苏轼积极的入仕态度以及山水间探索自然，对自然进行理性思辨后形成的自然观和科学思想，充分地体现在他参与的一系列关乎民生大计的营建活动中。苏轼主张“目见耳闻”为指导反对主观臆断，并认为世界的生成变化都有其自然的法则；秉持其实事求是的科学态度对自然进行了探索，关注科技的独到之处，在其营建活动中以科技手段指导工程实践，体现出科学的决策能力，这些已经构成了北宋科技进步和经济发展的一部分[5]。《禹之所以通水之法》文中写到：“治河之要，宜推其理而酌之以人情。河水端悍，虽亦其性，然非堤防激而作之，其势不至如此。古者，河之侧无居民，弃其地以为水委。今也，堤之而庐民其上，所谓爱尺寸而忘千里也。故曰堤防省而水患衰，其理然也。”面对杭州西湖治理的难题时，首先解决百姓的饮水问题；修缮水井、新开凿两口水井，以解决士兵的饮水；后调集兵士，发动民工疏通运河；在此基础上，修筑“苏堤”；开设种菱湖面以保持河道清澈增加百姓收入。工程中贯穿着从哲学和生态学的角度的理念，反映出苏轼所具有的良好的科学素养。

四、结语

苏轼两次莅杭，都是他深味宦海险恶，痛感平生失志之时。杭州的湖光山色，给苏轼以心灵的慰藉；也是他施展才华的场所。对苏轼系列营建活动的梳理，他参与的各类营建活动有大有小，从大型城市建设到私家园林住宅都有涉猎，表现出苏轼的两种身份，一是政治官员身份，关心百姓民生，赈济灾民，设置病坊，整治河道，修井浚湖等；一是文人身份，苏轼在各类建设中有意无意地注入文化因素，令营建对象更富有文气。让人看到了一个仁政爱民的官员身影，还看到一个热爱山水的文学家和一个超脱物外的智者。在苏轼营建活动的背后潜藏着儒释道的哲学观，经世致用的处世哲理，以及崇尚自然的审美理想。

参考文献：

[1] 张应斌 . 中国文人的起源历程 [J]. 中国文学研究，2000(3)：68-74.

[2] 张钦楠 . 中国古代建筑师 [M]. 北京：生活·读书·新知三联出版社 ,2008.

[3] 刘祎 . 苏轼伦理思想研究 [D]. 长沙：湖南师范大学，2010 年 .

[4] 刘春慧 . 苏轼在杭州遗迹综述 [J]. 社科与经济信息，2002(10)：135.

[5] 王诗洋 . 苏轼科学思想与科学活动初探 [D]. 太原：山西大学，2013 年 .

基于几何与拓扑学角度下的瞻园空间关系研究

张杰[①]，柳肃[②]

摘　要： 南京瞻园作为江南四大名园之一，对其空间构成关系的研究具有重要意义。本文通过梳理前人从历史、艺术、造园手法、空间关系等不同角度阐释古典园林的相关理论成果，收集国内外专家学者对于几何形态学、拓扑学的研究著述，以此对瞻园空间构成进一步加以分析论证。同时针对研究对象进行现场调研、测绘，以及基础资料的采集和整合。并以此来试图探究瞻园在历史变迁中一直延续的内在几何关系与拓扑关系。

关键词： 瞻园，空间构成，几何关系，拓扑关系

一．引言

瞻园是南京地区仅存的两座明清古典园林之一，素有"金陵第一园"之称。其原为明代开国功臣徐达王府的西花园，清代改为藩署。近代以来，瞻园几度颓圮，历经沧桑，但仍保留了一部分明清的山水肌理和建筑规模。中华人民共和国成立后，瞻园经历了多次整修与扩建，形成了今天的空间规模与格局。

在古典园林的研究中，要素与布局是构成和组织园林整体山水空间环境的非常重要的两个方面。从要素这一最小单元出发研究园林空间构成更有助于在研究中把握要素本身与要素之间关系的变化，进而寻求古典园林空间组织结构的内在规律及其本质。朱光亚先生认为，要素之间的构成关系大致可以分为两类，一种是几何关系，如对称、对位、轴线组织等；另一种是拓扑关系，如向心、对立、互含、互否等。古典园林的要素组织构成中经常存在上述两种关系，对于瞻园来说也不例外。在其保留下来的以山为主，以水为辅，建筑点缀其间的山水格局和空间环境中也同时体现出这两种关系，这也是瞻园区别于大多数私家园林之处。并且在之后刘敦桢先生负责的瞻园整修与扩建的过程中，这种关系也依旧延续。

二、几何关系

几何关系可以理解为图形点线面各基本要素之间存在的一种稳定的静态构成关系，即在一定范围内，任何局部的缺损或变形都会使原有要素之间的关系丧失。

（一）轴线

根据童寯先生在抗日战争前所测绘的瞻园平面图（图1）可得知，当时保存下来的瞻园整体南北长，东西窄，景区主要向纵深展开，主体建筑静妙堂体量较大为控制全园的中心建筑，其

---

① 张杰，湖南大学建筑学院，硕士研究生，zhangjie19930901@163.com。

② 柳肃，湖南大学建筑学院，教授，liusu001@163.com。

将全园分为南北两区，堂北过一草坪，隔水池与北假山为对景；堂南接水榭为一扇形水池。在主要景观要素的布局中存在一条从北至南的对景轴线，即北侧明代假山山顶、静妙堂、南池。北假山山顶高处还置有一座六角亭，其与南池扇形的平面形式共同突出了这一轴线的控制关系。

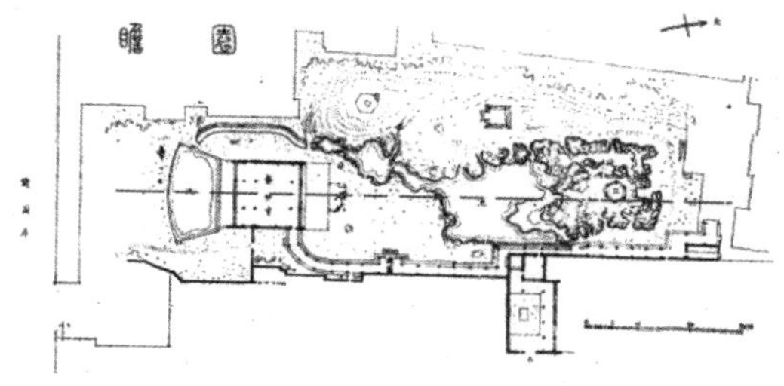

图1 20世纪30年代左右瞻园平面图
来源：童寯.江南园林志[M].第2版.北京：中国建筑工业出版社，1984.

在后来的整修和扩建中（图4），北假山顶上六角草亭被拆除，于平台上重新叠置了一体量较大的石屏，南池水面扩大为南北两池，并于池岸南侧重新堆叠了一座假山，假山整体以池水相间形成前后两层山。此时，瞻园主要景观要素发生了某些改变，但是其轴线控制的关系仍然还保留着，整修之后的主要景观要素，由北至南以北假山石屏、北池、草坪、静妙堂、南池、南假山石峰形成了一条空间层次丰富，更具有观赏趣味的纵深空间序列，其主要以静妙堂和南北假山主峰加以控制。

（二）并置

清朝统治期间，魏国公府西圃成为南京城中重要的办公机构——江宁布政使衙署，即由原来的私家花园变成官府花园。如今，清代衙署建筑大部分已经变成了太平天国博物馆的展厅（图2），其建筑按照院落组合纵深布置，有明确的南北向中轴线，体现衙署建筑的庄重与肃穆。整个衙署建筑群位于瞻园东侧，其与西侧的园林部分中景观要素所构成的轴线在空间上形成并置的关系。而且东侧的衙署建筑中轴对称，规则严整，轴线控制明确；西侧的园林山水不完全对称，仅以水榭与假山形成纵深方向上的对景，假山形态富于变化，轴线控制较弱，两者并置的同时由于要素本身和布局的不同，也形成了一定的对比关系。

在西园和衙署之间是扩建的东园部分，这部分南侧为一组由大小庭院组合而成的封闭建筑群，其左右空间布局中轴对称；中部为广阔草坪，局部绕以游廊；北侧为由西园北池引水而开辟的半封闭水院空间。整体东园部分，除南侧建筑群外，无明显轴线关系。东园两侧皆以游廊或墙垣与西园和衙署分隔开来，成为这两者之间的衔接过渡空间。因此，经修整恢复后的瞻园大体形成了西园、东园和衙署建筑群三者并置的空间关系。

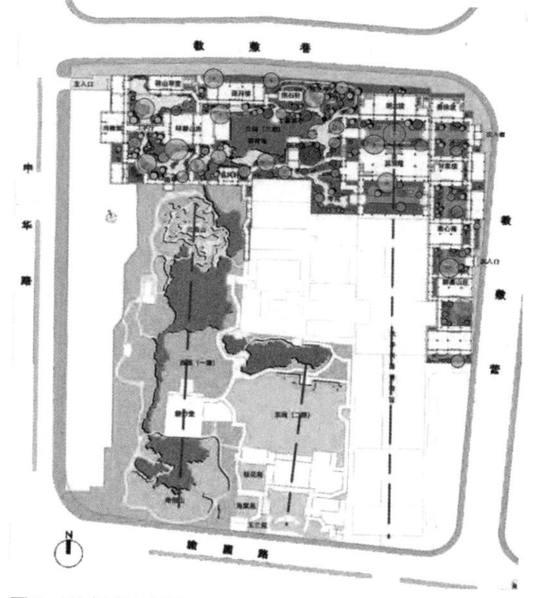

图2 现在瞻园总平面图
来源：周燕，朱道萸.坚持历史性、真实性与完整性——以恢复瞻园历史风貌扩建工程为例[J].中国园林，2016（03）：11-15.

三、拓扑关系

拓扑关系是由数学领域发展来的一种概念，其可追溯到由欧拉解决著名的“七桥问题”（图3）而发展来的拓扑学，可以理解为图形各基本要素在发生一定变化的过程中而保持某种内在关系相对不变的动态构成关系，即在一定范围内，局部甚至总体变化时，各要素之间的关系不发生变化。

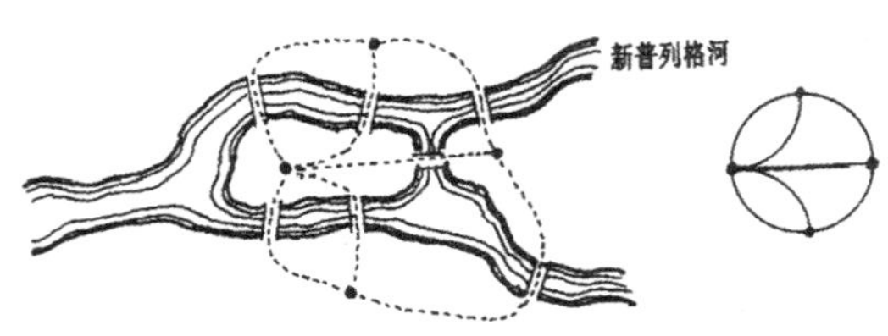

图3 著名的"七桥问题"
来源：王庭蕙，王明浩.基于空间句法的南京瞻园空间结构研究[C].中国风景园林学会.中国风景园林学会2011年会议论文集（上册），北京：中国建筑工业出版社，2011.352-355

（一）向心

瞻园旧有西园景区的主要景观要素以三座假山为主，南北两池水面为辅。静妙堂及其他亭廊建筑尽管只是在园中起到烘托气氛或点景之用，但在南池、北草坪与北池周围的建筑连同假山在内皆有向心围合之势，其中建筑法线方向都指向水面或者草坪的中心区域，并不是交汇于一点。而其后整修建造的扇亭、岁寒亭、观鱼亭法线方向皆垂直指向中心空间。这种向心的趋势在东侧的曲廊转折处有相对微妙的体现，在水面与草坪交接处的几段折廊中南侧一段法线方向指向堂北草坪中心，北侧一段法线方向指向北池水面中心。这种以微小的转动与倾斜来围合中心虚空间的布置倾向在南池东侧的曲廊中也同样有所体现。

（二）对角

瞻园水面的处理有聚有分，由于园区面积有限，水体以聚为主。于静妙堂南北两侧聚合成两个面积较大的水池，两池之间以一条曲折潆回的涧水相连。北侧水池水面开阔宽广，其西北角有一四平折桥架于水面之上，将水面分隔开来，使此转角留有一个小面积的水湾，营造出一个较小的虚空间；而在池面的东南角处，池岸转角岸线较深且微微突入陆地，也形成一个小的水湾区域。这两个水湾区域虽然处理手法不同却恰恰处于水池的两个对角位置上，皆在大面积的水池边缘营造出小面积的汇水虚空间，遥相呼应。

北池西南角和东北角由于是水源流通出入之处，因此至此转角处水面逐渐收口，形成细小水流流入山后水湾处或与其他水池相连。而在后来的修整中，水面东南角处由于要引水入东侧园区，池岸形状已变。然而其上又架以连廊分隔水面，形成了新的汇水虚空间。北池东北角处重新拓宽了水湾面积，并在水池与水湾间新连一条石平桥，分隔出大小水域。石桥汇水处收口渐窄，入水湾处水面突然扩大，此种处理与西南角原有水体池岸处理相似，似乎此两处对角也有相互盼顾回应之意。

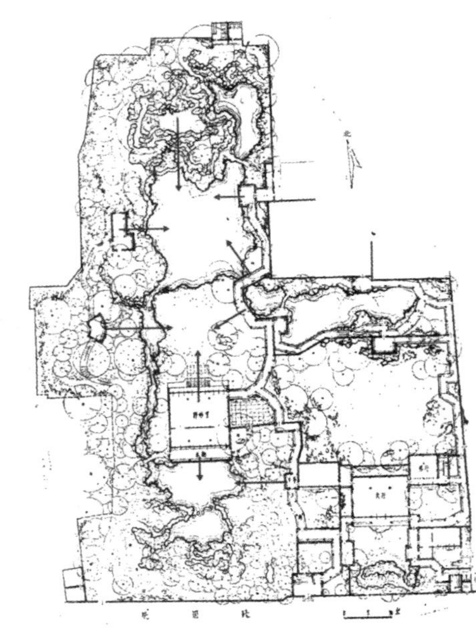

图4 向心关系分析图
来源：叶菊华.南京瞻园[J].南京工学院学报，1980（04）：1-22.

（三）对立

在园林中，一般围绕在大片观景水面周围的建筑布局灵活，形式多样，其相邻建筑之间在平面形式，屋顶样式，位置高低等多存在差别，不相一致，呈现出一种相互对立的关系。在瞻园北池周围的建筑包括扇亭、岁寒亭、观鱼亭就是有着不同的屋顶样式和平面形式，而且扇亭位于西假山山峰最高处，是全园观景的制高点，可俯瞰全园景色；而岁寒亭位于西假山北部起伏较平坦，地势较低处。同样在扩建的东侧园区中，环绕水池周围的回廊两端有一个八角亭和四角重檐攒尖亭，形成了相互对立的关系。另有一轩高处地面与八角亭相对，两者一低一高相互对立。

从总体园林布局来看，经常也有水院与旱院之间的相对关系。例如，静妙堂北与北假山之间共同并置了一面水池和一片草坪。而东园区内同样在南北方向上设置有一个旱院和一个水院。

（四）互含

在整体明清遗留下来的山水骨架内，北池与北假山留有较多古代痕迹（图 5）。假山与水体在平面上形成了相互包含的关系。北池水体由东北处绕至北假山山后，半包围着北假山，北假山山体东南隅突出于水面之中与水体相抱。同样，新叠置的南假山山体两侧环抱南池并深入水面，水面间置以步石，似隔非隔，因而南池水体被分为两部分，其中南侧水面深入假山山洞之中。因此南家山与南池也形成相互交融相互包含的紧密关系。这种关系在山水面积较大的园林中更体现为水中含有陆地，陆地中含有水池的布局。

图5　北假山及北池

在相互包含的水池中引水进出的水口处也经常在其水流方向上的后方堆叠假山，例如北池东北出水口后方新堆叠了假山，丰富北假山的山体层次。西南角的出水口西侧恰有西假山山峰高处围挡阻隔。此外，南池水源由西北方向流入，南假山主要山体虽然为正南北向，但其主峰却被向东侧偏置（图 6），这正好在空间上暗示了山体阻挡了西北方向的水流，以致流水可全部汇聚于南池之中。这种以山界水，以山收水的叠山置石方式除了因为瞻园周围为喧闹市井要在闹中取静即需要以山屏障外界环境外，很可能与风水学中的藏风聚气有关。

图6　南假山及南池

四、结语

瞻园在几十年的起废兴坠之间，发生了巨大的变化。园区之中各景观要素在历史的交替更迭之中形成了一定的几何控制关系和拓扑同构关系，这两种关系相互交织在一起，一直对瞻园整体的空间环境和人对于山水园林景物的体验与认知产生着深刻影响。虽然瞻园经历的两次扩建形成今天的格局，但是其某些要素的关系依旧延续至今，并没有发生变化。梳理和分析这些要素之间的关系是我们解读园林空间环境内在联系的可靠依据和有效方法，其对我们认知园林空间构成与环境营造的本质规律起着重要的作用。同时，我们在分析要素内在关系的过程中在新的视野下重新认识园林，以此为我们当下的建筑遗产保护和传统文化的发展获得新的启示。

参考文献：

[1] 张蕾，袁蓉，曹志君 . 南京瞻园史话 [M]. 南京：南京出版社，2008.

[2] 童寯 . 江南园林志 [M]. 第 2 版 . 北京：中国建筑工业出版社，1984.

[3] 刘敦桢 . 苏州古典园林 [M]. 北京：中国建筑工业出版社，1979.

[4] 周维权 . 中国古典园林史 [M]. 第 3 版 . 北京：清华大学出版社，2008.

[5] 潘谷西 . 江南理景艺术 [M]. 南京：东南大学出版社，2001.

[6] 彭一刚 . 中国古典园林分析 [M]. 北京：中国建筑工业

出版社，2005.
[7] 陈从周 . 说园 [M]. 上海：同济大学出版社，2007.
[8] 叶菊华 . 刘敦桢·瞻园 [M]. 南京：东南大学出版社，2013.
[9] 叶菊华 . 南京瞻园 [J]. 南京工学院学报，1980（04）：1-22.
[10] 朱光亚 . 中国古典园林的拓扑关系 [J]. 建筑学报，1988（08）：33-36.
[11] 李志明，郑敏，张倩 . 基于空间句法的南京瞻园空间结构研究 [J]. 建筑学报，1999（11）：60-63.
[12] 叶菊华 . 情系瞻园五十载——南京瞻园北扩工程规划设计 [J]. 现代城市研究，2011（06）：84-90.
[13] 周燕，朱道荚 . 坚持历史性、真实性与完整性——以恢复瞻园历史风貌扩建工程为例 [J]. 中国园林，2016，（03）：11-15.
[14] 王庭蕙，王明浩 . 基于空间句法的南京瞻园空间结构研究 [C]// 中国风景园林学会 . 中国风景园林学会 2011 年会议论文集（上册）. 北京：中国建筑工业出版社，2011.352-355
[15] 郭旭 ."有真为假，作假成真"——瞻园掇山手法之研究 [D]. 杭州：浙江大学人文学院，2011.

不是园林，胜似园林[①]
——浅议腾冲一中校园环境的景观设计思考

杨大禹[②]

摘　要：本论文结合对滇西腾冲一中校园环境风貌的整治规划，在尊重校园功能分区和建筑依山就势布置的基础上，按照传统园林起承转合、疏密有致、巧于因借、因地制宜、因景成趣的设计手法，通过整合校园内既有的空间环境特点，有限和有机地设置部分园林绿化与景观小品，从而构成从校园大门入口至各栋主要建筑场地周边的景观系列，并借“触景生情、托物言志”的意境表达方式，在充分展现校园优美环境与丰富历史文化底蕴、激励师生奋发进取的同时，从不同层面反映出腾一中校园景观设置曲折有法，前后呼应，虚实相生、动静相成、变化多致的园林空间营造手法。

关键词：腾冲一中，校园景观，园林营造，意境表达

一、引言

良好的校园景观环境和深厚的校园文化特色，是整个学校建设的一个重要组成部分。优美的校园环境不仅让人赏心悦目，还反映校园发展历史与文化积淀，可从不同层面产生催人奋进、励志向上的潜移默化效果。名校之所以能吸引众多的学生前往学习，除了有立德树人的师德师风，严谨求实的校训校风和优良的学习传统，还有独特的校园环境氛围，正所谓历史教化，环境育人。对于滇西百年老校腾冲一中而言，正是这样一所历史文化积淀深厚、校园环境优美的中学名校。自2010年以来，按照学校要求，在依托原有环境特点基础上，对校园环境风貌进行整治规划，经过近六年来的持续发展建设，不断调整优化，现已形成功能完善、依山就势，环境疏密有致的园林学校。

二、腾冲一中的人文背景

地处滇西边陲的腾冲，与缅甸毗邻，历史上曾是古代“西南丝绸之路”的交通要冲。自西汉以来，腾冲就成为工商云集的地方和重要的通商口岸。由于地理位置重要，历代都派重兵驻守，世人称之为“极边第一城”和“三宣门户，八关锁钥”。[③]并且以中缅边境贸易、著名侨乡及二战中缅印战区的主战场著称。

腾冲山川秀美，资源丰富，地灵人杰，商贸繁荣，教育文化源远流长。自古就成为高黎贡山以西的政治、经济、军事和教育文化重镇。作为

---

① 项目资助：国家自然科学基金项目（51268019）。

② 杨大禹，昆明理工大学建筑与城市规划学院副院长，教授，857012994@qq.com。

③ 杨大禹.云南古建筑（上册）[M].北京:中国建筑工业出版社,2015

云南省级历史文化名城和著名的华侨之乡、文献名邦和翡翠之都的腾冲，其人文历史十分悠久。

腾冲虽处边地，但素有尊师重教的优良传统，早在明代就修建学宫（黉学）和“秀峰书院”，倡导教育，选拔才士。而“秀峰书院”是当时云南最早的五所书院之一，后改名为“春秋书院”“凤山书院”“来凤书院”等名，并通过一批德高望重的乡贤名儒讲授办学，极大地推动了地方文化教育的蓬勃发展。光绪二十八年（1902年），“来凤书院”改名腾冲县立高等小学堂，后全县各地纷纷创立学校，促使当地教育发展呈现新兴局面。

创办于1915年的腾冲一中，经过百年的发展积淀，已成为云南省一级完全中学和“文明学校”，是云南省唯一一所县级的“一级一等”重点中学。长期以来，学校以其“团结、勤奋、求实、向上”的校风，“严谨、热忱、创新、奉献”的教风，“刻苦、好学、拼搏、进取”的学风，以“求真”的校训和优良的教学业绩，培养了数以万计的学子而享誉海内外，成为滇西的百年名校。

三、腾冲一中的环境特色

位于腾冲市城南的腾冲一中，背靠郁郁葱葱的国家级森林公园“来凤山”北麓，整个校园占地236亩，建筑面积71346m^2，绿化面积40696 m^2。现有72个教学班，高中48班，初中24班，在校学生4600人，其中有来自缅甸和邻近州市县学生300多人，教师310名。校园环境优美宁静，并且历史文化底蕴丰厚。这里不仅有国家级重点文物保护单位——滇西军都督府成立旧址及叠园集刻[①]，还有明清风格的古建筑群财神庙、蒋公祠[②]，民国风格的图书馆“雄飞楼”[③]等建筑历史遗存，见证着腾冲一中与时俱进、不断建构和丰富校园文化的发展轨迹，让师生们在这浓郁的历史文化氛围中得到陶冶（图1）。

图1　腾冲一中财神庙、蒋公祠、雄飞楼

腾冲一中校园环境整体坐西南向东北，北临腾冲市翡翠路，南面枕靠“来凤山”国家森林公园，东、西两端和校园北面大部分紧接密集的居民区。整个地形东西长约820m，南北宽350m，呈南高北低、前后有近30m高差的不规则山地环境。

从校园北面偏东的入口大门起，至南面最高处的致远楼，已明显构成一条展现校园文化特色的历史景观轴线，把校园内的“求真石”景观、财神庙古建筑群、99级大台阶、标志性的杏坛坊和纪念碑景观及其周边的叠园刻集、核心绿化树林等，有序地组成一个空间景观序列，形成一条有收有放、主次分明，前后彼此呼应、并以纪念碑作为视觉底景的景观廊道（图2）。再以

① 1911年10月28日，腾越辛亥起义成功后，起义军在财神庙内宣告滇西军都督府成立。这是云南辛亥腾越首义及其建立第一个资产阶级民主政府的重要实物见证，具有重要的历史价值。该旧址左翼为民国末年李根源搜集前贤遗墨制作的《叠园集刻展墙》，是对地方及全国书法名家艺术的集中展示，具有较高的艺术价值。

② 蒋公祠是纪念云南鹤庆人蒋宗汉的宗祠，仅在云南大理、鹤庆、腾冲三地修建。光绪二十六年(1900年)，“署贵州提督，旋调署云南提督”。蒋宗汉死后，光绪下旨：在蒋宗汉的原籍及立功省份“准其建立专祠，并将战功事迹宣付国史馆立传，”谥“壮勤”。他对修书院、兴水利、办交通等有关桑梓建设事项，曾热心资助。

③ 雄飞楼，原为腾冲图书馆，1932年建成。斯馆先后遭日寇陷腾之浩劫，继梨光复之炮火，又缝时局动乱，再经文革灾祸，然六十年风雪冰霜，地盘得以依旧。1999年，张之龙先生捐资重修，方有旧屋风貌。楼名曰“雄飞”，以之龙先生君名鹏举，字雄飞。

此作为校园历史文化传承和重点展示的核心景观区，沿地形扩展走向，从东向西分台分期修建了图书馆、致远楼、综合教学楼、明志楼、伍达观体育馆、艺术楼、田径场、初中部教学楼等教学用房，从而形成校园目前的整体格局和配套景观环境（图3）。

图2　一中杏坛坊、纪念碑与叠园刻集展墙

图3　腾冲一中校园鸟瞰图（予景公司绘制）
来源：腾冲一中校园鸟瞰图（予景公司绘制）

四、校园景观规划构想

根据腾冲一中当时提出的3个规划主题要求，即重点对校园的功能布局、整体风貌和景观环境进行整治与规划，具体针对校园在不同时期建成的功能用房，结合近期的规划建设进行协调整合，优化功能布局；将校区内的历史保护建筑和已有现代建筑及新建建筑的风貌进行整治更新；特别在校园景观环境方面，要求形成以景观大树、标志性建筑物构筑物、景观小品、水体等节点为“点”，以校园道路沿线的绿化带及景观视廊为“线”，以重要景观片区为“面”的多层次园林景观。而且还要求创造出能够体现“尊重文脉，因地制宜，新旧统一，风貌协调”的当代中学校园环境特质。

鉴于上述的规划要求和一中校园已经形成的格局特点，规划在延续校园已有纵横两条景观轴线的基础上，充分依托校园枕靠的“来凤山”国家级森林公园这个大环境，结合校园“一核、二轴、三口、四片、五区”的整体规划布局，借“文昌斯盛，引凤来仪”的象征寓意，进一步突出和强调以杏坛坊和纪念碑为标志的核心景观（图4）；同时，以中国传统山水园林相应的景观处理手法，按照校园不同的功能分区和路径设置，因地制宜、梁河多样地设置系列景观小品与园林绿化，使整个校园环境达到层次分明、虚实相济，疏密有致、俯仰结合、远近相借、丰富多样的景观效果。

图4　腾冲一中校园规划平面图（孙朋涛绘）
来源：腾冲一中校园规划平面图.孙朋涛绘制

五、景观系列设计思考

对于一中校园景观系列的设置，主要在延续已形成的景观轴线基础上，结合校园的整体规划布局，从校园大门开始，分别设置了体现“求真、明德、识源、醒世、思源、明志、求知、达观、问渠、正气”等不同空间氛围的景观环境（图5），以寓示学生自走进学校从“入门”开始，经过几年不断地求真求知、明德识源和拼搏成才的成长过程。而对这一系列景观的设置思考，又重点体现在以“识源瀑”和“杏坛坊”为核心的景观区和“求知林”“达观亭”“问清池”三个主要景观节点。

图5 一中校园内的求真石、慎独石、正气石景观

（一）核心景观区

核心的景观区，以校园东部古建筑保护区为主，包括宽大的“学海文河”大照壁、财神庙、蒋公祠、雄飞楼、99级台阶、杏坛坊、纪念碑小品及其周边的叠园集刻和茂密成片的树林。作为一中校园内所特有的历史环境构成元素，通过规划将其纳入展示校园发展历史、文化传承积淀、传道授业育人的核心区，即在凤纹图案的脚部根基，使紧接大台阶西侧新设计的叠水景观与原有苍松绿树融为一体，与财神庙、蒋公祠等古建群落产生一俯一仰，一静（建筑、植物）一动（叠水瀑布），一规整封闭一自由开敞的视觉对比，并作为校园大门视线延伸的底景，与门后居中设置的“求真石”景观小品遥相呼应，从而构成校园特色鲜明且“独一无二”的核心景观。

这一核心景观区以分为三台的99级台阶为中轴依次向上向南延展。上至第一台左边为集中展示叠园集刻的环境平台，利用边坡挡墙，镶嵌诸多出自不同时期和不同名家的书法碑刻。上到第二台右边，使镶嵌碑刻的挡墙顺路往自然弯曲延伸进树林中。利用上下两台之间有限的陡坎，新设置一组落差较大的叠石瀑布，构成左右两边一静一动的不同景观。同时在瀑布前设形态自然的浅水池，在此可观水听音，拾级而上则可登高望远，登龙望凤。并在叠石醒目位置篆刻“识源”二字，取意“知识源泉”，暗喻知识源流古往今来传承不停，表明学校乃传授学科知识的源头和摇篮。最终形成有声（流水泉音）有色（花卉植物）、有形（自然石崖）有意（书法篆刻）、有景有情、情景交融的醒目景观（图6）。

图6 核心景观区及“识源瀑”的设计与实景

而在“识源瀑”前，将原有的篮球场设置为宽敞的绿化活动场地“明德广场”，构成轴线左右两侧空间的虚实互补。一则从文物保护角度考虑，不再加建任何实体的建构筑物，避免对古建群落造成不良影响；二则尽量把这个独特的校园核心景观展现出来，让更多的师生和市民透过学校大门的框景，能由近及远地领略到校园“求真、明德”的育人文化意味。

核心景观的底景，即为坐落在大台阶最高出的校庆纪念碑，主要由杏坛坊、醒世钟和思源碑等建筑小品组成。杏坛坊为有3跨门洞的片墙，外出进深半间的歇山屋顶木构牌坊。透过牌坊与片墙门洞，居中设置的90周年校庆纪念碑，为“X”形的竖向对角片状组合碑体，上部临空悬挂醒世钟，接地部分处理为“滴水穿石”小品，寓示“醒世警俗，启智化愚”，鼓励师生教与学应有持之以恒的精神。杏坛坊背面左边是一个两开间敞开的单层小房，房屋墙壁上是镶嵌的“思源”碑刻，将一中自创办以来的近千名历届教师镌刻其上，供校内外师生缅怀，饮水思源，勿忘母校恩泽。

（二）求知林景区

“求知林”景区布置在校园中部的“明志

楼”后面，外接来凤山的一道山箐，使外部茂密的树林一直延伸到校园内，与之连为一体，不分彼此。在“求知林”的东、西两边，都是规划新建的艺术楼和教学综合楼，与北面的“明志楼”呈“品”字形构图，将“求知林”围合为较为安静的室外场所。并在其中设置“求知亭”“慎独石”及小桥流水、灌木花卉等的景观，达到“蝉噪林逾静、鸟鸣山更幽”的景致。

特别是设在综合楼西端的“求知亭”，巧妙地利用室外三角台地的尽端，单独建此方形歇山顶小亭形成点缀。建筑造型尺度宜人的“求知亭”，轻盈小巧，加之周边幽静环境的烘托，使之成为“求知林”景区的点睛之笔，与绿荫盎然的环境形成俯与仰、看与被看的映衬关系。

同时结合此处相对低洼的自然地形，将山箐水汇集引入沿路边规划的水池，宛如一片明镜，镶嵌在这一特殊有限的环境之中，平静的水面反映出天光的变化与池边的花卉植物，平添了灵动新颖的视觉景点，丰富了“求知林”环境的观赏性（图7）。在这宁静的山林之间，既可独自沉思求知的心路历程，也可相互交流古今的传世文采。

图7　求知亭与求知林局部景观

（三）问清池景点

“问清池”布置在校园西部初中教学楼后面的山洼中，取意“问渠那得清如许，为有源头活水来”①。该水池借校园规划“引凤来仪”构思的“凤头”位置，利用现状较为狭窄、陡峭的山形地势，引“来凤山”的山箐水入园。以“问清池”为“凤目”，表示中学求知学习的起源地，在此建立一个良好的学习开端，一步一个脚印向前发展努力。“问清池”水景设置力求小中见大，在有限的空间中创造无限的景观意味，真正达到画凤点睛的效果（图8）。

图8　问清池景点

对此景点的设计，在具体实施中，则采取更加质朴自然的做法，在高处较为狭小的台地上设一块自然石，使清澈的山箐水流淌其上，自然滴落下或珠串、或丝线的水花，再往下顺溜进水池里。这里水面虽小，却有活源之意。

而在初中教学楼西边的不规则地段，也即在凤纹头冠的位置，将原来位于“识源瀑”地点的“二大楼”教室（为木结构歇山瓦顶），搬迁到此布置成三合院，作为教工之家，形成对历史建筑的一种保护与再利用。

（四）达观亭景点

“达观亭”景点位于艺术楼与初中教学楼之间的条状陡坡地带，因该地带原有伍达观外祖母的墓塚，后经学校修缮，又在旁边建立了有伍达观母亲和伍达观夫妇的墓塚的“归园”，形成2个瞻仰祭奠平台。借此在平台下方建一座面宽7开间的敞廊，居中为“凸”字形的“达观亭”。通过对其周边环境的处理，使之成为纪念伍达观先生捐资助学善举与励志教育的特殊环境，既加强了从“求知林”景区到“问清池”景点之

① 〔南宋〕朱熹.观书有感二首。

间的联系过渡，也丰富了从田径运动场中观看的视觉景观空间层次（图9）。

图9　纪念伍达观的归园和达观亭

设于此处的“达观亭”，比建在其他任何地方更有历史意义，将尊祖敬宗的传统孝道与伍达观先生勤奋求学创业、尊师重教事迹合二为一，可谓相得益彰。沿路仰视高台是的“达观亭”，双檐翼角向上展翅欲飞，与其两侧横向展开的敞廊融为一体。驻足其间，环顾左右，视野十分开阔，近可观校园运动场及建筑环境，远可眺望腾冲城市风貌与山峦景致，令人感受到宽广达观之胸怀。

除了在上述主要的景区、景点之间，结合地形环境变化布设不同的景观小品与丰富多样的绿化植物之外，在不同建筑的周围，也结合场地特点与空间尺度，灵活的设置必要的景点，如在靠近学生宿舍的路边有成对的“正气石”，“养天地之正气，法古今之完人”[①]；在雄飞楼东端的围合空地中，建六角形重檐攒尖顶的“思源亭”，呼应雄飞楼西端的“思源碑”。等等，通过日常的耳闻目染，起到潜移默化之功效。

六、结语

（1）造园贵在“巧于因借，精在体宜”[②]，作为园林设计基本准则的“因借”，是要因地制宜，巧借园外之景或景外之景；而“体宜”就是要对各种分寸掌握得当，景物处理自然贴切。上述对整个校园系列景观的设置，正是基于这种因循环境、顺应地形的具体思考，在借喻“引凤来仪”设想的前提下，经过巧妙的设置，着重反映腾冲一中“古雅文秀，文运恒昌”的校园特色与文化底蕴。充分体现城市之古、校园之古、建筑之古；反映校园的环境幽雅，温文尔雅；文表达一中的文化深厚，文采丰富，文人辈出；秀则展现一中所处环境的山水之秀与人文之秀。

（2）对整个校园景观景点的设置，主要以“点、线、面”相结合，景观环境与建筑有机结合，构成三位一体、相互协调的景观环境系列，既突出各自的特点，又达到相互呼应的整体效果。特别是对各个景观环境的处理与绿化配置，表现出其应有的灵活性、标识性、趣味性、观赏性、地域性和文化性，为一中的广大师生提供一个课外交流学习而又充满文化意味的环境场所。

① “养天地正气，法古今完人”是出自孙中山先生的手书，该墨宝至今仍保留在台湾（台北）中正纪念堂所保存。http://www.360doc.com/content/14/0401/15/16510914_365464350.shtml；1927年，杨永清先生当选东吴大学首任中国籍校长，新订“养天地正气，法古今完人”为中文校训，https://www.douban.com/note/254780027/

② 计成.园冶注释[M].陈植注释.北京:中国建筑工业出版社,1988:47.

大理园林风格探析①

杨荣彬 ②，杨大禹 ③

摘　要：苍山洱海构建了大理独特的人居环境。作为洱海区域的核心城市，自南诏、大理国以来，无论是寺观庙宇还是居家民宅，大理地区的传统建筑一直受到中原文化的深刻影响。本文以大理地区的寺观园林、公共园林及私家园林为分析对象，借鉴中国古典园林景观环境的构成要素与布局方法比较分析，探讨大理园林所展现的特点。从中归纳总结大理白族在学习吸收中原文化过程中，没有忘却自我，而是结合自身发展需要所做的努力与创造，为当代大理城镇与风景区的园林景观设计提供有益的参考。

关键词：大理，园林，构成要素，布局方法

一、引言

中国是一个历史悠久的文明古国，延续五千多年间创造了辉煌灿烂的古典文化。大地山川的钟灵毓秀，历史文化的深厚积淀，孕育出中国古典园林源远流长、博大精深的园林体系 [1]。山水是中国园林的主体和骨架。山，支起了园林的立体空间，以其厚重雄峻给人以古老苍劲之感。水，开拓了园林的平面疆域，以其虚涵舒缓给人以宁静幽深之美 [2]。位于滇西大理地区的苍山洱海山水格局构建了独特的人居环境（图1），自南诏、大理国以来，不论是寺观庙宇还是居家民宅，大理地区的传统建筑一直受中原文化深刻影响。得天独厚的自然山水、外来文化与本土文化交融于大理园林之中，形成鲜明地域特点与民间智慧。

图1　（明•万历）大理府地图
来源：杨世钰，赵寅松.大理丛书•方志篇（卷一）[M].北京：民族出版社，2007: 52.

二、大理地区园林形成背景

（一）自然背景

大理地区位于云南省中部偏西，地处云贵高原与横断山脉结合部位，地势西北高，东南低，地貌复杂多样。境内山脉主要属云岭山脉及怒山

① 项目资助：国家自然科学基金项目（51268019），云南省教育厅科学研究基金资助性项目（2017ZZX021）。
② 杨荣彬，昆明理工大学环境科学与工程学院，博士研究生，大理大学工程学院，讲师，15187228163@163.com。
③ 杨大禹，昆明理工大学建筑与城市规划学院，博士，教授，副院长，博士生导师，857012994@qq.com。

山脉，点苍山位于中部。北部雪斑山为最高峰，海拔 4295m。最低点为云龙县怒江边的红旗坝，海拔 730m。主要河流属金沙江、澜沧江、怒江、红河(元江)四大水系，有大小河流 160 多条，呈羽状分布。境内分布洱海、天池、茈碧湖、西湖、东湖、剑湖、海西海、青海湖 8 个湖泊[3]。

苍山洱海是国家级自然保护区[4]，苍山属横断山系切割山地峡谷区，天然植被垂直分布明显，有苍山冷杉、苍山杜鹃林、龙胆、绒蒿、白鹤、报春、山茶等珍稀花卉。苍山地处低纬高原，形成一山分四季的立体气候。洱海系云南境内仅次于滇池的第二大湖，是中国第七大淡水湖，以“湖形若人耳，波浪大如海”而得名，素有“高原明珠”之称。洱海风光秀美，洱海内有三岛、四洲、五湖、九曲，各具风韵，海湾多而美[5]。

（二）人文背景

文化生态环境[6]是不同文化区的自然地理环境和物质文化景观以及它们的分布规律。远在新石器时代，就有白族、彝族等少数民族先民在大理地区繁衍生息。公元前 211 年，大理地区纳入秦王朝统一的地域，唐、宋时期分别出现“南诏国”和“大理国”等地方政权，相继延续 500 多年[7]。大理地理上处于过渡地带也是文化上的边缘地带(图 2)，即“十字路口地带”[8]。

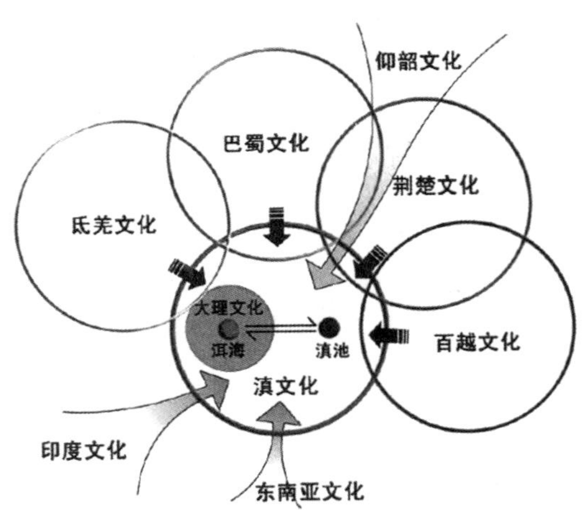

图2 大理文化形成示意

来源：张贤都.西南山地典型古城人居环境研究——云南大理古城[D].重庆：重庆大学，2010：13.

自元以后，大理白族区域一直在中央王朝的控制之下，大理洱海地区成为白族生活的主要区域。在中原文化与外来文化的影响下，白族园林经历了边郡制下的早期园林、南诏国的建立及白族园林的发展时期、大理国的建立及白族寺观园林的繁荣、地方府治的大理及白族园林进一步发展，以及现代大理白族园林发展等不同时期[9]。

三、大理地区园林类型

中国历史上曾创造辉煌的古代园林文化，留下许多传统园林艺术遗产。中国古典园林有皇家园林、私家园林、寺观园林、公共园林、衙署园林、祠堂园林、书院园林等。云南园林以其服务对象可分为寺观园林、公共园林和私家园林三大类[10]，反映当地自然山水与地方人文的“滇派园林”[11]特点。与外来文化的不断交融中，传统“儒、道、佛”三家钟爱自然、亲近自然的思想，融入了大理寺观园林。大理公共园林从古代城市园林逐步演变而来，于城市范围内经过专门建设的公共绿地环境，供人们游览、观赏、休息等。大理白族民居院落影壁(照壁)正对正房而成为庭院主景，白族人喜欢莳花，在影壁前砌筑花坛，栽植花木或放置盆花。缤纷的花卉在白色影壁墙面衬托下，益发妍丽动人，配合院内种植的山茶树、桂树等，既显示一派花团锦簇、绿树成荫的景象，即突出白族民居庭院意匠的特色。

（一）寺观园林

大理的寺观园林多于名山大川之中，有大理苍山、宾川鸡足山、巍山巍宝山、剑川石宝山等，其中宾川鸡足山为最具代表性的寺观园林。位于宾川县牛井镇西北炼洞乡境内的鸡足山，又名九曲崖、青巅山。其山势背西北而面向东南，前列三峰，后拖一岭，形如鸡足，故名鸡足山。鸡足山是佛教禅宗的发源地，两千多年前，释迦牟尼大弟子饮光迦叶衣入定鸡足山华首门，奠定了它在佛教界的地位。元、明两代，形成以迦叶殿为主的8大寺71丛林。鼎盛时期发展到36寺72庵，常驻僧尼达数千人的宏大规模。鸡足山历代高僧辈出，千百年积淀了丰厚的历史文化内涵。

鸡足山素以雄、险、奇、秀、幽著称，以“天开佛国”、“灵山佛都”闻名，古人曾用一鸟、二茶、三龙、四观、五衫、六珍、七兽、八景来概括山的自然与人文美景，即“天柱佛光、华首晴雷、苍山积雪、洱海回岚、飞瀑穿云、万壑松涛、重崖返照、塔院秋月”。登顶眺望，可东观日出，西望苍山洱海，南赏祥云，北眺玉龙雪山。明代旅游家徐霞客盛赞“奇观尽收今古胜”，“实首海内矣”，徐悲鸿赋诗“灵鹫一片荒凉土，岂比苍苍鸡足山”（图3、图4）。

图3　（清•康熙）鸡足山寺庵分布图
来源：杨世钰，赵寅松.大理丛书•方志篇（卷十）[M].北京：民族出版社，2007：19.

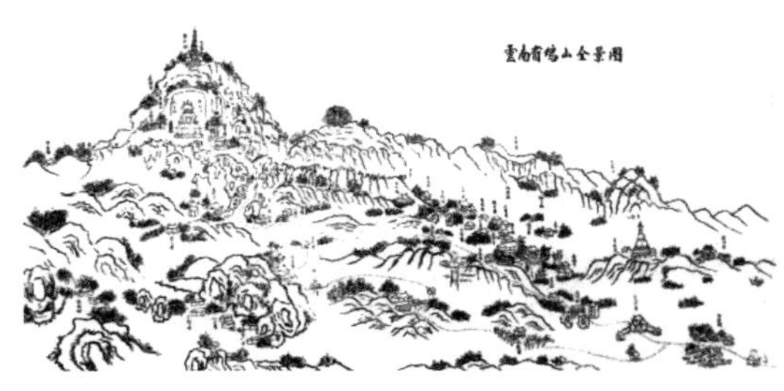

图4　宾川鸡足山全境示意
来源：杨大禹.云南古建筑（下册）[M].北京：中国建筑工业出版社，2015：189，207

“华首晴雷”为绝顶观云海处，位于天柱山峰顶南侧的华首门，不仅因为该门独特的奇、险而闻名内外，还因传为释迦牟尼弟子迦叶守衣入定的地方，在整个鸡足山享有举足轻重的地位。华首门宛若在笔直如削得天然绝壁上镶嵌的一道大石门，下临万丈深渊。门高40m，宽20m，上部圆形石崖挑出近3m，中间有一道垂直下裂的石缝把石壁分为两部分，“门”的中缝悬挂着距离大致相等的石，这就是“石锁”，檐口、门楣清晰可辨，酷似一道石门，游人至此，仰观峭壁危崖，直摩苍穹，猿猱难攀，摇摇欲坠；俯瞰幽谷深涧，云雾缥缈，深不见底，若置九霄。当年徐霞客攀登至此时描写道：“仰眺祇觉崇崇隆而不见其顶，下瞰祇觉冥冥而莫晰其根，入选一幅万仞苍崖画，而缀身其间，不辨身在何际也”。赞叹“双阙高悬，一丸中塞，仰之弥高，望之不尽”。华首门居高临下，夏秋之际，远处山谷雷声大作，这里却晴日当空，雷声与闪闪电光从远处传来，在此碰壁后，回音反射，声震寰宇，空谷留音，被称为“华首晴雷”[9]。依托自然环境以宗教特点进行布局，于自然山水之中营造特有的寺观园林，建筑与自然融为一体。

（二）公共园林

大理地区公共园林有依托城市景观而建的三塔倒影公园、玉洱公园、洱海公园等，也有于自然山色中而建的小普陀、南诏风情岛等。大理三塔倒影公园，位于崇圣寺三塔以南1km处，公园坐北朝南，背靠崇圣寺三塔，其以园内的潭水能倒影三塔的雄姿而得名。进入公园大门，迎面而立一座由大理石砌筑的照壁，照壁宽约6m，高4m多，颇具白族建筑特色，照壁中部为一幅巨大的由大理彩色花纺构成的天然山水画。三塔倒影公园占地约27亩，中心部分是一片约10余亩的水潭，水潭呈椭圆形，潭水洁净清幽。公园最具特色的是潭水碧绿如玉、清澈见底、水平如镜，映出崇圣寺三塔的优美倒影（图5）。

此为借景之法，很好地将三塔之塔形连同苍山背景倒影潭中，构成一实一虚的对称景色，角度不同，倒影形态亦随之各异。三塔倒影之妙，不仅在阳光灿烂的白天，更体现在月光如水的夜晚，此时的三塔倒影格外清晰，塔影四周水中繁星闪烁，玉兔轻移，构成真正的“三塔

图5　大理三塔倒影公园漾波亭
来源：杨大禹.云南古建筑（下册）[M].北京：中国建筑工业出版社，2015：189，207

图6　洱海中的小普陀

映月”。正如古诗所赞：“佛都胜概肇中堂，三塔粼粼自放光。苍麓湖蟠映倒影，此中幻相说空王”①。

三塔倒影公园，于20世纪80年代由旧水库衍生而来，它为刚劲挺拔、傲立千古的三座古塔镶嵌制作了一面能一展倩影芳容的明镜。潭边广植银桦、雪松、垂柳等，四周有藤架、大理石桌凳、大理石长栏、小溪绕潭。水潭西侧为一高约5m的大理碑亭，过亭沿曲廊行数米，可达水中漾波亭，亭为六角形平面，雕梁画栋，朱红亭柱，与碧水蓝天辉映，令人心旷神怡。亭南有一小岛，岛上有一对栩栩如生白鹤，水中倒影，人动影移，与漾波亭相映成趣。公园与三塔倒影，以其将大理的标志性象征——三塔与蓝天白云、日月星辰和苍山雪景及四时鲜花融入其中的绝佳美景。崇圣寺三塔与倒影公园相辅相成、相互映衬而相得益彰，形成重要人文景观与象征[9]。

小普陀为洱海东部海中的一个小岛（图6），相传观音开辟大理坝子时在海面上丢下一颗镇海大印以镇风浪，保护渔民。渔民们在小岛上建观音阁纪念观音，将小岛东部渔村取名海印村，小岛称为小普陀山。利用苍山洱海、小普陀的区位与人文，构建与自然融为一体的公共园林。

（三）私家园林

大理地区的杨士云七尺书楼、赵廷俊大院、严子珍大院、杜文秀帅府等体现着大理私家园林的发展，当代私家园林以大理张家花园为代表。位于大理点苍山圣应峰麓观音塘北侧的张家花园，由大理民间建筑匠师，园主张建春投资并亲手创意设计、倾心缔造的民居建筑文化之园。

张家花园，亦名“鹿鹤同春”，寓意“福禄寿喜”、“松鹤延年”（图7）。花园及广场占地约28亩，建成于2008年，由鹿鹤同春、海棠春院、彩云南院、西洋红院、瑞接三坊院、四合惠风院及后园“镜花园”组成。建筑群呈“走马转阁楼”形制并两横六纵之格局（图8）。园植古木假山，院设小桥流水，廊布香花百草，集白族世家之生活图景。园拥华门十五、房二百余间、花窗一百余眼、天然大理石嵌画一千余幅，汇集景德镇瓷板画、东阳木雕、苏州刺绣、福建砖雕、剑川木艺，一庭可览白族民居建筑之精华。闲暇信步，榭前可赏歌舞，雅室可品香茗②。“鹿鹤同春”为主入口院落，内设鹿鹤同春石牌坊，牌坊上雕刻表现《南诏图传》洱海古老的金鱼与玉螺图腾。位于南侧的彩云南院内以洱海南部巍山的建筑风格象征南诏发祥地；照壁上的浮雕表现巍宝山道教风光与“鸟道雄关”候鸟迁徙奇观，寓意“百鸟朝凤”。海棠春院内池塘巨石占据天井大

① （清）杨炳锃《三塔倒影》。
② 大理张家花园浏览碑记。

图7 大理张家花园“鹿鹤同春”院

图8 大理张家花园鸟瞰
来源：张建春.大理张家花园游园记[M].昆明：云南科技出版社，2008.

半，水上建戏台，环绕池塘三面的房屋设席座。西洋红院紧邻彩云南院西侧，用大理石磨制的石库门、镀金工艺生产的艺术玻璃马赛克、红色磨砖、风景油画等技术、工艺与装饰材料等，尝试将中西、古今艺术融为一体。瑞接三坊院为传统白族“三坊一照壁”院落，园内植大理茶花，照壁下水池用汉白玉雕砌，水池内设钟乳石和火山石的假山；房屋内墙用“三国演义”题材浮雕、格子门扇为“百子戏春图”木雕等。四合惠风院为典型白族传统四合五天井院落，园内壁上以“二十四孝”故事为题材，隔扇门中下板雕有治家格言和修身养性的民间谚语，藻井绘画艺术运用于建筑之中。

位于西北角的镜花园，又名倚秋园，是张家花园的园中之园，因园址中两棵百年楸木树而得名。以刘禹锡《陋室铭》：“……谈笑有鸿儒，往来无白丁，……阅金经而无之乱尔……”为园造园文化，园内曲折回环的水面为主体，融江南建筑与岭南建筑风格为一体，吸收百家雕刻艺术的精华，形成别具匠心的古典式园林。园区布局13个建筑单体：橙花玉竹厅、韵苍楼、鸿儒桥、游妆戏影台、泛月听雨轩、多香榭、鹤拓舫、雪素亭、藏秋壁、绕花廊、紫藤石廊、霁雪门、聚景芳池等[12]。立足于传统白族民居本土文化，在外来文化影响下，大理民间匠师尝试将传统白族民居院落文化、江南私家园林的传统文化、西方装饰艺术融入当代的白族民居建筑群中，既能将传统本土文化、技术与工艺延续，又能将外来文化、技术与工艺精髓运用于白族民居院落中。

四、大理地区园林风格

大理园林虽无北方皇家园林的气势恢宏，也不及江南园林人工构筑山水的精致秀美。依托当地自然山水，巧妙地借景、造景，将外来文化与本土民族文化结合，往往不以华丽繁缛为尚，而倾向于简朴古拙，纤小精巧，且在传统工艺与民族文化方面，展现出鲜明的地域性特点与民间智慧，既有中原先进建构技术经验与思想的表达，又有别于中原地区的园林风格。

（一）构成要素

1. 山水

天然的山水格局为大理园林构成提供了物质基础。鸡足山利用自然山水营造出佛教参禅修炼的意境；三塔倒影公园运用人工构筑的水潭将崇圣寺三塔与苍山的美景收纳其中。张家花园于有限的庭院空间中置水池、假山，将园林艺术中的山水灵活运用于民居建筑，用简朴古拙的手法构建大理园林的山水意境。

2. 植物绿化

自然山水中的天然植物为园林景观构建的要素之一。宾川鸡足山八景之一的“万壑松涛”是对当地天然植被的最佳描述；大理茶花作为当地特有的植物，广植于张家花园庭院的花盆中，倚秋园因园中的两株百年楸木树而得名；三塔倒影公园在池边广植银桦、雪松、垂柳，四周有藤架等，也成为了公共园林所特有的造园要素。

3. 建筑

建筑作为园林的构成要素，鸡足山各寺、庵等散布于自然山体之中，建筑体量小巧，尺度宜人，以突出建筑与自然相融合之意境。三塔倒影公园的亭、廊既为游人提供驻足休憩的场所，也为整个园林空间景观增色。大理张家花园的白族民居建筑群，利用“走马转阁楼”形制，用连廊将各层院落连通，形成独特的院落空间；镜花园内的厅、楼、桥、台、轩、榭、舫、亭、壁等，展现园林中建筑与环境相结合的意趣。

（二）布局方法

1. 尊重自然

自然山水、植物绿化等作为园林空间构建的物质载体，不同地域的气候条件等，构成了独特的园林景色。宾川鸡足山“天柱佛光”景色，佛光常出现于“风止雨收”时，以当地的特殊的地质地貌与气候条件为基础，而形成的景色奇观。

2. 利用自然

三塔倒影公园选址于崇圣寺三塔南侧，充分利用苍山山体为背景，利用特殊的地理位置，运用园林构成手法，将苍山、三塔倒影吸纳于潭水之中，构建了独特的大理三塔倒影景观。小普陀与苍山洱海一起构成了一幅天然美丽的画卷。

3. 自然与人文相结合

宾川鸡足山作为佛教圣地之一，华首门的自然奇观与佛教的参禅修炼相结合，构建了寺观园林独特的空间布局。大理张家花园白族民居建筑群内体现的儒家思想、礼制布局，以及镜花园对江南私家园林的模仿，体现出大理民间匠师对中国传统私家园林文化中文人意境的追求与表达。

五、结语

大理园林一直深受中原文化影响，无论是形成于自然山水中的宾川鸡足山，还是于平坝中利用潭水将自然景观与人文景观吸纳于其中的三塔倒影园林，大理张家花园构筑的人工景观，无不体现着对中国传统天人合一造园思想的追求。独特的自然环境、气候条件为大理园林形成提供重要的物质条件，不同历史时期多元文化的交融，构成大理地区独特的文化氛围。综上所述，大理园林依托当地独特的自然环境而产生、发展。在不同类型的园林中，利用山水、植被、建筑等为构成要素，以尊重自然、利用自然、自然与人文相结合的布局方法，运用天人合一、传承与创新并重的造园思想，构建出独具特色的大理园林。它们为当代大理城镇与风景区的园林景观设计提供了有益的参考。

参考文献：

[1] 周维权 . 中国古典园林史 [M]. 第 3 版 . 北京：清华大学出版社，2008.

[2] 封云 . 掇山理水——中国园林的山水之韵 [J]. 同济大学学报（社会科学版），2005(3)：36-39.

[3] 大理白族自治州人民政府网 . 自然地理 [EB/OL]. http://www.dali.gov.cn/dlzwz/5116653226157932544/20121126/267788.html.

[4] 郭瓅 . 生态宜居幸福大理 [J]. 城乡建设，2015(11)：58-60.

[5] 杨天举 . 洱海——云贵高原蓝宝石 [J]. 钓鱼，2013（9）：42-43.

[6] 马曜 . 大理文化论 [M]. 昆明：云南教育出版社，2001.

[7] 大理白族自治州人民政府网 . 大理概况 [EB/OL]. http://www.dali.gov.cn/dlzwz/5116653226157932544/20121126/267789.html.

[8] 张贤都 . 西南山地典型古城人居环境研究——云南大理古城 [D]. 重庆：重庆大学，2010.

[9] 张云 等 . 白族园林风格探析 [J]. 西南林学院学报，2002(2)：39-43.

[10] 杨大禹 . 云南古建筑（下册）[M]. 北京：中国建筑工业出版社，2015.

[11] 云南省园林行业协会 . 滇派园林 .4[M]. 昆明：云南科技出版社，2011.

[12] 张建春 . 大理张家花园游园记 [M]. 昆明：云南科技出版社，2008.

历史文化景观中的叙事空间设计方法研究[①]
——以省级文物保护单位南岳邺侯书院的景观展示设计为例

罗明[②]，石磊[③]，李哲[④]

摘　要：文物建筑周边的历史文化景观中通常记录着历史上曾经发生的重要事件和信息，本文结合叙事学的相关理论和研究成果，引进景观叙事的概念，在省级文物保护单位南岳邺侯书院的环境整治项目中，探索了景观叙事方法在历史文化景观设计中的应用。通过应用场景还原叙事法、叙事蒙太奇法、空间重组法和高科技再现法串联六个历史场景故事，以故事、空间和意义三个方面表达邺侯书院的叙事层次和祭祀内涵，促进历史文化景观的故事性和可读性，丰富景观的文化内涵。

关键词：历史文化景观，叙事空间，邺侯书院

综观我国文物建筑保护理念的发展历程，从仅仅局限于单体建筑保护，到历史文化环境整治，再发展到对文物建筑及其历史文化环境展示与利用的研究，说明越来越认识到文物建筑周边历史文化环境景观的重要性。

但怎样合理有效地展示文物建筑自身及其自然和人文环境的历史文化，也是实际工作中困扰最大的问题，对于具有历史文化底蕴的文物建筑而言，叙事空间设计方法无疑成为一种较佳的选择。因其历史文化背景各不相同，更要根据文物建筑自身的性质和背景历史，谨慎选择叙事空间方法和叙事策略，因而有必要对叙事空间方法的理论和应用方法进行总结和评述，这也正是本文所要讨论的核心问题。

一、叙事学的运用及其发展

所谓叙事，本是一种文学体裁，故事在时空中有序再现的形式；是一种结构，将部分整合成为一个整体的结构；是一个叙述过程，选择安排渲染活动/故事题材的过程，从而使得读者获得一种与时间捆绑在一起的特殊效果[1]。关于古典主义叙事的功能，古希腊哲学家亚里士多德在《诗学》中已经做了一些相关的诠释[2]。叙事作为一门独立的学科（Narratives/narratology）则成熟于19世纪末至20世纪初，连同当时的相对论、立体主义一起共同构成现代主义的三部曲。到20世纪末，叙事学在一些语言学家、文学

① 项目资助：国家社会科学基金（2014BG00554）。

② 罗明，中南大学建筑与艺术学院，硕士生导师，717257508@qq.com。
③ 石磊，中南大学建筑与艺术学院，教授，330980452@qq.com。
④ 李哲，中南大学建筑与艺术学院，副教授，582228988@qq.com。

家、哲学家、科学家的共同努力下已经超越了语言学这一范畴，融入了诸如认知叙事学、社会叙述学、人工智能等理论，使得叙事学变得更丰富、更广泛。最终在20世纪下半叶诞生了"新叙事学"（Narra-tology）[3]。新叙事概念在认识论上倡导"以符号/要素为核心"转向"以语义/关系为核心"的世界观，逐渐成为了一个跨学科的概念。

二、历史文化景观与叙事学的关系

正是基于叙事的基本概念与其功能的拓展，为文物建筑历史文化景观设计在方法论上提供了建构意义、整合关联的路径与策略：首先可简单理解为用景观语言来讲述空间中的故事，一种场所精神；其次是指设计师为了达到这种效果所采用的结构组织与修辞手法[4]。米歇尔·德赛特（Michel deCerteau）从《日常生活实践》角度阐述了空间故事论的观点，认为城市的许多要素如前院、桥、边界等成为故事发生的可能；此外，文字记号、地图等隐喻了社会文化/历史故事[1]。

通过文学叙事与景观设计的初步分析类比，我们可以发现：一个完整的叙事需要作者（信息发送者）、文本内的叙述者/受述者以及读者（信息接受者）[1]；同样，景观设计需要设计师（信息发送者）、使用者（指定的和不指定的）和参观者（信息接受者）。与此同时，叙事作品中的概念赋予了话语一种抽象空间的维度，而景观创作主题营造了具象空间的秩序关系。如何表现时空以及如何定制时空体验是景观设计与文学共同的话题，也是一个永恒的话题[5]。通常，叙事性的文学作品有三个描述层面：功能层（function）、行为层（action）、文本层（text）[6]。但是，与叙事性的文学作品有所不同，景观的表达与呈现主要通过物质载体、功能空间、使用活动等媒介来传递信息；设计师在有意识地控制空间和时间，把时间与动态体验凝固为空间，在空间中塑造真实的生活。而文学家在文本中塑造想象的生活，将事件时间压缩了，空间文本化了。文物建筑室外景观空间融合了体验时间，映射了社会秩序和叙事主题。此外，文学作品在序列感知的叙事要素中创造了线索关系，景观设计则在体验过程中能感知物质空间的秩序关系；所不同的是，历史文化景观设计往往组织安排一系列通过具象体验可以觉察到的文脉关系和视域；而文学叙事空间的再现并不是以物质形式出现，而是优先于形式密码的抽象的文本体系[5]。也就是说，景观不是虚构生活的文本，而是现实（或者未来）生活的载体。叙事为历史文化景观设计提供了组合策略、想象力与创作源泉；而历史文化建筑及其生活环境为叙事提供了素材，两者相互影响。

三、历史文化景观叙事学设计方法的应用

叙事进入建筑景观设计的具体途径是多种多样的。综观古今中外，从15世纪文艺复兴时期阿尔伯蒂（Alberti）运用历史叙事的方式（Istoria）来表达人文主义的建筑和艺术；到中国古典私家园林将文学作品作为造园的主题思想、空间组织、文化意境的表现载体、参考系统。外在的需求与内在的融合使得景观叙事学的诞生成为了一种现实存在。所谓景观叙事学，即将叙事学作为可选择工具来分析、理解、创造建筑环境，重新审视环境内在的要素属性、空间结构、文化语义及其建构策略，进而有效地建构景观环境的社会文化意义及其文化认同性，尤其适用于历史建筑的文化环境景观营造。

始建于唐代的邺侯书院是纪念唐代邺侯李泌的祭祀性书院，为南岳衡山史载17所书院中仅存的一座，同时也是中国书院史上最早的书院之一，为省级文物保护单位，其单体建筑均在2008年进行过抢救性建筑修缮。虽然邺侯书院及周边环境历史文化底蕴深厚，自然环境得天独厚，是不可多得的书院文化资源，但建筑周边环境杂乱，存在临时搭建、杂物堆积现象，缺

少儒学展示利用设施和游客服务设施，也无导视标识系统及解说系统等，导致邺侯祠仅仅成为烧香许愿之所，书院所具有的文物价值、文化内涵等难以得到完整、系统和直观地诠释，丢失了祭祀性书院的功能和文化气息，损害了建筑本体的真实性、安全性和完整性。

针对以上问题，根据历史文化景观叙事学的理论，通过大量文献调查，结合古典诗词和历史典故，分为保护性展示、环境性展示、利用性展示、传播性展示四种展示思路（图1），按照参观路线的设置规律，在有限的平地上，把叙事的方法植入到景观设计之中，以与邺侯李泌有关的六个故事空间来编辑、组织景观节点历时性发生的多样性事件，并分布在核心展示区、遗址遗迹展示区和园林展示区中，实现“六景三区”的有机结合（图2），全方位展示书院建筑与环境，多角度讲述其历史信息。通过四种设计方法讲有情节的故事，使文物建筑周边环境成为祭祀文化的感知体，形成文化场。

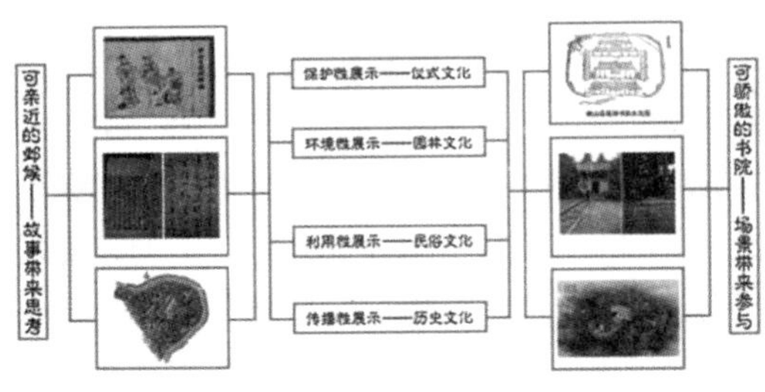

图1　景观展示类型分析图

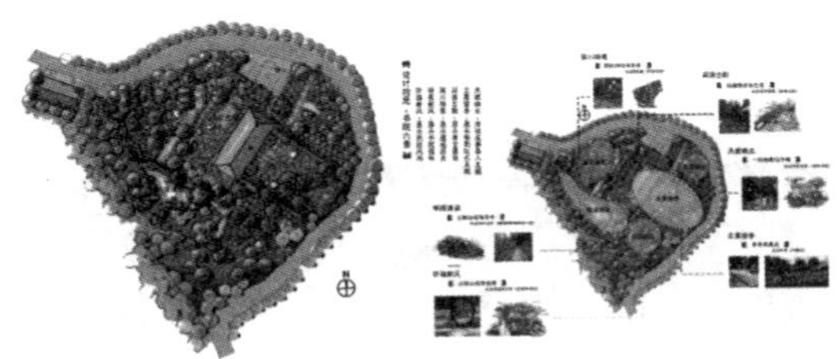

图2　“六景三区”景观展示结构图

（一）场景还原叙事法

在场景叙事方法上，利用场景还原来叙述事件，再通过场景重新的组合编排形成动态的、让人仿佛身在其中的故事，以此来进行事件叙事空间的编辑具有可行性。

首先编辑的第一个场景则设于进入场地北向牌坊后原有的茶园中。根据史料记载，刚刚七岁的李泌就能与文武百官对文赋棋，七岁儿童即受到朝廷君臣的一致重视，这在中国历史上是极为罕见的。根据古画“七龄赋棋”图中的场景，在茶园中辟出一平之地，设置与真人同比例的儿童李泌与官员赋棋的雕塑（图3），游客可坐在旁边石凳上观看棋局，充满童趣地进入李泌的儿童时光。

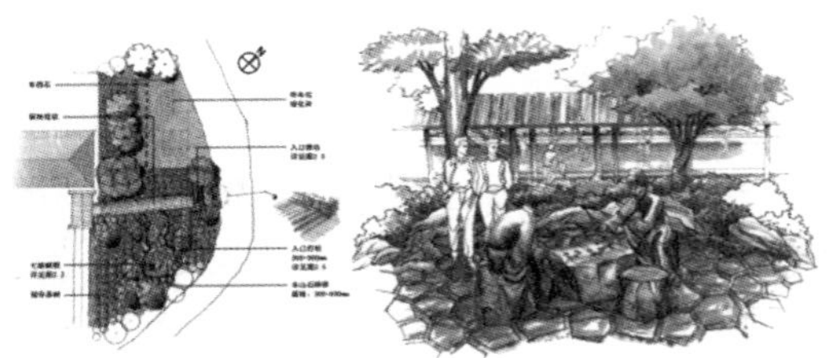

图3　场景还原叙事法——七龄赋棋

这种以场景还原作为一种叙事的方式，让身处其中的人们兼具表演者和观赏者的双重身份，通过行为的参与将人们从对物质环境的认知认同上升到情感与意义的体验认同，让使用者体验积极参与的乐趣。

（二）叙事蒙太奇法

蒙太奇最初是一种电影艺术手法，随着时间的推移，它也逐渐成为历史文化景观叙事空间的重要设计方法之一，主要包括平行蒙太奇、交叉蒙太奇和颠倒蒙太奇三种类型。历史建筑周边环境的蒙太奇叙事法，多适用于那些片段性的遗址场景。根据《考古挖掘报告》，邺侯祠与距其6m的挡土墙之间为遗址基础，虽然其貌不扬，却是遗址展示区的重点之一。考虑到南岳山间极其潮湿易形成冷凝水，加之邺侯祠作为主体建筑保存完整，遗址基础仅为后期加设廊道的原基础，故并没有按照常规将遗址基础用玻璃密闭起来供人观赏，而是在非基础处种植可供游人踩踏的百慕大草，让游客可近距离观察、亲手触摸到几百年前的附属建筑基础，穿越到上千年前的建筑历史中，并设一处本地红色砂岩撰写邺侯书院的历史故事，这处命名为“闲庭古韵”的场景成为六景中的高潮和核心，再现了南宋张栻所书《邺侯书院》中“石壁馋岩径已荒”的场景（图4）。

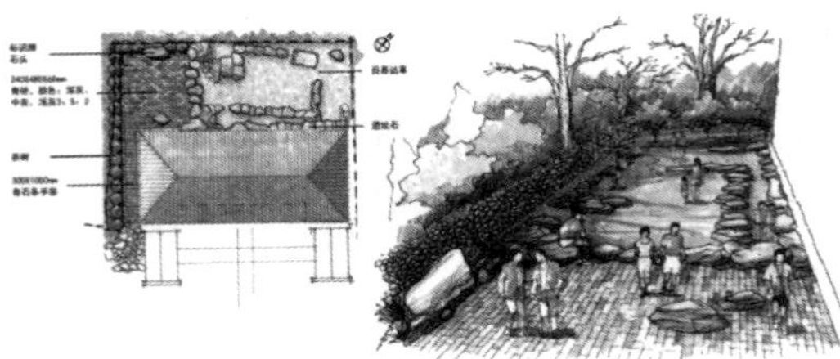

图4　叙事蒙太奇法——闲庭古韵

这种蒙太奇方式打乱了时间顺序，借助倒叙，通过事件的目前表现，再回去说明事件的发生过程，使得事件的过去与现在以一种全新方式结合在一起。对于这种打乱结构方式的蒙太奇，虽然时间顺序看似混乱，但是空间顺序交代明确，带给人更多的情感刺激，让游客感受代入感的同时，也对下一个场景的表现产生了无限遐想，使人更容易产生心理感知。

（三）空间重组法

由于文物建筑的景观空间本身就是有故事的，所以可以充分挖掘其主题元素：物质、场所与事件。在事件较为密集的区域，可以运用空间重组法把建筑空间进行局部异化重组，突出其重要性，给人一种刺激感。空间重组法主要包括分解重组、复制重组和并列重组三种形式。

根据书院建筑的布局模式和唐代廊院式的特点，在保持其原有规模和格局的基础上，在邺侯祠正前方，沿着原有麻石小道复原了廊院，以照壁作为端景，照壁后结合地形形成小型观景平台，平台地面嵌有一块麻石，上刻唐代杜甫描述邺侯书院的诗篇《凤凰台》，再现了诗中描述邺侯书院“亭亭凤凰台”的格局，使原来非常孤立的邺侯祠在中轴线上形成了序列空间，“文墨留香”之场景成为祭祀典礼时重要的室外场所，再现了（图5）。

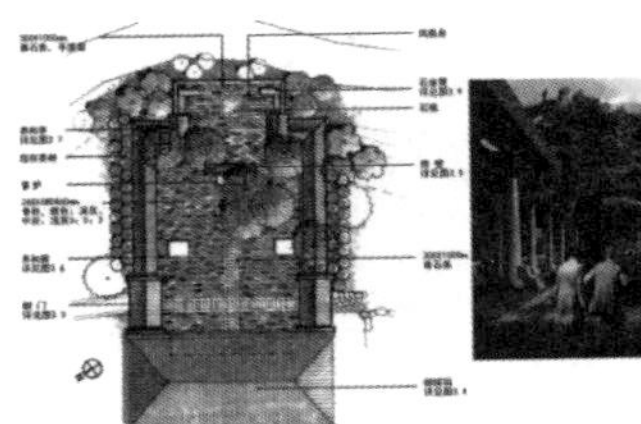

图5　空间重组法——文墨留香

这种分解重组空间法依靠把母体划为更小的几何单元之后进行重新组合。使文物建筑历史文化环境拥有独特的空间形态和功能。依照这一规律对划分之后的单元开展有机结合，构成一个具有纪念意义的新场景，也可以形成一个文化主题中心节点，使得景观空间的活跃度得到相应的提升，并且形成一个公共兴奋空间。

（四）高科技再现法

再现一个历史建筑的原始风貌，恢复环境的原真性，可以借用高科技再现的手法，比如声、光、电、表演等立体交叉的方式，给观众带来充实的四维空间和强烈的感官享受。例如在邺侯祠室内展示中，在末间的前半间以三维立体视频结合蜡像场景展示“煨芋十年宰相”的历史故事，蜡像人物主要为真人比例的懒残和尚和李泌，墙面以视频投影的自然场景作为背景，配以柴火、蓑衣、竹席等物进行装饰，让观众能身临其境地参与到故事中（图6）。虽然科技再现法不能作为一种单独的叙事方法，而是依附于建筑环境设置音频、三维立体视频、仿真材料制

图6　高科技再现法——“煨芋十年宰相”故事场景

作技术、仪式表演等，但可从视听、听觉和心理上多维感受身临其境、穿越历史的真实感。

四、结语

文物建筑的历史文化环境，通过这些叙事空间设计方法的运用，不仅能够继承与弘扬传统的民风民俗，彰显文化的力量，还有助于人的情感与文物建筑环境相融合，使人能够产生强烈的空间归属感和认同感，加强历史文化遗产的保护与传承。当然，历史文化景观叙事空间设计方法多种多样，而且所有的方法都不是单一使用的，只有根据文物建筑的性质，根据不同文物建筑历史文化环境的文化形态，选取不同的叙事空间设计方法，才能讲述一座文物建筑最动听的故事。

参考文献：

[1] Cobley P.Narrative[M].London:Routledge.2001.

[2] Aristotle.Poetics[M].Trans.Gerald F.Else.Ann Arbor:The University of Michigan Press,1967.

[3] Herman D.Ed.Narratologies:New Perspectiveson Narrative Analysis[M].Columbus:Ohio State Univer-sity Press,1999.

[4] 陆邵明 . 建筑体验 : 空间中的情节 [M]. 北京 : 中国建筑工业出版社 ,2007.

[5] Eisenman P.Eisenman Inside Out:selected writings,1963-1988 [M]. Haven & London: YaleUniversity,2004.

[6] 韩乐 , 张楠 , 张平 . 历史文化街区叙事空间设计方法的美学思考 [J]. 广东社会科学 ,2017(2):78.

二、地域建筑文化：水乡

日本学者对中国风土建筑的研究及其影响

潘玥[①]

摘　要：日本学者在20世纪80年代对中国风土建筑的系列研究，使用东亚传统建筑学与美国现代人类学结合的方式，以解开风土民居建筑研究中所存有的“视野”与“方法”的困惑。本文以浅川滋男的研究为案例，考察在风土建筑研究时，日本学者如何带有认识人类学的“视野”。同时，考察如何迁移民族考古学所注重三方面的论证，构成风土建筑研究“三重论证”的“方法”，最终形成民族建筑学这一研究中国风土建筑的方法体系。实质上，浅川滋男以语族划分建筑类型的研究意识，形成了以语系研究风土建筑的雏形，对当代中国本土学者进行的风土建筑谱系研究产生了很大的影响，具有至关重要的方法论意义。进一步的，浅川滋男大篇幅追踪干阑式（高床）建筑，显示日本本国学界对文化传播路线的始端始终感兴趣，修复自身“民族史”的目的事实上贯穿学界研究走向并延续。

关键词：浅川滋男，中国风土建筑，认识人类学，民族考古学，民族建筑学

若谈到日本对中国城市和建筑的研究，必定会提到伊东忠太、关野贞、村田治郎、竹岛卓一、田中淡等代表人物，作为研究中国城市和建筑的先驱者，他们在学界享有很高的声誉，这不仅是因为这些日本学人形成了一系列资料翔实、内容广博的建筑研究著作，还在于他们所研究的问题大都是在中日文化的视野下，围绕着文化传播的源头展开，从而形成了日本学界在该领域研究的“主流”。

相对而言，浅川滋男在20世纪80年代起对中国传统民居长达十余年的研究，本应是形成完整的中国风土建筑的研究理论体系不可或缺的一部分，但作为脱离“主流”的“我流”（即别具一格）的研究，目前尚未得到真正的重视。值得注意的是，浅川滋男从实证主义出发，通过对中日文物挖掘资料的爬梳剔抉，现存遗址与建筑实物的深入调查，以及民俗、神话等民族志资料的收集比对，以认识人类学的方法，来研究汉族传统民居与少数民族传统民居之间的相互作用和影响。这既回应了日本人在面对现代主义的冲击下，寻求“住宅的原点”的需求，也推动了中国人对传统民居在东亚社会影响力的思考。然而，从历史上看，与中国传统官式建筑在日本学界得到的重视程度相比，中国风土建筑的研究价值处于隐而不显的状态，并非学术研究的主流，对于浅川滋男这样毕业于京都大学建筑系，出身“正统”的学者来说，为何要把中国风土建筑的研究作为其学术研究的重心？他在方法论上有何特点？他的风土观具有哪些特点、又表现出怎样的学术倾向和现实意义？对于推动中国风土建筑研究的发展可以起到什么样的作用？这些问题，都亟待研究。

① 潘玥，同济大学建筑与城市规划学院，博士研究生，panyue031850@qq163.com。

一、研究背景

浅川滋男在京都大学建筑系毕业后，曾受日本文部省派遣至同济大学留学，受教于陈从周先生。他在京都大学取得博士学位后，相继任职于奈良国立文化财研究所，京都大学教授，鸟取环境大学教授，长期致力于本国民族建筑学、建筑考古学的研究。浅川滋男为何要开始对于中国风土建筑的研究呢？一方面来自于他注意到日本国内研究动向的变化。自20世纪初伊东忠太、关野贞起，村田治郎和竹岛卓一的研究之后，在20世纪60—80年代，日本对中国城市与建筑的研究走入低谷，面临"绝学"① 的困境，而随着中国对外逐渐开放，欧洲各国及日本再度兴起亚洲研究热，浅川滋男注意到了这一变化。另一方面来自于日本学者对现代化进程的集体反思。日本是亚洲西化程度较高的国家，自勒·柯布西耶提出："住宅是居住的机器"，住宅作为工业产品在日本到处泛滥，国民渐渐产生"故乡失落感"。随着现代主义的危机到来，20世纪60年代起出现反对现代主义的后现代主义。在日本，京都大学教授西川幸治在《日本都市史研究》（日本放送出版协会，1972年）提出"保存修景计划"，以传统街区作为文物保护单位，将原来的环境印象保存传给后世，例如日本爱知县五箇山的传统民居"合掌造"的保存。在这两者的影响下，使浅川滋男立志到中国"寻求住宅建筑的原点"。

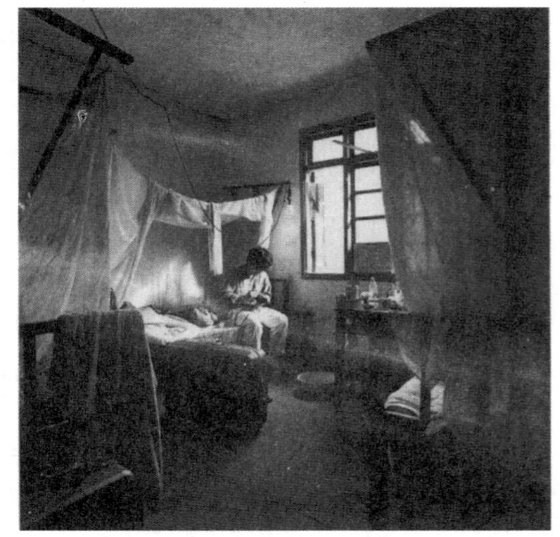

图1 浅川滋男在贵州省调查期间，于从江县下江镇下江旅社室内，1990年10月松村芳治摄影

来源：浅川滋男. 住まいの民族建築学[M]. 東京：建築資料研究社，1994.

与田中淡的研究类似，浅川滋男的研究也是个人化的研究（图1），与团体研究相异。1982—1984年，浅川滋男在同济大学从事中国传统民居的研究，留学期间，他数次对长江下游地区江南传统民居进行调查，范围涵盖杭州、绍兴、宁波、天台，苏州、无锡、扬州、南京、上海近郊农村，以及安徽南部。浅川滋男的调查与一般建筑学角度的调查不同，除了对住宅实地调查、记录、测绘，他的调查内容还增加了中华人民共和国成立前空间使用调查与记录；灶间与厨房的实测调查；与当地工匠的座谈会，以了解建筑过程、术语、量度、大木工具、风水；调查《鲁班营造正式》《鲁班经》的版本等等。随后，他将长江下游的传统汉族住宅各部件的方言名称，平面类型，家具，住宅使用规范进行了详尽的整理，1987年发表论文《居住空间的民族志——中国江南的传统住居》，这是他第一篇关于中国民居的论文。同期，他陆续发表了《"灶间"的民族志——江浙地方的灶与厨房》《灶神与居住空间的象征论——续"灶间"的民族志》两篇论文。以上三篇论文均基于这段时间的调研形成，可以看出他最大程度地活用了这几次调查积累的资料。在从同济大学留学归国后，浅川滋男进入奈良国立文化财研究所工作，这段工作期间，他发表了一系列建筑考古的论文：《西南中国与东南亚的青铜器文化上所见家屋画与家屋模型》《四川省的古代高床式建筑——以画像资料为中心》等。同期，浅川滋男对中国民居的调研开始转移到华南地区，他多次前往贵州、对黔东南苗族侗族自治州的二十余处少数民族村落进行了调查，在对苏洞柳江沿岸的侗族建筑进

① 田中淡：《中国建筑史的基础研究》，博士论文，1986年11月。

行了调查后形成论文《苏洞——贵州侗族的村落与生活》，这时期的其他论文内容较多的与干阑式（高床）建筑考古相关。1991年，浅川滋男将这些研究成果汇集成博士论文取得京都大学博士学位，1994年这本博士论文以《住的民族建筑学——江南汉族与华南少数民族的住居论》[1]为书名出版（以下简称《住的民族建筑学》）。

中国的营造学社在1930年成立某种程度上预示着中国学者对民居研究的开始，可以猜测的是可能是在抗日战争期间，营造学社被迫南迁，经过武汉，长沙、昆明最终到达四川宜宾李庄，一路所见大量风土遗存开始引发了学社内部对民居研究的兴趣①[2]。1940—1941年刘敦桢完成了《中国住宅概说》[3]，于1957年出版，成为民居研究的重要著作。中西方学者包括日本学者都曾就此话题进行过研究，形成了丰富的理论体系②。到了20世纪80年代，民居的研究历史已经不短了，如何从一个新的角度来研究？浅川滋男认为，现今的民居研究处在"方法"和"视野"的双重困难中。传统的历史民族学（Ethno-history）方法是基于文献的研究，即对某一种文化要素，考察其地域分布，传播途径，调查对象的物质文化的分布，是一种经验化的理解，缺乏"视野"，如戴裔煊《干阑——西南中国原始住宅的研究》和杉本尚次《日本住居源流》，即使小川徹的《民家型式谱系》也未克服方法与视野的双重困难。浅川滋男意欲突破这双重困难，首先在方法上，他认为应当使用美国的民族考古学（Ethno-archaeology）的方式，即将考古学作为人类学的分支，考古挖掘的目的是复原民族史。使用民族考古学所注重三方面的论证，迁移到民居研究中，构成民居研究的"三重论证"③[4]，即不仅对包含挖掘资料，考古报告的文献进行研究，还注重对遗构的调查、分析、实证、复原，此外，民俗学神话学等民族志资料则构成第三条研究线索，以上三者，共同构成考察民居建筑的起源、发展、传播的方法，也即浅川滋男使用的"方法"。另一方面，认识人类学（Cognitve Anthropology）的理论则成为浅川滋男的"视野"。认识人类学重视文化的内在记述，致力于对对象社会母语的含义进行分析，认识人类学受到语言决定论（Linguistic determinism）④[5]的影响认为，语言是认识民族体系的关键，语言不同，认识世界的方式也不同。因而使浅川滋男在实质上形成了以语族划分建筑类型的研究意识。总的来说，以认识人类学的视野，使用民族考古学的方法成为浅川滋男解决这双重困难的基本着手点。

---

① 费慰梅（Wilma Fairbank）在《梁思成与林徽因：探寻中国建筑历史的伙伴》（*Liang & Lin: Partners in Exploring China's Architectural Past* 1984:110）中记录道："The difficult and exhausting conditions of travel from Peking to Kunming across fifteen hundred miles of back country, putting up at night in villages, had opened the eyes of "the Institute staff" to the special architectural significance of Chinese dwellings. The distinct features of such dwellings, their relationship to the life styles of the occupants, and their variations in different areas of the country were suddenly obvious and interesting"。

② 中国学者中比较有代表性的研究可参见张仲一《徽州明代建筑》（1957），李乾朗《金门民居建筑》（1978），刘致平《中国居住建筑简史——城市、住宅、园林》（1990），龙炳颐《中国传统民居建筑》（1991），吴良镛《北京旧城与菊儿胡同》（1994），陆元鼎《中国民居建筑》（1996），单德启《中国传统民居图说》（1998），阮仪三《江南古镇》（1998），陈志华《中国乡土建筑》（新叶村、诸葛村）（1999）等，西方学者的研究可参见夏南希(Steinhardt Nancy) Chinese Traditional Architecture（1984），那仲良(Ronald G Knapp) China' s Vernacular Architecture:House Form and Culture（1989）等，日本学者的研究可参见河村五朗《战线·民家》（1943），浅川滋男《住まいの民族建築学》（1994），茂木计一郎 稻次敏郎 片山和俊《中国民居の空間を探る》（1996）等

③ 顾颉刚（1893—1980）提出古史研究中的文献学、考古学、民俗学的"三重论证"的古史研究方法，比王国维多一维论证，见顾颉刚《中国上古史研究讲义》自序一（1930年1月3日：中华书局1988年出版，P1-2）"中国的古史，为了糅杂许多非历史的成分，弄成了一笔糊涂账。……我们现在受了时势的诱导，知道我们既可用考古学的成绩作信史的建设，又可用民俗学的方法作神话和传说的建设，这愈弄愈糊涂的一笔账，自今伊始，有渐渐整理清楚之望了。"

④ 语言决定论提出人的思维由语言决定，"语言决定认识"，Sapir-Whorf Hypothesis甚至认为"不存在真正的翻译，除非抛弃自己的思维方式，习得目的语本族的思维模式"。参见Goodenough W H., Cultural Anthropology and Linguistics, Monograph Series in Languages and Linguistics［M］, Georgetown University,1957。

在此基础上，浅川滋男提出，需建立民族建筑学（Ethno-architecture），作为认识人类学的分支，进行民族学、地理学的分布论的比较研究，而非单纯延续过去的考古学、建筑史研究的遗构及据文献复原，以认识建筑是由一个社会里的所有构成人员共有的认识形成的，是综合性的社会的产物。研究民族传统建筑，是去研究“活生生的建筑”，相较于关心遗构的实证复原，需注重观察、分析居住环境以及建筑所处的社会。因此与研究对象相关的纵横资料，均需从历时性（Synchronic）和共时性（Diachronic）的角度进行分析解读。

二、事例分析

在《住的民族建筑学》中，浅川滋男的研究按照“三重论证”的方式展开，即一方面研究包含挖掘资料，考古报告的文献，另一方面对现存遗构进行调查、分析、实证、复原，此外，还收集民俗学神话学等民族志资料构成民族建筑史的第三条线索，力求形成具有“三重论证”的，迥异于风格建筑史的民族建筑史。浅川滋男选择的研究对象集中分布在两大区域内，第一部分集中在长江下游江南汉族居住地，第二部分则为华南少数民族聚集区。

浅川滋男首先展开对长江下游地区江南汉族住宅的民族志考察，浅川滋男的目的是考察明、清住居中的“现在的生活”，收集江南汉族传统住宅（明、清）相关的民族志资料用于记述与分析，作江南传统住宅的全景式共时性研究而非建筑史的历时性研究。值得注意的是，在这一部分浅川滋男使用了有效的类型学式的分类方法。在《中国住宅概说》中，刘敦桢按照平面形态将住宅分类为圆形，长方形（纵 / 横）L形，三合院、四合院、三+四合院，四合院+四合院等。浅川滋男沿袭了这种分类方式，并做了更精密化的发展，几乎有效囊括所有住宅平面类型。住宅的平面总体按照“单独型”，与数个单独型构成的“复合型”分为两大类，称之为“S 型”与“C 型”（图 2），在“单独型”中将平面按照“纵列”和“横列”分成两类，分别称为“a 型”和“b 型”，在“a 型”中，进一步按照开间数分为 a1、a2，在 a1 和 a2 下，继续按照有无中庭分为 a11、a12、a21、a22，在有中庭的 a22 下再设一级分类为 aL2 表示 L 形平面，b 型中的分类也以此类推，形成了对住宅平面清晰的五级分类（表 1、图 3）。

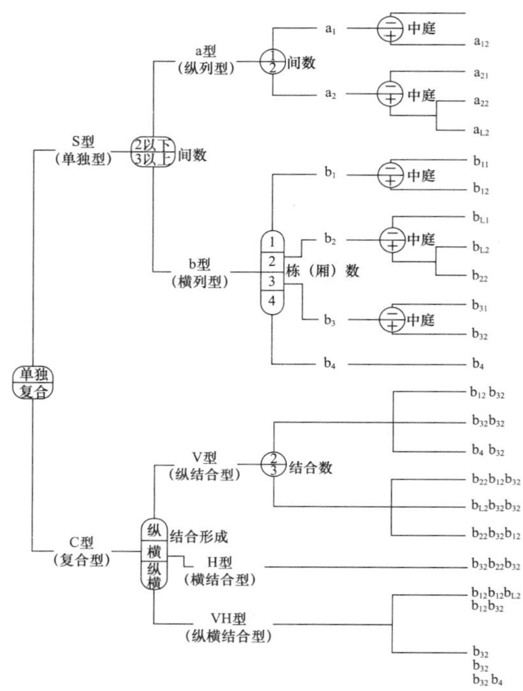

图2　平面类型分类
来源：浅川滋男. 住まいの民族建築学[M]. 東京：建築资料研究社，1994.

实测住宅平面类型一览　　表1

Na	单独/复合	纵/横	类型	间数	进数	2F
H1	S	b	b_{32}	3	1	+
H2	S	b	b_{12}	3	1	+
H3	S	b	b_{32}	3	1	+
H4	C	V	$b_{32}\,b_4$	3	2	+
H5	S	b	b_4	3	1	+
H6	S	b	b_{L1}	4	1	−

续表

Na	单独/复合	纵/横	类型	间数	进数	2F
S1	C	V	b_{22} b_{12} b_{32}	6	3	+
S2	C	V	b_4 b_{32}	5	2	−
S3	S	b	b_{11}	4	1	−
S4	C	H	b_{32} b_{22} b_{32}	7	1	+
S5	S	b	b_{12}	3	1	−
S6	C	V	b_{32} b_{32}	3	2	+
S7	S	a	a_{11}	1	1	−
	S	a	a_{12}	1	1	−
T1	S	b	b_{32}	3	1	−
N1	C	V	b_{22} b_{32} b_{12}	5	3	+
N2	C	V+H	b_{32}	?	3	?
			b_{32}			
			b_{32} b_4			
N3	C	?	b_{L2}（调查部分）	5	?	−
N4	C	V	b_{L2} b_{32} b_{32}	7	3	+
W1	S	a	a_{L2}	2	1	−
W2	C	?	?	5	?	?
W3	S	a	a_{L1}	1	1	+
W4	C	V	b_4 b_{32}	3	2	−
W5	C	V	b_{12} b_{32}	3	2	+
Y1	S	b	b_{32}	3	1	−
Y2	S	b	b_{11}	3		+
Y3	C	V+H	b_{12} b_{12} b_{L2}	6	2	−
			b_{12} b_{32}			
Y4	S	b	b_4	3	1	−
Y5	C	b	b_4（调查部分）	3	?	−
J1	S	b	b_{L1}	3	1	−

（注）S：单独型　C：复合型　V：纵结合型
H：横结合型　a：纵列型　b：横列型

来源：浅川滋男. 住まいの民族建築学[M]. 東京：建築資料研究社，1994.

类型		开放型	中庭闭锁型
a型	a_1	a_{11}	a_{12}
	a_2	a_{21}	a_{22}
			a_{L2}
b型	b_1	b_{11}	b_{12}
	b_2	b_{L1}	b_{L2}
			b_{22}
	b_3	b_{31}	b_{32}
	b_4		b_4

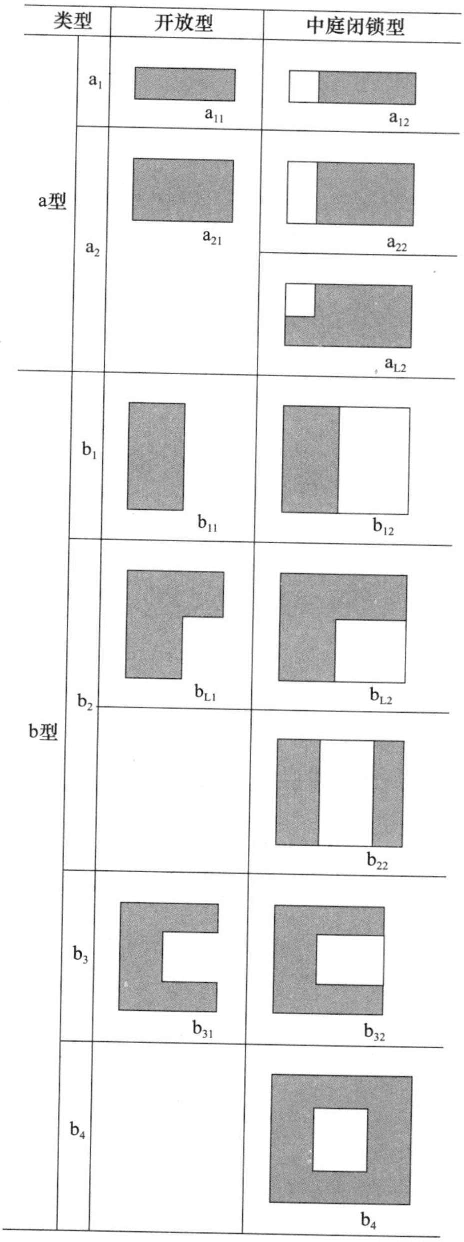

图3　单独型（S型）平面类型
来源：浅川滋男. 住まいの民族建築学[M]. 東京：建築資料研究社，1994.

按照这种分类，进一步对住宅类型进行分析。比如S7（S–a型）是城市庶民住宅，当家族扩大时，空间小，会出现共用灶间的情况。H6（S–bL1型），J1（S–bL1型）为平面类型相同的住宅，均为乡村住宅特有的L形开放式平面，为单层，平面化发展的类型。H1（S–b32型），H3（S–b32型）是平面类型相同的住宅，均为城市住宅的平面，为多层，卧室集中于二层，围绕内院的一层空间布置灶间、堂屋、厢房。H1（S-b32型），H3（S-b32型），H6（S-bL1型）都有无空间划分的大型的三间以上大空间贯通对着内院。通过在精密分类基础上的分析，浅川滋男得出结论，城市、乡村的汉族住宅互相融合，无优越低下之分。对于空间的利用，城市、乡村的倾向一致，也有各自独特的空间利用形式。因此，城市乡村的区别不决定是否均有共同的空间划分特点，空间的划分习惯关联着农业耕作习惯。此外，浅川滋男增加了对家庭成员构成的调查，将家族构成表（世代图）与现场测绘所得建筑图并置对照，获取汉族父系家庭的空间使用序列与等级。江南的小作农家（4～5人）占80%以上①[6]，在这种父系家庭中，正房优越性大于厢房；离正房（中心）越近，优越性越高；左边优于右边；祖庙家庙优先；长男优先。中堂侧寝，前堂后寝，前厅后堂。进一步的，浅川滋男通过对灶间与民俗的考察得出江南汉族住宅家文化、民间信仰下的住宅空间的象征意义。江南的灶间为后部的厅堂，是女性的空间，供奉一家之主灶王爷，与天上相连②。而住宅的门具有内与外，空间与时间划分的象征意义，人们嫁娶自东边青龙门出入，丧事自西边白虎门出入等。这种伴有丰富风土民俗在内的居住模式在中华人民共和国成立后解体，例如获得部分所有权需与异姓人同住，分家分灶的出现，均把传统的居住模式引向新的发展。

在考察江南汉族的住宅之后，浅川滋男转而开始谱系式地研究干阑式（高床）建筑，根据四川、福建遗构与挖掘资料（殷、汉的铜鼓、铜镜、画像砖、陶屋等）、民族志，与现存的高床式建筑作对比，考察其起源，并追踪了亚洲东北、华南、奄美大岛、菲律宾，特罗布伦群岛纵横资料，考察“群仓”的谱系与社会意义。这一部分的研究为历时性的研究，通过这些考察，浅川滋男形成了一系列结论。例如在关于成都十二桥殷代木构建筑遗址的考察中，根据现存地梁、墙壁、屋顶材料进行复原，地梁（平屋）与杭柱（低床）结合使用，因而浅川滋男将其判定为高床建筑（干阑）的后退形。在百花潭挖掘的战国随葬品，铜壶侧面所见高床建筑图样中，“床”由两根柱子支撑。图样描绘“宴乐”“竞射”等画面。因而浅川滋男推断春秋战国的巴蜀地区高床建筑盛行，为提供中原传来的祭礼场所，成为台榭建筑的替代品。在彭山画像砖、双流陶屋中，可见“床上”“床下”结构脱开，这与现存傣族、侗族、黎族使用通柱的干阑式建筑对比，与陶屋所见不同，浅川滋男推断为受到汉化影响所致。

为了进一步寻找汉族住居形式与少数民族的正向或逆向传播路线，浅川滋男进一步选择性的考察少数民族（黎族、侗族、苗族、布依族、摩梭人）的住居形式，与其他周边民族住居形式作比较，从建筑构法、营造技术等物质文化的角度展现汉化与维持民族特性的复杂过程。在对侗族住宅进行考察时，浅川滋男提出了女性建筑的重要性，在侗族社会中，男性占有主导，为男性主轴（父系相续、父/夫方居住）的社会，但在民俗、宗教中，女性有其优越性。山神等神灵均为女神，祭祀山神的建筑称为祖母堂，这种建筑是一种较低的干阑式（高床）建筑。四面通透，内有小室，并有“唐伞”作为神体。此外，侗族属于壮侗语族，苗族属于苗瑶语族，表面上建筑虽为同一构法，但剖面可见生活面完全不同。侗族的生活面在于“床上”，“床下”，苗族的生活面则在床上二层，因此浅川滋男认为，这是源于海南苗族平地苗的居住方式，现在高山苗的住宅是平地住宅适应山地的变体，而非真正

① 费孝通1936年对太湖南岸开弦村调查发现，该村有两对夫妻以上构成的家庭占10%以下，大多数家庭不超过4人。1939年，满铁上海事务所对江苏太仓沙溪镇调查发现，80%的家庭是由4～5人组成的家庭，人均耕地16.5亩。故江南存有小作农家的现象。

② 浅川滋男在该部分研究引用“若是，则妻妾婢媵。是婢人中之榻……以妻妾为人中之榻。”（李渔《一家言》卷五，器玩部）之语，说明灶间作为女性空间的认识渊源。

意义上的干阑式（高床）住宅。对于布依族特有的“石宅”，浅川滋男认为侗苗居住地石材也很丰富，布依族放弃干阑式（高床）建筑而选择石材造屋，应是更多来源于民族固有的住居样式，并非由地理条件决定。

在以侗族为主线的民居考察之外，浅川滋男注意到了摩梭人这一特殊群体的居住方式。摩梭人社会存在着完全迥异于其他民族的制度，摩梭人居住于金沙江上流区域，为纳西族在云南东部的地方集团，信奉喇嘛教，母系社会制度，无对偶婚制度，无“夫”“妻”“婚姻”的概念，实行“阿注婚”（阿注：朋友）。与信奉东巴教，父系社会的纳西族文化、社会差异极大。在摩梭人的居俗仪式非常丰富，比如当需要寻找建住宅的木材时，巫师取白色鸡羽献于山神，立中柱（男柱、女柱、表团结之意）。行巫术，以竹笼盛粮食与酒祭于中柱旁。再取一羽，在中柱旁绕行三圈，将鸡投向日出的方向，鸡能扑飞为吉兆。而在建造时需举行点火仪式，日期按喇嘛教选定，行仪式时，一女持水桶立于正门，一男持松明立于后门与主室。共同点火，并将水倒入锅中（五德），房屋四周与火炉同时点火，取水泼出，水火共同驱鬼。社会制度同样反映到家庭内部的居住等级上，主屋为住宅的核心，祭坛需处于一层主屋内，一家之主即最为年长的女性（长老）居住在主屋内，其青春期的子女就寝于其周围。固定阿注婚的子女住在二层较有利的位置，无固定阿注婚或者年老的男子住在二层最不利位置。祭坛象征着一家的核心，需在祭坛前用餐，每日供奉祖先。主屋内，主人需落座于女柱一侧（主侧），客人需落座于男柱一侧（副侧），只有女性主人可就寝于女柱侧等。浅川滋男以这部分民族志研究为基础又引出关于井干式住宅的谱系追踪，推定井干式住宅为西北云南特有的建筑文化。浅川滋男认为，为躲避匈奴和汉人，羌从西域和中原南迁至四川西南部和云南西北部，中原新石器时代起竖穴和“木骨泥墙”传统的确被西羌牧民带至此地。但是前汉至今，井干式建筑一直存在，究竟是当地吸收了羌的影响而发展出井干式，还是井干式为当地人自己的创造，他也并未得到结论。

三、展望

浅川滋男的研究从以下几个方面推动了中国风土建筑研究的展开：第一，将传统民居置于认识人类学的视野下加以考量，将微观研究和宏观把握结合到了一起。按语族划分民居类型，较同期的民居建筑研究超前，其实质是风土建筑研究意识的雏形。第二，打破了对中国研究“绝学”之后的僵局，也抛开了对于不从事“主流”学术研究的成见，这给日本对中国建筑与城市研究的延续起了某种程度的提振作用，同时对中国相关领域的研究者也提供了参考的作用。第三，以民族考古学和建筑学为方法，注重从文献研究与现存遗构调查以及民族志资料中挖掘民居资料进行梳理和解读，促成了民居研究方法论上的一些创新之举。

回顾浅川滋男的研究，也可见其中有某些牵强之处：第一，视野与方法的困境真的解决了吗？迁移美国认识人类学的视野以及民族考古学的“三重论证”的方法，是否就算清楚了风土建筑的这笔“糊涂账”？ 第二，浅川滋男在运用建筑学、人类学、考古学、神话学、民俗学等多学科知识支撑其民居的研究，但实际进行的是基于“虫眼式”的研究，得出的研究结论较为细碎分散，有附会之处，但也不乏真知灼见，总体并未形成完整的研究体系。第三，浅川滋男大篇幅追踪干阑式（高床）建筑，显示日本学界对文化传播路线的发端始终感兴趣，修复自身“民族史”的目的事实上始终贯穿学界研究走向并延续。但是中国风土建筑遗存的类型极其丰富，浅川滋男的研究则有意无意地忽略了其他众多的风土建筑类型。总而言之，浅川滋男的研究有不尽完善之处，但不可否认，这位日本学者的研究作为一面镜子，其富有创意的角度和独到的方法对中国风土建筑研究的展开提供了很好的借鉴作用。

参考文献：

[1] 浅川滋男．住まいの民族建築学 [M]. 東京：建築资料研究社，1994.

[2] Wilma Fairbank. Liang & Lin: Partners in Exploring China' s Architectural Past [M]. Philadelphia：University of Pennsylvania Press，1984:110.

[3] 刘敦桢．中国住宅概说 [M]. 天津：百花文艺出版社，2004.

[4] 顾颉刚．中国上古史研究讲义 [M]. 上海：中华书局，1988：1–2.

[5] 费孝通．江村经济 [M]. 北京：北京大学出版社，2012.

[6] Goodenough W H. Cultural Anthropology and Linguistics, Monograph Series in Languages and Linguistics[M]. Georgetown University, 1957.

建筑地域性形成过程中的非理性因素①
——以湘西长田地区为例

徐文浩②，卢健松③，姜敏④

摘　要：作为建筑的重要属性，建筑的地域性已经有过大量的调查研究。而作为影响建筑地域性形成的重要因素，非理性因素却并未得到充分关注。非理性因素的引入与解释在很大程度上说明了建筑地域特征的形成不仅仅只是与气候、地形、人文等理性因素相关。基于在湘西会同长田地区的村落调研，本文试着探讨非理性因素如何传播并影响建筑地域性的生成。

关键词：地域性，机制，非理性因素，传播，生成

中国当代农村建设因其复杂性和特殊性而绝无统一的范本以供因循[1]。改革开放后近30年的城市化进程中，我国城乡面貌发生了重大变化。我国农村住房的建设量也一直保持较高的增长速度，而乡村住宅的建设大多由农民的自发建造组成。乡村建设在组织管理、建设程序、空间规律、材料经费的筹集等方面都与城市有所不同，应当予以单独的研究。基于上述前提，笔者选择了湘西怀化地区的长田村作为本文的研究对象。在田野调查的基础上，关注农宅空间与形式的演化过程，发现农宅演化逻辑，并深入探索推动农宅空间与形式演化的作用机制。

一、调研地点选择

本文研究对象长田村位于湘西地区怀化市会同县若水镇，湘、鄂、桂、滇、渝五省市区边境中心。该地区可以提供乡村自建体系延续、转型、突变、破坏等不同发展阶段的典型案例，湘西地区农村自建住宅自身发展需要新的理论研究，用以解决乡村现代化发展过程中遇见的实际问题；作为典型的欠发达的少数民族聚居地，湘西地区乡村聚落由传统向现代的转型也具有明显的示范意义，对我国其他省市地区的乡村建设、传统聚落保护等课题颇具借鉴意义。

调研中，对整个村落进行了整体考察后，再依据时间断代，平面形式这两点特征对农宅进行了取样。最后得到了七个特征较为清晰的农宅样本，并依次对这七个样本进行较为详细的测绘及访谈（图1）。

在研究农宅演化逻辑之前，本文将长田村农宅分为主屋和配房两个类型（图2），从时间、空间、技艺形式这三个方面对这两种子类型的演化逻辑进行分析。时间是作为第一性的考察工具，空间则是研究农宅最基本的支撑结构，技艺形式往往由前两者共同决定[2]。

---

① 项目资助：国家自然科学基金资助（51608184）。

② 徐文浩，湖南大学建筑学院，硕士研究生；福州中海地产有限公司，助理建筑师。

③ 卢健松，湖南大学建筑学院，副教授，Hnuarch@foxmail.com，18684680813。

④ 姜敏，湖南大学建筑学院，副教授。

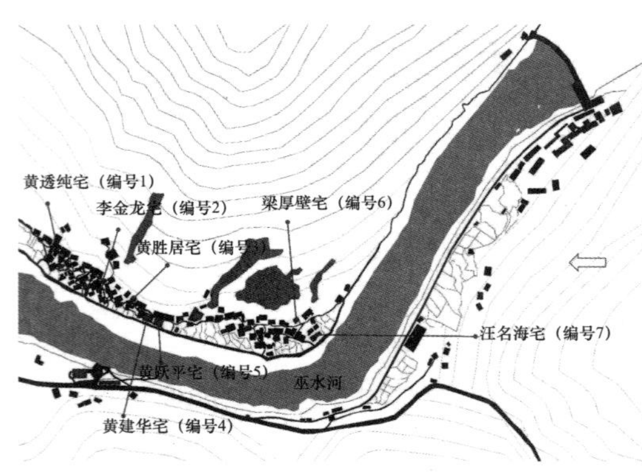

图1　长田村总平与样本农宅

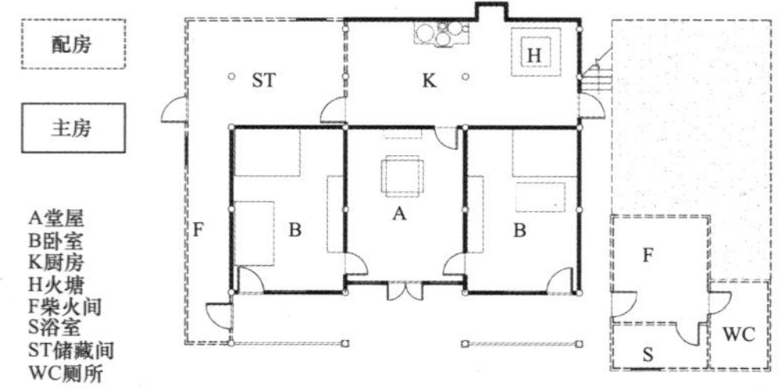

图2　农宅的主屋与配房

在实际调研中发现，长田地区农宅的主屋内容包含堂屋和左右次间，基本上呈现出一明两暗三开间的形式，这种形式也是构成湘西最广泛地区农宅主屋的原型[3]。有着原型特征的主屋在时间的推进中演化特征并不突出，其形式变化在原型范围内以较小的幅度波动（图3）。

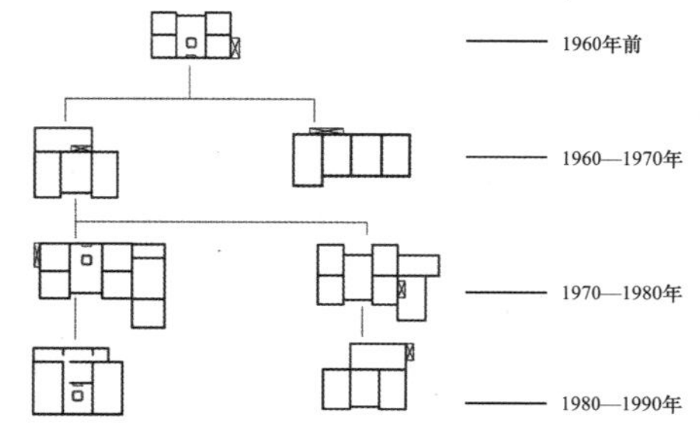

图3　农宅形式演化

农宅的演化主要随着配房的更新而推进，配房已不再是主屋空间的简单外延，配房空间间接地占据主屋无法占据的宅基地，将土地向内收拢，明确户主对土地的占有权，也承担着随时代发展主屋无法承受的不断增加的功能需求[4]。

然而这并不代表主屋在农宅演化研究过程中将处于理所应当的配角地位，相反，主屋的原型特征代表着一种无序向有序演化而产生的结果。并且主屋作为农宅的核心是所有其他配房及建构演化依托的平台。配房的形式类型多样难以归纳成为类型，且形成原因多种无法对其进行精确化的描述从而得到一般性的知识，然而这种形式层面上的无序并不是无法可循。其形成、演化、发展这一系列过程中必须要遵循主屋这条线索。对于配房而言，农民关注更多的是主配房连接关系，这种连接关系既是肯定的也是随机的，取决于配房的重要程度。

二、长田村农宅演化机制

传统乡土农宅的研究将农宅当作没有生命的物体，就像机器一样被明确的规律所驱使，而这个规律主要包含的是一些理性因素。

理性因素包含着两个方面，其一，纯理性因素；其二，准理性因素。其中纯理性因素包含自然因素，准理性因素包含人文因素和经济要素。理性因素是农宅形式形成的最主要影响因素也是本文即将论证非理性因素影响农宅生成的基础。自然因素、人文因素、经济因素被视为建筑形式多样性产生的必然起点，是一种隐含的潜意识，也是当地农民在不知不觉中接受的前提。对这三方面适应性因素的研究已多如牛毛，故不再对这三种因素再做过多的论述，而是尝试理解非理性因素如何对长田农宅的生产产生影响[5]。建筑生成虽然受到理性因素的制约，但在生成过程中依旧充满了偶然性、与随机性。这些偶然性与随机性要素可以概括为非理性要素，研究非理性要素对农宅生成演变的作用可以帮助理解建造个体主观因素对建造的影响作用，也是消解过分宏大叙事和高大全意识的良方。究其原因，个体在建造适应于自身的农宅时，并非被动的接收环境因素的利弊，而是一个适应改造的过程，是个体智慧的选择和体现。这些少量的偶发性因素并不会对整个村落的建造形制产生影响，但是当这些因素逐渐积聚并形成规模之后便会对整个村落形成影响。

图4 不同形式的排水天沟

（一）非理性因素内涵

非理性因素主要包含了两个方面，其一，反理性要素；其二，建造过程中的随机要素。反理性要素主要是在建造过程中对某些方面认识不足或者对经济利益过分追逐而造成的，在长田案例中并未多见，此处不再论述。

非理性因素否定了农宅形式的生成只与自然、社会、经济人文要素相关这一观点，同样随机要素也在理性要素和形式多样的地域建筑中架起了桥梁。与这些更为宏观的理性因素相比，随机要素有着更旺盛的创造力，是时代前进、技术进步大潮中推动建筑地域性形成的主要动力。

（二）非理性因素表现形式

作为展示非理性因素的随机性对我们来说太模糊了，无法作为一种事物类型存在。因此本文关注的重点主要在随机要素对建筑形式生成的影响上，随机要素主要表现在两个方面：其一，形式与功能对应的多样性。其二，户主对具体装饰构件的选择。

在对长田地区的气候、地形、社会、经济等方面进行考察后，发现建筑形式与地域特征并没有非常绝对的对应关系，相同因素控制条件下，可能产生不同的建筑形式，不同的因素条件下也可能产生相同的建筑形式，形式与目的并不是绝对的一一对应关系[6]。

长田村中，各家各户都会在主入口屋檐下设置天沟进行有组织的排水，而天沟的形式却不尽相同，主要体现在材质的不同上（图 4）。

长田村农宅中柱子和墙的关系也和城市建筑中一样，分成柱在墙内，柱在墙外，柱在墙中三种形式（图 5）。说明了农民在建造时也会根据自身需求来调整柱与墙的关系，而这种需求或来自于对柱子进行保护，或是对外立面完整度有所要求。然而形式上的不同也并不影响农宅对柱子的功能需求。

图5 柱子与墙的关系

而有些形式相似的建造，其实建造目的却不尽相同。长田村中对门前庭院的扩建便很能体现这一点。一些农户向外增加吊脚扩建庭院主要原因是为了增加禾场面积，而有些增加吊脚扩建禾场不仅是为了得到更多的禾场面积更是为了得到吊脚下的空间，这些空间主要用作柴火储藏（图 6），可见相近的形式也有着不同的原因。

图6 农宅禾场作用比对

随机要素在农宅中表现出的第二点内容是在具体装饰构件的选择上，通常是指在无碍于整体建造方面的做法选择上，例如在建筑风格、细部装饰构件的选择上。这些无碍于农宅整体建设，无悖于村内社会文化约束的方面，农民有着极大的建造选择自由，这些构件的选择也给建筑形式带来极大的丰富度。

堂屋入口通常是农民最精心装扮的地方，也是农民最不希望和别家相同的地方，在门头的装饰上，几乎家家形式不一（图7），这种建筑间微观层面上的竞争确保了整个村落的丰富性。

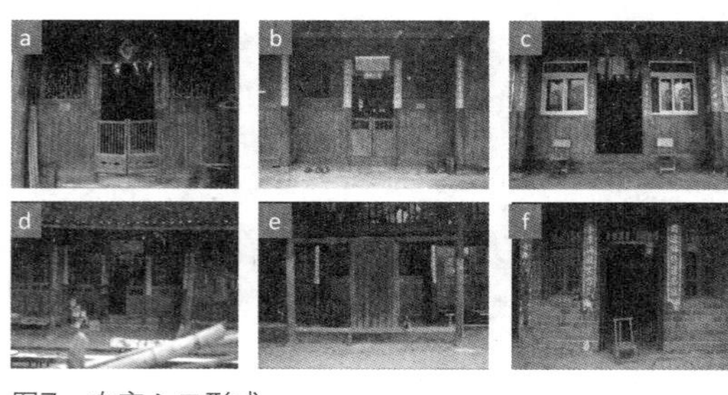

图7　农宅入口形式

因此在考察农宅多样性的层面上，我们应该客观的看待形式与功能目的的关联。这种形式与功能的关联正是随机要素应有的含义，也是区域内建筑形式多样性背后的主要推动原因。

三、随机要素的传播与形成

随机要素虽偶发性很强但并不会使整个地区的建筑形式变得杂乱无章，随机要素产生后通过邻里间的短程交流迅速在特定区域内传播，这些要素若得到区域内大部分建造者的认同，则会迅速形成固定做法变为地域特征中的一部分。

（一）短程通信

村落中各个单体农宅在建造时并未很清晰地了解村落全部的建造信息，也并不知道全部农宅建成后会对村落规模效应形成何种影响。每个单体建造时主要参考自身状态，这些自身状态主要来源于上文所述的理性因素信息及有限度的选择，随后在单元内讨论形成最终决策。除此之外，每个单体建造时只仅仅关注距离自己最近的单体。这些临近的单体通常是有着社会关系的群体，建造活动中最主要参考的信息便是这些临近单元的状态和经验。因此，建造过程中单体所获得的信息相对来说是比较片面的，对整体状态的认知也并不完整。样本之间通过以上交流决策的过程可以称之为“短程通信”，这也是自组织系统中基因共享和传播的基本模式[7]。

随机要素的传播正是基于这种途径：以个体单元决策为基础，参照临近单元的状态，向其学习与其竞争，最终得以传播，传播中会产生变异但形式基本一致。我们可以将这种随机性要素的传播途径即短程通信归纳为以下三个特点：

其一，每个家庭单元做出独立的决策，这些决策是家庭单元最基本的权利。

其二，家庭单元在做出决策的时候，很少考虑整个村落系统的宏观行为。每个家庭只会关注自身状态并且只参照临近单元的建造。在选址后，每个家庭单元划分单元土地进行建造，不受其他条件干扰约束，所有单个家庭做出的决策总和才决定了村落宏观决策地走向，而这与城市规划从总体向单体规划正好相反。

其三，每个单元的决策和行动是同时进行的并不受其他标准约束，决策和行动并未有明确的先后次序。

以上描述的短程通信的三点内容是作为推动农宅形式形成的非理性因素的行为基础。短程通信的作用，使得样本在短距离内相互影响，学习。这种过程也造就了样本之间的相似和差异性，但是这种相似和差异性并非建立在基础的本质层面上，而是一种非常“表面化”的相似和差异，而差异主要来源于邻里间相互模仿中产生的竞争。

（二）模仿与差异

通过以上的描述，可以发现非理性因素主要通过短程通信在邻里间传播。在传播过程中不断地模仿也不断产生变化，使得非理性因素在农宅表现形式上有着极大的丰富性。

村民在加建一些较小配房时或对主屋屋顶防雨进行补救时常常会遇到难以处理屋顶构造的困惑，因为加建配房面积较小且功能也并不十分重要，村民不愿再花费更多时间金钱像建主屋一样完整处理加建配房。于是村民就会用较为便宜，或者较易搭建的材质进行搭建。在不影响系统主要功能的情况下，进行了一系列的微创新，这些细微的创新反过来不断丰富系统的多样性。

（三）竞争与差异

沿河岸建造的农户都会向外伸出吊脚扩建自家禾场面积，时间越后的扩建向外挑出的距离越大，在农宅正立面几乎齐平的情况下，向外争取更多禾场空间不仅使生活生产更加舒适也是在一种在建造中与邻里的竞争（图8），这些都是邻里间相互参照影响最直观的表现。这些变化并不是建房之初就计划好的，而是在建造过程中依据微观环境一步步调整而来的。

图8　邻里农宅禾场

相较于整体村落上的思考，农民在邻里关系上更花心思，但这种关系实际上是一种很弱的东西。这种关系物化形成的构筑物组成并不是简单的几何体叠加也未拥有清晰的逻辑结构，这种关系在当中各种元素都被复杂化之后就会被掩盖，人们在追逐纯粹形态，单纯色彩的过程中会被这种关系引入另一种旋涡。“人类学的稳固特征，是人类向往轻松生活与实际遭受的困苦之间的一个链接环节。”[8] 农民在相互模仿间会加剧彼此间的攀比意识，而这种关系也决定了彼此方案上的差异。

（四）样本案例对比

在调研样本中，黄建华宅与黄跃平宅间的邻里参照及模仿竞争表现最为明显（图9）。通过这个案例不仅能感受到非理性因素是通过短程通信传播并且也能发现在传播过程中的变异与再适应。

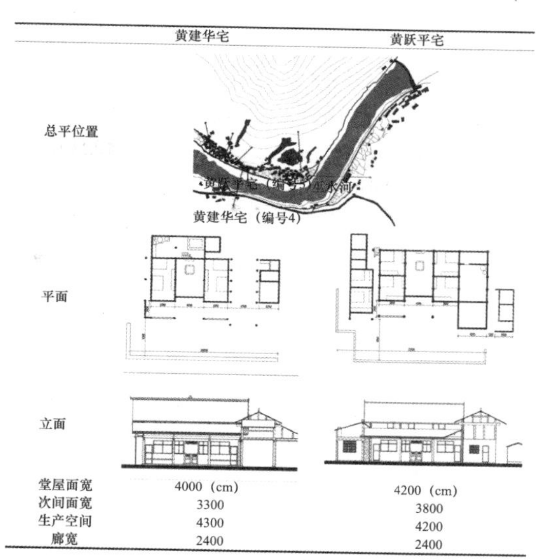

图9　相邻样本农宅比对

样本中，两宅在地理位置上相邻，宅基地大小类似。基地上最大的不同是，黄跃平处在宅间小道的尽端，需要考虑尽端出入口连接村干道的节点关系。家庭人口数量上也类似，但是两位户主在营生方式上却有很大的不同，这点信息被概念化后体现在空间上，表现为数量和功能上的状态分层。建造主屋时，黄跃平与木工在平面柱网的协商上参考了黄建华宅的尺寸，主屋整体大小形态上非常类似。

从总平面上来看黄建华宅基地东西向长于黄跃平宅基地，南北向则是黄跃平宅基地长于黄建华宅基地。从平面上来看，除却主屋尺寸稍有不同，其他尺寸几乎无差。因为晚建于黄建华宅，在后建造时将主屋轴线向前推进了约5m，屋脊高度上也略高于黄建华宅。

在建造过程中，两宅依据相邻单元对建造形式进行微调。而且这种微调在整个建造过程中都有所持续。从整体建筑形式上来看两屋十分相似。可从以下几点进行论述（图10）。

图10　相邻样本农宅比对

杂物间加建。选择的位置和大小几乎一样，但黄建华宅样本先于黄跃平宅样本建造，故黄跃平宅样本农宅在后来选择用砖加建储存柴火等需要干燥防火的杂物空间。

配房加建。黄跃平在20世纪70年代加建此处为了是设置家庭小作坊进行小规模的商品生产，因为是加建，所以新搭设了一套柱网。黄建华在建造时未曾有过家庭生产经验，所以将此处设置为厨房，且并未设置两套柱网。但其尺寸与黄跃平宅此处几乎一致。而且相较于黄建华宅，该处建造向外延伸的距离要大于黄建华宅，主要原因是为了化解主屋正对道路的反冲。

禾场处理。因为黄建华是村内较早对禾场进行处理的农户，其宅基地西面与村组道间有着三四米的高差，宅基地东面与宅间小道有1m的高差，在扩展禾场面积的过程中，黄建华选择向西面增加吊脚悬挑支撑扩展的禾场面积，而禾场下的吊脚空间则用作储材空间。这一做法得到了黄跃平的肯定，在后来对禾场的建设中，黄跃平完全模仿了黄建华宅的做法，但是在栏杆形式设置上黄跃平则选用了不同的样式，这种微小变异也使得细部形式有着更丰富的选择。

风水墙。门前廊下北侧设置砖墙始于黄建华宅，黄建华说这是为了防止冬季北风肆虐，也有风水作用。黄跃平也模仿其在相同位置砌筑了同样的墙体。

这两户农宅的形式依靠短程连接相互影响而形成。村落内小范围层层套叠的相似性与差异性，很难用传统的气候、地形、文化差异来解释，这一微小秩序的形成有赖于单体之间短程的制约，两者之间直观可见的差异性与辨识度则有赖于彼此间竞争而形成。

（五）序列形成

当一种特征形成之后被更广大范围的业主所接受，这就是“序”的形成。各个单体样本之间相互协调，最后会在某种做法的选择上达成一致，取得共识，这种基于单体独立决策而成形的“共识”，就可称之为“序”。

简单来说，非理性因素在产生后得到系统内多数单体的肯定并将其付诸实践随后在村落中形成共识，这就是序的形成。序列的形成是基于非理性因素对整个系统产生的作用，这个作用过程要经过产生、成核、达到临界数量、形成，这几个阶段[9]。

调研时所见长田村第一印象便是农宅屋脊和屋檐处青瓦的刷白处理，刷白使整个农宅显得更加雅致，也统一了整个村落的风格。但是这种刷白的形成也经历了过产生、成核、达到临界数量、形成，这几个阶段。最初并未有大量的村民对家农宅屋顶进行粉刷装饰，在零星的农户进行了这一实验后，大部分村民觉得装饰效果不错，于是许多村民开始对农宅进行这一装饰粉刷，最初进行粉刷时，也并未都采用现在所见的白色涂料，一些用户也会使用蓝色涂料。从整体效果上看，蓝色涂料确实不如白色那样对比强烈，于是，蓝色涂刷渐渐消失，白色涂刷装饰形成了固定模式，最终成为了一种序列（图11）。

图11　涂白的传播与形成

可见一种非理性因素对整个系统产生作用并形成序列是一个很漫长的过程，村落农宅中显现的大多数非理性因素都还是呈现出较为多样的状态，这些多样性也能表现出农民建造中偶尔的野心。在序列形成的过程中，单体间自发的竞争和协调是主要原动力。反过来说，在序列逐渐形成之后，序也会影响个体的选择。经历这一系列过程之后，屋檐屋脊的装饰处理得到大多数农民的认同并形成共识，即用白色涂料对这两处的青瓦进行粉刷，村落这一特征的序列得以显现。

参考文献：

[1] 周榕 . 乡建三题 [J]. 世界建筑 , 2015(02): 10-12.
[2] 段威 . 浙江萧山南沙地区当代乡土住宅的历史、形式和模式研究 [D]. 北京：清华大学 , 2013:88-91.
[3] 周婷 . 湘西土家族建筑演变的适应性机制研究：以永顺为例 [D]. 北京：清华大学，2014:87-90.
[4] 卢健松 , 姜敏 . 1979-2009 年农村住宅的变化 - 以湖南的调研为例 [J]. 建筑学报 , 2009(10):60-61.
[5] 卢健松 . 变迁中的乡村生活：洞庭湖周边地区农民住宅的发展研究 [D]. 长沙：湖南大学 , 2002:40-45.
[6] 卢健松 . 自发性建造视野下建筑地域性研究 [D]. 北京：清华大学 , 2009:21-40.
[7] 师汉民 . 从他组织走向自组织——关于制造哲理的沉思 [M]. 北京：中国机械工程出版社 , 2000:41-50.
[8] 伊塔洛 · 卡尔维诺 . 新千年文学备忘录 [M]. 南京：译林出版社 , 2009:50-60.
[9] 约翰 · 霍兰 . 涌现：从混沌到有序 [M]. 上海：上海科学技术出版社 , 2001:90-95.

浅析文化背景下中国传统民居研究的多学科与数据思维[①]

余亮[②]，丁雨倩[③]，曹倩颖[④]，王梦娣[⑤]，廖庆霞[⑥]

摘　要：传统民居和大数据是当今两个曝光率不低的研究与应用术语，除表示传统民居作为有形的优秀文化实物，正日趋受到人们关注和重视外，还显现出数字为代表的现代技术的思维模式与物质的构成特点，并使后者作为一种技术方式和手段渗透至前者，使其得到更深层次的表现和特点规律梳理，无疑数据思维和应用是当今社会经济文化，包括传统民居保护利用的时代特色。尽管如此，实际传统民居的研究与数据的融合关联并不活跃，此类现象可从近来的研究文献检索中得以验证。千百年来，民居作为最普通实用的居住空间，是人类可持续繁衍生息的必要手段。传统民居因地制宜、因势利导的建成方式，以及与环境相融的地域特色，有其切切实实的形成发展规律。各地传统民居的发展历程长，特色明显，影响因素多而复杂，研究工作量非常浩大，其特点的归纳不易，不可能一蹴而就。为此，这里结合中国传统民居研究的具体实际，以相适应的多学科与数据视野出发，思考论述数据应用的方法和有效性，为今后大规模的民居形态和文化特征的研究积累数据及经验。

关键词：文化背景，传统民居，多学科，大数据，研究思维

近年来，传统民居的研究与利用渐渐成为国内建筑和其他行业的热门话题，我国疆域广袤，自古以来散布其间的各式民居类型繁多，为研究提供了必要且取之不尽的实物资源，而随着生态文明建设的逐步深入人心和旅游业的整顿发展，传统民居毁坏消失速度正在渐渐减弱，但是不得不提的是随着传统村落或民居的过渡商业开发，改变着原先传统村落或民居淳朴的格局和形态肌理，背离了祖宗留下文化遗产的居住初衷，所有这些都不断警示我们，传统民居以及文化脉络的保护形势依然严峻，传承保护的工作永远在路上。

这里探讨的中国传统民居及文化，指在中国范围内长期发展，并在明清时期基本定型的居住类建筑，它生成于特定的自然地理环境，不仅受自然环境影响，还受社会复杂的文化因素条件制约，它因地制宜、就地取材、设计灵活、功能合理、构造经济，具有浓厚的地方风格[1]。传统民居通过千百年来适应自然及社会经济条件，形成了独特的，具有地域特色的民居文化。

另外，数据，特别是带了“大”字的大数据，更是当今曝光率很高的研究与应用术语，除表示经济、日常生活等与数据不能分离的现实外，还表现出以数字为代表的现代技术及思维正

① 项目资助：国家自然科学基金面上项目(41371173)。

② 余亮，苏州大学建筑学院，教授，15952403998，yuliang_163cn@163.com。

③～⑥ 丁雨倩、曹倩颖、王梦娣、廖庆霞，均为苏州大学建筑学院硕士研究生。

日趋被人们接受，并渗透到各行各业的研究与应用中，当然建筑或民居也不例外。

尽管如此，建筑界的BIM与参数化概念、同济大学袁峰及团队的机器建造与数字应用[2]等热点兴起外，实际上，传统民居研究与数据的融合关联并不活跃。本研究在知网中以“传统民居”和“大数据”为关键词，经搜索得到了两者的关注度指数（图1），可发现目前有关大数据的研究呈快速增长趋势，而对传统民居研究的关注度对比大数据则呈平缓态势。为此，本研究结合传统民居的形态特点，思考数据在民居应用的方法和有效性，阐述民居文化研究中树立多学科与大数据思维的重要性，以思维促行动，为今后大规模的民居形态和文化特征研究积累数据经验。

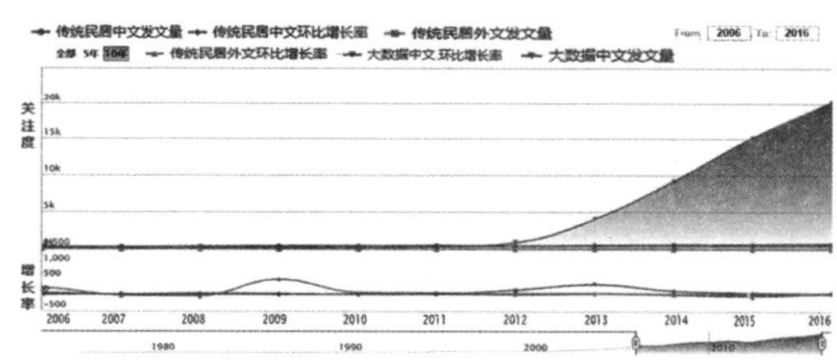

图1　利用知网进行的“传统民居”和“大数据”指数的关联与比较

来源：https://vpn.suda.edu.cn/k ns/brief/,DanaInfo=.akouCgsqpHwo4+default_result.aspx?islist=1&code=CIDX&singleDBName=指数#

一、文化可持续的传统民居研究

传统民居作为居住空间，既具物质属性，又有文化属性，各地的居住方式和千姿百态的民居风格受到了人们各种观念制度、审美和生活方式等因素的制约和影响，这些影响无不可归结于文化的作用。传统民居建筑文化的本质，即指民居建筑所具有的双重性，它既是物质的财富，又是精神的产品；既是技术的产物，也是艺术的创作[3]。根据资料显示，我国民居或建筑与文化的探索研究很早，如营造法式等著作就对建造做了系统的归纳整理，但较为科学，且奠定一定方法的研究应源于20世纪的三四十年代[4]，这时大量的出洋留学学子归国，带回了西方的科学自然观和观察问题方法，以梁思成、刘敦桢为代表的建筑界前辈归国后开始用全新的建筑观审视我国的传统建筑及建筑教育制度，其中，中国营造学社的工作卓有成效。营造学社主要运用了当时在欧洲流行的“实证主义”的方法，对我国的各类古建殿堂房舍进行了详细测绘、调查和研究，通过数据阐述比较了传统建筑的特点，他们的成果整理出了清晰的中国古代建筑发展脉络，同时也奠定了对于我国传统建筑研究的基础，直至今天依然有不少人采用这样的思路和方法进行古代建筑、传统民居的研究[5]。他们注重第一手资料，以数据说事，为后来建筑与民居的研究奠定了方法基础。

文化的现象和事件不孤立，寓于多种载体中，民居就是这样的载体，看得见、听得到和摸得着，为众多文化类型中的一种，民居通过其独特的造型、结构和材料应用等，以特有的形态风格感染着居住受众，成为我们身边最熟悉、不可缺少的物质实体之一，居住的文化基因被代代相承（图2）。学术界对这些文化基因可细化为各种解读，看得见、听得到和摸得着的文化现象可转化为被不同受众所接受的温暖、亲切和舒适的审美感受，而从物质层面则反映出具体的温度、湿度等数据的作用，通过这些指标数据可进一步解释不同受众喜好差异的文化现象，解读文化等感性因素的存在合理性，理解千百年来传统民居与自然环境和谐相处的文化意义，数据手段的利用使文化现象的梳理归纳更为理性高效。

图2　作为文化现象的陕西汉中青木川地域传统民居

来源：http://bbs.zol.com.cn/dcbbs/d14_105901.html，青木川民居

但是，由于传统民居具有技术和艺术的双重特性，以及受科技发展水平的限制，民居研究的逻辑思维建立并不容易，相反较多地是感性和定性的描述，这些描述会受研究者所受的教育及主观意识影响，研究多限于简单的单体建筑及对周边环境的简单描述，对建筑与群体及村落间的关联比较与分析较少，大规模地应用数据方法的研究与思考不多，缺乏对居住文化与自然地理间的关系阐述与论证。

二、民居文化研究的多学科与数据意识

从以上的论述可知，至今为止的传统民居研究还较多地处在感性的论述层次，文科思维较浓，如不同作者的中国建筑史的民居陈述，本处选择潘谷西版本[6]，当考察民居类型与空间地域的对应程度时，不同专著的陈述不尽相同，但总体上显得不够精确，陈述较为笼统，逻辑定量的数据解读不多。由于传统民居文化底蕴深厚，涉及到众多领域，为全方位地梳理归纳民居的各种关系，需要多学科的融合研究，而多学科则需要大数据的思维和支撑，数据思维的方法和手段很具体，能够契合信息社会的发展需要（图3）。

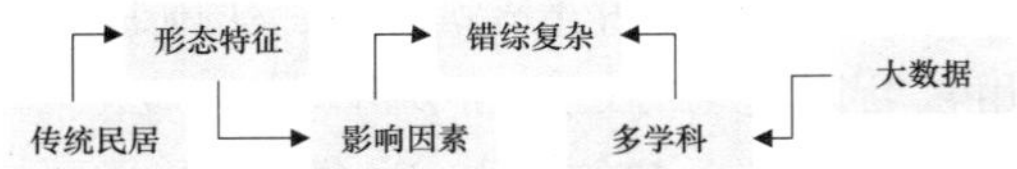

图3 传统民居研究中的多学科和大数据思维

（一）民居研究的多学科

中国传统民居的类型丰富，它根植于流传几千年的农耕时期，长期地培育逐渐发展为适合农业可持续发展及人类生活的居住形式，具有丰富的文化内涵和专业外延性。从北京四合院到云南一颗印，黄土高坡的窑洞到福建土楼，传统民居以其特有的结构形式、材料与尺度、工艺构造等内容属性，孕育了特有的地域文化，浓厚的地域韵味基因让各地的民居千姿百态。为适应长期粗放的生产和生活习俗，传统民居做了适应地域的空间形态调整，其形成影响的机制非常错综复杂，如能有表1所示的物理、天文地理等学科的交叉支撑，才易显露民居梳理研究的深度和广度。

正如熊梅指出的：一是基于建筑学及其相关领域学科的研究，注重民居建筑在形式、结构、营造、艺术等方面的归纳和总结，旨在为现代建筑设计提供借鉴和参考。二是基于人文、社会学科的考察，注重民居建筑在社会功能、文化意义方面的分析和探讨，目的是揭示民居建

传统民居研究相互交叉延伸的主要学科　　表1

学科	性质特点	内容	概念	基本要素
建筑学	工科与文科交融	自然和人文生存环境营造的总和	空间环境及其设计、构建活动的可持续	建筑物、构筑物、设施、艺术、制度、思想、观念、意识等
文化及地理学	自然、人文的景观现象	人类文化各现象的空间分布及其区位的活动规律与调节控制	物质与人意识形态的空间差异及分布规律	人、物的时间、空间、意识
历史学	人文	人类及物质的演变过程、成因、社会因素	演变过程与成因的探究及规律	时间、空间、建筑、人类活动
旅游管理学	人文与管理	寓教于游、寓游于学的休闲管理	文化、管理、经济和地理等的知识综合	人类活动、意识、风景园林等
生态学	自然	生物体和非生物及其环境的相互关系	生物与其环境间的关系的调整协调	人类活动、生物活动与外界环境
……				

筑现象的差异与成因，思考地域民居与自然、社会、思想、文化、观念等之间的关系[7]。

传统民居作为有形的优秀文化实物，结合大数据等新技术的应用，能显现出数字为代表的现代技术思维模式与构成特点，并使后者作为一种工作手段渗透至前者，使之得到更深层次表现和特点梳理，无疑数据思维模式是当今社会经济文化，包括传统民居保护利用的时代特色。

（二）民居研究中的数据

传统民居多学科视野的研究展开，工作内容将会多而层出不穷，因而数据应用方法是其多快好省的研究捷径，数据是包含信息的语言，可以描述表现包括民居在内的各种物质主体，利用日趋完善的大数据，不仅可以规范民居建筑本身的属性特征，还可对民居影响的各因素做定量的描述评价，直观准确，使对象非只停留在定性的描述上。以梁思成为首的营造学社在古建的调研中应用了大量的实地测绘，用数据比较了传统建筑的特点，这种以数据说事的态度仍是我们的榜样（图4）。目前已有一些学者在村落和民居的研究中使用实际数据，如余亮等利用地理格网分级法重新提取了中国传统村落的空间分布数据[8]，张宸铭等基于空间句法和数据对河南省传统民居的地域文化特点做了解读[9]。

图4　梁思成及中国营造学社的古建调研数据整理
来源：梁思成.图像中国建筑史[M].北京：生活·读书·新知三联书店，2013.

研究民居建筑特点的只注重对形式和空间组织的原则进行解析而很少真正试图去理解民居成因的社会和文化因素；而研究民居的社会和文化问题的似乎又缺乏足够的技术手段来分析民居的建筑形式和空间组织的特点，因此很难信服地建立起民居的形式、空间组织和社会功能、文化意义之间的联系[10]。利用大数据能轻易地增加研究民居个案的数量，还使学科间的评价体系相互关联，构建起立体多维度的传统民居研究框架，摒弃模糊性，尽量达到研究的精确目标。

三、民居文化系统的数据语言与形成语境

数据(data)是一种语言，是对客观事物及现象的性质、状态、数量与相互关系等的描述、记录、计数与逻辑归纳比较，是符号与量值，由有特定符号意义的数字组成，数字的使用使数据有了计算和比较的意义，随着计算机科学的快速发展，数据自然而然地与计算机挂钩，往往指能输入计算机并被计算机程序认识、处理加工的符号及材料，是计算机识别加工的特殊机器语言，人们借助这种机器语言，通过编码解码的数据方法能使人和传统民居之间架设起桥梁，传递解读民居形成的文明脉络。这里虽强调传统民居与数据的融合联系，但民居与数据的各自特征明显，通过分析数据，探究隐藏在数据背后的事实及规律，是民居应用数据方法进行沟通的主要目的。

（一）民居数据的大又广特性

根据当前社会的热点话题，提起数据两字，联想到大数据的人会不在少数，但应是更会关注它的“大”的特性，各行各业对大数据的理解和应用视角不尽相同，需要根据自身的特点“量身定制”。传统民居关联数据是为民居这一载体“量身打造”的特殊语言，它能很好地描述表现民居显现的形态特征。大数据概念亦可从民居大数据词组的“大”和“数据”的拆分中得到更多的启示。

大：量词，说明民居数据的数量或容量大，海量、无限量，可以云计算对应，还可进一步延伸为民居数据涉及范围的广度和深度，具有复杂性；

数据：量上规定的一般含义已在上解释，还可进一步拆分，数表示量及符号作用外，据则可表示有据及相互的结构，是传统民居与数据的融合意思。

如果把大数据技术类比为一个产业，初始的数据资源就是产品的原材料，而大数据技术就是“加工”的过程，即把原材料“加工”成最终有价值的产品，实现价值增值[11]。民居自带着许多数据资源，但不起眼、常人难以发现，需要通过提取、存储和格式转换等操作，在已有数据资源中提取有价值的信息，数据技术是提炼的过程，管理和分析民居数据，利用数据挖掘民居与民居，民居与环境间的内在联系可使民居的研究更为理性。

由于建筑与民居以及它所处的环境与空间相关，除了民居状态等有关的温湿度、空气等属性指标外，大数据还包括建筑本身尺寸，即与长宽高的空间尺度相关，会产生大小、宽窄和远近等主观感受。通过属性数据描述民居的状态、性质等，三维坐标则表示民居的空间位置，均用计算机语言表达，不仅留存了建筑信息，也为后期处理数据打下了基础。另外，数据或数字在不同尺度载体的表现是不同的（图 5）。

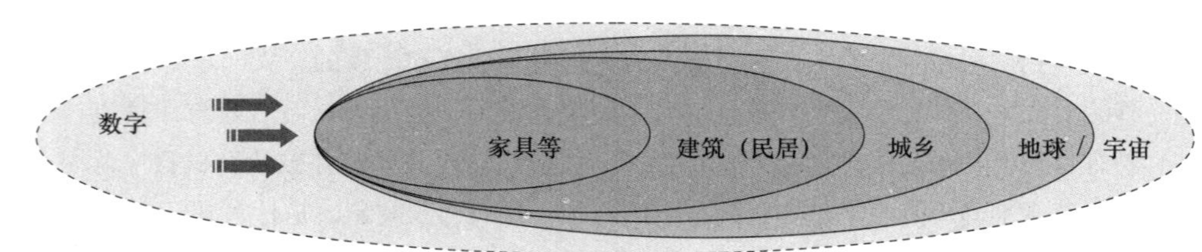

图5　数字/数据的影响和不同尺度的载体

（二）数据中的民居文化规律特征

传统民居基本形制的形成有几千年，分布广，内涵丰富，内涵背面实际上隐藏着生成发展的“秘密”，通过大数据方式对民居资源的整合比对，可容易地挖掘数据宝藏，加之数据思维的跨学科交叉，可分析隐喻在传统民居形态现象下，制约影响民居发展的各种因素条件，揭示民居关联的文化、气候和环境等的依存关系，指导现有建筑设计的可持续发展。

需要指出的是，与地图数据的融合应用，能使民居与地域的对应关系精准，真正地使民居从单体过渡到群体，让研究从单学科进入到多方位、多学科的综合领域，直观地表达分析传统民居的分布特性及演变规律，揭示产生这种规律的内在动因，使这些看似孤立的民居文化地理要素，有机地相互关联，构建全方位的民居文化研究系统。通过传统民居文化地理的研究，拓展我国现状民居研究思路；把民居学研究推向深入；为文化、旅游、遗产保护等各项工作服务，使传统民居这一珍贵的历史文化遗产得以传承[12]。

（三）数据意识的形成与艰难

数据种类繁多，但数据的意识形成不容易，数据在哪里？如何运维？需要专业知识支撑，因事而异、因物而变。数据知识的积累和数据获取同样重要，需从自身的脚下开始，假设数据库是一栋民居建筑，数据则是民居建造的一砖一瓦，添砖加瓦的过程会枯燥乏味，数据建构需要基础和耐力。数据针对民居，有独占性，一般非专业人士会看不出应用门道，不易判断数据对民居的重要作用。借助计算机互联网的技术发展，数据采集、运维等过程可分为线上和线下的两种，线上可以手机等互联网终端为主，采集运营民居信息，参与人多，信息量大，数据面广，可提高研究效率；线下的方式多种多样，除纸质资料，还可通过实地测量、调研、访谈等方式，获取数据，相比线上，线下方法较为传统，费时费力，成本大，但能收集较多前人的研究，借鉴继承前人的研究经验，最好的方式应是线上线下的结合。

传统民居与数据的融合需要多学科的跨界思维。一是数据的采集长期而艰苦，不接触数据的人敏感性缺乏，数据非软件，目前国内环境中的软件得到相对容易，软件的仿冒使用易阻碍思维的发散与多学科的交融研究，限制数据的普及使用。二是数据特性，数据格式复杂，沉淀于不同的载体中，多数未被转换为分析研究的数据，转换过程需要技术筹备；三是社会性的数据共享公开程度不高，获取信息数据的手续烦琐，致使数据大多需要自备，期望随着全民数据意识的提高，类似的现象有望改善。

四、结语

中国传统民居独树一帜，养育着民族的大家庭，作为人们容身的栖息之所不仅呈现于过去，它还将伴随我们延续遥远的未来，对于传统民居的研究，出于保护是其目的之一，为今天及未来的建设提供借鉴更是其重要的方面。人类创造的物质文明，始终存在着新旧交替，终究会走向消亡的客观规律。充分利用快速发展的互联网及大数据技术能够保存更多的历史痕迹，告知世人曾经拥有的经验和辉煌，也可让后人在考察、研究历史建筑时不至于会为无法找到、比对资料而苦恼、困惑。数据意识和思维作为研究最主要的辅助手段，是趋势，对传统民居研究的数据思考，仅为大数据应用的冰山一角，但数据应用的意义应该远不止此。

各行各业均需实实在在的数据思维！

参考文献：

[1] 沙润．中国传统民居建筑文化的自然地理背景 [J]. 地理科学，1998，18(01)：63–69.

[2] http://caup-tlab.tongji.edu.cn/VETC/Default.aspx

[3] 杨大禹．传统民居及其建筑文化基因的传承 [J]. 南方建筑，2011 (06)：7–11.

[4] 梁思成．图像中国建筑史 [M]. 北京：生活·读书·新知三联书店，2013：112.

[5] 雍振华．关于传统民居研究的思考 [J]. 南方建筑，2010 (06)：9–11.

[6] 潘谷西．中国建筑史 [M]. 北京：中国建筑工业出版社，2013.

[7] 熊梅．我国传统民居的研究进展与学科取向 [J]. 城市规划，2017，41(02)：102–112.

[8] 余亮，孟晓丽．基于地理格网分级法提取的中国传统村落村落空间分布 [J]. 地理科学进展，2016，35(11)：1388–1396.

[9] 张宸铭，高建华，李国梁．基于空间句法的河南省传统民居分析及其地域文化解读 [J]. 经济地理，2016，36(07)：190–195.

[10] 王浩锋．民居的再度理解——从民居的概念出发谈民居研究的实质和方法 [J]. 建筑技术及设计，2004(4)：20–23.

[11] 蒋妃枫．大数据在建筑和城市工程领域的应用及发展综述 [J]. 价值工程，2017，36(04)：205–207.

[12] 曾艳，陶金，贺大东，等．开展传统民居文化地理研究 [J]. 南方建筑，2013(01)：83–87.

宋金时期晋中地区通柱式连架厅堂结构形式调查与初步分析①

周森②

摘　要：通柱式连架厅堂曾是华北地区辽宋金时期的主要木构建筑结构形式，晋中地区是保存这一结构形式遗构最集中的地区。本文通过对晋中地区通柱式连架厅堂结构构成的梳理，分析宋金时期厅堂建筑的槫架类型、斗栱配置等特点。

关键词：厅堂，晋中地区，宋金时期

通柱式连架厅堂（后文中简称为“通柱厅堂”）是晋中地区中小型建筑中常见的另一种主要结构形式。所谓“通柱式”是指构成屋架的各槫横架中，内柱通高、直抵梁槫节点。宋式特征明显，且样式年代早于晋祠圣母殿的寿阳普光寺正殿为通柱厅堂，建于五代宋初的正定文庙大成殿、晋西南地区的宋构万荣稷王庙正殿（天圣元年，1023 年）、晋北地区的辽构大同华严寺海会殿与太行、太岳地区的宋构沁县大云寺正殿也为通柱厅堂，都说明这种由柱梁构成槫架、檐部用斗栱的通柱厅堂结构，曾是 11 世纪华北宋地与辽地常用的结构形式。

晋中地区留存有数量较多的宋金元时期通柱厅堂，这种厅堂结构在明清时期仍然延续。本研究关注的晋中地区，是指山西省中部太原盆地和周边山区，以及东部太行山区的阳泉地区。这个地区内向封闭、自成一区，又与周边地区发生技术交流，并且保存有一定数量的早期木构遗物，是一个非常适合开展木构建筑研究的典型地区。

一、典型案例

晋中地区的早期通柱厅堂遗构中，以悬山建筑为主，也有用作歇山主殿的。晋中通柱厅堂遗构中，宋构仅寿阳普光寺正殿一例；建于金代的有平遥慈相寺正殿、汾阳虞城村五岳庙五岳殿、阳曲不二寺正殿、太谷蚍蜉村真圣寺正殿、太谷惠安村宣梵寺正殿、榆次庄子乡圣母祠圣母殿、杨方村金界寺正殿，以及吕梁山区的柳林香严寺大殿、东配殿；较为典型的元代案例包括晋祠唐叔虞祠正殿、晋祠十方奉圣寺景清门和过殿、太谷白城村光化寺正殿、汾阳法云寺正殿、平遥利应侯庙正殿等。窦大夫祠西朵殿与子洪村汤王庙正殿的原构可能也是通柱厅堂③④。

① 基金项目：国家自然科学基金课题（51378102）；浙江大学城市学院2017年教师科研基金课题（JYB17004）。

② 周森，浙江大学城市学院建筑系，讲师，601954552@qq.com。

③ 山西省文物局编《山西重点文物保护单位》（2006年未刊行版），第96页，祁县兴梵寺条目“据大殿正脊下题记‘大宋天圣三年（1025年）始建西管村，大清康熙二十六年（1687年）移建东观镇’。”受条件所限，未能对祁县兴梵寺大殿做详细调查，此构斗栱形制与样式并未体现出明显的宋式特征，不将其列入研究对象。兴梵寺正殿为歇山建筑，由于现代吊顶遮蔽，无法探明屋架结构，室内有前后两排内柱，可能为1—4—1槫架。

④ 窦大夫祠西朵殿与子洪村汤王庙正殿。

二、基本结构构成

（一）榀架类型

分析单个榀架的构成关系，主要是以“四架椽屋”为中进主体构架，前后插入一椽架或两椽架结构，中进基本四椽屋架与前后附加结构共同组成一榀屋架，由纵向构件将数榀屋架连接起来构成整体构架。下文中以简便的“X1—X2—X3”方式表述榀架侧样椽架数，X1、X2、X3分别表示前廊、中进、后廊椽架数，可分为以下几种侧样类型（图1）：

“1—4—1”型：普光寺正殿是以四架椽屋为基本框架，在前后各附加一椽屋架。柳林香严寺大殿也为此型。阳曲不二寺正殿是“1—4—1”型的变体。

“2—4—2”型：惠安村宣梵寺正殿，中部四架椽屋部分全部为明清时期更换的，仅前后檐斗栱与部分劄牵、乳栿为金代原构件；元代建筑太谷光化寺正殿也为此型。

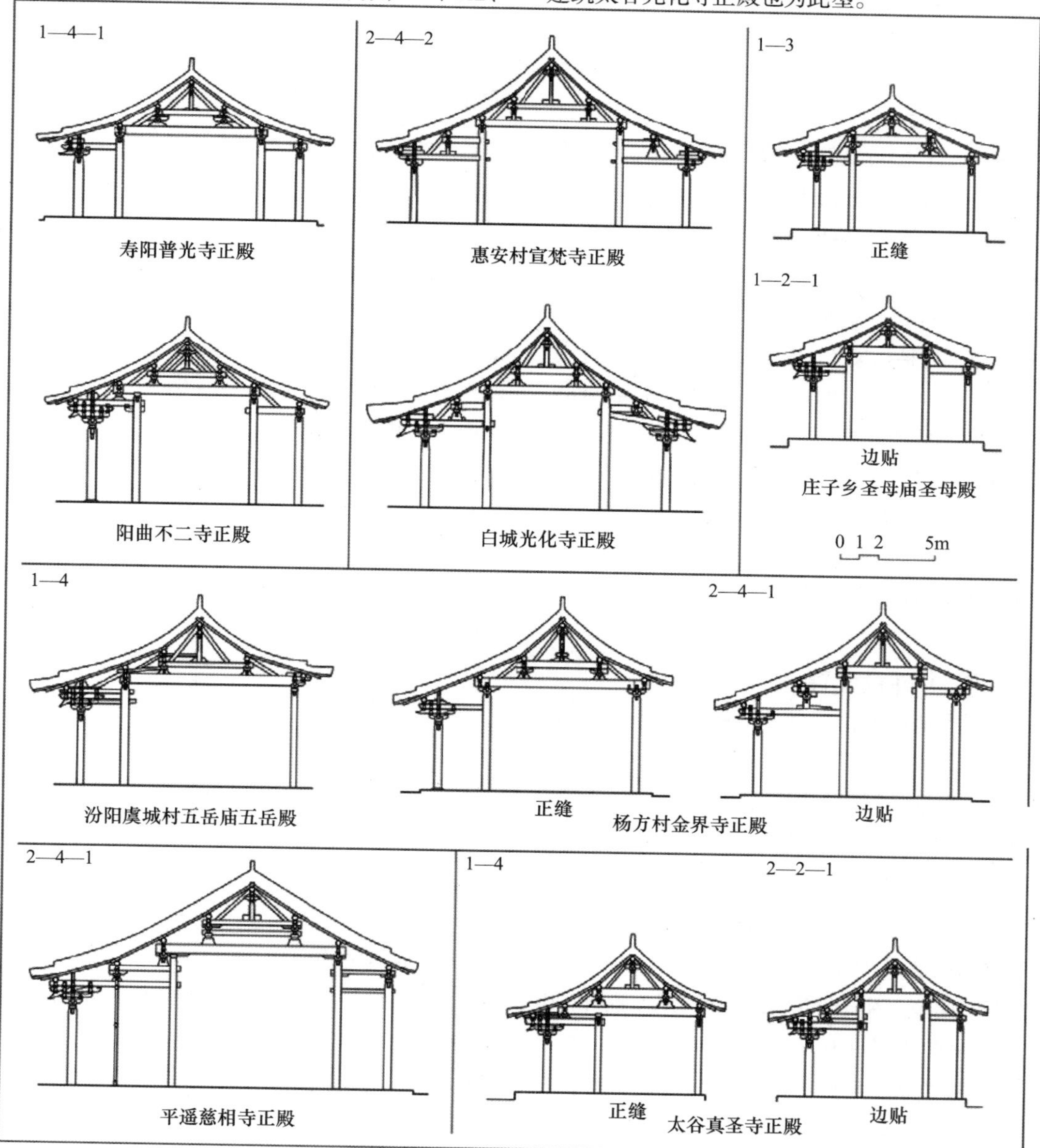

图1　晋中地区通柱厅堂类型

地方建筑中存在大量不等坡悬山建筑，在中进四架椽屋前后附加的前后廊椽架数不等，通常前廊大于后廊，或不做后廊，成为“前长后短”的不等坡屋架。不等坡屋架在明清时期山西地方寺院、祠庙、民居中很常见，其源头至少可追溯到金代。

“1—4”型：包括虞城村五岳庙五岳殿、太谷真圣寺正殿、杨方村金界寺正殿。

“2—4—1”型：平遥慈相寺正殿，门窗安置位置在前檐下平槫下，乳栿下由门窗抱框柱支撑；室内形成了前后进各一椽架、中进四架椽的“1—4—1”格局。

另外，还存在一种与“X1—4—X3”模式不同的“1—3”型：庄子乡圣母庙圣母殿的四架椽屋内用前内柱直顶到平槫下，对应于《营造法式》图样中的“四架椽屋劄牵三椽栿用三柱”。榆社寿圣寺山门（宋式、后代更换构件很多）、金构柳林香严寺东配殿、元构晋祠十方奉圣寺过殿也是这种构架①。

一些通柱厅堂的边贴和居中的榀架不同，边贴屋架后檐平槫下多立一根柱，既可减省梁栿所需大料，也有助于增强边贴屋架稳定性。如，庄子乡圣母庙圣母殿山面边贴屋架为“1—2—1”，太谷真圣寺正殿边贴、杨方村金界寺正殿边贴为“2—2—1”。

（二）斗栱配置

晋中地区通柱厅堂的斗栱配置特点，可概括为：

（1）普光寺正殿，前檐柱头用四铺作斗栱，后檐为把头绞项作，前后檐都不作补间斗栱。

（2）除了慈相寺正殿规模较大外，其他都是面阔三间悬山建筑，前檐柱头用五铺作斗栱，后檐为把头绞项作（也可作斗口跳、四铺作）；前檐每间施一朵补间斗栱，下昂后尾作挑斡、挑至下平槫，后檐不作补间斗栱。

（3）宣梵寺正殿，面阔五间、进深八架，规模较大；此构前后檐都用五铺作斗栱，不作补间斗栱。另一座五间八架歇山建筑，元构太谷光化寺正殿也是柱头斗栱五铺作，且四面都无补间斗栱。

（三）前内柱移柱与内收

通柱厅堂的榀架中常出现内柱与平槫不对位的现象。包括以下三种情况：

1. 前内柱内移

阳曲不二寺正殿与太谷真圣寺正殿最为典型，原本位于前檐下平槫缝的前内柱向内移动，下平槫与四椽栿梁头落在前廊梁栿上。移柱的主要原因，是由于前檐使用斗栱，但撩风槫至下平槫的檐步椽架并未加长，檐步椽架与其他椽架接近，造成前檐柱缝与下平槫缝距离过近，若前内柱在下平槫下，则前廊非常狭窄；为了保证足够的前廊宽度，必须将前内柱向内移动。不二寺正殿前檐柱与前内柱距与檐部椽架平长一致，也与后廊跨度一致，前内柱向内移动的距离恰好是令栱出跳距离（图2）。在真圣寺正殿中，前檐椽架甚小，前内柱直接移至上平槫缝，边贴则是前檐上平槫缝与后檐平槫缝有抵到平梁的内柱，边贴为“2—2—1”侧样。

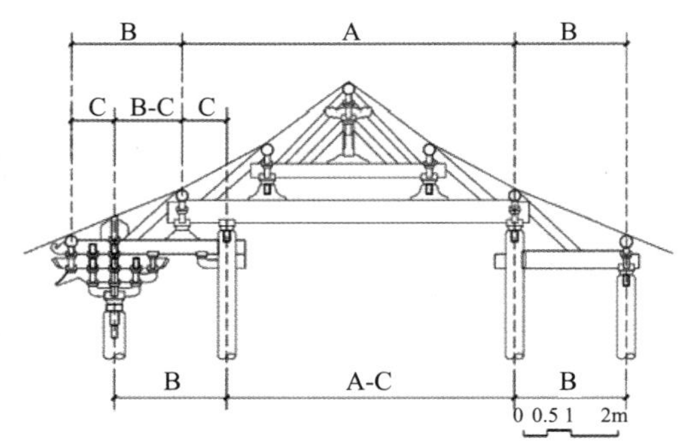

图2　不二寺正殿移柱

2. 前内柱内收

另一种情况是前内柱内收，代表案例为慈相寺正殿，四椽栿上各椽架相等，山面前内柱不作内收，只是明间与次间榀架的前内柱向内收约

① 晋祠十方奉圣寺过殿于1981年由汾阳三泉镇平陆村二郎庙迁至晋祠博物馆内。

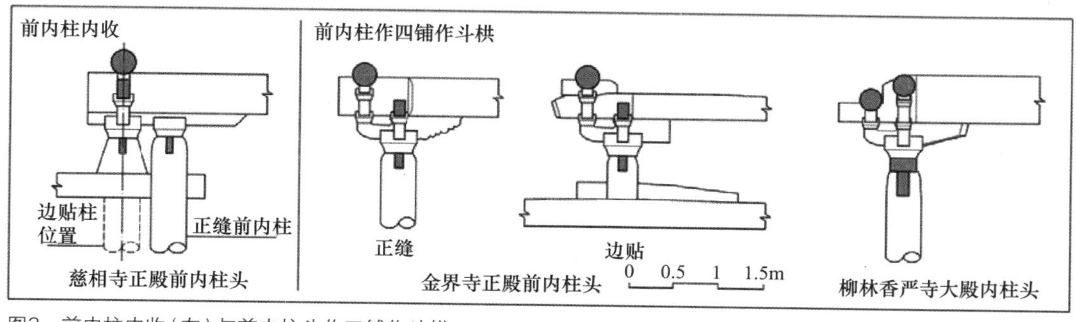

图3　前内柱内收（左）与前内柱头作四铺作斗栱

530 mm，内收的距离较小，可能也是出于扩大前廊的目的。明间与次间的四榀屋架的前内柱承四椽栿前端，四椽栿端头落在前檐劄牵上（图 3）。

3．前内柱头作四铺作斗栱或斗口跳

这种处理手法的目的是在内柱头营造斗栱形象。杨方村金界寺正殿明间前内柱头作四铺作斗栱，柱头栌斗出华栱和楷头承四椽栿，华栱跳头承令栱，令栱承下平槫；边贴蜀柱立在乳栿上，蜀柱头也出四铺作斗栱承劄牵梁头。与之近似的是柳林香严寺大殿，前后内柱头都出华栱承梁头，柱缝与跳头各有一根槫，但椽架交接在柱缝上。元构平遥郝洞村利应侯庙正殿前内柱头都做成斗口跳（图 3）。

（四）普拍枋

寿阳普光寺正殿是晋中地区最早的悬山通柱厅堂，前檐不用普拍枋，柱头直接承栌斗，前檐柱间施阑额；现存普拍枋叠在阑额上，两端抵住栌斗斗欹，应是后世添加之物。据前文年代学研究，普光寺正殿的始建年代应不早于榆次永寿寺雨花宫、太谷安禅寺藏经殿，说明在北宋中前期，普拍枋并非必备，仅在周圈使用斗栱的转角造建筑中使用；可能是当时的官式形制投射到地方建筑中的结果，形制等级稍低的悬山厅堂建筑中还不用普拍枋。

其他稍晚的悬山通柱厅堂大多为前廊开敞、前檐用补间斗栱；前檐柱间用普拍枋，普拍枋与阑额组成“T”形构造；除虞城村五岳庙五岳殿前内柱头用很薄的普拍枋外，其他悬山遗构的内柱间与后檐柱间不用普拍枋，柱间仅施以阑额。悬山通柱厅堂前檐使用补间斗栱与普拍枋，可能是对高等级建筑形制的模仿，而在内柱缝、后檐则延续了本地长久以来的传统构造做法。

从结构稳定性的角度观察，普拍枋起到拉结柱头、承补间斗栱的作用；通柱厅堂中不同柱缝使用普拍枋与否，除了可以从模仿官式形制的方面考虑，也可以从结构合理性的角度得到解释。前檐柱缝用普拍枋对前檐结构稳定有积极的作用；而在内柱缝与后檐无须承托补间斗栱，厚土墙可以保证山面与后檐构架结构稳定，内柱间与后檐柱间无须另加普拍枋。立架建造时，阑额拉结柱头形成框架，并可充当临时脚手架；木构架搭建完成后，夯筑土墙起到了主要扶持木构架的作用。

三、通柱厅堂的分布范围

通柱厅堂构造简单，在晋北、晋中北、晋西南地区宋金时期案例都有遗存，晋中地区保存数量尤为多。北宋前期的庑殿建筑万荣稷王庙正殿就用通柱厅堂，朔州崇福寺弥陀殿和平遥文庙大成殿虽为使用殿堂斗栱构造的大型歇山建筑，但其屋架结构形式已具有较为简化的厅堂榀架特征。下表为对已发现的山西地区辽宋金时期通柱厅堂作初步罗列（表 1）。

山西大部分地区都保存有宋金时期通柱厅堂遗构，只在晋东南地区很少见到，该地区悬山建筑侧样与当地简式殿堂一致，就笔者调查所见，仅平顺回龙寺正殿一个通柱厅堂案例。然而，地处晋东南与晋中之间太行、太岳山区的榆

山西各地区辽宋金时期通柱式连架厅堂案例 表1

地　　区	庑殿、歇山案例	悬 山 案 例
晋北	朔州崇福寺弥陀殿、崇福寺观音殿、应县净土寺大殿	大同华严寺海会殿
晋中北	定襄关王庙正殿	佛光寺文殊殿、定襄洪福寺正殿
晋中	平遥文庙大成殿、祁县兴梵寺正殿	寿阳普光寺正殿、平遥慈相寺正殿、虞城村五岳庙五岳殿、太谷真圣寺正殿、阳曲不二寺正殿、惠安村宣梵寺正殿、庄子乡圣母庙圣母殿、杨方村金界寺正殿
吕梁	柳林香严寺毗卢殿	柳林香严寺东配殿、香严寺大雄宝殿
晋西南	万荣稷王庙正殿	夏县余庆禅院正殿
太行、太岳山区	武乡会仙观三清殿	榆社寿圣寺山门、武乡应感庙正殿、沁县大云寺正殿
晋东南	—	平顺回龙寺正殿

社、武乡、沁县，保存有若干用通柱厅堂的宋金元时期案例。在这一地区出现通柱厅堂，很可能是受到晋中地区营造技术体系的影响。代表案例有：榆社寿圣寺山门、武乡会仙观三清殿、武乡应感庙正殿、沁县大云寺正殿、沁县南涅水洪教院正殿等（图4）。其中，武乡会仙观三清殿与武乡应感庙正殿的前乳栿与后四椽栿虽插入前内柱身，但保持与晋东南地区简式殿堂相似的梁栿上下叠压关系。

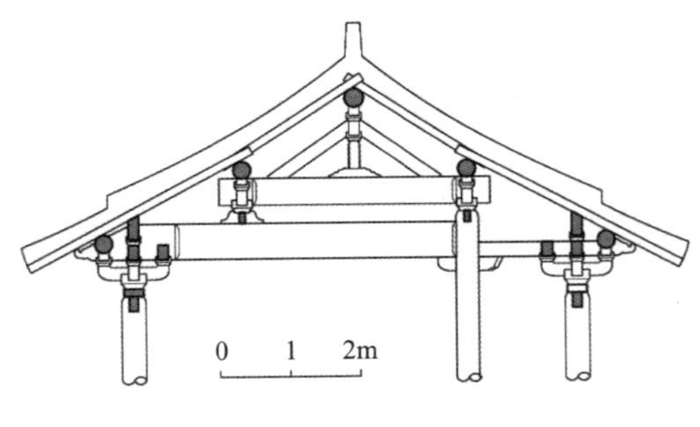

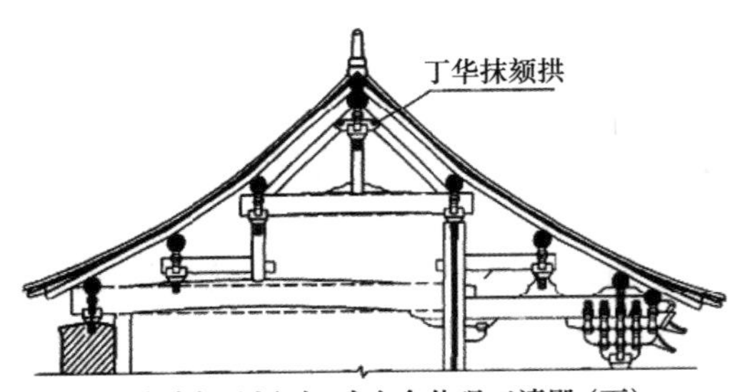

榆社寿圣寺山门（上）与 武乡会仙观三清殿（下）

图4　太行、太岳山区通柱厅堂遗构横剖面

来源：太行、太岳山区通柱厅堂遗构横剖面，李会智．山西现存早期木结构建筑区域特征浅探[J]．文物世界，2004（3）：15。叶建华．山西武乡会仙观建筑研究[D]．西安：西安建筑科技大学，2008：68.

近十几年来在山西原宋统区发现的若干通柱式连架厅堂，使得全面认识宋金时期厅堂建筑形制特征成为可能。11世纪的华北地区已经普遍使用通柱厅堂结构，典型案例有宋构万荣稷王庙正殿、寿阳普光寺正殿、榆社寿圣寺山门、沁县大云寺正殿和辽构大同华严寺海会殿。晋祠圣母殿副阶榀架的梁栿后尾插入殿身柱柱身，也具有通柱厅堂的结构特征。

辽宋金大型建筑群中，中路主殿通常选用殿堂结构（或奉国寺型结构），两侧配殿建筑选用厅堂结构。海会殿即为华严下寺西配殿；佛光寺文殊殿也为面向院落中轴线的西配殿；柳林香严寺保存了金元以来的建筑群格局，东西两路配殿均为通柱式悬山厅堂。现存早期遗构大多数是主殿，除晋中地区以外，其他地区现存通柱厅堂结构的主殿屈指可数。因此，晋中地区的通柱厅堂遗构可以成为一种典型研究对象群。

参考文献：

[1] 梁思成．营造法式注释，梁思成全集（第七卷）[M]．北京：中国建筑工业出版社，2001.

[2] 李会智．山西现存元代以前木结构建筑区域特征 [Z]// 山西省文物局编．山西文物建筑保护五十年．2006.

[3] 王春波，刘宝兰，肖迎九．寿阳普光寺修缮设计方案 [M]// 文物保护工程典型案例（第二辑）．北京：科学出版社，2009：48.

[4] 周淼．五代宋金时期晋中地区木构建筑研究 [D]:[博士学位论文]．南京：东南大学建筑研究所，2015.

德源镇清水河公园滨河绿地景观评价及设计优化①

陈晓琴②，刘春尧③

摘　要：本研究以“双创”特色小镇：成都市德源镇的清水河公园为研究对象。基于实地调研获得的数据和资料，结合相关文献研究，从景观美感度和景观可游度两个方面对该滨河绿地景观进行评价。以该区域景观特征的照片、现场群众真实感受和发放问卷等为评价模式进行了非完全平衡的测试并得到相应的景观评价指数。评价表明，清水河公园总体处于良好水平，有一定的可游览价值。但从滨河绿地景观的重要性和功能性来衡量，该区域还存在亲水性差、安全性低、可游览景点少、双创特色文化内涵挖掘不深入、游憩设施匮乏等问题。本研究运用滨河绿地景观设计相关理论和设计原则进行分析和引导，对清水河公园提出了优化设计的建议。

关键词：特色小镇，滨河景观，美感度，可游度

一、引言

滨河绿地作为城市公园绿地的重要组成部分，因其位置的特殊性，在城市居民日常生活中显得如此重要[1]。把景观的美感度和游览度作为景观评价的出发点是研究这些问题的关键，具有很大的现实可行价值。国外对滨河绿地景观研究在理论和实践上起步较早，国内各大小城镇遍布滨河绿地建设，已经有比较成功的案例：如成都的府南河整治、上海世博会后滩公园、杭州西湖区西溪湿地公园等，德源镇也不例外。本课题的研究是通过文献查阅法和实地调研法，对当地清水河滨河绿地景观做出评价。结合德源镇城市功能需求及可持续发展理论，借鉴国内外滨河绿地景观设计原则和方法，对清水河滨河绿地景观设计做出景观评价并提出滨河景观绿地优化设计的建设性意见。

二、滨河绿地景观规划设计要点

（1）可靠的实用性防洪计划和生态原则是滨水绿地景观设计追求的根本。根据河流、地域自然形态的不同城市滨河景观设计中防洪措施被置于优先地位，景观和防洪往往呈正相关，所有滨河景观设计是建立在满足防洪措施的基础上。滨水绿地景观的设计首先考虑水的系统安全，在设计中注重保护现有的自然生态景观，形成生态优先原则，寻求生态多样化发展模式，保

① 项目资助：四川省社科规划基地项目（SC16E093）。

② 陈晓琴，西南交通大学建筑与设计学院，硕士研究生，chenxq72448@foxmail.com。

③ 刘春尧，西南交通大学建筑与设计学院，副教授，liuchunyao@swjtu.edu.cn。

持滨水区生态活力，实现生态可持续发展[2]。

（2）整体性和地域性是滨河景观的重要原则。滨河区是由各种复杂的自然形态构成，但滨河景观规划设计不是独立的，要同城市设计结合，以绿地系统和交通可达性系统串联在一起。清水河作为德源镇最富魅力的公园，理应在公园设计中考虑双创文化的概念。明确规划对象、定位和城市区域的发展优势、限制因素和机遇，在此基础提出设计的功能和发展目标。在满足城市发展需求的同时维持滨河生态平衡和生态环境，保护地方文化特色，突出文化内涵，为城市发展提供契机[1][2]。

（3）亲水性和生态性是滨河区景观规划的基本和核心。亲水性创造了人们接触水边的可能性，在满是硬质景观和高楼林立的城市中，亲水性显得更加重要，提高了市民对环境的参与度，这也是政府不遗余力对滨河景观建设的原因。可以借鉴成都府南河亲水模式的设计，尽可能以恢复绿地和水体为出发增加绿化植被改善水质和环境。植物的搭配讲究层次：地表植被、花草、灌木和乔木的组合。例如上海世博会后滩公园是严重的工业污染重地，在防洪的基础上建成了水体净化、生产、防洪等保证了生物的多样性[1]。

（4）突出滨水绿地空间的公共性原则，积极推动公众的参与。通过促使部分民众的参与来吸引更多人的参与，此外提供足够的游憩设施，满足功能需求。增加可游性景点和层次丰富的空间布局模式，能吸引大量市民为滨河绿地公园注入活力。

三、研究区概况

德源镇地处川西平原腹心地带，位于成都市近郊，属都江堰自流灌溉区。境内清水河流贯全境，土地肥沃，水资源丰富。2016 年住房城乡建设部公布了第一批中国特色小镇名单，成都市郫都区德源镇入选[3]。本次研究案例也为响应"大众创业、万众创新"的号召，德源镇作为远近闻名的川西创客小镇，成功地从传统农业转型到科技小镇，“北有中关村·南有菁蓉镇”，成为了德源镇响当当的名号[4]。

四、数据来源与研究方法

（一）滨河绿地美感度评价指标选取和美感度评价

刘滨谊认为，对于景观的理解不再拘泥于传统的“风景园林”，而是包括人类生活环境的空间的总体以及视觉为主所触及的一切整体，景观的存在不在依附于环境美学，而是还具有生态功能和游憩功能[5]。因此对清水河进行景观美感度①和游览度①的评价很有必要。

通过综合评价和借鉴已有的研究方法[19][20]，选出具有代表性、可操作性、相对独立性、科学性和具有可比性等的指标，各个指标之间具有一定的严密逻辑性，通过量化的方法对滨河景观美感度评价指标给出评价因子②。俞孔坚在《自然风景质量评价研究 BIB-LCJ 审美评判测量法》一文中对风景质量的评价研究方法做了初步研究[6]。此外对风景园林的相关评价的研究还包括景观总体的评价、植物、水体、道路等等，已经形成比较完整的理论体系。

从滨河绿地景观实体构成要素出发主要包括地形、铺装、建筑及公共艺术小品、植物配置、水体、后期维护③等六项。由此得出的滨河绿地景观组成部分评价：地形、硬质铺装、建筑和公共艺术雕塑小品、植被、河流、后期维护、总体美感等七项。

---

① 王敏.《城市公共性景观价值体系与规划控制》❶景观美感度：反映景观构成所有实体元素及其相互组合而成的群体等的视觉美感质量和维护水平。❷景观可游度：反映景观所提供的休闲游憩设施、场地以及蕴含的景观文化对于市民和游客的吸引程度和逗留时间长短，以及景观的合理游人容量和使用安全系数。

② 评价因子：包括美感度、总体视觉效果和维护水平。

③ 后期维护：公园后期的管理是否完善、植物是否定期修剪、公共设施的完善程度和园内的整洁程度。

通过对清水河实地调研考察研究，对所选的区域进行拍照（40张）和现场调查问卷等方式对清水河景观进行美感度分析。通过外出考察现场拍照后对选取的最具代表性的16张照片编号评分选出最舒服、更具美观、标准的照片对使用者和潜在使用者进行问卷调查，按照（表1）单次对4张照片进行排序评分，满分100分，100～90为优，80～90分为良，70～80为中等，70以下为差状况（每项给出的评分×每项所占的百分权重指数，最后总和相加得出整体满意度）。经过4次排序评分后完成对整个16张照片的循环评价。通过对文献的分析和比较得出以下权重百分指数（表2）所示：

通过评价得分可知，清水河滨河绿地景观

图1　园内养护和管理比较到位

图2　河流湍急处无安全护栏

图3　园内湿地区植物配置

非完全平衡区组排序评判设计　表1

第一次循环				第二次循环				第三次循环				第四次循环				第五次循环			
1	6	11	16	1	8	10	15	1	2	3	4	1	7	12	14	1	5	9	13
2	5	12	15	2	7	9	16	5	6	7	8	2	8	11	13	2	6	10	14
3	8	9	14	3	6	12	13	9	10	11	12	3	5	10	16	3	7	11	15
4	7	10	13	4	5	11	14	13	14	15	16	4	6	9	15	4	8	12	16

清水河滨河绿地景观美感度评价　表2

地形	整体性（40%）	多样性（20%）	层次感（40%）	总体美感度（满分100）
	80×40%	75×20%	85×40%	81
硬质铺装	材质（30%）	造型（40%）	色彩（30%）	
	75×30%	80×40%	75×30%	77
建筑和公共雕塑小品	材质（30%）	造型（40%）	色彩（30%）	
	70×30%	65×40%	65×30%	66.5
植被	类别（40%）	层次感（30%）	色彩（30%）	
	85×40%	85×30%	75×30%	80
河流	清澈度（35%）	堤岸设计（35%）	安全系数（30%）	
	90×35%	80×35%	65×30%	79
后期维护	植物修建（30%）	地面整洁度（40%）	公共设施（30%）	
	85×30%	90×40%	85×30%	87

的美感度最高和最低分为后期维护 87 和公共雕塑小品 66.5 分。

地形：清水河地形总体来说相对平坦，除了入口处自建坡和湿地部分有起伏而外，但是总体较为单调。

硬质铺装：清水河公园内铺装地形式比较单调，只有 4 种形式的铺装地，色彩和造型形式结构单一。

建筑和公共艺术雕塑小品：园内建筑是一栋创客生态体验馆，而公共艺术雕塑小品几乎不存在，大理石凳和景观休憩亭数量极少。

植物：清水河公园植物配置比较合理（图 3），部分植物设计注重植物的季相变化遵循地表植被、花草、灌木和乔木的原则，公园总体比较通透明朗，但是仅限于湿地景观处的设计，花海栈道处只有地表植被层，不加维护有荒化的危险，与湿地处设计形成鲜明对比。

河流：水体设计包括贯穿其中的清水河和引入园中的湿地处水体，清水河水质较好，能清澈见底，但水流比较急安全系数低，防洪堤岸缺乏围栏。湿地设计植被比较丰富，但是没有形成完整的湿地水系统。

后期维护：清水河滨河绿地植物的养护和管理上比较到位（图 1），植物的修剪和安排的保洁人员和管理人员充足，总体整洁干净，让人身心舒适。

（二）清水河滨河绿地景观可游度评价

本文运用的 SD 法也经常应用于园林景观的评价，即“语义差别法”[①]。SD 法一般为正、反义词形式来设定（2，-2）为尺度中点。发放问卷 100 份，有效回收 91 份，分两组人员分别评分，为方便统计正评价区分值最好为 5 分，最低 0 分；负评价区分值最高 0 分，最低 -5。最后，依据 SD 问卷回执情况算出公园平均对立语义差别的折线分布图，可以得到直观的评价结果，如下表 所示：

清水河景观可游度评价　　表3

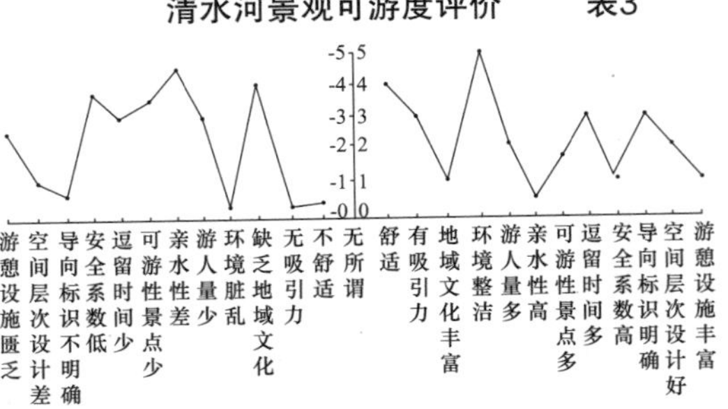

在该绿地可游度进行正负评价调查可知，地域文化丰富 / 游人量多 / 亲水性高 / 可游行景点多 / 安全系数高 / 空间层次设计好 / 游憩设施匮乏分值都在（2，0 分）区域；舒适 / 有吸引力 / 逗留时间多 / 导向标识明确 / 环境整洁 / 分值在（3,5 分）区域；空间层次设计差 / 导向标示不明确 / 环境脏乱 / 无吸引力 / 不舒适分值在（-2,0）区域；缺乏地域文化 / 游人量少 / 亲水性差 / 可游性景点少 / 逗留时间少 / 安全系数低 / 游憩设施匮乏分值在（-3，-5）之间。游憩设施匮乏，绿地内的坐凳和健身设施匮乏。亲水性、地域文化的丰富程度和安全系数偏低。

五、清水河滨河绿地生态公园景观问题分析和优化建议

（一）景观评价优点和不足分析

通过清水河滨河绿地生态公园美感度和可游览度的评价可知，在某种程度上，空间层次设计、亲水性、游憩设施、环境的整洁度很大程度上会影响吸引力、逗留时间和游览人数。

优点：清水河是市民休闲娱乐的好去处，场地尺度和空间合理；植被数量和绿化密度较高，植被修剪和养护较好，空气清新舒适；后期景观维护程度高。明确了重要地点的设计：桥，作为整个公园内精心构思的艺术作品，不仅在实现自身实用价值的同时也成为园内观赏的核

---

① SD法：是由C.E.奥斯顾得提出的一种心里测定的方法，它可以通过言语尺度进行心理感受的测定，将被调查者的感受为定量化的数据。

心景点。园内合理的场地尺度和空间设计扩展了景观中湿地、草坪、河流等不同维度的空间形式，为繁忙的德源镇增添了一份趣味和宁静。

不足：安全系数较低，河道湍急处未设置安全防护栅栏（图2）；亲水性差，单调的步道设计远离了湿地亲水的概念，隔开了人和水的一种互动；游人量少，民众参与度积极性不高；可游性景点少；游憩设施不完善，逗留时间较短。通过桥梁分割了湿地和草坪，湿地部分虽植物丰富但总体缺少季相性变化；公共雕塑小品几乎不存在；缺乏作为双创小镇的双创设计概念的文化内涵，此外其他个别景观略显单调，感受度差。

（二）景观优化建议

（1）抓住特色小镇建设的契机。作为"双创"特色小镇其开发理念是生产、生态、生活为一体化的空间经济平台，不仅具备创客产业园区的集聚生产功能，并且强调生活空间、生态环境一体协调。既符合产业发展的要求，又能够满足人本宜居的需求。清水河滨河绿地景观公园应该利用特色小镇建设的机会，对园区重新梳理规划，明晰发展定位，将园区生态予以重建，对园区活动设施加以完善，鼓励民众参与建设，努力打造宜居小镇[7]。

（2）加强清水河滨河绿地景观和创客小镇的联系。注重强调人文景观，深入挖掘德源镇的文化内涵，提升德源镇双创小镇的城市文化品味和艺术感染力，塑造场所精神。突出德源镇双创小镇的特色，拒绝盲目崇拜，利用德源本地自然环境和政策的优势，将环境设计和城市设计有机结合带动城市效益、经济效益、环境的协调统一。良好的滨河绿地景观的设计除了注重空间形式的塑造，更强调满足人们的精神需求。

（3）重视植物造景和配置，丰富铺装材料搭配和地形形式设计。根据清水河地域特点和景观格局形态将防洪作为首要目标，在植物配置方面遵循本地乡土性和生态性常绿植物与落叶植物结合。增加藤本植物和季相性花草和树木，增加秋冬、春夏观叶和观花，塑造不同类型的植物生态群落，提高景观美感度。材料方面可以几种材料搭配，丰富道路造型的同时使沿河道路风格和材料协调统一。寻求生态化和多样化的发展模式，保持园内活力[1][9]。

（4）增加公共艺术雕塑作品和亲水性设施。通过景观公共艺术小品来体现双创的概念和想法，公共艺术作为景观设计的一部分，对公园具有点缀作用，作为景观节点更能吸引市民。例如，奥林匹克雕塑公园的雕塑作为园内艺术设施赋予了奥林匹克公园新的活力和民众的互动性。在满足防洪、突发性涨水的前提下，可以在清水河和湿地栈道周边设置亲水区域和设施，根据亲水活动的类型提供必要场地，积极推动开展亲水活动和公众参与度，提高民众生活品质，丰富公园景观要素，打造具有生态环境价值和运动休闲价值的场所。

六、结论

本文通过对德源镇清水河公园滨河绿地景观的美感度评价和可游度评价分析，滨河绿地景观对于游人来说的价值在于它的观赏和游览价值，根据这两点来确定景观美感度和可游度两个评价指标，同时基于文献调查法和实地调研对滨河绿地景观设计要点展开分析，并具体论述了景观美感度和可游度指标来源和具体指标的评价方法。调查中选取具有代表性、严谨性、对比性、科学性等的原则对数据和具体的评价方法进行整理分析后对德源镇清水河滨河绿地公园做出景观评价，通过评价明确每个选择指标的优点和不足之处，针对存在的问题对清水河公园规划设计提出建议。

基于景观美感度和可游度两个评价指标得出清水河公园景观评价的结果提出四点优化建议：以德源镇"双创"特色小镇建设发展为契机，明确发展定位，以特色小镇"三生"开发理念为基础，建设生态园区，鼓励民众参与共同建设宜居小镇；加强清水河滨河绿地景观和创客小镇的联系，互相促进协调发展。深入挖掘德源镇的文化内涵，利用德源本地自然环境和政策的优势，带动城市经济、效益、环境的协调统一；重视植物造景和配置，丰富铺装材料搭配和地形形式设计，明确区域标志信息和引人注目的导向设施；利用景观公共艺术雕塑形式体现特色小镇双创的概念和想法，充分利用公共艺术雕塑作品和亲水性设施吸引民众，增加互动性和延长逗留时间。

参考文献：

[1] 丁圆 . 滨水景观设计 [M]. 北京:高等教育出版社 .2010.

[2] 刘滨谊 . 现代景观规划设计 [M]. 南京：东南大学出版社，2010.

[3] 郫县德源镇入选首批中国特色小镇 . [N]. 成都晚报，2016. http://new.163.com/16/1020/06/C30680CG00014AED.

[4] 德源之路："双创" 引擎 依托智力资源发展高端产业 [EB/OL].2016http://scjsol.com/html/tbbd/ztbd/4183.html.

[5] 刘滨谊 . 中国风景园林规划设计学科专业的重大转变与对策 [J]. 中国园林，2001(01).

[6] 中兴大产业咨询 . 特色小镇的灵魂是产业，不是旅游，更不是地产 [EB/OL].2017.
http://www.360doc.com/content/17/0325/10/35566925_639963436.shtml.

[7] 俞孔坚 . 自然风景质量评价研究——BIB-LCJ 审美评判测量法 [J]. 北京林业大学学报，1988，10(2)：1-11.

[8] 张纵 . 施侠，徐晓清 . 城市河流景观整治中的类自然化形态探析 [J]. 浙江林学院学报，2006，23(2)：202-206.

[9] 日本土木学会 . 滨水景观设计 [M]. 孙逸增，译 . 大连：大连理工大学出版社，2002.

[10] 刘滨谊、王云才 . 论中国乡村景观评价的理论基础与指标体系 [J]. 中国园林，2000,18(5)：76-79.

[11] 陈宇 . 城市景观的视觉评价 [M]. 南京：东南大学出版社，2006：75.

[12] 肖笃宁主编 . 景观生态学理论方法及应用 [M]. 北京：中国林业出版社，1991.

[13] 吴文英 . 城市滨水区规划的景观生态模式——以福州闽江沿岸为例 [J]. 闽江学院学报，2004，25(2)：100-103.

[14] 俞孔坚，李迪华 . 城市河道及滨水地带的"整治"与"美化". 现代城市研究 [J]，2003，18(5)：29-32.

[15] 马军山 . 现代园林植物种植设计研究 [D]. 北京：北京林业大学，2004.

[16] 庄惟敏 .SD 法与建筑空间环境评价 [J]. 清华大学学报，1996(4)：42-47.

[17] 王敏 . 城市公共性景观价值体系与规划控制 [M]. 南京，东南大学出版社，2007：102.

[18] 四川建设在线 . 德源之变 筑巢引凤"空心小镇"变身"创客乐园" [EB/OL].2016.
http://scjsol.com/html/tbbd/ztbd/4182.html.

[19] 宋立民 . 城市景观评价方法与应用 [J]. 设计,2013(9)：164-165.

[20] 汤晓敏，王祥荣 . 景观视觉环境评价：概念、起源与发展 [J]. 上海交通大学学报，2007，25(3)：173-179.

文化遗产的建筑保护与应急干预[①]
——基于西湖三潭石塔的反思

都铭[②]，张云[③]

摘　要：建筑要素是文化景观类遗产的重要组成部分。在文化景观类遗产特定的背景下，其中的建筑要素也体现出特有的敏感性与保护工作的复杂性。本文以杭州西湖三潭石塔为例，回顾了2013年三潭石塔倾覆事件及其后续应对，讨论了文化景观类遗产中的建筑要素的特点及保护策略，并指出此类遗产保护中应急预案与干预水平控制的重要性。

关键词：文化景观，遗产，建筑，保护，应急干预

一、文化景观类遗产中建筑要素的保护：特征、问题与现状

（一）文化景观类遗产的背景与发展

世界遗产研究及保护，近年来从单一的自然或文化对象，拓展到自然与文化的整体，并进一步纳入人类的活动、仪式与想象的非物质层面，在此背景下，"文化景观"类遗产，在1992年成为文化遗产、自然遗产、自然－文化双重遗产之外的第四类世界遗产，在世界遗产体系中，其特征被表述为"自然与人联合的工程"[1]，其表现为"有机演进"的活着的和整体化的历史遗产[2]。

在《实施"保护世界文化与自然遗产公约"的操作指南》（联合国教科文组织，2005）中，文化景观类遗产被划分为三种类型：一是有意设计的景观（Clearly Defined Landscape），包括出于美学原因建造的园林和公共场地景观，通常结合了宗教或其他纪念性建筑物或景观群；二是有机进化的景观（Organically Evolved Landscape），是由于某种社会、经济、行政及宗教需要，通过与周围自然环境相联系或相适应而发展到目前的形式；三是关联性文化景观（Associative Cultural Landscape），结合了自然因素的反映宗教、艺术、文化特征的景观，并不以文化物证为特征。在前两种文化景观类型中，人为构筑物及建筑要素均是遗产的重要组成部分。

（二）文化景观类遗产中的建筑要素保护

文化景观类遗产的"人文－自然"交融的动态特征，与我国传统文化的场所建构取向是相应的，然而，一段时期以来，我国对文化景观类遗产的研究及本土文化景观类遗产识别一直未能深入（杨锐，2009，韩峰，2013），ICOMOS在2004年的报告中也明确指出整个亚太地区的文化景观类遗产数量的不足（实际情况比ICOMOS报

① 项目资助：浙江省自然科学基金项目（编号：LY17E080023）。
② 都铭，浙江工业大学建筑系，高级工程师，du3824@163.com。
③ 张云，浙江大学研究所，副教授，yunzhang@zju.edu.cn。

告的数字还要低）。从数量来看，我国47项世界遗产中文化景观类遗产仅有4项，其中的中国庐山、五台山文化景观遗产，还均是先申报它类，最后再被世界遗产组织被动归类为世界文化景观遗产的，直到2010年杭州西湖申遗才是我国第一个主动申报的“文化景观”类遗产[3]。

在此背景下，我国目前文化景观类遗产中的建筑要素保护研究也相应有所不足。我国的文化景观类遗产，大多是历史上延续至今的传统风景名胜，其中的建筑要素保护，也往往延续了风景名胜区中的单体文物建筑保护的思路与方法。

然而，文化景观类遗产的特征，决定了其中建筑要素不同于单体文物建筑的特殊性与复杂性，较之单体文物建筑，文化景观类遗产中的建筑要素处在某种更为动态的整体关系中，与文化活动与社会事件关系密切，与人群行为的互动性更强，也更易出现某些突发事件。在此认识下，文化景观类遗产中建筑要素的现状保护手段有何不足？其保护策略应有何侧重与调整？如何将突发事件管理纳入到保护体系中？杭州西湖文化遗产是我国具有代表性的文化景观类遗产，本文将以西湖三潭印月石塔为例，回顾2013年7月受撞倾覆事件，来尝试反思及回答上述问题。

二、西湖文化景观遗产三潭石塔2013年倾覆事件回顾

（一）三潭石塔2013年倾覆事件及勘察

2013年7月29日晚上21：25，三潭石塔中的南塔被游船撞击倾覆，跌入湖中。西湖水域管理部门、景区公安在西湖风景名胜区管委会领导和相关专家指导下，对落水石塔进行打捞。2013年7月30日清晨6点，南塔的所有石块被潜水员打捞上岸，并在文物部门的指导下完成拼接安装。石塔倾覆事件也引起了媒体及公众的极大关注，据多位游客反映，倾覆后复原的南石塔有明显的目视歪斜，其外表色泽似与其余两塔也有差别，媒体也提出石塔受撞倾覆在夜间复原是否匆忙，受损程度如何评估等问题[4]。

在前期访谈、调研、文献研究的基础上，勘察组于2013年10月21日、27日进行了三潭石塔的现场勘察工作，分三组人员，两组水上、一组岸上同时进行，第一组人员通过船上爬梯接近石塔进行实物测量，确定了三潭石塔的构造与材料，用丈杆、卷尺、防水手电及摄影机等工具勘察了水下桩基结构及现状偏移，并通过细部编号、拍照、三塔对照等方法，详细记录与甄别了南塔的现状破损情况；第二组人员采用南方测绘公司S86C型号GPS，以小瀛洲岸上三个控制点为基准控制测量的平面坐标和高程，通过GPS全球定位系统和北斗导航系统，对三塔进行了定位测量，最终测得三塔所处的精确经纬度和高程差，汇总成三潭印月石塔点位分布图及塔身关键点相对位置坐标；第三组人员在小瀛洲岸边我心相印亭附近选定三个扫描位置，放置四个靶点，用徕卡ScanStation2三维激光扫描仪以2mm的精度标准对三潭印月进行全面的激光扫描，后期运用cyclone、Rhinoceros 5.0等软件对数据进行处理，结合GPS的定位，构建了三潭印月石塔的精确三维数据模型，并得出南塔的倾斜数据。

（二）三潭石塔倾覆勘察结果

通过现场调研与实地勘察发现，三潭石塔水面以上由9个石质构件组成，除最上面的葫芦形宝顶与上层塔檐之间有榫卯构造固定，其余构件基本为叠加放置，并无榫卯及刚性连接构造，塔身材质为浙江老“严州青”石材（图1）。

1．受撞南石塔塔身倾斜情况

在三座石塔中，南塔受撞后圆球状下塔身以上6个石构件落入水中，工作人员于夜间打捞拼装，最终从水下结构到水上塔身部分均有不同程度倾斜与错位（图2）。东塔、北塔虽未受撞，局部塔身也有目视可见的倾斜。受撞南塔倾斜情况最为严重，具体如下：

（1）水下石垫板及水面台基的倾斜：

南塔台基部分向东南方向倾斜，结合工作人员提供的口述，推测南塔受撞击处水下结构偏

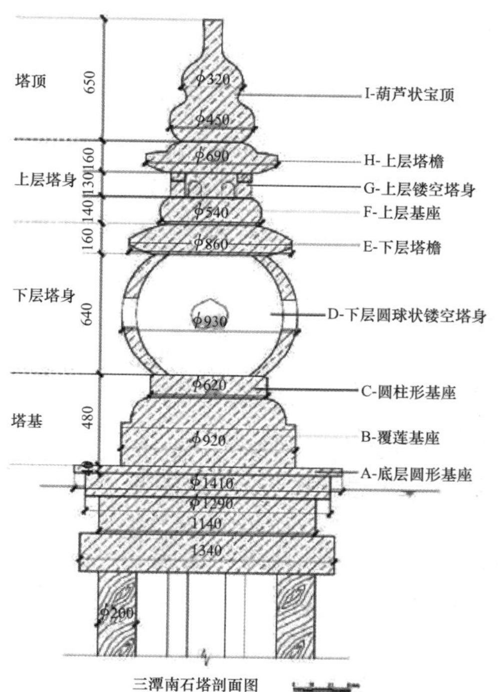

图1　三潭石塔构造剖面图（陈耀绘制）

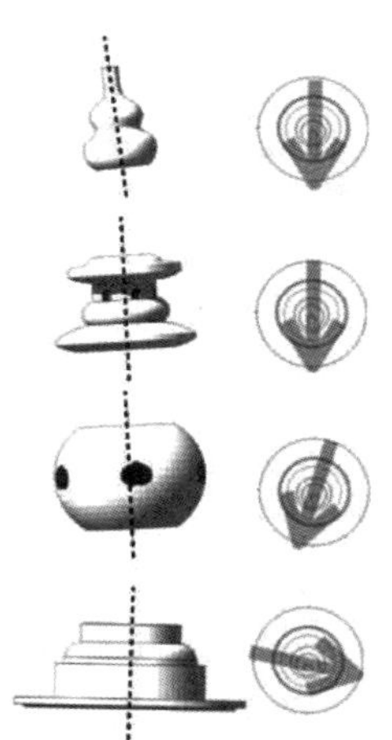

图2　三潭南石塔倾斜方向分析（胡作凯绘制）

移，底层基座A由于水下结构受损而形成倾斜，并导致塔身底部B－C部分随其单侧沉降而朝向东南侧倾斜。

（2）塔身构件之间搭接的偏移：

夜间打捞重新组装，造成南塔上部构件之间水平方向往南向的偏移。

（3）塔身构件的倾斜：

南塔整体塔身整体呈南向倾斜，塔身各构件具有不同的倾斜程度。

圆球形镂空塔身D呈向西南方向偏移，球体上部E－H部分搭接朝向正南方向倾斜，顶部I段搭接再次出现更大程度的倾斜，方向也为正南（图2）。

2. 受撞南石塔水下构造受损情况

三潭石塔圆形石块垫板以下的水下基础，由

图3　三潭南石塔倾斜情况

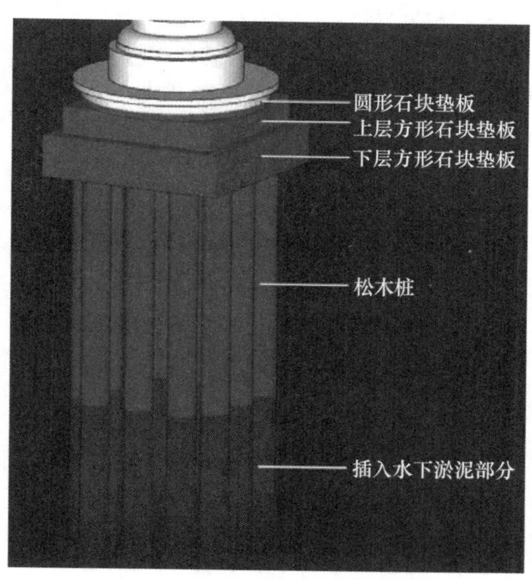

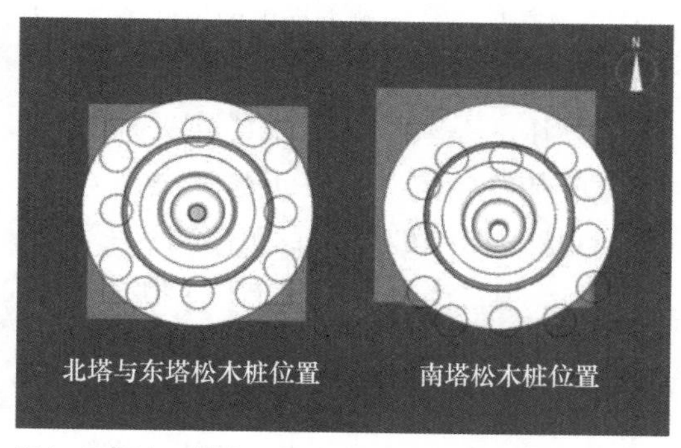

图4　三潭南石塔水下基础构造及偏移情况（戴琴绘制）

两个同心方形石块垫板及九根直径 10cm 的松木桩组成。三潭石塔中的西塔与北塔，松木桩围成的中心点与石塔中心基本在同一铅垂线上，而 7 月 29 日受撞的南塔，水下结构出现明显错位。一是南塔的下层 25cm 石垫板往北侧偏移 13cm 左右，上层石垫板的南侧有几厘米悬挑在下层之上，二是南侧一边 3 根松木桩、东侧一边 1 根松木桩相对偏离其上的石块垫板，在水下露出了一半的桩顶面积（图 4）。勘察当天三潭石塔处水深约 1.7m，松木桩穿过淤泥层插入湖底硬地持力层，游船撞击未对松木桩基础造成明显损害。

三、文化景观类遗产中建筑要素的保护策略与干预控制

杭州西湖是我国首个以“文化景观”类遗产申报并成功的遗产，是具有代表性与影响力的东方文化景观类遗产，其遗产要素及相关事件研究均有一定的示范性与普遍性，因此，以西湖文化遗产中的三潭石塔及其相关事件为切入点，反思及探讨我国文化景观类遗产中建筑要素的保护策略是具有典型意义的。

（一）基于“关联性”与“完整性”的遗产要素保护策略：

“三潭印月”在南宋时即为“西湖十景”之一，原指北宋时西湖中为限定水域禁植区所立的三个标志石塔、与湖水和明月共同构成的相互映衬的景观，宋后三塔废毁，随历代西湖疏浚工程的开展和堤岛格局沿革，在明代演变为水上园林小瀛洲岛及其南侧湖面上的三塔景观。三潭石塔的变迁反映出文化景观类遗产中的建筑要素，往往兼具多重身份与含义，它既是传统意义上的单体建筑遗产，同时也是文化景观类遗产的“景观群”与“动态发展的形式”的一个有机组成部分，其遗产价值除了来自建筑物本体，还包含了它在文化景观类遗产的整体场景中与其他要素的特定关系，以及与某种人类文化现象相关的仪式与行为相适应的空间特征。对照文化景观类遗产的定义与内涵，将文化景观类遗产中的建筑要素理解为某个动态的整体文化现象中的一个“关联性”节点，是更为确切的把握与定位。

文化景观类遗产中建筑要素的保护策略，应当基于这一“关联性”特征而设定，在建筑要素本体保护外，将其“关联性”场景空间及“关联性”文化行为，整体纳入到保护与监测内容中。

以三潭石塔为例，在倾覆事件中调研发现，石塔原有的保护思路均是建立在“单体建筑”保护的思路上的，原保护档案中仅包含了单体石塔的平、立、剖面图及三塔的概略性总图，缺乏每个石塔的精确定位、三个石塔之间及与岸上建筑物的相对关系、石塔的水下构筑部分资料，这使得在事件调研之初，无法评估受撞石塔的位移及水下基础受损情况并提出修复意见。在本次勘察中，从“关联性”场景空间的保护视角出发，将三潭石塔本身的定位数据，水下基础、相对关系乃至中秋三潭印月点灯仪式等均做了全面记录，论述了这些空间关系、文化仪式的历史流变与遗产价值，基于遗产要素的“整体性”特征，将这些遗产信息纳入到三潭石塔的后续保护监测中。

（二）基于“真实性”与“最小干预原则”的应急干预保护体系

文化景观是一个作品和过程，提供了有关人类在随着时间推移怎样使用自然的证据[5]，因此，文化景观类遗产具有互动及演进的“活态”特征，其中的建筑要素也更易介入突发事件。近几十年来，三潭石塔已被撞落湖中三次（20 世纪 70 年代、20 世纪 90 年代以及本次），近几年来，西湖文化遗产中除 2013 年 7 月三潭石塔被撞事件外，2013 年 8 月西泠桥桥栏被撞，2012 年 9 月集贤亭倒塌，均体现出文化景观类遗产中建筑要素特有的敏感性，也揭示出保护工作中“应急干预”的必要性。

三潭石塔受撞落水 1 小时后，7 月 29 日晚 10 点半，接到消息的西湖水域管理处相关负责

人赶到现场确认后，立即联系了杭州市园文局，园文局派出文物专家赶到现场。晚11点多，水域管理处随即调来了多艘游船，现场架起照明灯，两位蛙人到位开始打捞工作。8个半小时之后，也就是7月30日清晨6点，三潭印月南塔的所有落水石构件被蛙人打捞上岸，并在文物专家的指导下，拼接完整，安到了原来的位置上。从反应速度、修复效率来看，此次事件处理体现出西湖遗产管理部门较高的工作水平与责任心，然而，当公众质疑夜间快速复原工作是否复合遗产修复程序、石塔落水无损的结论是否可靠等问题时，已经体现出我国文化景观类遗产中建筑要素的“应急干预保护”在制度、程序乃至公共宣传上的需要进一步加强建设的必要性。

对文化景观类遗产中建筑要素的应急干预工作，不可避免地会对遗产本体产生操作行为，如何系统引入预先评估、第三方监督等机制来保证其复原、修补工作不破坏遗产要素的历史信息？ 回顾西湖三潭石塔倾覆事件及后续工作，我们认为，文化景观类遗产中建筑要素的应急干预保护，应该以遗产要素的“真实性”为基础，从应急预案、应急干预程序及干预水平控制三个层面来建立。

在应急预案中，应根据文化景观类遗产中建筑要素的特征，特别是其“关联性”及“整体场景”的特点，分析建筑要素现有及潜在的事故种类与可能性，制定针对不同事故的紧急保护方案与行动措施。从三潭石塔来看，遗产管理部门已考虑到船只撞击事故的可能性，而对石塔做了一定程度的防护处理，在每个石塔外圈均设有半径6m及8m的钢制防护圈，然而，据现场调研及访谈得知，三潭石塔附近的西湖水域，夜间肉眼可视距离为10m左右，西湖上大型游船的水上刹车距离为30m左右，所以，只有在距石塔15m处有类似钢护栏的拒止装置，才能通过撞击提示船只驾驶员，操作船只成功避开石塔。这提示了我们不能采取通用保护模式，只有根据建筑要素所在具体环境特征建立针对性的应急预案，才能有效地开展保护工作[6]。

在应急干预程序方面，首先，需建构“控制—评估—实施—监测”的系列化处理手段，事件发生之后，在快速控制的基础上，准确评估设计方案，在此基础上再进行保护修复实施工作，在保护干预实施工作中每一个阶段及所使用的材料与方法均应记录归档。并在后期监测中持续观察成效。其次，在应急干预过程中，均需明确各部分职责及协同方式，有必要的话成立专门遗产应急处理机构，并引入遗产管理部门之外的第三方开展评估，发挥大众媒体的监督作用。文化景观类遗产因其与人群行为、文化活动互动性更强，从三潭石塔事件来看，大众媒体乃至游客对石塔倾覆事件的关注、讨论及传播，对石塔保护复原工作均起到了正面和促进的作用。

在干预水平控制方面，1964年在威尼斯通过的《国际古迹保护与修复宪章》中规定对古迹保护及修复的“最小干预原则”，应成为文化景观类遗产中建筑要素的事件干预水平控制的基点。从三潭石塔倾覆事件调研结果看，对突发事件没有干预水平控制的应急处理，有很大可能会对文化景观类遗产中建筑要素造成二次损坏。应在保证建筑要素的遗产“真实性”基础上，明确事件应急干预工作的依据与原则，严格论证干预方案及介入程度。

参考文献：

[1] 联合国教科文组织．实施保护世界文化与自然遗产公约的操作指南[EB/OL]. 2005. http://whc.unesco.org/en/conventiontext/.

[2] 联合国教科文组织．实施保护世界文化与自然遗产公约的业务指南[EB/OL]. 2005. http://whc.unesco.org/en/conventiontext/.

[3] 国家文物局．杭州西湖文化景观遗产申遗文本[R].2009.

[4] 中国经济网．修复后的三潭印月石塔斜了？文物保护再受争议[EB/OL].2013. http://www.ce.cn/culture/gd/201308/12/t20130812_24653843.shtml.

[5] Alanen A R. 为何保护文化景观[J]. 谢聪，陈飞虎译．中国园林，2014，30(2)：5-9.

[6] 吴美萍．建筑遗产保护中应急预案的制定研究[C]//第四届中国建筑史学国际研讨会．中国建筑学会，2007.

红石林镇花兰村木构民居空间自适应性[①]

张亮亮[②]，卢健松[③]

摘　要：本文以红石林镇花兰村木构民居为基础研究对象，通过实地测绘、问卷调研、数据对比等对花兰村木构民居的适应性演变予以研究。首先阐述村落环境下的木构民居平面原型以及空间布局；然后以平面原型为基础，对民居的加建、空间变迁以及空间置换予以说明，最后对影响花兰村民居空间的适应性进行分析研究。

关键词：木构民居，适应性，演化机制，花兰村

一、　空间的适应性

从生物学的角度，"适应"是生物体为了适应外界环境的变化所做的自身结构调整。那么民居建筑在外界环境发生变化时，作为"主体"的村民对外界变化做的"应答"便是民居的"适应性"。1994 年由美国科学家霍兰提出了复杂适应系统理论，他在书中写道："我认为，由适应性产生的复杂性极大地阻碍了我们去解决当今世界存在的一系列重大问题。"[1] 面对外界环境的变化，适应性的"主体"会朝着有利于自身的方向进行选择。

本文尝试从引起木构民居适应性演化的气候、经济、文化、地理交通等各种影响因素，研究主体在受到"刺激—应答"的结果入手，探究不同因素对适应性"主体"的影响机制，以及因素之间的相互作用关系。本文基于此理论对花兰村木构住宅的空间特征及其适应性予以研究。

二、　木构民居

红石林镇花兰村位于古丈县西北约 17km，酉水以南，北与永顺相望。花兰村四季分明、气候温和湿润、雨季明显、森林覆盖率高。花兰村属于碳酸岩溶蚀性地区，当地缺水。酉水古为运输河道，1960 年乡村公路代替其运输功能，水上运输功能衰落。红石林国家地质公园位于村内西北侧，原码头变为游客码头。2010 年乡村公路升级，方便了机动车的出行，加强了村内外联系。相对区位的变迁对民居布局选址、材料选择、新技术输入等有重大影响（图 1）。原有村落的生长路径被阻断。

村民 90% 以上是土家族。先秦楚人入湘之前，此地是土家族祖先的巴文化与苗蛮文化交汇处。湘西山区封闭且自给自足的农耕社会下故土难离的观念是当时民族心理活动的一个重要特征[2]。土家族是小家庭聚居形式：一家若有

① 项目资助：国家自然科学基金项目（51478169）。

② 张亮亮，湖南大学建筑学院，硕士研究生，广州市城市规划勘测设计研究院，助理建筑师。

③ 卢健松，湖南大学建筑学院，副教授，Hnuarch@foxmail.com，18684680813。

几个儿子，当儿子结婚成家时便分家出去独立建造自己的住宅，父母最终只和一个儿子居住[3]。花兰村保留了大量穿斗式自建民居，这些木建筑构成了花兰村村落的基底，主屋通常是“一明两暗三开间”的平面布局，底层架空，部分采用吊脚楼，民居的加建、改建是在木建筑的基础上进行的。花兰村村落形态属于散村[4]，住宅沿等高线散点布置，无明显的村落中心，体现的是一种与自然和谐共生的布局方式。

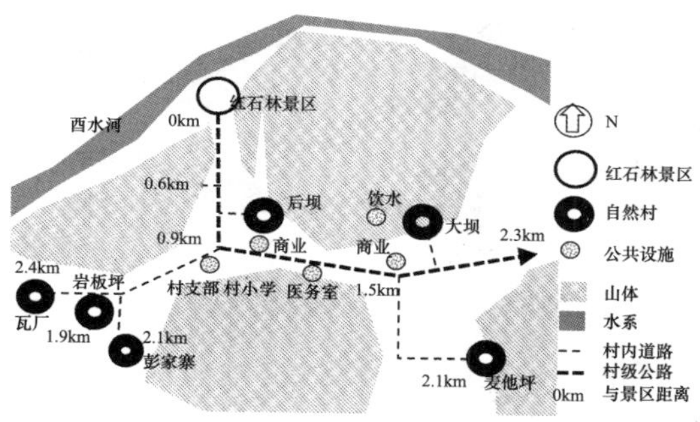

图1 花兰村区位示意

随着村民的经济水平提高，居住观念的转变，新材料、新工艺的引入。对技术的选取不同，村民自建房之间的差异逐渐出现，攀比之风盛行。低技术的建造及构造处理使村寨面貌不均质，传统村落自宅建设的基本范式逐渐消失。

三、 案例分析

本节以比较有代表性祁春林宅为例研究其纵向演化规律。1945 年建房，起了三连房屋架，在一侧厢房铺设木地板、置火塘，满足最基本的生存环境。随着家庭人口的增加，开始不断地增加居室面积。在这个过程中，建筑材料种类的使用不断更新，从木材到混凝土空心砌块、铝合金玻璃窗等。生活方式也在逐步变化，卫浴条件不断改善。随着经济逐步富足，户主在堂屋铺上木地板，购置了家具、家电等设备，生活空间不断丰富。农民自建住宅的更新，在不同的时间表现出不同的更新形式（图 2）。

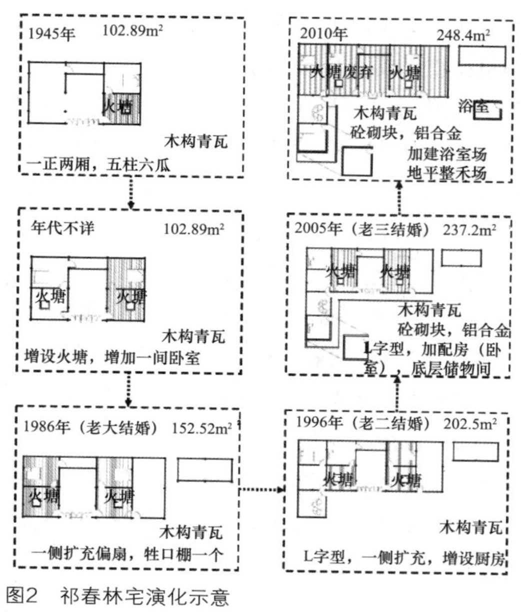

图2 祁春林宅演化示意

四、 平面原型

“三连房”是花兰村木构住宅最基本的平面形制：面阔三跨，中间为“明间”，两侧为“次间”（图 3）。明间被称之为堂屋，用以祭祀先祖；次间为居住空间，铺木地板，设火塘，上用竹条吊顶以熏腊肉。与火塘相隔的房间便是卧室。受汉文化影响，以左为尊，父母居左侧，子女居右侧。三连房是本村木构住宅的重要原型。

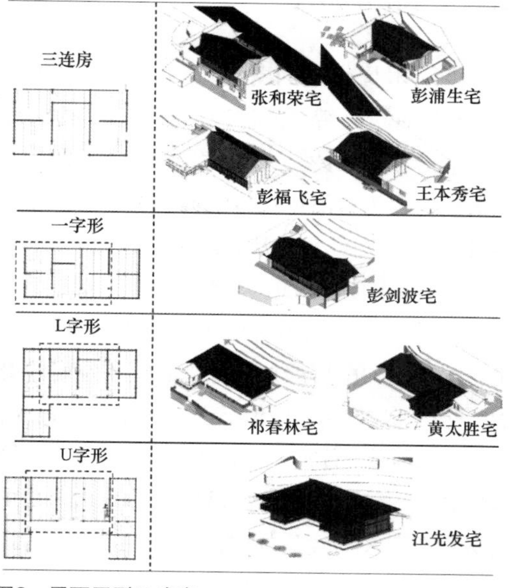

图3 平面原型及演变

花兰村其他民居在三连房的基础上通过增加吊脚楼形成了“一”字形、“L”字形、“U”字形平面形制。“一”字形在“三连房”一侧起吊脚楼，平面呈“一”字形，吊脚楼底层架空，可堆放柴火，二层为居住空间。这种形制扩大了房屋的使用面积。“L”字形指正房与单侧配房呈直角布置。这是花兰村最常见的平面形制。传统的“U”字形平面形制即木房正屋两侧均设吊脚楼，称“一正两厢”或“三合水”，正屋与两侧吊脚楼共同围成的堂前庭院形成住宅的中心空间。这种形制在花兰村不常见。花兰村民居的构成中主要分为生活空间和功能空间，基于当地的小家庭结构和宅基地的限制，民居由于建筑材料，能源、技术设备的更新，民居空间发生了适应性的更新演变（图4）。

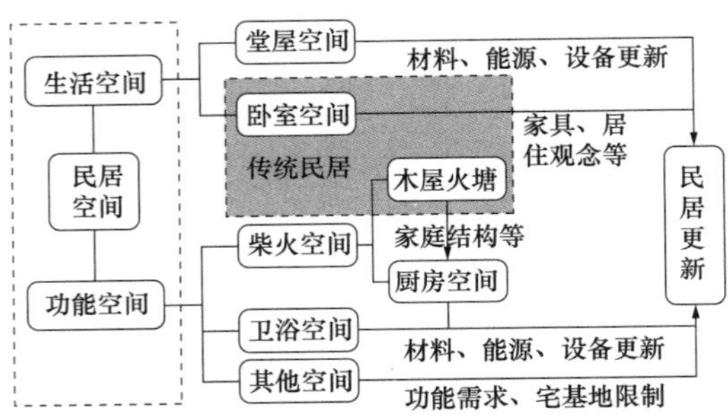

图4　花兰村民居空间构成及更新

五、　配房加建

传统木构住宅的营建已经形成了固定模式，是一种全民智慧的体现。随着现代化的推进及木构房屋的减少，这种固定模式逐渐淡化，但依然有很多居民住在传统的木房里。随着外界因素的变迁、人们生活方式的变化，传统木构建筑的形态和空间因此产生演变。

调研案例中的配房基本上都是基于木建筑为正房的加建。配房的加建标志着使用空间的增加。配房加建位置一般位于正房两侧，少数脱离正房，原因是功能使用的需求（厕所、牲口棚等远离居室），或是宅基地限制的原因。由于农民配房是在正屋修建后加建，基于使用功能的增加，在建房之初并未做整体考虑。配房加建的流线组织冗长，在实际使用中效率不太高。配房的不同加建形成了花兰村民居的多样性（图5）。

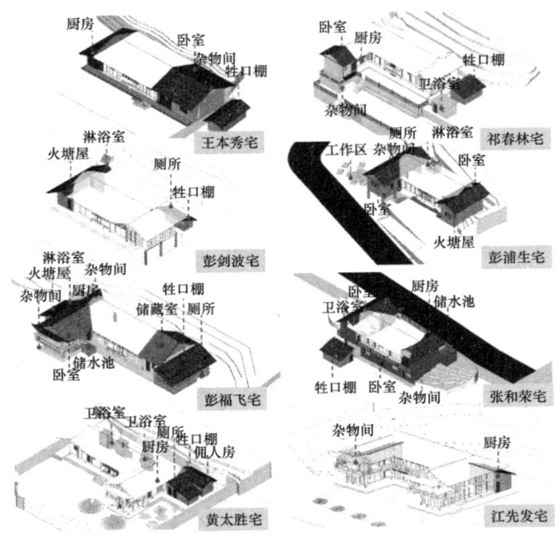

图5　配房加建

（一）柴火空间

根据调研，当地有四种厨房形式：“火塘模式”、“火塘＋柴灶”、“柴灶＋气灶模式”、“气灶＋柴灶模式＋电模式”（图6）。

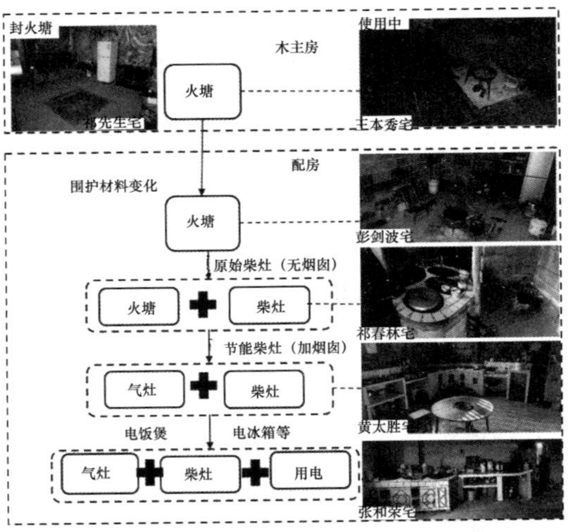

图6　自建房柴火空间演变

火塘是传统木构民居的核心空间，用以做饭、取暖。火塘设置在厢房地面，围以条石，上置铁质三脚架。“一年四季塘火不灭，意寓家盛业兴”[5]。子女成婚需分家，即使不另立新宅也会新添火塘。随着生活变迁，木房内火塘逐渐消失。火塘有以下问题：“烟雾缭绕，灰尘满室，室内空气污浊；火塘设置在木房内易引发火灾；火塘终年不熄，耗材甚多。”[6] 部分村民仍旧使用火塘。调研的八户人家仅两户在木房内使用火塘，只在做饭时才生火，火塘上挂着熏制的腊肉。

土家族是小家庭结构，厨房满足一家吃饭足矣。有些人设置了柴灶，但沿用火塘做饭。彭福飞宅分别在两间配房设置了火塘和柴灶，平常用火塘做饭，柴灶只在人多时才用。据黄太胜介绍，湘西曾推广一种节能柴灶，村中有了几处，但用的不多。有村民用气灶或电器做饭。黄太胜宅取消了火塘，改用“柴灶＋气灶模式”，偶尔用煤球。腊肉会花钱请人熏制。张和荣宅阳台设置了熏制腊肉的装置，将腊肉置于柴灶顶部，用蛇皮袋子围住，利用烧柴火烟熏制腊肉，可减少了室内污染。虽然厨房空间有所变化，但均保留了柴火空间，柴火相对于燃气和电来说，村民认为省钱、柴火饭更加美味。随着饮食文化的丰富，可选择的饮食种类增多，村民购买了电冰箱等设备，摆放的位置不一定在厨房。洗涤空间距离厨房较远，据美国相关人员研究：洗涤池、冰箱和灶社三者间连线为“工作三角形”，三边之和宜在 3600 ~ 6600mm 间[7]。根据调研，案例民居厨房空间使用效率不高。

综上，传统火塘污染大，耗能多；灶台操作流线冗长，影响做饭的效率，但农村慢节奏的生活对这方面的关注并不多，做饭的过程同样是享受生活的过程；烹调食物的丰富，但村民人就喜欢传统工艺存储的美食，被迫采取一些适应性策略满足使用要求；厨房的功能逐渐丰富集中，功能逐渐多样性。

（二）堂屋空间

传统堂屋空间是为了祭祀而设。室内陈设装饰简单，空间有种向上的升腾之势，便于营造祭祀的庄严与神秘感。堂屋开间在 4~5m 之间，进深在 6~7m 左右，江先发宅因是学校改造而来，尺度较大（图 7b）。因当地宅基地约束小，堂屋尺寸基本是按照需求而定。

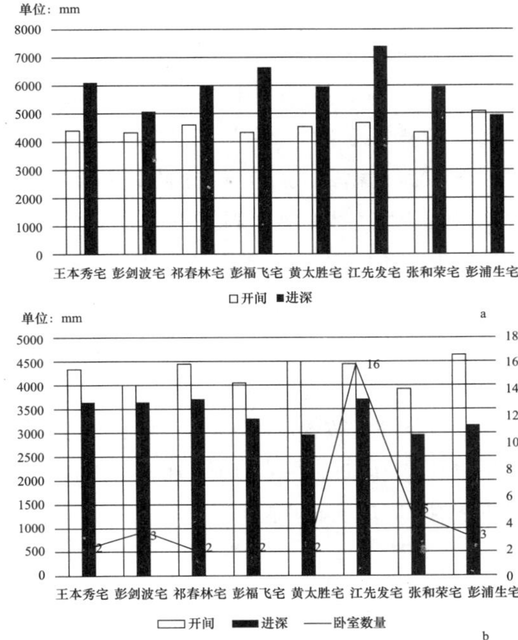

图7 堂屋与卧室尺寸关系

随着生活观念的转变，堂屋空间发生了演变。堂屋正对墙面会内凹 $1m^2$ 空间作为祭祖神龛，上书：“天地国亲师位”。两侧书写对联，彭家波宅上书“新安家翁千年位，永立祖先万代堂”，横批“祖德流芳”，神龛两侧，部分自宅挂上毛泽东、刘少奇、邓小平等伟人照片，或挂上电子钟，或挂上孩子的结婚照，或是孩子的奖状。调研案例不同程度的摆上了成品沙发，农民更加注重生活的舒适性。因光线好，堂屋成为家人休息会客的空间；有些农民会在堂屋临时存放粮食堂屋空间从祭祀空间向生活空间演变，成为集会客、生活起居、临时存储、祭祀为一体的多功能空间，表现了当地居民生活“世俗化”①的倾向。

① 美国学者拉里 席纳尔（Shiner, Larry）认为“世俗化”具有六种含义。第一表示宗教的衰退，失去其社会意义。第二，表示宗教从内容到形式都变得适合现代社会的市场经济。第三，表示宗教失去其公共性与社会职能，变成纯私人的事务。第四，表示在世俗化过程中，各种主义发挥了过去由宗教团体承担的职能，扮演了宗教代理人的角色。第五，表示社会的超自然成分减少，神秘性减退。第六，表示“神圣”社会向“世俗”社会的变化。本文借助此概念旨在阐释当地村民更多关注现世的生活，对于宗教、祭祀等仪式的淡化，体现出一种世俗化的倾向。

（三）卧室空间

传统民居卧室一般设置在火塘屋的内侧，便于取暖，但光线暗淡、舒适性差、居住条件不佳。卧室进深在 3m~3.6m，开间在 4m~4.6m（图7b）。彭剑波宅卧室有一架精美的牙床，但仅作为“收藏”，“床”直接用铺盖铺在木地板上。最常见的是简易木床，因其工序简单、造价低廉。随着新式家具的引进，部分居民用上了席梦思床，舒适性大大增加，村民更加注重卫生条件的改善，将卧室内收拾的干净整洁。土家族是小家庭规模，卧室数量在 2~3 个，临近景区部分村民开设了农家乐，预留出卧室以备使用，江先发宅有 16 间卧室。

卧室条件的改善反映人们对居住环境有着更高的追求，同时旅游业的刺激作用也影响着木建筑室内空间环境的更新。

六、　空间置换

功能置换主要体现在两个方面：第一是建筑的功能发生了变迁。第二是建筑的主配房关系的置换。

景区的建立与交通道路升级，花兰村的相对区位发生改变。公路两侧的民居的功能发生了置换：一部分农民将自建住宅部分空间该作商铺，或是农家乐，或是餐饮店为主。在建筑结构未变化，建筑功能发生了置换。但这一过程中，建筑功能与原结构未能很好结合，只是简单分割空间，满足使用功能，并因此缺乏特色。路边很多居民表示想开农家乐给游客住宿，并为此预留了房间。由于旅游景区观光流线的开通，游客基本会乘船达到芙蓉镇，村里基本留不住旅客，很少人会留下过夜。因此餐饮模式农家乐比较多，“住宿＋餐饮”模式的住宅较少，江先发宅比较有代表性，这是一个小学校舍改造而来的农家乐，原有的校舍改造成为了卧室和堂屋、餐厅、娱乐室，加建了厨房，浴室等，平时顾客不多，但有不少村民在他家打麻将，人气很足（图 8）。

随着村民生活的世俗化，人们追求生活的舒适度，室内功能发生变化，堂屋空间又原本的祭祀功能扩展为会客、休憩、临时存储、祭祀等功能。甚至一些自建住宅出现了娱乐性空间。如江先发宅的麻将房。居民的生活观念和居住方式的改变，使得原有的建筑空间无法满足当前的生活需求，出现许多加建配房（图 9）。很多主要使用空间开始向配房中转移。

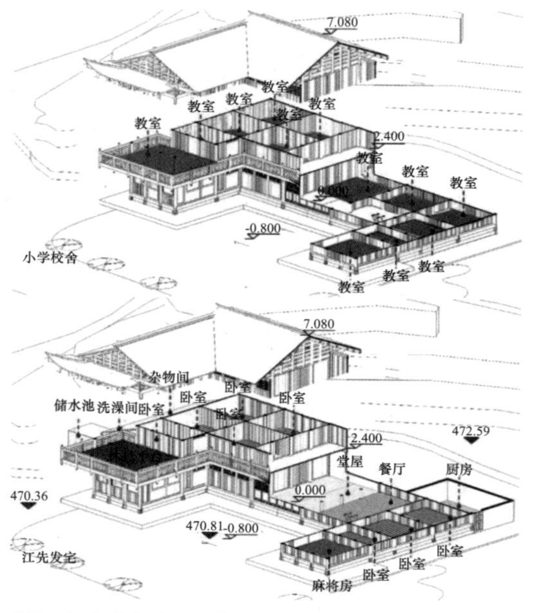

图8　江先发宅功能置换

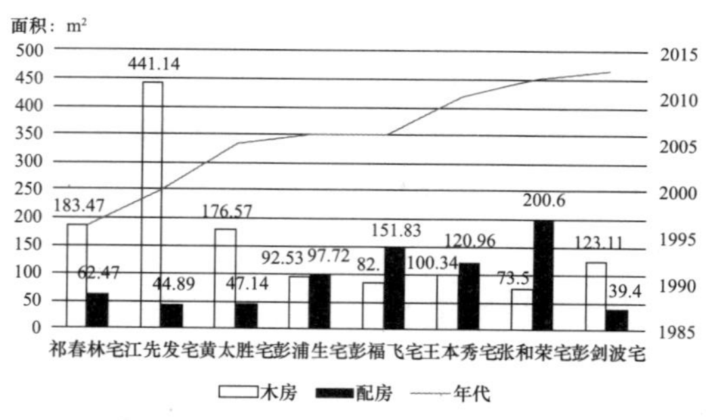

图9　木房与配房面积关系

祁春林宅，加建的原因是家庭人口的增加对空间的不断需求。建筑的平面形态跟所在的场地环境有密切的关系，居住环境的改善跟经济水平、生活观念的改变息息相关。

七、结论

木构民居的适应性演化因素包括主观因素与客观因素（图 10）。

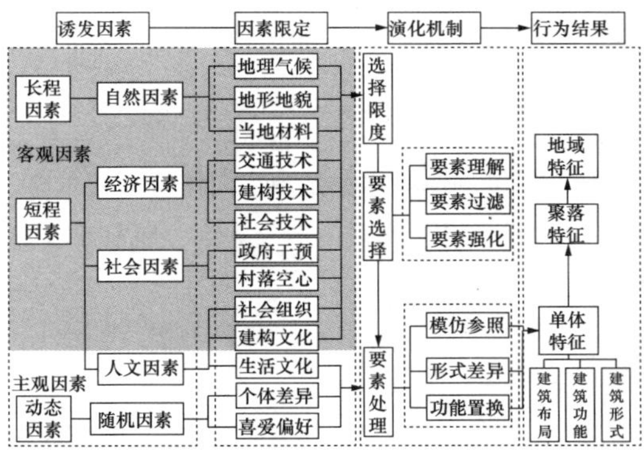

图10　适应性演化机制图示

客观因素包括长程因素（自然因素），短程因素中的经济因素和社会因素。客观因素对于每户住宅的影响几乎是均等的，具有普适性，造成花兰村基本的村庄面貌：民居沿等高线布置，背山面水，“坡地起屋、平坝耕作”。村内交通以步行为主，坡路以台阶相连。自建住宅对气候的适应性，体现在建筑的布局及构造处理上，需要满足防潮、防寒、散热、防雨等功能。经济技术的发展，包含交通技术的升级、建构技术的变化、新能源的引进、通信电信的发展等。交通技术升级，缩短了人们的时空距离；新建民居大多要满足机动车的通达性。通信电信发展使外界信息的传达变得快捷。建构房屋的材料、设备、人员、成本等在发生变化。自宅并非一次建好，在经济条件允许下，逐步完成建设，形成最后规模。

主观因素主要分为人文因素和随机因素。人文因素具体来说是个体的生活习惯、生活方式等，而随机因素是村民个性化的表达。Amos Rapoport 将这种主观上的因素，分为半固定特征因素（家具及其他陈设的布置、场所临时布局、装饰等以及言语和图像的信息系统）和非固定特征因素（场所使用者与空间的关系、体位与体态、手臂姿势、面部表情、身体放松程度、点头、目光接触、人际交流情况，以及非语言行为）[8]。人们对特定的生活场景产生的认知图式，影响村民对居住空间的营造与选择，比如 Rapoport 提到城市中的贫民区的破烂不堪等场景与人们对城市破旧地区的认知相一致。同样在花兰村，村民追求环境质量高、“干净”“好住”的生活空间，如祁春林宅退台式的禾场，均用水泥硬化。同样堂屋铺上木地板给人一种“环境好”的感觉，另外村民对做饭、休憩等空间的舒适感也是影响建筑空间表达与更新的重要原因。

客观因素只决定了村民自建的选择限度，而主观因素是推动自建差异的内在动力。自建住宅是一种自发性的建筑形式，建造的主体是农民，房屋的建设、加建、改建的过程和最终形式受到个人主观的影响，在这个过程中会出现对客观因素限制条件下的限度选择，以及基于主观因素下的邻里之间的参照、模仿、攀比现象，形成单体住宅独特的形态特征，同时单体的特征构成了村落的风貌特征，并形成当地的地域文化特征。

参考文献：

[1] Holland J. 隐秩序：适应性造就复杂性 [M]. 周晓牧，韩晖，陈禹，等译. 上海：上海科技教育出版社，2000：1.

[2] 贺刚. 湘西史前遗存与中国古史传说 [M]．长沙：岳麓书社，2013：61–63.

[3] 柳肃. 湘西民居[M].北京:中国建筑工业出版社,200 7:71–72.

[4] 金其铭. 中国农村聚落地理 [M]．南京：江苏科技出版社，1989：16–17.

[5] 周婷. 湘西土家族建筑演变的适应性机制研究：以永顺为例 [D]．长沙：湖南大学，2014:160.

[6] 斯心直. 西南民族建筑研究 [M]. 昆明：云南教育出版社，1992：33.

[7] 周燕氓，邵玉石. 商品住宅厨卫空间设计 [M]. 北京：中国建筑工业出版社，2000：17–18.

[8] Amos Rapoport． 建成环境的意义——非语言表达方法 [M]． 黄兰谷，等译. 北京：中国建筑工业出版社，1992：76–94.

基于行为分析的锦溪古镇菱塘湾段水系景观空间形态研究[①]

付立婷[②]，孙磊磊[③]

摘　要：本文基于环境行为学的行为分析视角，选取锦溪古镇菱塘湾段水系景观空间作为研究对象，从空间主体的行为心理和行为模式入手，寻求“行为”与“形态”的对应关系，探索锦溪古镇水系景观空间形态构成及其保护与优化更新策略。

关键词：行为分析，锦溪古镇，水系景观，空间形态

引　言

江南古镇源远流长，其空间特征集中反映了江南地区典型的水乡风貌，其空间内涵记录着水乡历史变迁与社会发展的时空脉络。每一处传统聚落兼具地域特征及场所唯一性，是人与环境和谐并存、共生延续的珍贵遗产，亦寄托着现代人日渐浓郁的乡愁。然而，当今迅猛发展的城市化与全球化进程也逐渐影响和困扰着锦溪古镇的保护与更新问题，如：原住民流失，古镇日常活力亟待复苏；产业统筹规划尚不合理；局部生态系统和水系空间萧条破败；古镇深厚的文化沉淀面临逐渐消解的危机。同时，古镇居民的生活方式随着社会经济的发展也发生着变化，如今古镇空间中的使用者和行为主体主要包括留守古镇的当地原住民（老人与幼龄儿童为主）、一部分固定租住的外来居民、常年不间断的游客人流和消费者等。从民居聚落到历史文化名镇，从过去单一功能为主导的水乡群落到未来休闲商旅居住功能复合并置的新型古镇，其物质空间的行为主体和行为方式的变迁将对古镇空间形态层面的可持续更新产生直接的关联和影响。

另一方面，古镇水系空间是体验江南水乡地域文化与特色的关键性场域和空间原型，而空间主体的行为活动是建构水系景观空间的人本价值和人文特征中重要而基本的因素。从某种意义上说，江南古镇水系空间延续至今跳脱不开两种关系：一是空间形态与空间主体行为模式之间的动态发展关联；二是行为环境场景序列与空间体验之间的互动关联。这种互动关系相对于形态要素本身的层级组织的明确性，具有一定的动态性、平衡性和可持续性。研究通过对具体古镇样本的水系景观与行为模式的关系解析，以期获得空间形态优化策略与古镇保护与更新的新构想。

---

① 项目资助：国家自然科学基金资助项目（51508360），江苏省自然科学基金资助项目（BK20150341）。

② 付立婷，苏州大学建筑学院，硕士研究生，1016736551@qq.com。

③ 孙磊磊，通讯作者，苏州大学建筑学院，副教授，s0902@163.com。

一、方法与策略

空间环境中发生的行为、活动与事件反映了主体人的心理反射和行为预判，大多具有指向性和动机性（无论是目的性行为还是偶然性行为），其与物质空间要素、空间形态相互制约、相互依存，它们之间的互动关联研究是环境行为学研究的主要范式[1]。从某种意义上说，具有活力氛围和场所精神的空间才能跳脱出空洞的形式语言，触发空间的日常性功用健康有序的更新修复。通常关于空间“活力营造”[2]的研究路径由“活力表征”——主体行为与“活力因素”——空间环境共同定义，并将两者的相互关联视作对环境－行为理论的阐释和回应。

古镇水系景观空间作为一种空间环境，其形成和发展亦与人的居住方式、行为习惯、活动内容、交往模式、消费行为密切相关，同时这种物质空间形态的更新迭代又将反作用于人的行为心理引发行为活动路径的调适与变迁，二者可谓紧密关联、相互触发。古镇水系景观空间行为与空间形态的独特性对于古镇活力的延续具有重要意义，因此研究基于环境行为学范畴内的行为模式与行为分析视角，选取昆山市锦溪古镇菱塘湾段水系景观空间作为研究对象，从空间主体的行为心理和行为模式入手，探索古镇水系景观空间形态与空间主体行为模式之间的动态发展关联及其环境场景序列与空间体验之间的微妙联系。

具体而言，研究通过实地调研法、行为注记法和图解分析法着重分析既定环境中的行为主体、行为模式类型和行为分布特征，并结合水系景观空间形态构成综合阐释；在此基础上选取水系景观空间中具代表性的节点空间进行深入的行为模式与空间原型的互动性研究，总结出锦溪古镇水系景观空间形态要素可持续发展的策略，促使传统古镇成为更加舒适宜居的物质空间，从而推动传统古镇水系景观空间的公共性、现代性意义和可持续的活力复兴，并对其他江南水乡古镇空间形态的保护和更新提供一定参考和操作层面的新思路。

二、行为分析

（一）样本与调研

锦溪古镇位于昆山市，是典型的江南水乡，属于阡陌纵横的太湖流域淀泖水系，镇内富含江南风韵的河、街、集、市物质空间遗存。古镇保护区范围丽泽桥以南，古莲长堤以北。以古镇牌楼为主入口，区内水系以“王”字形分布。菱塘湾段是位于镇内水系南侧的静态水体，形似半圆形，通过乐亭桥与五保湖相接，是古镇的核心区域与形象代表，有景点有商业也有居民区，行为模式各种要素分布丰富，因此以菱塘湾段为样本（图1）。

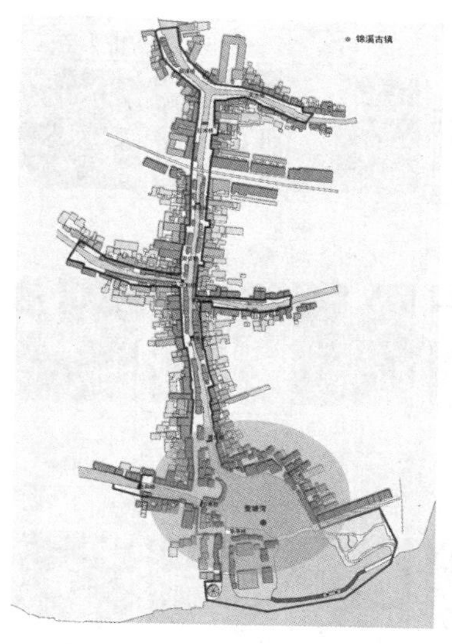

图1 调查区域范围

调研时间分布了四个季节，涵盖了不同天气的工作日与休息日。确定调研的节点空间后，每小时选取 10min 进行现场计数，对预选空间进行标注，如果场地人数稀少，计数则增加时间间隔，改为每两小时计数 10min，考察这些空间目前的使用者类别、行为类别与分布[3]。

（二）行为类型

锦溪古镇水系景观空间中的行为主体主要包括五类：①留守古镇的当地原住民，以中老年人与幼龄儿童为主，大部分以经营小商铺为生；②一部分固定租住的外来居民，大多是外地私营业主；③常年不间断的游客，是古镇主要的消费者；④附近居民；⑤前往古镇的调研者。行为是依据个体、团体或其他需求而使“行为主体”产生的具有目的性的活动过程或集合，其中行为主体产生的活动类型或行为方式即为行为类型。该古镇行为类型具体可分为：

（1）古镇居民的行为（表1）：必要性行为，即日常性行为、工作性行为以及社会性行为[4]；选择性行为（偶然性行为），即基于人们意愿且具有良好的外部条件下发生的行为，包含休闲型活动、自然型活动、宗教性活动与运动型活动。笔者针对锦溪古镇水系景观空间中的行为进行细化和整理，拟寻求规律性特征。

居民的行为 表1

必要性行为类型				
日常性行为	洗碗 河埠	洗拖把 河埠	打水 河埠	晾晒 亲水广场
工作性行为	商铺 河街	摊点 廊、街	上班 河街	修理 桥头空间
社会性行为	交往 亭子、河街、河埠、小游园等			
可选择性行为类型				
休闲型行为	散步 河街、林下	躺卧 店口、廊	遛狗等 小游园	棋牌 店口、廊
自然型活动	观景广场 水边、林		纳凉、晒太阳 店口、廊下、林下	
宗教型活动	烧香祈愿 莲池禅院	运动型活动	锻炼 林下、广场	

（2）游客在古镇公共空间的行为（表2）相对于居民来说，游客的行为类型大多围绕着观景、游览、休憩、饮食、购物、等候等行为。

（3）其他行为主体发生的空间行为：古镇内有一些声名久远的老店，如铁器店、理发店，附近居民前往此地消费，或仅仅是通往某地而路过，也有部分是镇内博物馆等场所的工作人员，调研者与其他行为主体主要是行为目的具有差异，大多以高校师生为主。

游客的行为 表2

购物	休憩	聚集	拍照
行走	乘坐游船	住宿	参观

（三）行为分布

研究考查空间被使用的强度，根据行为强度统计结果分析行为的方向与位置，并根据汇总的数据取均值绘制出行为强度分析图（图2）。

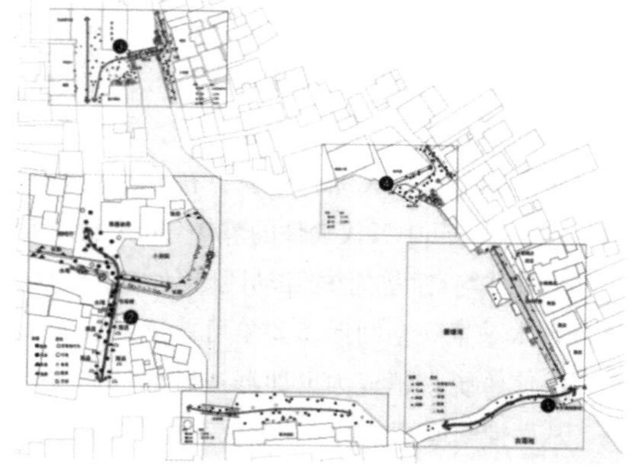

图2 菱塘湾行为强度分析

（1）入口广场——水乡佛国牌坊广场：是锦溪古镇主要出入口，游客占据人群主要比例，以带有目的性的进出行为为主。进入保护区的主要人流走向为菱塘湾上通向莲池禅院的水上曲桥，基于桥两侧美景结合多种观赏视距使得长堤上大多数游客都会驻足拍照。

（2）廊道空间——节寿桥两侧长廊：节寿桥左右侧临岸均设有亲水长廊，直走为主干道上塘街。这个空间游客的主要行为是消费与行走，居民则以贩卖、休息与交谈为主，其中休息与交谈的行为多发生于右侧长廊，此廊与莲池禅院隔水相对，幽静且观景视线良好，由于与主路相比缺乏引导性与吸引力导致其活动主体以居民为主，游客较少。

（3）桥头空间——普庆桥桥头空间：普庆桥桥头空间人流量较大，较之其他空间其行为内容极为多样，游客的主体行为是拍照与行走，其中拍照行为主要发生于普庆桥及其南侧的水埠空间。居民的休息行为与交谈行为则发生在两侧长廊里，通常伴随着经营行为与晾晒、洗刷等日常性行为。

（4）亲水广场——燕月楼前亲水露台：燕月楼是古镇内位置良好的一家客栈，门口有一小型亲水露台，下塘街通往主入口可路过的唯一开阔空间。露台隔着菱塘湾与古莲桥、莲池禅院互为对景，进入的游客大多以住宿和拍照为主，其位置较为隐蔽人流量较小。燕月楼右侧是居民住宅，相对于其他空间这一片路过的居民比较多。

（四）行为特征

（1）时间性特征：人的空间行为同时也是时间行为，空间与时间构成了四维的物质世界[5]。古镇本地居民行为的时间特征主要受到外来游客行为发生的时段及季节的影响。图3是不同时间段的游客行为分布强度图与不同季节的游客行为强度所占的百分比与。时段中以9：00—12：00、15：00—18：00的行为强度较大，18：00以后则很少，镇内大多数店铺傍晚六七点会关店休息，居民也会回家休息，除有特殊的庆典活动外，一般情况下古镇晚上的人流量极少。春季与秋季所占行为强度相对较大，春秋气候适宜、小长假较多因而游客量较大。总结时间特征及其规律，将为水系景观空间的分时利用与管理提供重要依据。

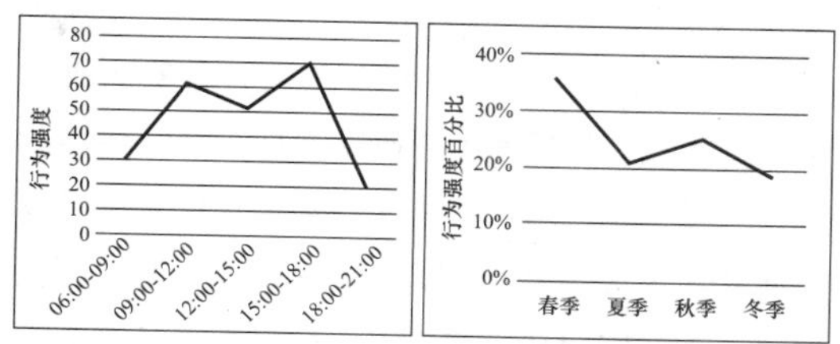

图3 时段性、季节性对游客行为强度影响

（2）流动性特征：行为本身即具有流动性，其流动速度与空间的活动效能相关，空间体验良好的水系景观空间会引起使用者驻足停留，则其活动效能较好。锦溪古镇水系空间行为主体的行为亦呈现一种基于河街与水体边界的线性流动模式，游客主要的游览路线也是基于水系的空间序列。

（3）分布性特征：活动者在空间中会有不同的分布模式，基于上一小节中的行为标记地图我们可以归纳出菱塘湾的分主要表征为聚类分布和随机分布。聚类分布大多数是集中式、团体性活动；随机分布则大多是个人的自由活动，两种分布模式都倾向于在水体边界。

三、形态关联

（一）形态要素与认知意向

凯文·林奇在《城市意象》中提出路径、边界、区域、节点和标志物是城市空间意象的五要素[6]，而菱塘湾水系景观空间形态的构成要素可分解为：水体、河街（及支巷）、边界（建筑界面）、廊道、桥（节点）、河埠、广场、绿化景观等一套系统化的空间分项（图4），基于这些形态要素行为主体可感知、识别与评价锦溪古镇。区域是古镇的整体印象，锦溪古镇区域背景主要位于是景区大门就可见的大片水体，菱塘湾、古莲池与五保湖构成其水乡原貌的核心。菱塘湾与道路相连形成河街，这种水陆并行的传统水乡特征是古镇的整体意象，河街作为主要的路径元素将古镇景点和景区环境组织串联形成连续且曲折迂回的空间，细微处收缩、放大或转变，行进中伴随着尺度、节奏、景观、视距的变化构筑出丰富的游览景观空间层次。连续多变的边界给予行为主体最为直观的意象而成为菱塘湾水系空间界面中的典型特征，高低错落的连续建筑、沿水分布的亭子与水埠、滨水广场及长廊构成了水岸界面，赋予了整个菱塘湾水面独特的平面与竖向特征。节点与标志物则是整个空间意象的点睛，入口处的牌坊、标志性景点、外形独特的建筑是游客最易感受的，尤其是锦溪密度极高、形态各异的古桥，这种具有多重功能复合的水系空间构筑物与河埠共同成为极富水乡地域特色的点状元素。这些元素构成的场所都是承载行为的空间原型，为交通、商业、游赏、休憩、公共活动等多种行为活动提供了空间，同时在空间上相互组合形成了特定的肌理特征，为古镇建立起良好的空间认知意象系统，满足了人在空间中的认知需求。

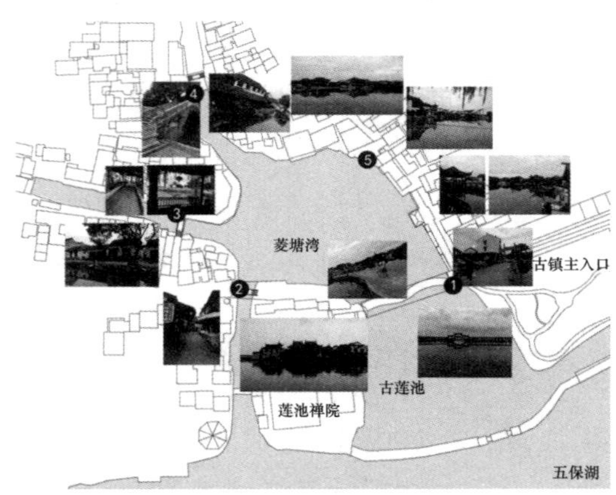

图4　菱塘湾空间形态构成要素分布

（二）“行为审美”与空间塑造

行为审美是一种与场所特性相关联的空间体验。行为美感与空间尺度、围合与开放、高度与密度以及与自然的有机联系等，行为与空间形态的互动关联可以基于人的行为审美需求可以对空间形态的河街界面、尺度与比例及空间的节奏与韵律进行探讨与塑造。

首先，从河街界面来看，菱塘湾段的连续性较好，水湾两侧分别以黄色外立面的莲池禅院建筑群与外形相对独特、高度与体量相对较大的燕月楼、碧波楼为视觉中心，向外蔓延为沿河街为紧密排布的建筑，建筑立面的风格、装饰和细部尺寸十分相似，在宽大的水面上让人感受到和谐与平衡，连续的弧状界面中又因有各种空间的转折收放而丰富多彩。

其次，从空间审美角度来解读空间要素时，尺度与比例是最普适而重要的因素。锦溪菱塘湾水系景观空间尺度种类丰富，多而不乱，其中路径元素以上塘街、下塘街为主脉，两街之间为线状水系，形成的河街根据路幅宽度可分为：街、巷、弄三种。芦原义信在《街道的美学》中提出 D/H（D 为街道宽度，H 为建筑外墙的高度）的值反映不同的心理体验：当 $D/H<1$ 时，封闭感较强，有压抑感；当 $D/H\geqslant 1$ 时，有内聚、安定之感，随着数值增大空间限定感减弱[7]。锦溪古镇的街巷空间高宽比往往小于 2，通常介于 1～2 之间以及小于 1 却不压抑，这种尺度是适宜幽静古老的古镇意象，究其原因与界面、体量高度的收放及围合空间的比例相关联。如图 5 是锦溪下塘街南侧街道局部平面，街道 D/H 在 0.5 左右，高宽比虽然较小，由于空间中的转折、交汇以及沿街立面的凹凸变化，从而打破了街道的压抑感。这是基于行进空间的渐变收放、各种尺度感基础上产生的空间情感体验。

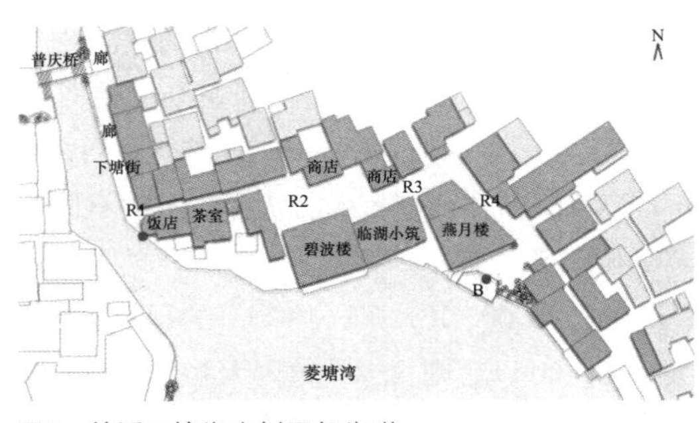

图5　锦溪下塘街南侧局部街道

节奏与韵律是一种空间美学特征，对人的心理认知与行为模式会产生较强的暗示与影响，菱塘湾中某种空间片段如材质、形态、尺度、颜色等会重复出现，使其环境场景序列呈现出韵律感、节奏感，加强了空间序列的统一性。如锦溪中分布较广的水埠，虽然细微形式却也多种多样，有单落水式、双落水式和组合式，在进退、高低、宽窄上却有不同。

四、空间形态优化策略

通过对锦溪古镇菱塘湾水系景观空间的行为模式及空间形态关联性的分析与研究发现其空间形态的局限性主要有以下三点：首先，局部空间分布的行为强度不均衡、行为主体不合理，导致空间性质与功能受到影响，如本地居民的日常空间或是工作空间被游客占用。其次，部分节点空间之间关联性不够，如节寿桥右侧的游园及廊空间与节寿桥之间，忽略了支巷的观赏性，导致游览路线不够合理，让人误以为整个古镇仅有两条南北向的古镇老街可以游览，减少了游客在锦溪古镇游览的空间且停留的时间，以及存在着对部分滨水空间利用不足的现象，少量空间形态要素不受重视而被闲置或摆放杂物，造成了空间的浪费。此外，局部高宽比小于1的街巷空间与其功能需求相矛盾，对驻足需求量及人流集散要求较高的空间却营造了类似的街巷，不仅无古镇宁静幽深之感，还会造成拥堵现象。

综上所述，可以初窥基于环境行为学研究古镇水系景观空间形态的实际运用意义，针对上述问题锦溪古镇菱塘湾水系景观空间形态提出优化策略：

（1）首先要基于行为的倾向性，重视行为的反馈性，分析归纳使用率高与低的空间类型及特征、特定空间的行为主体的类型与特征以及遵循支持行为主体行为的空间结构系统特色。要鼓励古镇居民的空间行为，重视其行为在古镇水系景观空间中的地位，丰富人的行为活动类型，增加空间形态各要素的多样性，提高行为与空间形态的互动性，同时将生活空间与旅游区域适度分离，创造富含原真性的江南水乡生活气息的古镇水系空间。

（2）强化空间节点功能，处理好节点空间之间过渡与连接，提高关联度，对于类似节寿桥右侧的游园与廊空间这种引导性不足的空间加强视线上的引导，以此改善游览线路以延长游览时间。对于局部不受重视的空间进行重新审视与改良，通过对原有物质空间环境创新，突出并强化其街巷界面上的转折收放，突显本土元素和符号对空间进行优化与再利用。

（3）调整局部空间的用地布局，疏通路网结构，增加疏密有致的开敞空间。仅仅依靠原有的河流堤岸的处理方法会带来视觉上的审美疲劳或是使用功能上的缺陷，优化其空间结构既可缓解人流压力，也可避免审美疲劳。对空间形态的立面层次进行丰富与相互渗透，可通过对建筑外立面的形态与尺度、亭廊的高度与体量、水埠的大小变化以及观赏视距来提升。此外，对于新建的建筑及街巷空间与原有空间肌理与布局要保持一致性，力求与菱塘湾整体风貌相协调。

五、结语

随着时代的进步、社会的发展，根植于锦溪古镇水系景观空间的历史传统文化和风貌特色已逐渐成为一种稀缺资源，其空间形态的可持续发展与其传统形态与现代生活需求之间的矛盾值得我们深入研究提出建议。空间的设计都应以人为本，满足人们对场所的功能需求，在人、古镇水系空间及人在这些空间中的行为相互影响的过程中，古镇水系景观空间的保护要立足于行为主体与行为模式的分析，重视人与环境的关系。因此本研究基于行为分析试以锦溪古镇菱塘湾水系景观空间为例论述之，希望能够引发更多关于环境行为、古镇水系空间形态的传承与保护的讨论。

参考文献：

[1] 李道增．环境行为学概论 [M]. 北京：清华大学出版社，1999.

[2] 蒋涤非．城市形态活力论 [M]. 南京：东南大学出版社，2007.

[3] 扬・盖尔，比吉特・斯娃若．公共生活研究方法 [M]. 北京：中国建筑工业出版社，2016.

[4] 杨・盖尔．交往与空间 [M]. 何人可译．北京：中国建筑工业出版社，2002

[5] 陶亮．基于行为的城市滨水开放空间设计初探 [C]// 中国城市规划学会．生态文明视角下的城乡规划——2008 中国城市规划年会论文集．中国城市规划学会：2008:11.

[6] 凯文・林奇．城市意象 [M]. 方益萍，何晓军译．北京：华夏出版社，2001.

[7] 芦原义信．街道的美学 [M]. 尹培桐译．天津：百花文艺出版社，2006.

三、建筑（微）批评及建筑创作的文化策略

王澍建筑创作中的现代性

于闯[①]，张珍[②]，王飒[③]

摘　要：现代性激发了一种依靠理性来不断发展我们这个世界的欲望，本文接纳关于现代性的多元概念，强调建筑师个体的现代性。在现象上说明王澍建筑作品中的现代性呈现，并且在理论范畴内分析建筑创作思想中的现代性内涵。

关键词：王澍，建筑创作，现代性，现代性内涵

一、王澍作品中的现代性呈现

2012年获得普利兹克建筑奖后，王澍设计如以水岸山居（2013）、文村（2015）、乌镇互联网国际会议中心（2016）、公望美术馆（2017）等一系列重要建筑作品。同时回望王澍获奖前的建成作品，其建成的建筑作品无论在整体形态上、还是细部处理上，均表现出了形式上的连续性，而且呈现出愈加精彩的状态。

（一）连续的呈现

王澍的建筑作品往往带有辨识度很高的个人风格，有比较独特的处理建筑的手法，如“山房”“水房”造型、太湖石样式般不规则洞口、瓦片墙与夯土墙等。并且其处理建筑的手法往往在不同时期建成的作品上被连续的使用。

“山房”与“水房”的造型大量出现在中国美术学院象山校区二期的设计中，山房取材自杭州林隐私前的千年佛岩，而水房的造型呈现中国南方微波起伏的缓慢水体状态。但是这样的造型在2003年设计的一组名叫“五散房”与“三合宅”的建筑中已经出现，而在2017年建成的公望美术馆中，“山房”“水房”以一种杂糅的造型被呈现（图1）。

图1　“水房”的呈现
来源：见参考文献[22]

富有江南园林特色的太湖石被王澍抽象为剪影，应用与墙面开洞中，曾先后出现在中国美术学院象山校区二期工程、中山路旧街区综合保护更新、世博会滕头馆、水岸山居、文村改造的项目中（图2）。

图2　太湖石洞口的呈现
来源：见参考文献[21][22]

瓦片墙为王澍最具特色的建构手法，被大量的使用在以建成的项目中。瓦最早被使用在“墙门”的设计中，王澍从老城收集的3000块清代瓦片，作为一种回收的材料使用在小道上，使用的原因是硬质的防水的瓦符合路面的构造

① 于闯，沈阳建筑大学建筑与规划学院，硕士研究生，yuchuangzhangzhen@163.com。
② 张珍，沈阳建筑大学建筑与规划学院，硕士研究生，yuchuangzhangzhen@163.com。
③ 王飒，沈阳建筑大学建筑与规划学院，博士，硕士生导师，w_sa75@163.com。

要求。瓦在象山校区一期工程中以传统的屋檐组成材料呈现，在2006年第十届威尼斯双年展《瓦园》这个作品上，瓦的使用方式依旧是传统屋面的建构方式，一种平面的建构方式。但是在五散房、宁波博物馆、滕头馆与象山校区二期工程、公望美术馆这些建筑中，瓦从平面建构转变成立体建构。这种"瓦片墙"体现着宁波传统的地域建造体系，质感与色彩完全融入自然。被使用在外墙的，有着时间属性的旧瓦片经历风霜雨淋后变得更加生动，也使现代主义毫无生机的白墙发生了艺术的质变（图3）。

图3　瓦片的呈现
来源：见参考文献[9][17][22]

夯土结构为王澍作品中最具代表的结构形式。土的使用可以追溯到王澍在2000年在杭州做的"墙门"（一个介于雕塑与建筑的小品）。2000年土以实验的方式被使用，王澍选择了钢模板而不是传统的木模板，随着夯实的进行，不断的调整夯土材料中黄土与生石灰的配比。最终虽然呈现了土这种材料在时间上细微的变化，但是由于技术上的问题，夯土墙在次年坍塌后被拆除。墙门的夯土实验并不成功。但在2006年建成的五散房，以及2013年建成的"水岸山居"中土又被重新的使用，以几乎完美的状态呈现。由建筑小品到主体建筑结构，其间不可忽视建造于2006年的五散房，五散房这组建筑作为王澍的建筑实验起到了重要的承上启下作用，总结了王澍前期的作品，调整了材料使用的做法，使土这种材料在随后的作品中完整的呈现。水岸山居与文村改造项目中土作为主要结构的材料被重点的表达（图4）。

图4　夯土墙的呈现
来源：见参考文献[1][9]和网站http://www.ikuku.cn/project/wusanfang-wangshu与http://www.ikuku.cn/post/35443

在王澍的建筑作品中，连续的使用这些处理建筑的手法正是使其作品带有个人特色的关键。而王澍在对于平面布局与结构体系等的处理上不仅仅是连续的使用，且呈现出愈加精彩的状态。

（二）愈加精彩的呈现

对于平面布局的探讨，王澍由形式操作比较明显的几何秩序渐渐过渡到中国传统文化影响下的自然秩序，形成了愈加丰富与精彩建筑平面布局。从王澍的第一个建成作品海宁市青少年宫的平面图中可以看到，主要的使用空间被设计成方形，垂直交通空间被设计成圆形，用斜交的长方形串联各个房间，这些清晰的几何形体操作，体现着王澍对于平面强烈的控制欲望。这种使用抽象几何形体来构造诗意空间的手法也在他之后的作品中被反复的应用。

在苏州大学文正学院图书馆的设计中王澍尝试在设计中体现出对传统中国江南园林的体验，王澍叫这种方法为园林的方法。仍然可以发现王澍对于平面的操作使用了他习惯的抽象几何学的诗意形式的操作。零散的方形变小，散落在斜插的形体中。由于加入了王澍本人在苏州艺圃中的感受，通过斜插、扭转角度，用交通空间打散整体感，使得整个建筑的平面布局显示出了园林的意向。

从中国美术学院象山校区一期的总平面布局上可以看出建筑分布随着象山的山势起伏而错落有致。象山新校区最终呈现为一系列的"面山而营"的差异性院落格局，建筑群敏感地随山水扭转偏斜，场地原有的农地，溪流和鱼塘被小心的保持，中国传统园林的精致诗意与空间语言被探索性地转化为大尺度的淳朴田园。王澍在单体建筑方面加入了"凹"形，"回"形的中国传统院落空间的平面类型。虽然减弱了平面的复杂程度，少了抽象几何形体的内部扭转等手法，但在组群建筑的处理上，扭转单体的手法恰恰突出了中国传统的环境中山水比建筑更重要的概念。而比较中国美术学院象山校区二期工程与北侧的一期工程的总平面建筑布局，二期中山，水，池塘与建筑的关系更加丰富，从单体扭转的角度可以看出总体布局上更加自由。由于王澍对于中国古代山水画的研究，尤其是对于王希孟的《千里江山图的》的反复观看。一步一景，步移景换的观看方法更像是中国传统绘画的散点透视方法，观看方式的改变使得这十几栋建筑和山，景融为一体。在中国美术学院象山校区三期工程——水岸山居的设计上。平面处理更细致，由于其对童寯先生的《江南园林志》的深刻研究，在水岸山居的设计中王澍感悟到了四种视线空间，产生了富有情趣的视线空间。细致的平面正是在这四种空间视线的控制下有序产生，平面的形态犹如江南古村落（图5）。

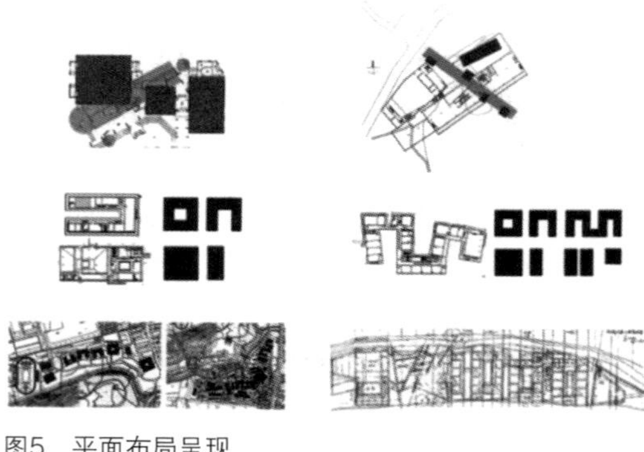

图5 平面布局呈现
来源：作者改绘

王澍在结构体系的选择上愈加大胆与成熟。早期作品他多选用多米诺体系的框架结构。南宋御街博物馆整体被木构瓦面的多折大棚覆盖，这个曲折的屋顶结构设计借鉴了浙江南部廊桥的编木拱结构，它具有跨度大、用料小、支点少的特点，王澍将这种结构进行了现代的改良，用隐藏的钢构件固定木构件，赋予屋顶动态曲折的形态。2011年，王澍在台北搭建了一组可快速拆建的构筑物“亦方亦圆”，形式上不同于廊桥及御街博物馆的半圆形形态，而是呈现出圆满的圆形，技术和形式上更加成熟。2010年第十二届威尼斯双年展上，王澎的《衰变的穹顶》为主题的木料构筑物获得特别荣誉奖，穹顶虽然是西方的建造形态，但是它的建造逻辑，即木材之间的搭接则完全是中国的。木构结构在王澍的象山校区三期工程的水岸山居中更完美并且更复杂的被呈现。王澍佛光寺大殿的木构件尺度为感觉参照，指导来自于美国罗德岛艺术学院的杰明设计了屋盖的木构。木构架在反复的使用中逐渐成熟，以愈加精彩成熟的状态被呈现（图6）。

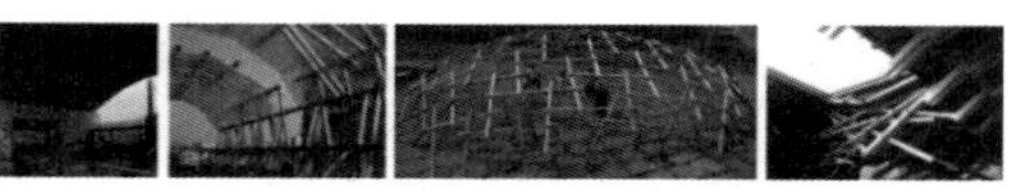

图6 木构架呈现
来源：见参考文献[23]和网站http://guoji.pchouse.com.cn/mingjia/1203/183253_1.html和http://www.ikuku.cn/post/35443

二、现代性的概念

（一）现代性的概念

什么是现代性？由词源学上讲有三层含义，第一层含义是“现在”（present）、“当前的”（current），含有与“以前”“过去”的概念相对的含义。第二层含义是“新的”（new），与旧相对。第三层含义为“短暂的”（momentary），即“瞬时的”，与之对立的不再是过去，而是一个永无定数的未来。这三个层次的含义对定义当前有着特殊的重要性，现代性使当前具有某种特定的品质，使之区别于过去，并且指向未来，现代性也被描述为同传统断裂的状态。这三层含义与现代性在19世纪被波德莱尔在美学层面描述的一致，即“现代性就是过渡、短暂、偶然、就是艺术的一半，另一半是永恒和不变”。在16世纪到18世纪，人们刚刚开始现代生活，现代性以生活的体验被描述。而到了18世纪90年代，大革命的浪潮下，社会与政治生活影响着每一个人，同时伴随着工业与科技的发展。如马克思的描述，现代性最终引领了革命，而一切“坚固的东西都烟消云散了”。现代性被展开为各种现代性观念，即哲学、政治学、社会学以及文化和审美等意义上的现代性。而随着20世纪现代化席卷全球，现代性被碎片化，失去了其观念意义上的广度与深度。

（二）本文的现代性含义

本文中所指的现代性需回归现代性最基本的含义，即为事物的发展提供原始的力量和与历史的“断裂”。

现代性为事物的发展提供了原始的力量。词源学上新的、短暂的含义面向并且强调了未来发展着的状态，拥有将当前推向未来的力量。词源学上的现代性定义了事物从出现的一刻起就拥有现代性，而现代性一旦启动，就将靠自己的动力前进（Marshall Berman）。现代性不断与传统发生冲突，并支持为变革而斗争。在现代性的影响下，18—19 世纪人体验到了现代生活的美好，赞颂并且向往现代生活，而 20 世纪更是成为最具创造力的时代。

现代性表现为与历史“断裂”，现代性赋予了当下特定的品质，使之区别于过去，并指出通向未来的路，现代性通常被描述为与传统的决裂（Hilde Heynen）。正如伯曼（Marshall Berman）现代性将描述为“允许我们去冒险，去改变我们的世界，并且又威胁要摧毁我们拥有的一切的环境”。但是，现代性与历史表现为辩证的断裂关系，正如马克思在《共产党宣言》中表达的，将要推翻现代资产阶级的革命力量来自资产阶级自身最深处的冲动和需要。而现代性的多变内涵一直体现着时代的意识，每一个时代都这样与古典时相连，以把自己处理为新旧交替的结果（Jürgen Habermas）。如现代性孕育了后现代性，但是后现代性对现代性发起了猛烈的批判，所以现代性或者表现出在历史中积蓄发展的力量，或者表现出与历史的断裂。

三、王澍思想中的现代性内涵

建造一个世界，王澍指建造一个与自然相似的世界，而非一个传统的世界，这反映了王澍与历史、传统的“断裂”。这是王澍思想中现代性的基础。而王澍不断由传统中汲取灵感，他的建筑作品在时间维度上占据过去与现在，并且指向将来。而“悬欠”与“踪迹”的概念为王澍的建筑作品愈加精彩的呈现提供内在的动力。“建造一个世界”与“踪迹”“悬欠”为王澍思想中的现代性内涵。

（一）建造一个世界

王澍在多篇文章中提到“造房子，就是造一个世界”，而这个世界恰恰是建立在传统的营造体系受到了破坏，传统在大都市已经中断的基础上。同时王澍描述我们处在这个各方面都剧烈变化的时代。在这个时代里，人的生存、人的生活、人的自由，包括人的那种本来应该如其所是的状态受到了威胁。王澍在采访中多次批判城市畸形的高速发展，与其带来对于传统的破坏。但是与传统断裂的城市已是事实，所以王澍宣言式的“造一个世界”，反映了王澍思想与历史传统的关系，即被动的“断裂”，从建筑师的角度为客观的“断裂”。恰恰是这被动的“断裂”，使王澍的建筑作品区别于中国传统建筑。这并不同于波德莱尔笔下 19 世纪的现代画家与传统的决裂。自称“文人”的王澍试图恢复传统中的建筑与城市，他看到了两个并存的世界，也看到了一个城市内的多条时间线并存，其一系列的建筑实践与理论描述均体现出王澍试图完成传统的建筑与城市结构的重建。

王澍的建筑作品塑造一个场景、造一个园林、建造一个城市、最终建造一个与自然相似的世界。其中园林为王澍提供了大量的设计灵感，园林作为中国传统文人隐居的心灵庇护所，更是王澍认知里中国人的精神家园，他借由园林解释现代建筑多变的内涵。与园林一样，王澍从传统的营造方法、甚至传统书画中汲取灵感，虽然面对着被动的与传统断裂的状态，但主观上将现代建筑看成对传统的延续。王澍曾说过“中国建筑师，往往背负过重的历史压力。当一位建筑师年轻时，往往郁郁寡欢，甚至经常愤怒，总是竭尽所能试图证明自己的设计是跟上现代潮流的。当一位建筑师随着年龄增长，渐失朝气，总是试图证明自己所作所为是在继承传统，甚至最猛烈地批判现代性的举动也只是现代性的一种”。王澍从不曾主动的与传统决裂，反而在被动的与传统断裂的情况下，在传统中酝酿出其风格独特的现代建筑，使之区别于过去，但是其建筑却指向未来。

（二）悬欠与踪迹

悬欠与踪迹的概念为王澍思想中的现代性内涵，其作用在于使王澍的建筑作品的不断发展提供原始的力量。

王澍在硕士期间发表的一篇论文中提到了踪迹的概念，踪迹一方面指的是对于皖南村镇中线性巷道的游览路线，另一方面把巷道看作是符号与意义构成的整体，踪迹正是通过阅读巷道而对其进行的解构。王澍引用了布罗克曼在《结构主义》中介绍法国哲学家德里达时提到的踪迹的概念。踪迹最初由海德格尔提出，通过追踪在场之物存在的踪迹而寻找到不在场的主体，证明不在场的主体即为现象的本源。而德里达质疑西方传统的形而上学，解构了现象背后的主体。海德格尔通过追踪踪迹得到本源，而在德里达看来只能通过追踪踪迹得到另外的踪迹，在不断地追踪踪迹中，消解了唯一的主体，而多踪迹的结果为在场之物找到“补替”与“延异”的关系。实际上是丰富传统二元论对立意义下的主体的意义。对后结构主义的思考在王澍早期的文章中反复出现，也影响了他的思考。在硕士论文《死屋手记》的下部中，王澍提出了“悬欠”的概念。表述了他对空间发展的认识。即空间中阙如的东西，它的存在使空间保持了一种不完整性，需要不断地通过置换来保持空间的活力。悬欠是空间有活力的状态，而维持这种状态要靠不断的置换空间中不完美的一部分或者即将属于空间的东西。每种存在的形式在本质上都是不完整的，因此悬欠的概念指向未来。王澍曾这样描述洞庭溪村子中一座吊脚楼“那座吊脚楼没有完工，永远没有完工”。正是永远没有完工的状态才使得这座掉价楼保持着灵秀而坚定，细腻而澄明的状态。王澍在采访中描述钱江时代“我这个设计里，给每户都留有改造的余地，因为他们眼中的世界和我眼中的世界会有所不同”，这个“余地”也就是空间中阙如的东西。

踪迹对于王澍的影响在于消解了唯一的主体，那么悬欠通过不断的置换来补充与丰富主体。踪迹提供了回溯概念本源的思考，而悬欠是事物向前发展的内在动力。王澍不断追踪着中国传统文化的本源，又思考着中国建筑的未来。在王澍的思考中“踪迹”与“悬欠”的交叉就是他“实验建筑”的实践。多年的尝试与积累使王澍发现中国传统建筑一向自觉的选择自然材料，材料的使用总是遵循一种反复循环更替的方式，王澍逐渐明晰了循环的概念。“踪迹”“悬欠”正是王澍对于事物的基本认识。保持空间的活力即保持空间悬欠的状态，即保留空间的历史踪迹，那么就要循环的更替已有的构成空间的部分，保持着空间的悬欠状态，从而避免空间的死亡终结。

四、王澍建筑创作中的现代性意义

对于王澍这个建筑师个体来说，其思想中的现代性，即来源于头脑中很多哲学概念的结合，也摇摆于大时代下个人的发展和与历史断裂后未来的发展，其思想中的现代性赋予了王澍创造的力量。不同的建筑师有着不同的知识背景与个人发展，每一位建筑师都具有他自己的现代性，只要他抓住了他那个时代的景象与感情。本文以建筑师王澍的作品与思想为例试图说明，对于建筑创作主体的建筑师来说，其思想中的现代性是保持其作品呈现连续性与使其作品质量不断进步的必要条件，也是保持自身创作活力的关键。

参考文献：

[1] 王澍，秋落．那山 那水 那村 浙江富阳文村改造 [J]. 室内设计与装修，2016 (11):86-91.

[2] 海嫩．建筑与现代性批判 [M]. 北京：商务印书馆 .2015.

[3] 伯曼．一切坚固的东西都烟消云散了——现代性体验 [M]. 徐大建等译．北京：商务印书馆 .2013.

[4] 卡林内斯库．现代性的五副面孔 [M]. 南京：译林出版社，2015.

[5] 周宪主编 . 文化现代性读本 [M]. 南京：南京大学出版社 ,2012.

[6] 汪民安 . 现代性 [M]. 南京：南京大学出版社，2012.

[7] 卢端芳 , 金秋野 . 建筑中的现代性：述评与重构 [J]. 建筑师 ,2011(01):28-38.

[8] 李翔宁 , 张晓春 . 王澍访谈 [J]. 时代建筑 ,2014(04):94-99.

[9] 王澍编 . 设计的开始 [M]. 北京：中国建筑工业出版社，2002.

[10] 王澍 . 中国美术学院象山校区一、二期工程，杭州，中国 [J]. 世界建筑 ,2012 (05):42-59.

[11] 王澍 . 隔岸问山——一种聚集丰富差异性的建筑类型学 [J]. 建筑学报 , 2014(01):42-47.

[12] 王澍 . 空间诗话 [J]. 建筑师，1994(08):85-93.

[13] 王澍 . 虚构城市 [D]. 上海：同济大学，2000.

[14] 王澍 . 循环建造的诗意——建造一个与自然相似的世界 [J]. 时代建筑，2012(02):66-69.

[15] 布洛克曼 . 结构主义（莫斯科—布拉格—巴黎）[M]. 李幼蒸译 . 北京：商务印书馆 ,1980.

[16] 王澍 . 旧城镇商业街坊与里弄的生活环境 [J]. 建筑师，1984(03):104-112.

[17] 王澍 , 陆文宇 . 中国美术学院象山校园山南二期工程设计 [J]. 时代建筑 ,2008(03):72-85.

[18] 王澍 . 死屋手记 [D]. 南京：南京工学院，1988.

[19] 方振宁 , 王澍 . 亦方亦圆 [J]. 建筑知识 ,2011 (10):80.

[20] 王澍 , 陈卓 . “中国式住宅” 的可能性——王澍和他的研究生们的对话 [J]. 时代建筑 , 2006(3):36-41.

[21] 海德格尔 . 存在与时间 [M]. 修订译本 . 北京：生活·读书·新知三联书店，2012.

[22] 城市行走编委会 . 王澍建筑地图 [M]. 上海：同济大学出版社，2012.

[23] 佚名 . 杭州市中山路御街博物馆 , 杭州 , 中国 [J]. 世界建筑 , 2012(5):122-127.

扎哈·哈迪德建筑作品的当代性解读

王国强[①]，屈芳竹[②]

摘　要： 建筑的当代性特征是建筑师突破传统的设计体系，创造出适应新时代社会需求的、颠覆人们旧有观念的建筑形体、建筑空间、建筑美学，更是深藏在建筑作品背后的建筑师超越时代的价值观。本文将以扎哈已建成和未建成的作品为例，从她参数化的设计方法，充满张力又灵动多变的建筑形态，模糊界面、泛视觉化的建筑内部空间，全新的建构法则和建筑美学等方面全面解读扎哈建筑作品的当代性表达。以此为我国当代建筑创作提供借鉴意义。

关键词： 扎哈·哈迪德，参数化，建筑形态，建筑空间，建筑美学

一、建筑的当代性

（一）当代性的概念解析

当今世界瞬息万变，科技发展日新月异，人们的当代生活也在发生着翻天覆地的变化，生活需求、审美意趣都呈现出复杂多元化的发展趋势。在时代发展的大背景下，在工业化和现代主义的基础上，当代性作为一种形式消费方式逐步形成。建筑是人们栖居的场所，与人们的生活息息相关，更是反映时代印记的一种独特存在形式，通过建筑这一媒介，当代性对大众的影响得以不断的传播和发展。

通过建筑设计语言、综合多重影响因素进行建筑的整体性设计，从而实现对时代脉搏的解答与响应，是为建筑的当代性。建筑的当代性不仅仅是一种时间概念，更是对“当代性”的反映，涵盖面对当代现实的观念和态度[1]。当代性的建筑设计关乎国际视野的设计语言，涉及与空间、本土语言、科技、环境、造型等诸多方面的探索。

在对实用主义和功能主义日益被代替的今天，人们对当代性的追求逐渐得以凸显，将大众对时代进步、全球化发展的异彩纷呈的精神感受与体验加以有效表达，通过建筑与城市将当代性进行彰显，为人们的当代生活注入生机与活力，并带来积极影响，成为建筑师为实现人类诗意栖居的不懈追求。在当代社会不断的发展变化过程中，建筑材料、建造方式、建造技术、建设功能也在不断嬗变，传统设计俨然较难适应时代的新需求，采取适合当代社会的建筑设计理念、方法与要素，进行与时俱进的建筑设计才能将当代性表达得淋漓尽致。

（二）、当代性的形式表征

1. 当代性的空间形态

不同于现代主义建筑理性稳定的外观，当代性的建筑主要表现出丰富新颖、打破常规的形态空间特征，往往在遵守秩序的同时更多的引

① 王国强，哈尔滨工业大学建筑学院，博士研究生，706618411@qq.com。
② 屈芳竹，哈尔滨工业大学建筑学院，硕士研究生，617670367@qq.com。

入变化性元素，给人以情理之中意料之外的视觉感受。从形态空间具体的几何构成来看，当代性的建筑大多采取非直角、折线化、流线型的几何形体，该特征可着重表现在多个几何形体的相互组织或某一几何体的切割划分情景当中，针对较为简单的建筑形体，也可通过规律性变化等方式加以处理，使其拥有丰富新颖的形态表现，如SANNA的李子林住宅和艾森矿业同盟管理与设计学院，均将趣味性的变化蕴于秩序和规律之中。这种设计形式往往可以展现出打破稳定性、突破想象、自由不羁甚至鬼斧神工般夸张的艺术效果，能够展现出科技快速进步、时代需求纷繁发展的特点。

在与建筑设计环节当中重要的功能与实用性的协调方面，当代性的空间形态一方面可以突破功能的制约，为建筑赋予新的含义，展现新的形式，形成独特的精神感受，通过这种当代性的作用，使传统的功能空间展现出革新式的空间形态，另一方面也要与当代的城市公共活动需求相协调适应，满足人们当代生活中新型的体验需求，从而使建筑的当代感得以合理化彰显。当代性的空间形态设计，可以实现对当代社会生活功能与形式的综合解答，同时也是彰显当代建筑设计师应对时代新的问题与需求所呈现的设计实力的重要方面。

2. 当代性的美学构建

涵盖了设计、构建与建造等全过程内容的建构方式是最能呈现时代发展、科技革新的要素之一，也因此成为当代性领域当中重要的探讨内容。当代性的美学建构可具体体现在新的结构形式、新的材料、新的处理方式、别致的细部构件等要素中。当代设计大师的设计作品当中有许多对美学建构当代性的积极探索和尝试，如国外建筑师诺曼·福斯特等在设计作品中采取了全新的结构形式，妹岛和世等所运用的超乎寻常的表皮型外观，再如我国建筑师王澍的象山校区设计中对传统材料所采取的新的处理方式，均显示出顺应时代发展潮流的美学特色。

在立足于当代性的需求特点，通过多重要素显现富有当代性的建构美感的同时，当代性的美学建构也要注重考虑人工与自然的协调、历史文脉的传承延续。设计师可在融汇其个人设计风格与理念构思，采取当代性的空间设计手法的过程中，积极关注生态环境的保护顺应，历史文化的延续融入，使建筑的发展在社会进步的洪流中既能够实现对生态自然的尊重，又能呈现出对历史人文的关切，进而使建筑不仅能够拥有当代性的活力气息，又能散发出传统的韵味美感与文化内涵，传递出一种高级的当代性建构美感。

3. 当代性的功能体验

对于建筑设计而言，通过对建筑进行合理化的功能安排使人们在使用中拥有方便、舒适、愉悦和幸福的体验是一个重要的目标，该过程同时也是解决社会需求与问题的重要手段。在社会发展进步的过程中，人们的生活品质不断得到提升，人们对于建筑的功能需求已不再停留在最为基本的合理性与实用性层面，对由建筑所能带来的体验感受的注重日益突出，这就要求设计师对当代性的功能与体验需求进行更为深入细致的挖掘。得益于科学技术的发展进步，当代的建筑创作在很大程度上能够突破技术对功能的制约，进而使人们当代性的功能体验需求能够不断得到满足。这种在运用新兴技术使人们当代性的功能体验得以不断注入落实在建筑当中的过程也为建筑当代性的一种特征表现。同时，当代性的建筑设计还会加入各种新的元素，并常常融入精神理想层面的内容，有时甚至会超越实用主义，反映出前沿领先的当代文化特性，将时尚前卫的精神内容融于建筑的功能体验中。

在具体的功能体验内容方面，当代的建筑通常具有较强的功能复合性，体现最为显著的是各类大型公共建筑，设计师能够将娱乐、健身、休闲、交往和观赏等众多丰富的功能项目融汇一炉，满足不同年龄不同兴趣爱好的使用者的不同需求，形成当代化的服务内容。这些公共建筑也因此可成为城市的活力与人气聚集地，激活地区经济发展，成为城市发展的触媒。

二、扎哈·哈迪德设计作品的当代性表达解析

在运用新材料、新功能和新技术对建筑的空间形态、美学构建和功能体验进行各种当代性诠释的众多当代建筑设计师中，扎哈·哈迪德以其不拘泥于任何传统的视角、前卫大胆的思想理念、卓越领先的创作手法，成为其中独树一帜、不可复制的杰出代表性创作人物。她对建筑设计进行了前所未有的探索和尝试，创作了遍布世界各地、对当代社会带来震撼性影响的建筑作品，呈现出具有魔幻未来感和超现实主义的全新感受。通过借助参数化设计手段，她将建筑形态、内部空间、美学特征、功能体验高度协调统一。历数设计大师扎哈·哈迪德的众多设计作品，通过对其在建筑设计方法、功能形态、内部空间、美学表现等方面的解析，可将她的作品对于建筑的当代性所进行的全面而深入的表达凝练为以下四个方面：

（一）参数化的设计方法

运用各种前沿的技术手段进行设计方法创新是建筑设计师进行当代性的建筑设计过程的常用手法，新的建筑技术、建筑材料、建筑结构均可为设计师所用，成为革新型的建筑设计得以实现的重要路径。凭借对参数化设计方法的运用，扎哈使诸多以往只能存在于人们脑海想象或图纸上的建筑形态与空间不断地在现实中落地，充分发挥了参数化设计方法为建筑创作带来的可能性，并在其建筑作品中实现了空间形态、内部空间等方面的创新与突破，在实际生活中颠覆了人们对于建筑形态的传统认知，在学科发展方面很大程度上革新了建筑几何学，突破了类型学、高技派的限制，塑造出旗帜鲜明的个人风格特色。参数化的支撑使扎哈奇幻的设计构想能够落地生根，并以较快的速度实现对各种复杂状况的应对，成为对当代社会数字化特点的充分表达[2]。具体而言，参数化兼具设计理念与技术工具双重含义。在设计理念层面，参数化主要界定的是柔软、曲线化、流动性的建筑元素。在技术工具层面，通过对“嵌片化细分”的技术运用，使自由流动的建筑形态与空间获得可靠支撑[3]。

图1 Nordpark悬索铁路站——黎明之塔
来源：http://openbuildings.com/buildings/nordpark-railway-stations-profile-37

以 Nordpark 悬索铁路站——黎明之塔为例（图 1），它是一个容纳了公寓、办公、商业、酒店、交通等多种功能的综合型建筑，且与其周边的交通、景观以及城市服务功能拥有流畅自然的对话。通过运用参数化的设计方法，建筑设计得以兼顾包括自然地形、日照朝向、结构负载、功能使用在内的多项因素，最终形成自下而上曲线玲珑和缓变化的外观形态。就其内部的功能设计而言，借助参数化的设计手段，建筑内部实现各分区的灵活流通，饶有趣味。再如有“圆润双砾”之称的广州歌剧院（图 2），在以砾石作为建筑原型的基础上，通过参数化的设计，建筑的外观呈现出自由、延展、柔软、流动化的特征形式，与周边建筑环境形成了鲜明的对比，显

图2 广州歌剧院
来源：http://archgo.com/index.php?option=com_content&view=article&id=924:guangzhou-op

示出浓厚的当代性特征，结合外部跌宕起伏类似“沙漠”形状的地形，营造出浓厚的艺术氛围，成为城市居民最为生动的生活舞台。同时，歌剧院运用参数设计将几何形体、声学功能相协调，将室内表皮、建筑功能有序组织，首次实现了不通过声反射板达到领先水平的声环境要求[3]。

（二）灵动多变的建筑形态

在建筑形态的设计方面，扎哈在非线性科学与复杂性思想的影响及当代技术的有效支持下，创造了诸多灵活自由、轻盈流动的建筑形态，它们绵延、柔软、动感、连续、有机、洒脱，从自然景物与生物中提取灵感，加以概括、抽象，寓于建筑形态构思当中，极大限度地突破了传统建筑形态设计中的秩序与逻辑，呈现出超现实主义色彩，营造出未来世界的梦幻氛围，她所创造的灵动多变的建筑形态在很大程度上颠覆了以往人们对于建筑形态的认知与感受，散发出浓厚的神秘感与吸引力，展现出不竭的创新和探索精神，成为对当下世界飞速变革的形态响应，成为一位极富创造力的建筑师对于建筑形态的当代性表达。

意大利卡利亚当代艺术博物馆坐落在卡利亚海港边，是当地著名的地标性建筑，扎哈在设计过程中充分响应周边环境，设计出连续、起伏如同海浪般的建筑形态，丰富自然的曲线在建筑内外舒展开来，建筑的内部与外部、水平与垂直空间通通被模糊化了，这种蜿蜒流动的姿态仿佛一个自由生动的有机生物，在建筑内部，不同功能的空间界面平滑、柔软、自由伸展，展现出引人无限遐思的超现实色彩（图3）。而在2005年竣工完成的德国斐诺自然科学中心项目（图4）当中，扎哈将“引发好奇心、发现神秘”作为设计思想，创造出奇幻并具有强烈突破性的建筑形态，它的外观如同一艘飞船，梦幻飘逸、蜿蜒流转、动感十足，令人拥有仿佛置身外太空的梦幻感觉，建筑设计通过展开、拉伸、折叠、切割形成一片变幻莫测、绵延不绝的面，而在建筑内部，光影交织、变幻莫测的空间感也打破了传统千篇一律的空间秩序，充分体现出设计师对当代性的自然科技馆建筑“探索与发现”主题的精妙构思与诠释。

图3　意大利卡利亚当代艺术博物馆
来源：http://www.th7.cn/Design/room/201610/787106.shtml

图4　德国斐诺自然科学中心项目
来源：http://bbs.zhulong.com/101010_group_201808/detail10025050

（三）泛视觉化的建筑空间

扎哈·哈迪德进行的建筑内部空间设计是其对建筑当代性表达的又一重要方面。她促进了空间的连接，创建出塑性流动、泛视觉化的建筑空间，展现出界面模糊、形象多元的空间形式。她所创造的空间在展现空间本身的魅力的同时，也以一种崭新的方式发挥出建筑的功能特征，为人们提供了多种使用方式，满足了多样化的使用需求，在看似无序的空间中对功能进行了精妙细致的连接与考虑。穿梭在这种连续流动的空间中，人们可以获得更多自由新奇的体验，拥有奇异灵活、复合多样的活动乐趣，甚至可以激发出创新探索式的行为。在这里，建筑空间得以四向展开，多种事件在共同发生并有机连接，无限的生气与活力在尽情绽放。她所运用的具体的空间生成手段包括概括抽象、拼贴融合以及有机折叠[4]。

以伊利诺伊理工学院学生中心为例，扎哈突

破了传统校园建筑中教育科研、居住生活、休闲娱乐空间彼此分离的设计做法，而是把其进行整体性的安排，成为了激发校园活力与生气的触媒点。复合了包括办公、图书阅览、进餐、休闲娱乐、接待等多项功能的学生中心内部空间流动灵活，分区界限模糊且泛视觉化，使人们在使用过程中常常产生对建筑中事件发生未可知性的新奇感，并可创建各项活动的关联性，形成新奇动感的内部空间（图5）。

图5 伊利诺伊理工学院学生中心
来源：https://book.douban.com/annotation/41851807/

再如建成于2005年的德国莱比锡宝马中心大楼，同样拥有边界模糊、连通流畅、界面模糊的内部空间。建筑的功能属性是综合了汽车生产、游客参观和职员办公的综合性建筑，扎哈在设计的过程中同样未对各个功能空间进行明确孤立的划分，而是集各项空间于一炉，围绕汽车生产线对其实现了紧凑有序的组织，建筑内部空间生机勃勃、婉转流畅，在保证使用需求相对静谧的功能空间被隔离的基础之上，实现了其他空间的连通渗透，一道道生产程序连续、完整、清晰、透明的加以呈现，使管理人员、普通职员、生产工人可以拥有彼此相互联系、流畅通达、共享共融、丰富有趣的当代化工作空间（图6）。

图6 德国莱比锡宝马中心大楼
来源：http://www.ideamsg.com/2013/09/bmw-central-building/

（四）全新的建筑美学

扎哈的建筑作品主要体现的是解构主义美学特征，反映出融入了她独特思考见解的建筑美学观，建筑的形式与空间背后，是其在诠释时代特性过程中展现出的自由洒脱的精神，破除传统桎梏的情感及其对个人价值理念的坚守。她的建筑作品运用无缝、流体和有机等建筑语汇，在体现了概念性、新颖性和超乎想象性的同时又不失完整性与连续性，融入具有几何美感的抽象艺术。这种全新的建筑美学挑战了传统的审美观念，抓住了当代社会人们求新求异、追求个性的心理特征，将建筑的当代性体现得淋漓尽致。

完工于2012年的银河SOHO是扎哈为我国进行的建筑创作中一个重要作品，呈现出美轮美奂、流光溢彩、飘逸洒脱的建筑外观。从数学角度对其美学进行分析，可以看到扎哈运用自然的叶状结构所进行的流场式设计，通过调和安排，达到了没有旋涡也没有源或汇，旋量、散度皆为零的自然和谐、稳定流畅的美学状态（图7）。

图7 银河SOHO
来源：http://www.gooood.hk/_d275482039.htm

新濠天地酒店位于澳门，在该项目中扎哈采用自由流动的曲面，前卫地突破了传统建筑隐藏结构于建筑外观之内的做法，将曲面中的各个组成元素充分展露出来，呈现出动态美感。建筑结构内的三角在剖分与组合的过程中使建筑呈现出雕塑般的美学效果，婉转流动的亏格元素使建筑呈现出新颖别致的感官效果，外部骨感宏伟，内部拓扑变换，极大地增强了建筑的视觉冲击力（图8）。

图8　新濠天地酒店
来源：http://www.archcollege.com/archcollege/2014/04/747.html

位于韩国首尔的东大门设计广场是扎哈的设计作品中体现有机性与未来美感的又一重要作品，是一处作为市民及游客观光和当地艺术家使用的艺术中心。建筑外观采用全纯二次微分设计，拥有彼此垂直共轭的叶状元素结构，并以此形成线性空间，原则上两个调和叶状结构可以相加得到另外一个调和叶状结构。这一线性空间的维数由曲面的拓扑所决定（图9）。

图9　韩国首尔的东大门设计广场
来源：http://bbs.ccbuild.com/forum.php?mod=viewthread&tid=246723

三、结语

建筑是时代意志的表达，建筑大师又往往超越并引领时代。当曾在历史时期树立绝对统治地位的古典学说和现代风格已经无法适应当代社会生活的复杂性和多元性的时候，当人们的使用需求再也无法找到统一性的解决方案的时候，当人们的审美意识不再满足于古典的、现代的美学体系的时候，时代呼唤新的巨人站起来，扎哈·哈迪德成为其中的领军型人物。她拥有打破旧有秩序的勇气、建立全新美学的天赋和将实用功能与复杂几何形体完美结合的超凡能力，她的作品表现出与时俱进的当代性特征。她将当代生活的复杂性和动态活力进行了充分的表达与释放，在空间的流动中，在美学的感受里，她所展现的创新性的文化与精神将超脱她的作品成为当代建筑设计的发展长河中传神的一笔。

参考文献：

[1] 杜倩．扎哈·哈迪德建筑创作思想及其作品研究 [D]. 上海：同济大学，2008.

[2] 张朔炯，简俊凯．图画—模型—参数化 扎哈·哈迪德设计的广州歌剧院浅析 [J]. 时代建筑，2011(03):72-79.

[3] 皇甫亚飞．扎哈·哈迪德事务所的数字实现 [D]. 天津：天津大学，2012.

[4] 张德利，张文辉．扎哈·哈迪德与马岩松——非线性逻辑语言浅析 [J]. 华中建筑，2013 (08):5-8.

简单纯粹与多维度叠加
——苏州相城基督教堂

王文慧[①]

摘　要：文章试图从宗教、地域与物质三个维度解读苏州相城基督教堂，在其简单的形体下包裹着建筑师对建筑语境、使用人群以及空间物质性怎样的思考，进一步体会建筑师对空间的思辨态度。

关键词：简单，多维度，教堂，非功能空间

语言意义上“少”与“多”是一对反义词，建筑意义上却有“少就是多”一说，哲学层面的“少”与“多”更是相辅相成。建筑师中的哲学分子张应鹏，将“少”与“多”的理念表达于苏州相城基督教堂，让“非功能空间”承载更多意想不到的功能，在空间意义多维度叠加的结果下，缔造出简单纯粹的建筑形体。

苏州相城基督教堂（图1）位于苏州古城以北的相城区，临近沪宁高速的虎丘湿地公园入口处，教堂建筑基地三面环水，一面迎向大道。建筑的主体是坚实肃穆的雕塑性几何体，显示出三个简洁有力的基本体量的组合。其形式逻辑是在四方体的礼拜堂组合基座上叠加非对称的楔形屋顶，高耸的梯形锥体竖立起钟楼的轮廓。最高处设立着悬浮的十字架标志。苏州相城基督教堂的外形并不复杂，但要满足教堂承担的宗教与文化意义，顾及多层次的使用人群，建筑师张应鹏采取建筑内部空间多维度的叠加的设计策略。

图1　苏州相城基督教堂
来源：苏州九城都市设计有限公司，http://www.9-town.com

一、宗教的维度

苏州相城基督教堂是一座现代教堂，较之于传统教堂以复杂的尖塔、高达的穹顶、色彩绚丽的玫瑰窗为建筑语言，现代教堂更追求以简洁精练的建筑语言表达宗教精神，以丰富的光影变换刻画宗教信仰。苏州相城基督教堂以灰色火烧面花岗石表皮包裹简单的几何形体，雕刻出建筑的坚实感，以此为信徒塑造心理上的可靠与依赖。教堂的内部空间是对传统拉丁十字教堂形式的现代转译。自面向大道主入口进入，一层围绕拉丁十字原型布置的四个小教堂均为两层通高，形成的十字空间交互演绎功能空间与非功能空间。在十字空间的正中、入口前厅以

① 王文慧，内蒙古工业大学建筑学院，硕士研究生，1518745270@qq.com。

及正对大厅入口处的尽头分别布置三部直跑楼梯通往二层，二层区域另设一部直跑楼梯与一部双跑楼梯，二层的两部楼梯与一层部分巧妙衔接，成为通往三层主教堂的充满宗教仪式感的通道(图2)。

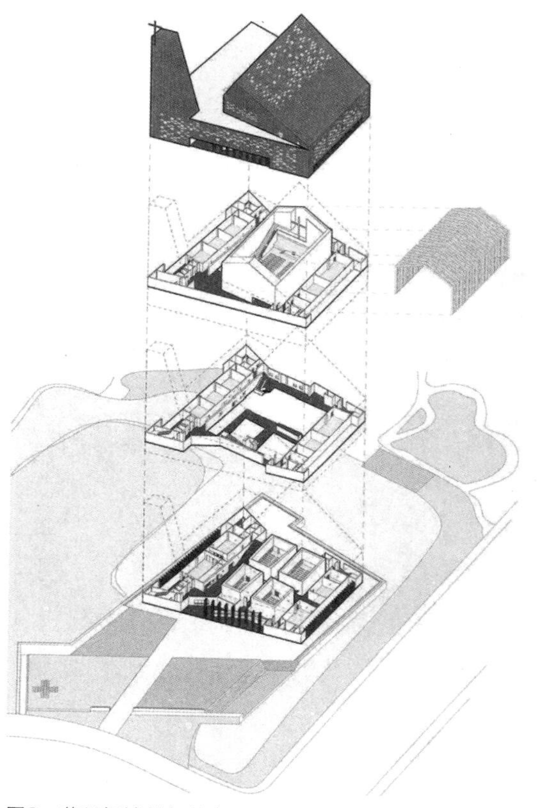

图2　苏州相城基督教堂轴侧分析图
来源：筑龙建筑设计论坛http://bbs.zhulong.com

一层的三个小礼拜堂加上三层的主堂，苏州相城基督教堂内部共有四个礼拜堂，能容纳1200人同时进行礼拜。从宗教的维度做建筑，设计的焦点必然落在信仰氛围的营造上。现象学视角下的建筑氛围营造是通过视觉、触觉、听觉等感官来实现建筑空间作用于人的知觉体验，建筑师张应鹏在苏州相城基督教堂的空间氛围中，以材料、色彩、光影着力营造出静谧安心的宗教气氛。如礼拜堂两层通高，室内高度保证了空间氛围的肃穆庄重。礼拜堂的内地坪采用暖色木材，而墙体以白色铝百叶装饰并一直延伸至坡屋顶，并将竖条的亚克力灯具富有韵律的布置在铝百叶中，使白色墙体散发均质柔和的光线，纯粹的白色光线使信徒仿佛置身天国(图3)。白色墙体表达宗教神圣纯洁的语言，木地板则在纯净的冷冽中蕴开一片暖意，为空间增添一抹自然与灵性。建筑外部的语言上，力求既能表达宗教维度的信仰，又能保证现代建筑本身的简单纯粹。西侧设有一座传统原型简化的钟塔，高达47m，钟塔内有铜钟，既可鸣奏教堂乐曲亦可和声报时。钟塔的存在既是教堂建筑标志性的表达，亦是在听觉感受的维度给建筑的使用者甚至旁观者营造出建筑专属氛围。

图3　礼拜堂室内
来源：苏州九城都市设计有限公司，http://www.9-town.com

二、地域的维度

苏州相城基督教堂是位于虎丘湿地公园入口的一座建筑，苏州城浓厚的吴文化氛围，湿地公园独特的地理位置，都使得这座房子即使抛却了宗教性质也无法抛却地域维度上的纵深感。换言之，即使这不是一座教堂，而是预设为一座其他性质的建筑，建筑的地域性、公众关注度以及建成后的公共性可能都不会减弱。地域维度对建筑的影响很难因为建筑性质或功能的改变而产生较大的浮动。教堂是外来文化的产物，而苏州却是孕育绵延千年吴中文化的古城，在此时此地的语境下，建筑师在设计时必然注重地域维度的纵深。地域的维度有两方面：一是建筑两种地域文化的撞击下合时宜的外形语言；二是面向同一地区不同文化背景的使用人群，建筑内涵的包容性。

在苏州相城基督教堂的设计中，建筑师以简化的建筑形式，素净的色彩装饰，以及开放容纳的公共性以深入教堂的地域维度。建筑墙体以灰色火烧面花岗石表皮点缀纯白色质感涂料，花岗石在多雨的苏州沾过水之后会变成黑色，而太阳晒过之后颜色又会变浅，搭配白色质感涂料形成黑白灰色调，主教堂上部非对称楔形屋顶是对苏州民居斜坡屋顶的某种抽象，一座外来文化产物下的教堂在不动声色之间融入苏州城粉墙黛瓦的文化氛围中（图 4）。

图4　黑白灰的建筑色彩
来源：专筑网http://www.iarch.cn/thread-34987-1-1.html

一座位于公园景区的教堂建筑，其使用人群除了信徒，还有游客、周围市民等等，教堂的使用除了做礼拜，亦不乏做基督教的宣传、信徒会议、举办婚礼、游人参观甚至摄影爱好者的慕名取景。面对多层次的使用人群，建筑师赋予教堂以开放的态度。教堂虽三面临水，除迎向大道的一面开有主入口，其他三面均在保留消防通道的余地下开有出入口。北侧餐吧临水的一面有一排通高木门，棕色碳化木点缀在黑白灰的建筑色调中，使入口更显平易近人。木门可呈 90° 开启，建筑的封闭与开敞自由切换，高大的木门使人想起朱塞佩·特拉尼（Giuseppe Terragni）①曾设计的法西奥大厦（Casa del Fascio）入口门厅，当开启玻璃门的电动装置时，入口玻璃门完全开启，室内中庭与室外广场便连成一片，特拉尼企图表达的公众参与性在这里得到了延续（图 5）。室内空间的布置也表现出对待不同使用人群的高度包容性。室内布置有多部楼梯，建筑不过 $5000m^2$ 的空间内布置有多达七部楼梯，不排除建筑师以楼梯为语言修饰空间的可能性，但楼梯的存在确实大大提升了内部各空间的可达性，为不同层次的使用人群提供最便捷的通道。

图5　餐吧临水面可开启的木门
来源：苏州九城都市设计有限公司，http://www.9-town.com

三、物质的维度

哲学层面的“物质”是不能被创造和消灭的客观实在，是一切表象的载体。具体到一座建筑，其物质维度的表达有材料、结构、空间等各个层面。任何学科，深入到最后往往都逃不过哲学的范畴，当代优秀建筑师们对哲学往往也颇多思索，或许是年轻时便取得哲学博士学位的缘故，在建筑师张应鹏的几乎每件作品中，对空间的思辨都是建筑物质维度中不容忽视的关注点。

苏州相城基督教堂的建筑功能并不复杂，建筑在满足一般使用功能的同时被留有很大的

① 朱塞佩·特拉尼（Giuseppe Terragni）：意大利建筑师，主要在墨索里尼法西斯政权下工作，开创了理性主义框架内的意大利现代主义运动。

余地，建筑师称其为“非功能空间”。教堂中加宽的走道，随处可见的楼梯，半室外的阳台，这些空间或许没有必要的功能，或者说，实现必要的功能并不需要同等尺度与数量的空间，但这些空间的存在为行为的发生提供了可能（图6）。可以看出，随时间流逝，建筑师张应鹏对“非功能空间”体会的深入。早年进行校园设计时，建筑师虽秉持“非功能空间”的设计理念，却难免对空间有所期待，期待食堂能实现相遇，期待走道能达成交流，期待教室能促进教育。这种期待更像是一名年轻建筑师意气风发却又不免有几分自以为是的揣测，因为设计的奇妙与艰难正是在于使用者不会完全按照设计者预定的轨道行进，那些超出预期的行为，可能是惊喜，也可能是鸡肋。在苏州相城基督教堂的设计中，“非功能空间”仍在存在，但建筑师的表达已不似当年的锋芒毕露，这些留有余地的空间更像是国画中的留白，而建筑师则是空间的旁观者，给使用者以安静的选择权。此时，设计的趣味在于，这个空间的旁观者，正是空间的缔造者。建筑师对空间的“留白”是一种简单纯粹的设计态度，亦是基于空间多维度意义下的思索。

图6　室内丰富的空间构成
来源：苏州九城都市设计有限公司，http://www.9-town.com

四、结语

阿摩斯·拉普卜特（Amos Rapoport）[①]．在《文化特性与建筑设计》（Culture Architec-ture and Design）一书中曾说，“文化与建成形式之间应当有一种‘调和’关系，因而设计应尽可能是开放性的”。这种“调和”是在对建筑“多”与“少”，“简单”与“复杂”存在下的思辨。张应鹏将他的思辨表达在苏州相城基督教堂的设计中，以简单的形体承载多维度的空间意义，以精练的建筑语言对待多元的地域文化，以“非功能”的形式期待“多功能”的结果。这似乎是一种哲学的态度，也好像是一种日常的认知，这可能是我们对待设计可以采取的一种思维。毕竟，世界上并不缺少张牙舞爪的房子，缺少的是简单纯粹的人情味。

参考文献：

[1] 张应鹏．空间的非功能性 [J]．建筑师，2013(5)：78-85.
[2] 陈霖．探询人的存在——张应鹏和他的建筑 [J]．新建筑，2011(4)：98-99.
[3] 张应鹏．吴文化的传统内涵与时代特征——苏州地方特色的空间与文化的双重建构 [J]．时代建筑，1998(2)：54-57.
[4] 周凌．空间之觉——一种建筑现象学 [J]．建筑师，2003(10).
[5] 阿摩斯·拉普卜特．文化特性与建筑设计 [M]．北京：中国建筑工业出版社，2004.
[6] 诺伯舒兹．场所精神——迈向建筑现象学 [M]．武汉：华中科技大学出版社，2010.
[7] 阿摩斯·拉普卜特．建成环境的意义：非言语表达方法 [M]．北京：中国建筑工业出版社，2003.

① 阿摩斯·拉普卜特（Amos Rapoport）：美国威斯康星州密尔沃基大学建筑与城市规划学院的著名教授。建筑与人类学研究方面的专家。是环境与行为学研究领域的创始人之一，主要专与研究文化的多样性原则、交叉文化理论，以及理论的发展与综合。

内蒙古地区博物馆类建筑的地域性创作方法解析

周秀峰[①]，靳亦冰[②]

摘　要：在建筑的地域性越来越受重视的今天，内蒙古地区的建筑风格的定位及其传承仍有待考究。本文通过介绍内蒙古地区的历史文化、建筑风格的发展历程，以及对已建成的部分博物馆类建筑实例进行解析，结合已有理论成果试图探寻内蒙古地区博物馆类建筑的地域性创作方法，并应用于该地区将来的建筑创作中。

关键词：地域性，创作方法，建筑风格

博物馆是传播历史知识的文化机构，是人们进行参观浏览、接受教育、获取知识的场所，是最能体现一个地区或城市历史文化底蕴的建筑类型。近些年，越来越多的建筑师们开始思考与探寻基于内蒙古地区的特殊地域文化背景之下的博物馆类建筑创作，并创作出许多“根植”于内蒙古地区的优秀的博物馆案例。笔者通过研究已建成的若干博物馆案例，并分析影响其创作及建成的因素，试图探寻、总结与归纳内蒙古地区博物馆类建筑的地域性创作方法。

一、内蒙古地区地域因素对博物馆类建筑创作的影响

博物馆的特性决定着其建筑的创作与社会的物质文化、精神文化以及介于这两者之间的艺术文化，都有着极为密切的联系。博物馆类建筑的地域性表达不仅是当代设计的一种需要，同时也丰富着建筑创作的方法和博物馆设计的内涵。在内蒙古地区，以下地域因素直接或间接影响着博物馆类建筑的创作。

（一）民族传统图案

内蒙古地区是集聚蒙古族、回族、满族、维吾尔族、朝鲜族等34个少数民族的政治中心地带。其中蒙古族为这些少数民族中的主体民族，而蒙古族的传统民族元素尤其是图案元素，在建筑设计中拥有很广泛的体现。

蒙古族图案是祖国传统文化的重要组成部分，一般可将蒙古族传统图案划分为几何图案、动物图案、植物图案等不同类型（图1）。不同类型的图案

图1　几何图案、动物图案和植物图案

---

① 周秀峰，西安建筑科技大学建筑学院，硕士研究生，2285958987@qq.com。

② 靳亦冰，西安建筑科技大学建筑学院，副教授，jinice1128@126.com。

有不同的象征意义，尽管意义不同，这几类图案均代表着蒙古族的某些民族精神和审美追求。

在现代设计和文化建设中，常直接应用这些传统图案作为建筑创作依据或室内装饰。部分当代建筑师们从传统图案中抽象出其中蕴含的文化价值，进而进行抽象演绎与再创作。

（二）气候

内蒙古位于我国华北地区，由于全区地处内陆，昼夜温差较大，最大可达 20 ℃以上，四季变化明显。具有降水少，多风沙、少雨雪、冬严寒、夏干热的气候特征，在建筑气候分区中属于严寒地区。这样的气候条件虽然限制了设计者创作的自由发挥，却也成为激发他们创作灵感的动力。气候环境在限制建筑形式的同时，又决定并影响了建筑的表现形式。

因此在内蒙古地区进行建筑创作时，要注重建筑自身的保温与隔热性能，以及防风沙性能。建筑师们在建筑创作过程中必须对于气候问题足够正视，将困难与挑战转换为一种新的创作方式。

（三）文化

草原文化与黄河文化、长江文化一样，是中华文明的重要组成部分，是中华文明三大主源之一。草原文化注重生的“天人合一”、珍视环境、保护生态的思想，是草原文化的核心价值观。蒙古族文化特征具有以下特征：开放性和包容性、刚毅性、崇德性、崇尚英雄主义、崇尚自然，喜爱动物。

这些文化因素，体现在建筑上直接表现为建筑造型质朴、粗放、一目了然且实用性极强。这样的建筑风格是内蒙古地区人与自然积极适应的直接反映。

（四）建筑原型

在内蒙古地区，传统建筑主要有三种类型：蒙古包、敖包和喇嘛庙（图 2）。从表象来看它们的形式元素不具有直接汲取的现代性，但它们所蕴含的建筑智慧和精神可成为建筑师创作的灵感与源泉。与此同时，这三类建筑所体现的“天人合一”的建筑观，使得它们最有望成为探求可持续发展建筑的类型。蒙古包、敖包和喇嘛庙成为内蒙古地区博物馆类建筑案例的创作原型。

图 2　蒙古包、敖包和喇嘛庙
来源：内蒙古中部地区地域性建筑的形式与文化特征探索［D］. 西安：西安建筑科技大学. 2009

二、内蒙古地区博物馆建筑案例分析

（一）直接应用民族传统图案的设计手法

· 内蒙古博物馆

内蒙古博物馆（图 3）建成于 20 世纪 50 年代，符合该时期“社会主义的内容、民族的形式”特殊的社会环境。该建筑在建筑立面上采用典型的西洋水平五段式形制，再加蒙古族装饰图案；在建筑顶部直接应用具象的奔腾的骏马雕像作为装饰；在建筑的檐口部分应用蒙古族传统的回字形图案进行装饰。

图3　内蒙古博物馆正立面
来源：罗佳乐. 内蒙古建筑风格研究现状及问题评［J］. 建筑与文化，2010(02)

我们可以看到，在这里建筑师的设计手法体现为发端于“文脉”，运用传统地域的表层语言作为符号，对民族传统图案进行直接应用的创作手法。

（二）回应沙漠干旱特殊气候的设计手法

·恩格贝沙漠科学馆

恩格贝沙漠科学馆坐落于鄂尔多斯市的恩格贝世界沙漠生态植物园内，处于库布齐沙漠的边缘，远处为遥遥相望的大青山，远离都市喧嚣。

该作品的建筑师为内蒙古建筑师张鹏举老师，在创作过程中，建筑师首先研究了当地的一种采用土坯建造的民居（图4）：由于降雨量小，这类民居建筑形态低矮，采用单坡屋顶；为了适应太阳高度角，以便夏季遮阳和冬季取暖，建筑屋顶起坡很小，并用椽子做出少量的出挑；为了适应冬季漫长寒冷的气候，南向开窗尺度比较大，北向少开窗或者不开窗。

图4　当地土坯民居
来源：张鹏举. 分解、正交、嵌埋［J］. 建筑学报，2012(10)

基于以上当地民居的启示，建筑师首先将建筑体量分解平铺于大地上，且最大程度地隐藏建筑体量（图5），形成较为分散的建筑布局。然后对民居的形体进行简化抽象，室内外墙面和地面采用土黄色水刷石饰面，沿袭当地民居形与色的同时又满足了现代卫生、安全等使用需求。最后保留屋檐下空间，保证夏天的遮阳和冬天的阳光直射。建筑整体与周围的沙漠地貌也做到了很好的契合（图6）。

图5　将建筑体量嵌埋于沙漠之中

图6　恩格贝沙漠科技馆效果图
来源：张鹏举. 分解、正交、嵌埋［J］. 建筑学报，2012(10)

设计师在建筑创作的过程中，很好地顺应了当地自然环境和利用传统民居的元素，体现了回应沙漠干旱气候的设计手法。

（三）通过象征与隐喻的方法表达蒙古族文化的设计手法

·成吉思汗纪念堂

成吉思汗纪念堂位于呼和浩特蒙古风情园内，设计师在创作中提取蒙古族传统文化中的祭祀银碗（历史器物）、敖包来进行构思与创作。建筑的基地采用片石砌筑起三层圆形台阶，象征着蒙古族祭祀用的“敖包”；基地之上为从银碗抽象并几何化的方斗形建筑实体，隐喻蒙古族人民“奶祭”的习俗，表达了成吉思汗和蒙古草原民族古往今来对长生天的敬仰；建筑整体隐喻了在“敖包”之上设置纪念堂进行供奉，这在草原文化中是一项至高无上的荣耀（图7、图8）。

图7　银碗与敖包
来源：网络，蒙古族银碗和敖包

图8　成吉思汗纪念堂立面图
来源：网络，成吉思汗纪念堂

该案例体现出建筑师们采用象征与隐喻的方法来表达蒙古族文化因素，这样的创作方法有着直观、容易让民众心领神会的优点。这种实体的象征出于当地传统民族器物，也可以出于民族宗教信仰等。

（四）将传统建筑原型进行转译的设计手法

·蒙元文化博物馆

蒙元文化博物馆位于锡林浩特市，建筑主入口设置在三层，游客从室外广场的大台阶逐层通向主入口。主入口前设置半圆形广场，广场中间的景观处理源自锡林浩特的敖包山（图9）。在逐步步入主入口的过程中，游客仿佛在参与蒙古族的"祭敖包"活动中，从而产生强烈的场所感与归属感。

图9　蒙元文化博物馆效果图

来源：刘志方，贾晓浒. 浅析博物馆建筑的地域性设计策略[J]. 建筑与文化，2012(02)

从建筑的一楼进入建筑，一个用墙体围合出的"蒙古包式穹顶"映入眼帘，该穹顶四周墙体为纯白的大理石墙面，墙体处理成蒙古族民族纹饰的浮雕。天窗的钢结构模仿蒙古包结构"套脑"的样式。这样的穹顶设计与室内设计，是将蒙古族传统建筑类型蒙古包的建筑形式与结构形式进行现代化建筑语言的转译的结果（图10）。

图10　"套脑"样式采光天窗

在该博物馆的创作中，建筑师多次将"蒙古包""敖包"等传统建筑原型作为建筑空间设计的灵感与依据，并转译为现代建筑语汇。与此同时，建筑师将场所精神贯穿于设计始终，通过设计的魅力让游客在观赏过程中体验游牧民族文化精髓。

三、内蒙古地区博物馆类建筑地域性建筑创作方法评析

根据上文分析与整理的相关案例，我们可以将内蒙古地区博物馆类建筑地域性创作方法总结为以下两大内容：

（一）具象创作表达内蒙古地域建筑风格的创作方法

直接表现为地域传统元素的移植或拼贴，直接应用民族传统图案的设计手法，如上文案例一所述，建筑师多运用传统地域的表层语言作为符号，这种做法可以认为是发端于"文脉"理念的表达，将蒙古包、哈达、蒙古族家具、民族符号等民族元素进行直接的移植拼贴。

（二）抽象创作表达内蒙古地域建筑风格的创作方法

1. 回应沙漠干旱特殊气候的设计手法

正如印度建筑师查尔斯科里亚和埃及建筑师哈桑法赛所提倡："形式追随气候"。建筑师应对气候的被动式创作正是基于一种回归的实践，正确认识和应对气候问题可以将困难与挑战转换为一种资源。内蒙古地区由于特殊的地理环境所造就的气候因素，使得气候成为建筑创作中不可忽视的影响因素，如何通过建筑语言回应气候是一种重要的创作方法。

2. 通过象征与隐喻的方法表达蒙古族文化的设计手法

文化可诉诸于多种载体，而建筑理应是本土建筑师描绘地域文化的重要载体之一。然而，内蒙古的地域文化就其物质形态而言，远不及其他地区那么清晰和具体，建筑文化方面尤其如此。内蒙古的建筑师在表达建筑文化时经常须走一条独特的路径，寻找并表现受限于当地建筑文化的感性和包容，从中求得创作的空间。

将蒙古族传统文化中的"实体"如当地传统民族器物、文字等，或将蒙古族传统文化中"虚体"如民族宗教信仰、民俗活动等，通过象征与

隐喻的方法表达于建筑设计之中，这无疑是一种根植于内蒙古地区特殊地域文化的建筑创作方法。

3．将传统建筑原型进行转译的设计手法

建筑师从当地传统建筑中吸取营养是一种有效的创作途径，建筑师常常要吸取的不单是清晰而具体的元素和做法，更是蕴含在其中的精神和智慧，以便他们在创作中进行一种情感的表达。以蒙古包、敖包和喇嘛庙为建筑原型，将这三类建筑的布局、形式等成为现代建筑空间的原型和象征隐喻的本体。这三类传统建筑中所体现出的有关场所感、全面可持续性、以文化为中心的城市发展等，都是我们当今设计创作中理当继承的精神。从中抽象出的建筑智慧和精神，终将成为建筑师们创作的无尽源泉。

四、结语

通过上文对博物馆类建筑的解析与归纳总结，最终将内蒙古地区博物馆类建筑地域性创作方法总结为两种，第一种是具象创作表达内蒙古地域建筑风格的创作方法，直接表现为对地域传统元素进行移植或拼贴。第二种是抽象创作表达内蒙古地域建筑风格的创作方法，将内蒙古地区特殊的沙漠、草原气候作为体裁，建筑形式追随气候条件，进而形成适宜的环境观；将文化作为一种载体，为创作提供素材，更好地表现地域特征，并将传统作为一种情感，创造性地挖掘；将传统建筑作为创作原型，将建筑创作归于对于地域传统文化理性的思考，进而创作出依托于内蒙古地区传统建筑原型的现代地域性建筑。以上所述内蒙古地区博物馆类建筑地域性创作方法，无论对于该地区博物馆类建筑的创作抑或是其他建筑类型的发展均具有重要指导意义，并将对该地区将来的建筑创作与城市发展产生深远影响。

参考文献：

[1] 陈进玉．中国地域文化通览 内蒙古卷 [M]．第 1 版．北京：中华书局，2013.
[2] 张鹏举．北方的思考 [J]．建筑学报，2013(03)：2–07.
[3] 刘志方，贾晓浒．浅析博物馆建筑的地域性设计策略 [J]．建筑与文化，2012(02)：1–2.
[4] 张鹏举．蒙古族传统图案分类和样素分析 [D]．内蒙古：内蒙古农业大学，2010.
[5] 张鹏举．内蒙古地域藏传佛教建筑研究 [D]．天津：天津大学建筑学院，2011.
[6] 孙媛．从建筑研究看地域性、民族性的再认识 [D]．天津：天津大学建筑学院，2013.
[7] 周搏．内蒙古中部地区地域性建筑的形式与文化特征探索 [D]．西安：西安建筑科技大学，2009.
[8] 张金胜．内蒙古草原传统民居——蒙古包浅析 [J]．古园林建筑技术，2006(01)：1–3.

山地城市剩余空间活化利用策略初探

袁丹龙[①]，陶芋璇[②]

摘　要：以重庆为例，通过实地调研指出山地城市目前存在的两种数量众多的剩余空间类型：高架桥下空间和废弃民防工程。分析了山地城市剩余空间难以被市民利用的现状和原因，在此基础上针对性研究国内外相关案例，进而归纳出当前山地城市剩余空间活化的策略。重点关注剩余空间独特的空间形式，能有效区分一般城市空间，如果加以精心设计改造，能够创造独特的空间体验，具有成为社区活力中心的潜力。

关键词：城市更新，触媒，高架桥，防空洞，重庆

随着我国城市化率超过50%，既有城市发展模式必然面临深刻转型[1]，城市化进程从增量扩张转向存量优化[2]。由于增量扩张阶段的粗放式开发，城市中出现了大量没有被充分利用的剩余空间。在城市转型阶段，通过对剩余空间的活化设计，能够提升土地利用效率，修补城市活力网络。

山地城市由于其特殊地形地貌，在城市建设过程中会产生诸多难以常规利用的城市空间，在增量扩张阶段，这些空间往往直接被忽视，从而形成城市消极地带。本文以重庆为例，通过实地调研，发现两类数量众多的剩余空间类型：高架桥下空间和废弃的防空洞。本文对其使用现状、空间消极原因进行了考察，再针对性研究了国内外相关案例，试图为这两类剩余空间的活化策略提供思路。

一、山地城市剩余空间现状

（一）高架桥下空间

山地城市的交通需要在不同标高进行连接，就不可避免出现大量高架桥。这些高架桥在修建初期往往仅考虑为汽车服务，导致桥面与地面之间大量空间被浪费，并且行人难以穿越，形成城市阴暗地带。

在大量日常观察的基础上，笔者重点选取了三处具有代表性的高架桥进行调研，分别是位于城市中心区的杨公桥立交、位于轻轨站点牛角沱站下方的嘉滨路和跨越长江的鹅公岩大桥，并总结其桥下空间消极的因素。

1．可步行性弱

可步行性（walkability）直接关联城市可步行空间的质量[3]，指的是城市环境对步行的支持程度及步行者对环境中步行体验的评价[4]。可步行性主要受连续性、公共性等要素影响[3]。连续的、不受阻碍的行走是人步行的基本需求。

---

① 袁丹龙，重庆大学建筑城规学院，建筑系硕士研究生，1139030999@qq.com。

② 陶芋璇，重庆大学建筑城规学院，城市规划系硕士研究生，1127763212 @qq.com。

笔者重点调研的三处高架桥对行人都表现出一定程度的不友好（图1），本质上是高架桥的设计初衷是出于对汽车的考虑而非对行人的考虑，特别是标高上的频繁转换给行人带来了很大的不便。从半月楼步行穿过杨公桥至西南方向加油站一共至少需要4次上/下楼梯。牛角沱滨水公园首先在入口处理上就给行人带来了极大的不便，行人必须从一个较为隐秘的入口顺着陡峭的石头小路进入公园。鹅公岩公园也同样存在高差较大这一状况。

2. 物理环境差

扬·盖尔指出，物质环境是影响户外活动的一个重要因素，特别是自发性活动[5]。良好的物质环境能够使人心情愉悦，并自愿沉浸其中，反之恶劣的物质环境则让人产生排斥心理。

杨公桥下使用空间较为低矮，层高约3m，接近住宅室内空间，随高架桥形态呈若干条狭长的廊式空间（图2a）。嘉宾路下空间由于上部有多条公路、轨道线穿过呈现出比较昏暗的状态。该处空间行政上为市政园林绿化用地（牛角沱滨水公园），但从笔者调研情况来看，公园缺乏管理，环境品质较差（图2b）。鹅公岩大桥下部空间同样是园林绿化用地（鹅公岩公园），由于鹅公岩桥墩较高，相对牛角沱滨水公园该处公园采光更好（图2c）。

a. 杨公桥入口

b. 牛角沱滨水公园入口

c. 鹅公岩公园

图1　三处高架桥下空间可步行性

a. 杨公桥下廊式空间

b. 牛角沱滨水公园

c. 鹅公岩公园

图2　桥下空间环境

a. 棋牌娱乐

b. 自建房

c. 休憩空间

图3　桥下使用现状

在笔者调研的三处高架桥中，都直接暴露了高架桥原有的结构和材料，未对顶界面和墙面进行美化。在地面处理上，三处高架桥下都有意识地进行了简单的铺装处理。其中杨公桥修建年代较早，以普通地砖为主；在嘉滨路下，通过鹅卵石等材质划区分景观休闲区域；鹅公岩高架桥下铺地也以普通地砖为主，相对杨公桥下铺地年代更近，质地更好。

3. 功能单一

杨公桥周边是成熟的社区，其下部空间主要用作零售店铺，其中旧书交易市场小有名气，但近年来随着网络盗版和电商的冲击也有衰退之势。杨公桥下商店主要服务低收入人群，大部分店铺有固定店面。因其年代久远，已经和周边社区相互渗透，在调研的三处高架桥中属活力最高。在笔者的多次调研中，均发现此处有一定数量的社会性活动，以棋牌娱乐为主（图 3a）。

牛角沱滨水公园主要设计为休闲散步用途。在笔者调研中发现，该处空间中出现了居住功能，其中一处为自建房屋（图 3b），一处为流浪汉临时住处。鹅公岩公园主要也用作休闲散步（图 3c），其中值得一提的是，鹅公岩公园是重庆市绿道二期中的一段。

（二）防空洞内空间

重庆作为二战时的陪都，在抗日战争期间修建了大量的防空洞。在当今和平年代，防空洞已经失去了其防御价值。尽管有部分防空洞被政府积极引导改造，如：夏季纳凉点、五金店，但总体上对防空洞空间利用率较低，仍有大量防空洞处于废弃空置状态，其价值有待进一步挖掘。由于重庆的山地地形，其防空洞往往是从外部地面水平向山体开挖，防空洞地面与外部环境持平[6]（图 4）。这种特点使得重庆的防空洞在和平时代改作他用具备较好的条件。

作为战时民防工程，仅在紧急时刻用作避难场所，防空洞内都是天然暴露的土石。由于是山体内凹空间，采光面有限，洞内天然采光较差。同理由于通风口有限，洞内空气质量得不到保证，重庆历史上非常悲惨的“大隧道惨案”也正是由于这一防空洞缺陷。此外，在阴雨天气，防空洞内顶部还存在漏水、渗水等状况。防空洞本身的物理环境以及战争带来的历史创伤都给人带来消极的心理感受，平日鲜有人涉足其间（图 5）。

图4　山地防空洞与山体和外部空间关系示意
来源：参考文献[6]

图5　经过简单处理的防空洞

二、案例研究

针对上述山地城市剩余空间现状，选取了 4 个具有针对性的案例，重点关注了：①高架桥下空间利用模式、设计与优化；②地下空间如何消除消极心理因素，创造引人入胜的场所。

（一）荷兰 A8 高速公路公园

A8 高架公路在 20 世纪 70 年代修建，修建之处是为了联系河道两岸交通，但高架公路的建设也对城市肌理造成破坏，割裂社区之间的联系。

2000 年以后，NL Architects 对 A8 公路下方的空间提出了一系列改造利用措施，包括：建设商业设施，包括超市、花店等；建设一定量的停车设施；打通连接两侧的道路通廊并建立与河流的联系；提供一定的涂鸦空间；提供座椅等设施；提供体育设施，包括滑板场地、篮球场、足球场、戏水池等；提供休闲娱乐设施，比如儿童活动场地、烧烤点灯，设置艺术景观小品，包括喷泉等；建设一个巴士站点①。

通过 NL Architects 的设计，A8 公路下方空间具备良好的环境品质、可步行性、混合功能，并形成其独有的场所特质。它重新连接起被割裂的城市片区，把消极的失落空间变成大众焦点（图 6）。

（二）日本“中目黑高架下”空间项目

这个项目位于两条铁路线交汇处、“中目黑”地铁站下方。与人们对高架桥下空间的惯常印象不同，“中目黑高架下”的空间很难找到幽暗肮脏的痕迹。自开业以来，通过招商策划，吸引了大量的年轻品牌入驻，包括茑屋书店这类带有明显文化标签的品牌，以及深得新潮年轻人喜爱、暴力拼接现代艺术与食物的餐厅 PAVILION。通过知名品牌营造形象，而地铁站又为该项目提供了大量的人流，两者相互促进，使得该项目很快成为周边社区散步和购物的优质选择（图 7）②。

为了最大化地激发商户的创意，每个店铺门口都有可以自行设计的空间，可以自由摆放桌椅、植物、商品展示等，相邻店铺还可以共用这些空间。很多店铺还设置了露天餐饮区，有的相邻店铺之间还开有小窗，可以点邻家店铺的餐饮，这也会是一个新奇的体验。中目黑高架桥下的空间开发，不仅提升了这一片区的商业收入，而且更重要的是，将原本没有被利用的空间打造成了社区活力中心，提升了城市形象。

（三）成都方所书店

成都方所书店位于太古里商区的负一层，紧邻大慈寺。大慈寺被认为是玄奘去西天取经的发源地，设计师朱志康从这个典故出发，以千年之前人们为了寻求智慧而不辞劳苦来隐喻方所书店。书店位于负一层，就像所有的智慧被藏在大慈寺下，直到方所出现才被挖掘出来。因此就有了一个创造埋藏已久地下传奇“藏经阁”的想法：大切割面的水泥柱，阁楼的藏书柜，穿越书柜中间的空桥及猫道。所有的材料都以最原始朴实的形式呈现（图 8）③。

成都方所书店一共有两个入口，一个位于西面服饰区，另一个位于项目中部，从地面经电梯下至书店。设计师将衔接地面与书店的电梯赋予了“时光穿梭机”的概念，一段封闭的下降之后进入豁然开朗的世界。像是体会进入山洞时穿过神秘隧道，再看到主圣殿空间的惊奇。

在书店的空间设计上，设计师设定了“传奇”“圣殿”“窝”这样三个概念[7]。“传奇”对应着空间中的星球、星座元素，寓意追求星辰、探索未知；“圣殿”对应着 9m 挑高，硕大的水泥柱，给人进入圣殿看到希望般的感动；“窝”是四川人的一种休闲态度，对应着空间许多可以坐下来的角落。通过精心安排，设计师将原本处于地下的劣势空间创造成为一处引人入胜的城市名片。

（四）重庆老同学歪馆火锅

“老同学歪馆火锅”因电影《火锅英雄》的热映而引起广泛关注，其原名为“歪馆良心老火锅”，它只是电影中同名火锅店的一部分。在《火锅英雄》这部电影中，许多经典桥段反复出现在老同学洞子火锅店，而后带动了大量慕名而来消费的游客。

老同学歪馆火锅地处于江南体育馆下穿隧道内，入口位置并不显眼。为了让消费者更清楚地定位，从进入隧道开始，沿途的柱子上都贴满了“火锅英雄拍摄基地”等宣传张贴画，既起到了方向引导作用，也让人开始进入一种电影中场景

---

① 参考筑龙网对该项目的报道：http://bbs.zhulong.com/101020_group_300185/detail19182438

② 参考第一财经周刊对该项目的报道：http://www.cbnweek.com/articles/normal/15673

③ 参考谷德对该项目的报道：http://www.gooood.hk/fangsuo-book-store-chengdu.htm

a. 商店

b. 运动场

c. 戏水池

图6　荷兰A8高速公路公园实景
来源：https://www.architonic.com/

a. 小吃店

b. 书店

c. 花店

图7　中目黑高架下实景
来源：https://number333.org/2016/11/23/nakameguro-koukashita/

a. 大切面水泥柱

b. 入口

c. 儿童区

图8　成都方所书店实景
来源：https://www.gooood.hk

a. 临近火锅店的水泥柱上的宣传面

b. 室内空间

c. 电影剧照

图9　老同学歪馆火锅店实景

的憧憬。由于原有防空洞面积紧张，能够容纳的顾客十分有限，老同学洞子火锅在人行道与防空洞之间加设了玻璃顶棚。

整个火锅店最大的特色是处处都充满了《火锅英雄》的电影元素，大幅电影剧照，老板与演员的合影，以及这处防空洞本身都成了它的卖点（图9）。在隧道下的防空洞内吃着火锅，想象着电影中的场景，不同的惊奇、怪异、穿越与趣味相互交织，形成非常独特的空间体验。

三、剩余空间激活策略

对剩余空间的活化利用涉及土地权属、结构安全等多方面的制约。本文讨论的前提是在满足这些基本制约条件的前提下，如何通过设计来提升空间活力。尽管讨论的四个案例能够取得成功的关键各不相同，但总体仍有一定趋势。在现场调研和案例研究的基础上，本文提出以下4点激活策略：

（一）整合场地资源，融入城市系统

城市剩余空间往往孤立于城市活力网络，对剩余空间的活化利用首先需要在城市设计层面进行宏观调整，从不同方向连接被遗忘的场地。荷兰A8高速公路公园通过场地设计，使得原本被割裂的社区被重新连接起来，原本处于城市活力断裂带的桥下空间成为连接两侧社区的纽带。在成都方所书店这个项目中，连接地面与书店的电梯成为整个项目最惊艳的手法之一，通过一个具有神秘感的过道，大大增加了将顾客从地面吸引至地下的魅力。

（二）改善物理环境，提升视觉形象

良好的环境品质更容易获得市民的认同感，并自发参与到环境中的活动中去。对于城市剩余空间，一方面要消除其本身相对于普通城市空间的不利因素，如：高架桥下、防空洞内增加照明、通风等设备；另一方面需要加强细部优化设计，如：通过明亮色彩来消除桥下空间给人阴暗的心理感受。

（三）功能策划，契合周边社区文化

一处空间所发生的活动很大程度上是由其功能策划决定的，运作良好的社区往往具有混合功能。对于高架桥下空间，根据空间尺度可以进行不同的功能划分，如净空较高的可用作体育用地，净空较低可用作商铺、餐饮店、杂货铺、手工作坊等，净空过低的则可用作停车；对于防空洞内空间，则主要考虑对景观要求不高的功能，如：书店、手工作坊，主题酒吧。通过主题策划，如：美食、创意产业、体育公园，能够促进其整体效应，加速传播。在主题策划同时，也应当注意多样性这一原则，避免过于同质化。相对于自发形成的商业消费，政府和设计师有意识地引导和设计往往能够起到事半功倍的效果。

（四）场所感营造，打造独特空间氛围

无论是高架桥还是防空洞，应当注意到，它们本身都具有非常独特的空间形式。在前述三条策略得到较好实施的情况下，它们已经具备了较高的辨识度。通过对材料、结构故意的暴露，还原场地真实的氛围，再叠加以城市功能，高架桥下、防空洞内都比普通城市空间更有独具一格的天然特色。场所感的营造不仅关注物质实体，也关注物质之外的空间氛围，声音、温度、节日活动、人与人之间的关系都会对空间的氛围形成影响。这些氛围一方面需要空间作为其载体，另一方面也需要空间管理者对空间的精心维护。

四、结论与讨论

在新常态背景下，我国城市建设进入精细化城市设计阶段，关注重点从物质形态转移到社区活力的建设[8]，在创造空间的同时，实现社会公平、文化创新等多方面的同步复兴[9]。城市扩张阶段，在急功近利和短视主义驱动下所造就的城市活力网络还存在着诸多缺陷。对剩余空间的价值挖掘，不仅在于更高效利用土地，剩余空间还有潜力去弥补、修复这些城市网络。

高架桥、防空洞等剩余空间尽管目前没有得到有效利用，但从国内外的优秀案例来看，正是由于其独特的空间形式，能有效区分开一般城市空间，如果加以精心设计改造，能够创造独特的空间体验，具有成为社区活力中心的潜力。

“剩余空间”之所以被“剩余”，往往也存在法规政策等方面原因，如所有权、土地性质。[10]要利用好城市剩余空间，不仅需要设计师的努力，还需要得到政府的政策支持。此外，对城市剩余空间的利用还应充分考虑公众意见，让剩余空间开发不只是自上而下的“设计”，还有自下而上的“参与”。

参考文献：

[1] 杨震．范式·困境·方向：迈向新常态的城市设计 [J]. 建筑学报，2016(02):101-106.

[2] 张京祥，赵丹，陈浩．增长主义的终结与中国城市规划的转型 [J]. 城市规划，2013(01):45-50.

[3] 邓浩，宋峰，蔡海英．城市肌理与可步行性——城市步行空间基本特征的形态学解读 [J]. 建筑学报，2013(06):8-13.

[4] 李怀敏．从“威尼斯步行”到“一平方英里地图”——对城市公共空间网络可步行性的探讨 [J]. 规划师，2007(04):21-26.

[5] 扬·盖尔．交往与空间 [M]. 何人可，译．北京：中国建筑工业出版社，2002.

[6] 吴昊．山地防空洞空间多义性利用研究 [D]. 重庆：重庆大学，2013.

[7] 朱志康．传奇——成都方所书店 [J]. 室内设计与装修，2015(05):28-33.

[8] 刘祖健．城市设计在城市更新中的作用和方法——以深圳为例探讨如何以精细化城市设计推进城市更新 [J]. 城市建筑，2016(2):50.

[9] 杨震，徐苗．城市设计在城市复兴中的实践策略 [J]. 国际城市规划，2007(04):27-32.

[10] 刘可南，李亮聪，苏杭．剩余空间——一种关键词叠合的空间研究框架 [J]. 时代建筑，2017(01):134-139.

快速城镇化中小城镇建筑外墙面宣传设计的传统传承与创新
——以武汉金口古镇为例

刘晖[①]，钱俊超[②]

摘　要：本文通过武汉金口古镇的建筑外墙宣传设计现状调研，分析当前小城镇建筑外墙宣传设计中的问题，并结合中国传统外墙面艺术设计手法，尝试针对小城镇低层建筑外墙面宣传设计，提出既有传承又有创新的设计思路及方法。

关键词：小城镇，外墙面宣传设计，传统墙面艺术

小城镇处于农村之头、城市之尾，在城乡发展中具有承上启下的作用，是新型城镇化、城乡统筹发展的重要一环。近年来，我国不断推进新型城镇化，小城镇的重要性也一再被强调。伴随这一趋势，小城镇居民不得不面对生产生活方式的快速变迁，审美意识也在不断变化、提高，因此亟须为小城镇居民寻找新的精神依托和政策理解。在这样的背景下，小城镇建筑外墙宣传展示的重要作用愈发显现。

建筑外墙面直接与居民日常生活接触，是公共宣传展示的最佳载体，也是宣传设计最需要关注的建筑界面。本文将关注小城镇外墙面宣传设计，以武汉市金口古镇为例，从中国传统外墙面艺术设计手法中汲取营养，探索如何解决快速城镇化过程中小城镇外墙面宣传设计不合理导致的墙面杂乱、地域特色丧失等问题。

一、现状与问题

金口古镇位于武汉市江夏区金水河与长江交汇处，因水路畅通，百货聚集，素有“黄金口岸”之称。始于吴黄龙元年吴孙权筑沙羡城，堪称武汉最早的城。清同治八年设金口镇。今金口古镇还保留后湾、后山两条老街，较好地保留原来的格局与风貌。

通过对这座典型城郊小城镇的调查研究发现，小城镇外墙宣传设计的现状具有内容多样、分布广泛的显著特征；同时调研还发现，目前小城镇外墙宣传设计存在形式结构单一、地域性缺乏两个严重问题。

（一）小城镇建筑外墙宣传内容多样

在以金口古镇为代表的小城镇中，宣传设计以贴近居民生活、符合居民精神文化需求的内容

① 刘晖，华中科技大学，副教授。
② 钱俊超，华中科技大学，硕士研究生。

为主。根据宣传内容不同，可以分为文化类、政治类、广告类、新闻类等四种类型。

根据调研结果统计，仅金口镇花园社区、杨园社区和二道堤社区3个社区68面临街建筑外墙上，各类宣传展示就达到322处。其中，与社会主义精神文明建设、树立社会主义核心价值观息息相关的文化类宣传数量达到171处，占总数的53%；政治类和新闻类宣传数量相同，均为68处，各占总数的21%；广告类宣传（不包括商业店铺张贴广告）最少，仅有15处，占总数的5%（图1）。

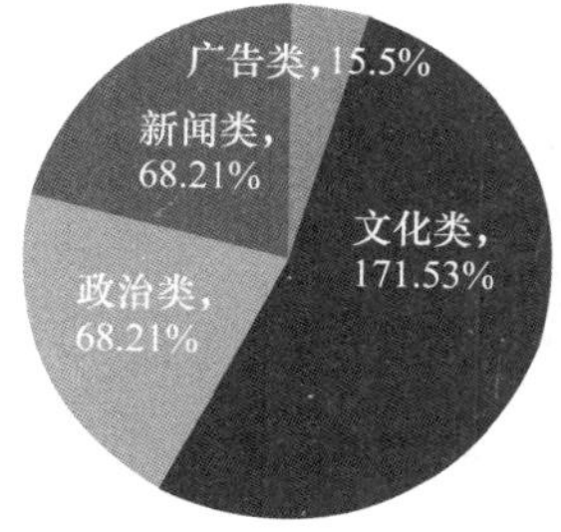

图1　金口镇各宣传类型占比饼状图

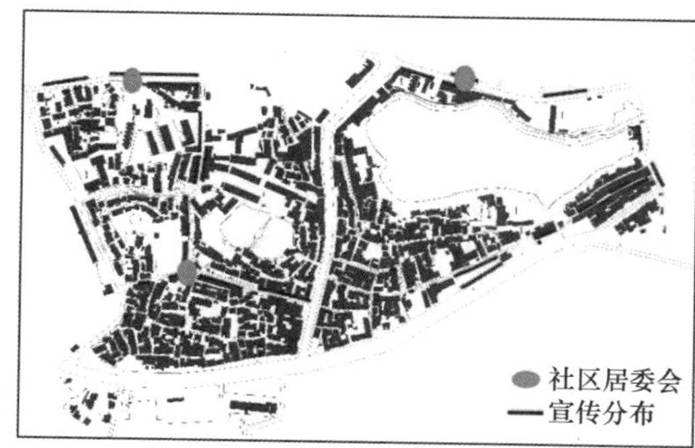

图2　金口镇宣传设计分布图

（二）宣传外墙分布广

金口古镇主要街道两侧建筑外墙宣传分布如图2所示，可见其分布遍及整个古镇。这一现状一方面反映出小城镇对于外墙宣传的巨大需求，另一方面也提醒我们，对于不同位置的外墙应区别对待，如街道两侧的连续外墙面可以大面积布设相互联系的宣传展示、重要公共空间节点的外墙面和主要街道交叉口可以作为宣传重点等。

（三）宣传外墙的形式建构单一

目前小城镇的宣传设计需求量很大，但是形式单一，普遍为打印海报，张贴在墙上或布置在临时加建宣传栏中。其主要问题有两点：首先，布置方式缺少与建筑立面的呼应，比如，最常见的矩形海报，布置在正立面时缺少与门窗的呼应关系（图3）；而布置在山墙面时，其垂直交接外框与山墙斜边之间十分突兀（图4）；许多宣传展示盲目学习园林中的六边形景窗造型，却密集布置，观感很差。其次，宣传图案难以融入建筑立面整体造型，绝大多数宣传图案仅以打印海报的形式贴在实墙面上，尽管偶尔包含一些窗棂、槅扇等建筑图样，但其本质只是一种平面化、机械化的装饰，无法从材料、质感、手法上融入为建筑的一部分。

图3　金口古镇某民居正立面

图4　金口古镇某民居山墙面

（四）宣传外墙缺乏地方特色

金口古镇具有悠久的历史，因地理位置而兴起，其文化也自然具有地域性的诸多特征。但在调研过程中发现，金口古镇上的外墙宣传展示，从形式、内容、布设方式等方面，均与其他地区外墙宣传展示无异，甚至大多直接照搬。原本特色明显的古镇风貌，却被千篇一律的外墙宣传展示打乱，这一方面不利于古镇文化的延续，另一方面也不利于古镇的对外宣传与旅游业发展。事实上，笔者近年走访两湖地区众多古镇村落，发现这一现象十分普遍，已成为小城镇外墙宣传设计当中亟待解决的一项严重问题。

二、传统外墙面艺术设计与传承

传统建筑墙体形式很多，装饰手法众多，其应用场景及应用方式也形成了各自的特色。建筑外墙面在发挥其保温、隔热、维护等基本使用功能的同时，其装饰功能为传统建筑增色不少，许多装饰工艺、构造形式和题材本身就体现了我国传统文化，在当下具有很好的文化宣传价值，尤其对于快速城镇化过程中，原有村镇建筑的存留与特色创建具有可操作的示范推广作用。而只要巧妙利用不同传统外墙面艺术处理手法，在外墙面上的政治类宣传和新闻类宣传也同样可以和建筑相得益彰，并彰显特色。

对于中国传统建筑外墙面的艺术设计手法，以刘敦桢、梁思成等为代表的老一辈建筑学家发表的《中国住宅概论》《中国建筑史》等著作，提供了大量有价值的图文基础类型，华南理工大学教授陆元鼎《中国传统民居与文化》一书中，收集了大量精美图像，将中国传统建筑装饰做了系统概述与总结[1]；清华大学楼庆西教授专著《乡土建筑装饰艺术》则从乡土建筑装饰内容、材料、色彩、艺术创作等方面进行了图文并茂的阐述[2]，河北师范大学崔贺亭教授年出版《中国传统建筑墙、地界面装饰艺术》，书中重点对构造形式、装饰图案构成、装饰色彩配置以及施工工艺等多方面总结，内容翔实[3]。

在上述相关著作文献中，学者们对传统建筑墙面艺术处理的探讨，主要集中在墙心、墙沿、墙顶等部位，这些部位直接对外展示，且结构地位相对较低，便于进行多种多样的装饰和艺术处理[4]。如何借鉴中国传统建筑外墙面的艺术设计手法，以满足现代宣传设计需求下，确实值得我们思考。下文从墙体造型方式、墙面装饰两方面尝试提炼新的设计思路和方法。

（一）墙体造型方式及其启示

中国传统建筑墙体材料主要有土、石、砖，综合砌法、外观形象、装饰、功能等各方面因素，可以将中国传统墙面造型类型分为包框墙、花式砖墙、山墙、封火墙、扇面墙、廊墙、马头墙、干摆墙、影壁等[5]。

现代宣传设计要求内容广、题材变化快、媒体材料多样，要求墙面面积大、位置突出、构造方便，因此，在上述外墙造型类型中，墙面艺术手法丰富、适合现代宣传要求的墙主要有包框墙、花式砖墙、山墙等。

1．包框墙

包框墙分硬心包框墙和软心包框墙。软心包框墙是用砖或石砌筑墙体的上下左右的边框部位，形成一个外框，墙体中心部位再用土版筑或土坯砌筑。硬心包框墙是在壁心用石材或方砖贴面[6]。

包框墙产生的初衷是外框材料坚固起支撑作用、土心墙可以节约材料和资金。墙的壁心无疑为作为宣传展示提供了绝佳的位置，既不会有损结构，又可以采取灵活的形式。在小城镇保护规划和建筑改造中，可以结合墙体宣传展示不同内容和不同媒介，通过材料变化使墙的壁心不仅形成宣传展示样板，也创造出和小城镇整体风貌和外墙面有机结合的新形式。

2．花式砖墙

花式砖墙，俗称“花墙”，是在墙体漏空部位用砖瓦等砌成各种花样，或是将整面墙都做成漏空花样，有的先烧好花式砖，然后砌筑成花墙。根据漏空部位多少、大小、位置，花式砖墙分为漏砖墙、漏窗墙、砖花墙等形式[6]。传统花式砖墙多设在园林或院落之中，墙体漏空部分使空间隔而不断（图5）。除了本身非常美

图5　花式砖墙的当代应用
来源：http://www.archdaily.cn/

观、花样赏心悦目之外，其透空部分往往能强调出墙后面的景致。

一方面，花式砖墙的建构形式本身就带有强烈的传统文化韵味，随着现代建造技术和建造材料的发展，花墙的花式不仅限于用砖来砌筑，还可以用混凝土或其他材料浇筑，花式砖墙自身丰富多彩宣传展示了传统建筑文化的现代审美和价值。另一方面，花墙背后作为宣传设计的重点，达到欲盖弥彰的宣传效果。借用园林里的借景手法，适当将一些很鲜艳的或者与整体立面风格迥异的宣传内容布置在花墙后面，也可以达到宣传风格的要求，也不至于使这些宣传内容破坏建筑外观的整体风格。

3. 山墙

一般来讲，小城镇山墙的地域性特征很强，不同地域的山墙不尽相同，特色鲜明。比如最常见的三角形山墙，呈屋面层层叠落的叠落山墙，徽派建筑的马头墙，广东、福建的五行山墙等等。山墙往往数量多，造型不规则、特点鲜明，山墙的宣传设计往往就应警而慎之，注意小城镇整体特色。但是如果处理得当，注意系列山墙建构形式和宣传内容上的统一和完整、重点突出、比例协调，反而可以突出特色（图6）。

山墙往往占据了一个建筑最突出位置，对建筑整体形象影响十分显著。像马头墙这样的山墙，其本身已经具有丰富多变的造型特征，在进行宣传设计时，应特别注意与墙面造型、色彩的整体协调，避免破坏建筑本身的风貌。

传统建筑山墙有两个重要的部分：墀头和下碱。下碱是山墙下部，大概占整个山墙的

图6　金口古镇某山墙面的文化类宣传设计

1/3。因观赏视线功能等原因，在民间很少用作宣传展示。墀头处在山墙比较显眼部位，历来都特别注重装饰，装饰内容也丰富多样，特别以砖石浮雕为主，且浮雕内容多为人物典故、吉祥图样等，本身就有宣传展示作用（图7）。当代宣传设计也可以利用墀头，将宣传内容以浮雕的方式嵌在墀头上，既不会破坏建筑整体形象，又起到足够的宣传作用。这一做法在老建筑改造过程中尤其适用。

图7　传统硬山建筑的墀头
来源：http://blog.sina.com.cn/ckhlds

（二）墙面所用的装饰饰面

传统建筑墙体饰面装饰主要是为了审美的需要和精神上的满足。主要饰面方式有素面饰面、壁画饰面、浮雕饰面、字画装饰、绿化饰面五类。其中壁画饰面、浮雕饰面与字画装饰，运

用于现代装饰表现材料和手法，对小城镇外墙面宣传设计的启示作用尤其明显。

1．壁画饰面

壁画饰面专门针对墙面绘画装饰，形象写实，主体性较强，表达直接，形象、构图、色彩随内容而变化。用壁画装饰墙面有悠久的历史，壁画题材也多种多样。

从20世纪六七十年代大字报，到八九十年代改革开放口号，再到21世纪宣传标语，加之更具艺术特色的儿童涂鸦，当今年在轻人中流行的墙面彩绘，都以壁画形式展现。从原始社会的岩壁画开始一直延续到了现在。不同于与冷冰冰、机械的打印宣传画，壁画更具有活力和生命力。

目前在小城镇中，对于传统美德的宣传，经常采用和当下社会现实紧密结合的一个小故事配图宣传，只是基本采用打印，表现方式简单，具体到小城镇墙上少了一份地域环境的依托，缺乏亲切感。外墙壁画在创作时都融合了创作的体验和情感，融合了对不同墙面背景的考量，加之现代壁画艺术的运用，无论从宣传效果还是建筑外墙形式上都易给人耳目一新又入乡随俗之感。例如，虽然适当的儿童涂鸦在绘画技巧和图面效果上没有打印配图漂亮，但是拙萌而富有情趣的涂鸦，融入了小城镇居民自己故事，给人亲切、真实而自然。因此在靠近学校、幼儿园及文化场所附近提供一些品味高尚、形式让青少年喜闻乐见的涂鸦墙。

2．浮雕饰面

浮雕是雕塑与平面绘画结合的一种艺术形式，在具有一定厚度的平板上雕刻，呈现一种半立体的形象效果。中国传统外墙面用浮雕进行装饰形式较为常见，多用于影壁墙壁心、门墙的门头、门券、廊墙的墙心、山墙的山尖、墀头、檐墙的檐下等等[7]。

浮雕题材很广泛，材质也多种多样。但是浮雕制作工艺比较复杂，成本较高。在现在宣传设计中不适宜广泛使用。不过由于浮雕精美，在一些小城镇广场、街道交叉口等重要景观、空间节点位置处的建筑外墙面或建筑小品景墙的宣传设计上运用，可以起到画龙点睛的效果。

3．字画装饰

中国传统建筑字画指书法、篆刻和传统国画。用字画装饰墙面，可以增强环境文化品位。字画装饰特别适合小城镇文化类和政治类宣传。目前建筑外立面比较常用宣传手法其实是字画装饰的变体。但是打印形式的字画完全失去了古代字画的艺术韵味，因而很少有人去关注。解决此问题，一是字画装饰可以让更多村民参与。在许多小城镇，爱好书法、字画的中老年人不少，也乐意展示自己的作品，并和其他书法字画爱好者交流。对金口古镇的调研发现，镇上有一些爱好书法的老人，在人们聚集的活动室、市场等地都设有专门的店面写字。近几年，从农村走出的农民画家也越来越多，虽然他们从未接受学院美术教育，可是他们生活在农村和小城镇，对这里的人和事，满怀情感，他们的画更多地表达了对农村及小城镇的感情，更接地气。二是采用新型媒体与外墙面结合，形成新颖醒目、宣传内容充实的方式，以便给小城镇居民提供更多的社会信息和日常信息，除传统的报刊栏，还主要借助新媒体新广告的电子媒体的表现进行墙面装饰，其中对外墙的光影、光线和实现设计、设备预留安装在外墙设计中成为关键要素。

三、借鉴传统，推陈出新

传统建筑外墙面艺术设计手法为小城镇外墙面宣传展示设计提供了多样思路，宣传设计较传统形式也更加丰富。

首先，可以借鉴传统园林中的借景手法，将与外立面风格迥异的宣传内容隐藏在墙体后面，预扬先抑。墙体采用花墙、景墙的处理方法，通过对花墙和景墙的加工和新颖的建构形式，吸引人们的注意力，从而让人们关注到景墙后面的宣传内容。

其次，利用材质变化突出宣传的重点，比如包框墙和山墙，根据墙体构造的需求，包框墙的墙面呈上下布局，往往呈现围合式设计，墙心成为展示重点；山墙宣传设计需要结合山墙的具体形式布置，而不能随意布置在墙面中央，同时可以结合当下新材料和数字媒体的运用，巧妙利用墙的壁心做文章，例如利用数字信息技术的互动外墙设计，在特定场所创建娱乐、生活和学习的社区交流空间，一方面为参与者提供交流的平台，另一方面也能凸显政府政务开明的时代特色。

最后，宣传设计应该发挥灵活性，积极引导小城镇居民参与到宣传展示设计中。这将使小城镇外墙面宣传展示更加生动，富有生命力。要做到这一点，既要收集居民的意见，又要充分发挥墙面展示作用，让其为展现村民爱好和提升文化品位服务。中国传统文化不仅限于中华美德，篆刻艺术、剪纸文化、中国字、中国画都可以通过墙面这个载体呈现出来。随着中国老龄化加剧，小城镇老年人越来越多。合适的引导，让兴趣广泛、时间较充裕的老年人成为创造墙面艺术、打造小城镇形象窗口的主力，既改善了老年人生活状态，又能创造富有地域特色的墙面宣传。

值得注意的是现代墙体的构造、建筑材料不同于传统墙体，在具体借鉴传统外墙面艺术精髓时，更加强调因时因地做到墙体空间环境、材料构造、质地、纹样、肌理和和视觉造型，经过独具匠心的艺术处理，使之与宣传内容、手段和谐统一中求得变化，凸显小城镇的地方文化特色。

参考文献：

[1] 陆元鼎 . 中国传统民居及文化 [M]. 北京：中国建筑工业出版社 ,1991.

[2] 楼庆西 . 乡土建筑装饰艺术 [M]. 北京：中国建筑工业出版社 , 2006.

[3] 崔鹤亭，崔轩 . 中国传统建筑墙、地界面装饰艺术 [M]. 北京：机械工业出版社 , 2009.

[4] 朱广宇 . 图解传统民居建筑及装饰 [M]. 北京：机械工业出版社 , 2011.

[5] 王峰 . 中国传统建筑墙面装饰研究 [D]. 苏州：苏州大学，2009.

[6] 王峰 . 中国传统建筑墙体装饰的手法及特点 [J]. 美术大观 ,2012 (04):66-67.

[7] 张峰 . 试论现代建筑装饰设计中传统手法的应用 [D]. 山西：山西大学美术学院，2007.

地域文化如何承载被动式可持续设计
——以新加坡居住建筑为例

赵秀玲 ①

摘　要：新加坡居住建筑的适应性主要受两个因素影响：气候因素和文化因素，两方面综合体现在居住建筑可持续设计上的特质尤为显著。居住建筑是居民日常使用最直接的空间，使用需求的可持续，需要在建筑空间上最大程度地适应其地域气候和文化。被动式可持续设计是实现这一目标的有效手段。分析居住建筑在传统与现代文化时空背景下，如何智慧的承载被动式可持续设计，对研究该地域建筑文化的延续与继承具有重要意义。

关键词：新加坡，地域文化，被动式可持续设计

"建筑学涵盖的内容不仅是为人们提供气候遮蔽所，更多是创造某种社会和象征空间——映射和铸造设计者和居住者世界观的空间"[1]。新加坡居住建筑在特殊的地域气候和文化背景下，被动式可持续设计与地域文化的有机结合，形成了独具特色的建筑模式。

一、新加坡居住建筑的地域性特征

（一）基于地域气候的特征

新加坡地处北纬 1°，常年湿热多雨，属热带性气候。新加坡年平均气温为 26.8℃，年平均降雨量为 2378mm。全年分为东北季风季（12 月至次年 3 月）和西南季风季（6—9 月），其他月份为过渡季节。东北季风季以东北风为主，风速可达 20km/h。12 月为多云季节，1 月常伴有午后阵雨，1、2 月风速有时可达 30~40km/h。西南季风季主导风向为西南风或东南风，午间常有阵雨。没有明显的干湿季节，最大雨量出现在 12 月和 4 月，2 月和 7 月相对干燥[2]。

典型的地域气候，需要在居住空间中最大化利用有利因素，同时避免不利因素。缓解湿热气候的有效手段为通风和遮阳，通过被动式设计，可以有效减弱不利气候条件的影响，延长居住环境的舒适性时长。热带气候对植物生长非常有利，因此立体式绿化成为新加坡地域气候条件下的显著特点之一。

（二）基于地域文化特点的特征

新加坡人口构成的种族和移民特征，形成了新加坡社会的多样性和包容性。基于种族融合和家庭融合的地域文化，对居住建筑的可持续设计具有深入影响。

1. 种族融合

由于历史原因，新加坡居民由多个不同宗教的种族构成，根据新加坡贸工部统计局 2016 年

① 赵秀玲，苏州大学建筑学院讲师，同济大学建筑与城规学院博士在读，zxl0401@163.com。

统计数据，新加坡居民的种族构成为：华族人口占总数的74.3%，马来族占13.4%，印度裔占9.1%，其他占3.2%[3]。新加坡被公认为成功处理多元民族共处社会的范例。

20世纪80年代，新加坡人倾向于通过族群选择居住社区，政策制定者担心这样会形成飞地（enclave），即华人聚居区或者马来人聚居区。因此制定了“配额制”政策，即为避免出现单一族群聚集，要求每一栋组屋都要有不同的族群居住。政策制定的目的是在多元族群共处的社会中，促使华人、马来人和印度人比邻而居。“配额制”确保了组屋各族群的居住人口比例与全国水平大致相当。在组屋区，一层空间架空，架空的空间不仅用于交通，更为居民提供了居民日常交往与各族群各类社交活动的灵活空间。

2．家庭融合

家庭观念是亚洲社会的传统观念，现代社会的居住模式正迫使大家庭共同居住的传统日益淡化。社会老龄化日益严重，新加坡贸工部统计局数据显示2016年，65岁及以上的居民占总人口的12.4%，比2015年的11.8%明显提高。老年供养比近年也呈现出逐年降低的显著趋势（表1）。2010和2015年两次统计数据中，平均家庭人数分别为3.5人和3.39人[3]。在可预见的未来，老龄化迅速加剧和家庭人数减少成为显著趋势。

新加坡近年老年供养比例[3]　　表1

老年供养比*	2000	2010	2015	2016
15～64岁	9.9	8.2	6.2	5.8
20～64岁	9.0	7.4	5.7	5.4

*老年供养比是指居住人口中某年龄段劳动人口与65岁及以上人口的比值。

老龄化预期的持续加重，以及大家庭同堂共居的传统文化，促使居住建筑在设计上随之创新。基于此，及对可持续和舒适性的深入理解，新加坡已经在居住建筑中实践新的居住模式，以体现舒适、节能和创新设计——多代同堂居住单元。通过这样的可持续设计方法，不仅有效地承袭了多代家庭共同生活的地域文化，同时也为年青一代提供了更为私密和独立的生活空间。

二、新加坡地域文化语境下的居住建筑被动式可持续设计应对策略

被动式可持续策略是指使用被动式设计的方法实现可持续的环境空间，它不仅包括一般意义的通风、遮阳、绿化、水体等被动式设计手段，还包括运用空间设计的创新，体现未来空间重制的灵活性，从而实现居住空间的可持续发展。

新加坡政府，一直秉持社会公平和实用主义原则，建国五十多年来，取得了世人称赞的成果。尤其在解决公众住房方面，成绩斐然。建屋发展局（HDB）自20世纪60年代开始的大量政府组屋建设，不仅解决了国民的居住问题，同时营造了优良的居住环境。政府组屋在新加坡居住建筑中占有绝对比例。统计局统计数据显示，在2015年居住类型一项，80.1%的居民居住在政府组屋（HDB）中，13.9%居住于公寓住宅中，5.6%居住在有地地产中[3]。

新加坡特有的地域文化环境，对居住建筑形成了潜移默化的影响。作为花园城市国家，在极为有限的国土面积中，要解决高密度的居住问题，新加坡采取了巧妙的空间利用方式。通过对公共空间与私人空间的整合，达到了两者兼顾的目的。在居住空间的“内”与“外”处理中，尤其对共享空间和花园、庭院、步行道等分隔、联系空间，体现出多样的适应性策略。

（一）底层架空空间

多项研究结果显示，通过设计鼓励更多的居民户外活动，对社交、环境、健康和经济等多方面都具有积极意义[4-5]。

新加坡居住建筑底层架空的做法在20世纪70年代得到推广[6]。架空的目的是为居民提供会面、交流的机会，也用来进行社交、庆祝、葬

礼等社会活动。底层架空为居民提供了风雨无阻的交流空间，有效促进了居住环境的通风，改善了环境空间的采光。架空空间在社区联络和促进种族融合中扮演着重要角色，居民在此进行的休闲活动和社会活动，把不同背景、年龄和种族的人们联系在一起。现在，架空空间是年老居民、新移民出外散步交流，以及社区委员会举行社区活动的主要场所。

随着社会发展，底层架空空间逐渐演进成为新组屋设计的特色，架空空间的功能也日益丰富，乒乓球台、象棋桌、自动售卖机、摄像监视、心脏自动除颤器、广告牌等设施都配备在架空空间中。此外，一些架空区还曾设置有社区儿童图书馆、游乐场等。邻里便利店、社区警察局、幼儿园、社区委员会等也常常利用住宅下的架空层空间设置（图1）。

图1　架空空间的儿童游乐场
来源：新加坡国家遗产局社区遗产丛书（电子版）：架空空间 Community heritage series iii: void decks. National Heritage Board's E-Books Collection. National Heritage Board,2013

（二）融入式绿化

热带性气候为多样绿化提供了优势，新加坡居住建筑的绿化整合设计，显示出其特有的地域特色。在新建的居住建筑中，融入式绿化已成为整体设计中不可或缺的要素。

1. 高层住宅

高层住宅解决了大量的居住需求，但常给人钢筋混凝土森林之感而脱离自然。在新加坡，高层居住建筑被视为进行可持续设计的机遇，在高层住宅中不断强化与自然的多角度联系，把墙体绿化和空中花园与居住空间穿插结合，实现了居于高处，仍可体验到传统庭院的场景。

近十年，新加坡关于总建筑面积的相关规范在一定的条件下逐渐放宽，从最初的不鼓励设置任何形式的阳台，到半围合的室外空间，再到现在，鼓励比之前室外空间大2~3倍面积的空中平台，逐步实现了“花园城市”的居住环境。

欧理福公寓（oliv apartment）设计中，建筑师将传统的庭院绿化通过一条“折纸状”绿廊融合在各层居住单元之间（图2）。基于增大绿化空间的前提是使其具有公共交流性质的要求，在设计中将室外平台供相邻两户单元共享，使每户的绿化平台面积相当于增加一倍，而通过绿化遮挡和阳台进深，同时保持了每户良好的私密性（图3）。

图2　欧理福公寓绿化

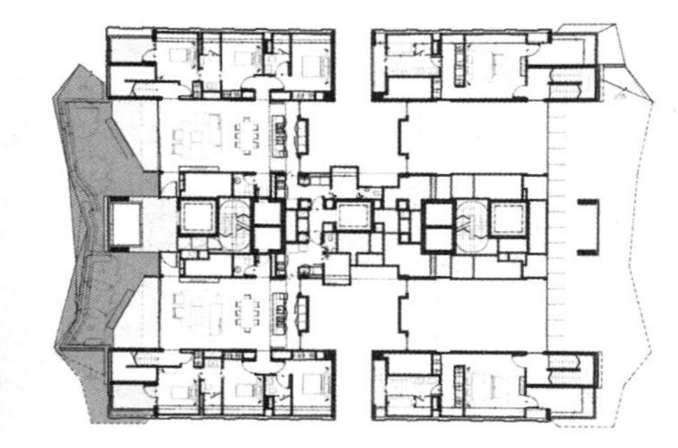

图3　两户共享的空中绿化平台
来源：Sustainable Luxury: The New Singapore House, Solutions for a Livable Future [M]. Paul McGillick, Ph.D. Tuttle Publishing, 2015

高层建筑通常仅被作为人们看向周边景观的视点，该设计则尝试把高层居住空间本身作为周围环境的垂直景观要素，使建筑与绿化互融其中（图4）。

2. 低层住宅

低层住宅绿化常为庭院模式，但巧妙的绿化设计不会局限于传统的绿化种植，而是充分结合居住者的需求和原有的环境特点，将绿化与

图4　欧理福公寓剖面
来源：Sustainable Luxury: The New Singapore House, Solutions for a Livable Future [M]. Paul McGillick, Ph.D. Tuttle Publishing, 2015

建筑融为一体。将场所中的绿化要素赋予更多的意义，使其具有符号性、感知性和情感性[7]，“树之屋”则是这样设计的典例。

“树之屋”将本属于户外的树邀入室内，将其视为家的重要成员，赋予其更多的情感含义（图5）。这里的“树”不仅联系室内三层空间，还可以缓解屋顶射入室内的强烈阳光，并与其他室内外绿化一起为居住者营造出“亦内亦外”的花园生活（图6）。在这样的融入式绿化设计中，居住与绿化都不再是独立的存在，而是将两者共同融入到生活中的四维空间，呈现出可持续性更广义的含义。

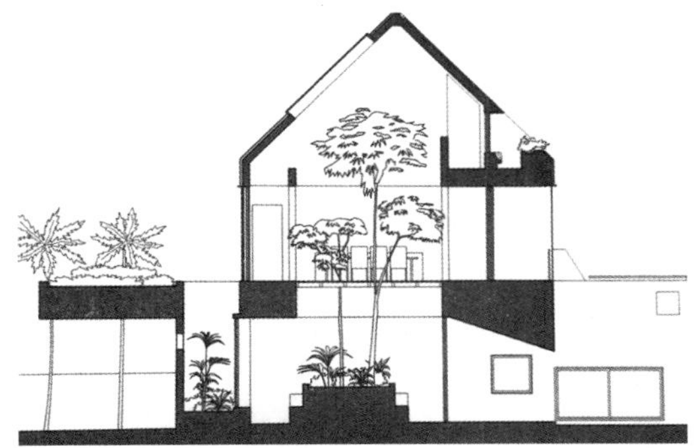

图5　树之屋剖面
来源：Sustainable Luxury: The New Singapore House, Solutions for a Livable Future [M]. Paul McGillick, Ph.D. Tuttle Publishing, 2015

图6　一层空间、二层空间与树
来源：Sustainable Luxury: The New Singapore House, Solutions for a Livable Future [M]. Paul McGillick, Ph.D. Tuttle Publishing, 2015

（三）多代同住空间创新

家庭是社会的基础，在“全球文化”侵入和自由、独立意识的提升背景下，可持续空间设计呈现出对家庭空间的适应性，即多代同堂居住单元。这一实践由政府主导，在经济型住宅组屋中推行。在组屋单元配置中，考虑多代家庭的居住需要，鼓励已婚子女家庭与父母相邻或相融居住，体现了对家庭发展的可持续考虑。

多代同堂单元不同于以往的成年子女与父母共居一户，而是在整合的居住空间中，设有各自独立的私密空间，并设有各自独立的出入口。同时，更大的灵活性设计体现在对未来的居住需要。一方面，通过设计为父母或祖父母提供居住空间，当子女成人，功能可以随之改变。与此同时，考虑到再售价值，使空间具有满足不同居住需求的可能。

杜生阁组屋（Sky Terrace @Dawson），获得了2015年新加坡建屋局最高设计奖，由新加坡SCDA建筑事务所设计，组屋包括65套多代同堂双层阁楼单元，可由成年子女家庭和年长父母配对申购，是解决家庭空间可持续的首创[8]。该单元将一套小型公寓叠在一套三卧室或四卧室大单元公寓上方。大单元公寓一层设有客厅、厨房、浴室和卧室，楼梯通向二楼另一间卧室和年长父母居住的小单元。小单元与大单元的二

图7　多代同堂大单元室内
来源：海峡时报网站
http://www.straitstimes.com/lifestyle/home-design/dawsons-skyville-and-skyterrace-projects-are-raising-the-bar-for-stylish

图8 多代同堂单元平面
来源：https://dawsonites.wordpress.com/2014/12/08/floor-plans-suggested-layouts-for-dawson-skyterrace/

楼有一道侧门相通，各自也设有入户门通向楼层走廊（图7、图8）。这样的设计使两家人能共享住在同一屋檐的方便，同时具有各自的私人空间。

三、结论

可持续设计不是选择，而是势在必行。从环境角度，可持续体现为节水、节能和土地优化使用等；而从社会角度，可持续设计则是基于了解认知社会文化的基础上，对社会现象提出创新的解决方案。

"居住空间从来都不是中立空间，它们都是基于这类或那类文化所构建"[1]，居住空间总是呈现出某种含义，这种含义即是物化空间的依托，也是空间的形成之源。新加坡居住建筑具有鲜明的地域性文化特色，从政府为居民提供的经济型住宅组屋，到舒适型住宅私人公寓，再到有地住宅，无不展现出对地域气候和文化的对话与继承。

新加坡居住建筑的地域文化是承载可持续设计理念和方法的成功典例，充分显现了其多样性和包容性的地域特点。

参考文献：

[1] Roxana Waterson. The living house: an anthropology of architecture in south-east Asia[M]. Singapore：Tuttle pub.2009.

[2] 新加坡国家环境署网站 http://www.nea.gov.sg/weather-climate/climate/singapore's-climate-information-data.

[3] 新加坡贸工部统计局人口趋势报告 2016 年数据 Population trends, 2016 ISSN 1793-2424. Department of Statistics, Ministry of Trade & Industry, Republic of Singapore.

[4] Whyte W H. City: Rediscovering the center [M]. University of Pennsylvania Press，2012.

[5] Hakim A A , et al.Effects of walking on mortality among nonsmoking retired men [J]. New England Journal of Medicine, 1998. 338(2): 94-99.

[6] 新加坡国家遗产局社区遗产丛书（电子版）：架空空间 Community heritage series iii: void decks. Book 3 of National Heritage Board's E-Books Collection. National Heritage Board,2013.

[7] Sustainable Luxury: The New Singapore House, Solutions for a Livable Future [M]. Paul McGillick, Ph.D. Tuttle Publishing, 2015.

[8] 联合早报网站,http://www.zaobao.com.sg/realtime/singapore/story20150922-529546.

转基因城市现象解读
——从长沙北正街的消亡讲起

伍梦思[①]，袁朝晖[②]，严湘琦[③]

摘　要：为协调城市快速发展与传统街区传承更新的关系，从生物学视角重新审视城市设计，提出“城市转基因”概念对城市复杂适应系统进行解读，从基因的角度细化解读城市基因，提出发展的多样化路径，对城市空间的显性资源与文化民俗等隐性资源进行整合，促进城市特点标识与整体空间环境有机融合，实现地域基因特质的延续传承。

关键词：转基因，城市有机体，特点标识，多样性，长沙北正街

简·雅各布斯(1961)在《美国大城市的生与死》中提出“多样性是大城市的天性”，城市的活力在于错综复杂并且相互支持的城市功能，形成丰富多彩的城市空间。一幅完整的城市美景由不同的相互作用的网络组成，这些网络各自在不同的尺度上发挥作用。尽管相互竞争且各具特性，但又必须在一个无缝的有活力的城市中彼此连通，默契配合。

“无数个人拥有制定规划和实现规划的自由，城市复杂而有序的秩序，其本身就是一种自由的表现。”

城市特色在于城市设计对城市地域文化与历史传统的表达，而城市空间中的众多的城市基因是城市历史印记和文化个性的结晶，整合城市基因是塑造城市形象特色的有效途径。随着城市规划建设从增量向存量的不断转变，城市形象的提升越来越受到关注。而城市本身就是一个完整的生态系统，演化过程具有动态有机的生态特征，伴随着生态保护理念的兴起，以生态学思想对待城市文化是城市设计发展的重要趋向。

一、城市的基因

基因很大程度上可以决定一个人的个性和体格，基因在生物学上的定义非常明确，是指有遗传效应的DNA片段，是控制生物性状的基本遗传单位。生物体的基本特征，由后代与亲代的相似性性状体现。基因通过复制把遗传信息传递给下一代，记录和传递着遗传信息，是生命的密码，但基因也能突变，疾病的绝大多数原因由此导致。城市在其漫长的生长发展历史与改造更新过程中，也可被视为一个有生命力的多维复合生态系统。

① 伍梦思，湖南大学建筑学院研究生，moes-wu@qq.com。
② 袁朝晖，湖南大学建筑学院副教授。
③ 严湘琦，湖南大学建筑学院讲师。

城市基因，是指代表城市特色和记录城市发展面貌的个体元素，它使所在城市具有鲜明的特征，既区别于其他城市，又使本地市民对城市的独特记忆得以延续。探究城市的基因能有效挖掘城市潜在的特质，使人们对城市的整体感知更加深刻。每个城市都有构成多样性的特质，特点标识在于城市设计对城市地域文化与历史传统的表达，而城市基因中的对应空间、肌理、建筑的显性，与对应文化、习俗、活动的隐性资源是城市历史印记和独特个性的结晶。

城市活力源于城市基因表达的多样性和特点标识的独特性。整体性容易产生子系统雷同和同质化，个体特性也可能会损坏整体效率的提高。

伴随每一次技术革命，人类都会以新的认知方式框构自然。20 世纪以来，随着生物基因技术的出与工具理性的驱动，人类获得了打破物种间固有边界并根据意愿重塑生物的能力——转基因技术由此发展。这项技术可以整合任何外源的基因，使之完美融合到植物、动物、微生物细胞中，达到人们所预期的功能效果。从自然环境方面来看，由于转基因作物是对外源性基因的导入，带有人类强制的主观性，改变了作物原有的基因结构，是人类创造的自然界并不存在的物种，可能会危及生物多样性安全。人类几万年的农耕文明能始终与地球和谐相处，但仅 300 年的工业文明就把地球资源消耗得差不多了。工业文明影响下的城市建设，机械化与效率化让城市面貌日新月异，但同时也因为转基因的强势影响，让城市的多样性日益变得无力抗争，逐渐衰退，多样性按人为意志向同一性转变。

转基因城市现象，则类比于利用分子生物学手段，人们通过城市基因的跨物种转移和遗传物质的改造，使城市有机体在性状、代谢和结构等方面向人类所需要的目标转变，从而形成的一类城市空间形态。正如生物学上的“基因漂流”，我国城市也正处于由此带来的转基因阶段。中国许多城市在汹涌的全球化浪潮中受到了巨大的影响，无论是公共空间的建设，还是人们的日常生活，都让人难以感受到与老城区的密切关联。自改革开放以来的 20 多年里，我国城市建设突飞猛进，城市化已经进入“加速阶段”。据数据统计，1992 年 7 月 1 日，矗立了 80 多年的济南标志性建筑——具有典型日耳曼风格、可与近代欧洲火车站媲美的济南老火车站被拆除；1999 年 11 月 11 日夜，国家历史名城襄樊的千年古城墙一夜之间惨遭摧毁；宁波保税区和开发区的建设使宁波的历史人文资源损失了 80%；20 世纪 90 年代，上海仅用 5 年时间就建成了两千多座高层建筑……

“转基因”的高效性让城市建设发展迅速，但其人为的主观性也破坏了城市原本的基因结构，“外源基因”的快速复制开始碾压城市基因进化的缓慢适应过程，同质化亦逐步取代了城市的多样性。

二、由北正街的消亡讲起

北正街，顾名思义，即古时北城门（湘春门）所正对着的街道。清同治《长沙县志》载：“自北门（湘春门）入城南行名长春街，又南行至二圣庙名清泰街，旧志本名北门正街。”1971 年将长春街至清泰街合并，统称北门正街。1938 年“文夕”大火前，北正街是北区主要商业街道，设有美西司电影院、北协盛药店以及众多西餐馆、茶馆、杂货店等。建于 1905 年的中华圣公会礼拜堂为长沙独特的石砌建筑物，至今犹存。同年，同盟会湖南分会设北正街湘利黔织布公司禹之谟家中。

北正街串起的街巷，隐藏着数百年的老院子、古井、寺庙、教堂和私宅，他们的生动表情曾经构成老长沙城市的脉息。民国建筑的优雅，基督教堂的庄严，都在北正街里面淋漓精致。

文夕大火毁灭了长沙城自春秋战国以来的楚国历史文物积累，长沙作为中国为数不多的 2000 多年城址不变的古城，文化传承也在此中断，到了 2012 年，为配合地铁建设，作为长沙重要的历史街区——北正街成了一条正在消失的街道（图 1）。北正街的拆除，在各界的聚光灯下被注视也被思考着……

图1　北正街基督教堂
来源：http://www.juweixin.com/t/detail/190139

与北正街消亡相对应的是长沙新城的兴起，城市的发展日新月异，“新”是高速发展的城市和更便捷的生活方式，我们可以以一种开放多元的观点来看待不断变化发展的城市历史。从使用者的角度而言，转基因城市提高了大多数人的生活品质，功能的便捷与可复制性也是一种多快好省的方式（图2）。

图2　北正街天际线

图2　北正街肌理

公式化的现代建设虽让城市设施日益完善，同时也让城市面貌大规模趋于雷同！走过的每一条街巷，每一口井，每一棵树，都有自己的故事。据20世纪80年代不完全统计，全长沙市一共有1026条道路街巷。30年过去，街道不知少了多少，但是在长沙老城区内每次一个新的商业综合体建起来，就意味着十几条老街巷的消失。几百年的老北正街从此消失在历史的长河中，取而代之的是一条贯穿长沙城区，北到浏阳河，南到劳动路的黄兴路。每一个街名都有属于自己独特的一段历史，当长沙数十条和文运相关的街巷最终汇集成一个城市主干道时，长沙多了一条宽广、豪华的大道，却少了一段独特的历史和文化。长沙本保持着原有的老城格局，由于历史原因和近几十年来的现代化建设，城市基因基本所剩无几，我们有文化习俗的特色作载体传承，但实体载体空间如建筑、肌理、色彩、风格却在逐渐消退或大异其趣。城市发展迅速，很多原有的城市建筑被新建的高楼大厦取代，城市的“特点标识”在汹涌的现代城市化浪潮中逐渐模糊。转基因现象让城市变得千城一面（图3）。

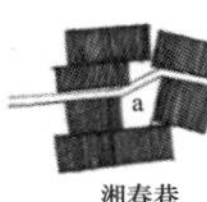

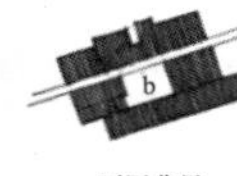

图3　北正街典型空间形态

当然，我们在探讨空间独特性的问题——即“异”的时候，也不能忽视了衡量城市空间品质的另一个重要属性——舒适性，即“优”。

城市不优空间虽然通过“转基因”技术高效地演进成了优空间，抛开“优”谈论千城一面，无异于舍本逐末。物质性与功能性是城市无法规避的基本属性。真正被时代淘汰的是“异”而不“优”的部分，其消失是必然结果。但类似北正街这样承载城市基因的异空间也被抹去，是我们不希望看到的。

如何在转基因城市中更新承载着多样性的“异空间”，如何往更优空间发展，是长沙也是许多城市现阶段需要重视的问题。

三、方法的初探

城市基因是决定城市发展的内在因素，具有显性特征和隐性特征。显性特征反映在自然禀赋、人群结构、具特色的整体空间形态、文化场所、空间单元、建筑类型等方面；隐性特征表现在社会习俗、文化、活动事件等方面（图4）。

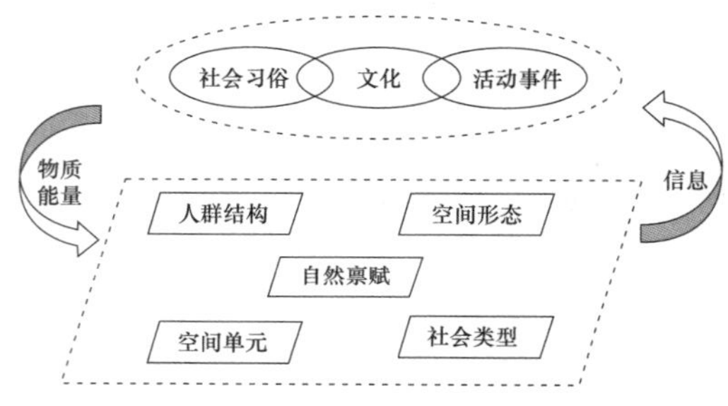

图4　城市基因隐性与显性的图底关系

隐性特征与显性特征相反，它是一种人们不能直观体验到的内容，主要是通过精神层面来表述。城市中隐性特征主要包括的是各种活动、行为、民俗、宗教等。隐性特征同样是城市空间形态的载体，但它对空间形态的作用形式不是通过外在表象来实现，更多是人的意识的传承与发展。通过一些文化符号、场景的塑造，城市故事的演绎，来表达城市的属性。

城市基因传承演化贯穿城市发展的始终，而城市空间资源是城市基因的最直接反映。以长沙为例，对城市基因的显性特征和隐性特征的分析框架进行解析。显性即是能够显现出来的性质，隐性与显性是一对反义词，是指性质或性状不表现在外的一种现象。基因的显性特征主要是包含有形的、能够直观感受到的内容，在城市意象五要素的基础上，又可具体分为建筑（群）、场所、道路、环境小品等形态环境要素。城市的显性基因演化的空间形态，其直观性对于人们生活影响深刻，承载了绝大多数城市居民各类必需的生活场景，也成为城市最重要的特点标识。我们可以通过历史遗留的建筑和街区来识别历史名城的文化底蕴，也能通过林立的高楼、抽象的小品读出现代城市的时尚意味；曲折幽深的小巷帮助我们了解城市基因的片段，四通八达的立体交通网络方便了我们现实生活的场景体验。长沙作为中国近代最重要的城市之一，具有鲜明的城市基因。而在近代连续的一段历史中，这些基因特征也不断发生着复制、变异和选择。同时，显性与隐性二者相互影响，通过物质能量、信息等要素流引导组合（图5）。

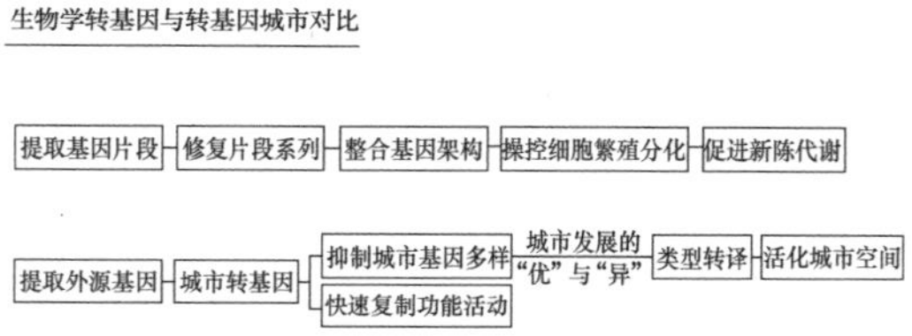

生物学转基因与转基因城市对比

提取基因片段—修复片段系列—整合基因架构—操控细胞繁殖分化—促进新陈代谢

提取外源基因—城市转基因—抑制城市基因多样／快速复制功能活动—城市发展的“优”与“异”—类型转译—活化城市空间

图5　生物学转基因与转基因城市对比

城市有机体类似于新陈代谢能在与外界进行物资能量的交换。新的、健康的、具有发展潜力的物质能量通过新陈代谢网络不断输入，旧的、落后的向外界转移及淘汰，城市在持续不断地自我更新中得以成长（图6）。

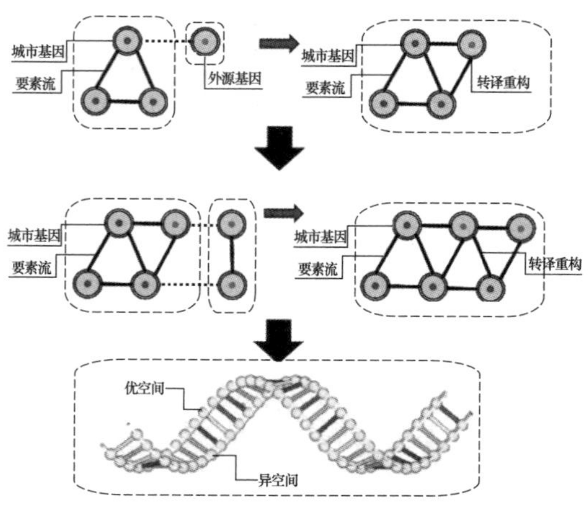

图6　城市优空间与异空间的螺旋关系

城市的演化是一个不断发生的、渐进的过程。在此过程中，城市各种因素和功能之间交错重叠，互存互生，生活形态的丰富性塑造了城市空间的多样性。多样性聚集形成的过程中，特点标识是一个重要的引导性机制。“物以类聚、人以群分”，这里说的“类”与“群”就可以理解为一种“标识”。标识有助于在城市系统中选择互动的对象，同时标识也可以解释某些城市和区域要素流动及要素充足的关键。如果能很好地识别各个城市主体的特点，便可以有效地促进相互选择。这是一类解决系统整体性和主体个性矛盾的有效方式。转基因城市的整体性容易产生子系统雷同和同质化，但城市中异类的个体特性也可能会损坏整体效率的提高。而设置良好的、基于特点标识的相互作用，则能为城市的多样性合作提供了更佳的基础。在当前社会转型、文化回归的时代背景下，保持城市独特性和多样性，促进城市地域性特色表达，是城市可持续发展的主题。

我们提倡以辩证开放的角度解读转基因城市的现象，将城市作为一个不断变化和修正的持续过程或未完成式看待，转基因城市或许只是城市空间形态演进一个过程，导向何方，需要适时适宜的多元引导与手段。

参考文献：

[1] 徐煜辉；魏宁. 基因重组：基于文化资源整合的城市设计方法——以云南元江县滨江片区为例 [J]. 华中建筑，2013(5)：100–105.

[2] Jacobs J.The death and life of great American[M].2nd edition.Vintage Books，1992.

[3] 段金娟，李鹏，夏春燕，等. 天津现代城市建设与地域特色文化保护的共生关系研究——以公共设施设计为例 [J]. 天津科技 .2016(5).

[4] 侯汉坡，刘春成，孙梦水. 城市系统理论：基于复杂适应系统的认识 [J]. 管理世界 .2013(5).

[5] 姜仁荣，刘成明. 城市生命体的概念和理论研究 [J]. 现代城市研究 ,2015(4).

[6] 刘春成. 城市隐秩序：复杂适应系统理论的城市应用 [M]. 北京：社会科学文献出版社 ,2017.

基于公众参与视角下的村落活化研究
——以云南剑川沙溪黄花坪村为例

陈嫣[①]，柳肃[②]

摘　要：在中国新型城镇化的大背景下，由于城镇数目的增多，各城市内人口规模不断扩大，大量的农村青壮年都涌入城市打工，老人和小孩被留在了乡村。当今有 90% 的住所属于传统的和不断演化的乡土建筑，如果要使社会可持续发展和满足居住需求，就不能忽视对乡土建筑和对空心村村落活化的研究。本文通过对云南沙溪黄花坪村的调研和研究，剖析沙溪与其类似乡村衰败的机制、问题和面临的挑战，探寻黄花坪村活化和发展的可能性、战略框架、活化概念。

关键词：公众参与，村落文化，文化游泳

本文是以作者参加中日三校联合工作营为基础，主题为设计介入传统活化的再生。由日本早稻田大学，湖南大学，昆明理工大学，三校联合，汇集不同文化地域的师生，在云南剑川沙溪黄花坪村，面对传统村落的衰败，思考传统乡土建筑再生的可能。

一、调研

在调研过程中，湖南大学与昆明理工大学的同学分成 4 个组，每一组配有一位村民帮助调研，通过问卷调查、个体采访、资料搜集等手段来发现问题，并在某种程度上依赖这些数据、图表、采访记录来阐明问题。每天晚上通过小组内部讨论，各小组间交流，与老师交流，了解更多关于黄花坪村的问题。举办方邀请 NGO（Non-Government Organizations，非政府组织）志愿者参与到村落活化活动中。通过与各界人士的交流，逐渐意识到这次设计活动不只是设计建筑或者乡村规划，而是以一种微介入的方式活化传统村落，不仅仅需要关注村落物质要素和村落文化传统的延续，更需要关注村落中“人”的生存与生活方式以及不同人群的不同利益诉求。本次设计的特点将通过引导发挥村民参与自身实践在村落活化中的作用。

二、实地调研报告

该报告是笔者所在小组共同成果。小组成员有湖南大学的周兴塘，郑晰月，昆明理工大学的吴明明，付正汇，张妮。通过和村民的访谈，和社会志愿者的交流，同各所学校老师的交流，了解到黄花坪村在沙溪乃至更大范围村镇系统的地位和角色，与沙溪古镇和其他乡村的可能关系。

① 陈嫣，湖南大学建筑学院，硕士研究生，136200331@qq.com。
② 柳肃，湖南大学建筑学院，教授，Liusu001@163.com。

（一）黄花坪村概述

黄花坪村（图1）隶属于沙溪镇沙坪村，位于坝中，距离寺登街约1km，背靠翠峰，良田环绕，建筑呈组团式布局，十分紧凑，新建房屋向北发展，是典型的白族村落。

图1　黄花坪村鸟瞰
来源：吴明明无人机拍摄

"黄花"一名，起源于村落遍植的迎春花，初春时节花开烂漫，与村内百年白族传统建筑相掩映，古朴清幽。远远望去，古树掩映，瓦舍人家，景致秀美而雅丽。

主要道路东西向穿过，大多建筑集中在道路南侧；自村口广场延伸的南北向道路，是村落最早的发展轴线，曾经的寨门、大照壁等都在这条道路上，有"东有魁阁，西靠翠峰，南有照壁，北有庙堂"的说法，见证了村落的兴衰，但如今只是停留在村民记忆深处的缺憾。

白族具有丰富的节庆活动，在黄花坪村，一年最为隆重的节日是农历六月二十五的火把节，全村人聚集在村口广场，升起火把，村内妇女穿上传统白族服饰，唱起"剑川调"，跳起白族舞，热闹非常。除火把节外，农历新年、清明节、重阳节等节庆日，村民也会聚集到广场，载歌载舞。

2015年5月，由于优美的自然环境，黄花坪村被命名为"大理州生态村"。

整体上看，黄花坪村保有了传统白族村落的部分特色，同时也融合了汉族的部分文化传统。

黄花坪村隶属于沙溪镇沙坪行政村，属于坝区。位于沙溪镇西边，距离沙溪村委会1km，距离沙溪镇1.5km。国土面积1.62km^2，海拔2100m，年平均气温12℃，年降水量600mm，适宜种植水稻、苞谷、大麦、油菜、蚕豆等农作物。有耕地524亩，其中人均耕地1.37亩；有林地1868.7亩。全村辖2个村民小组，有农户83户，有乡村人口386人，其中农业人口363人，劳动力224人，其中从事第一产业人数174人。2006年全村经济总收入102.9万元，农民人均纯收入1187元。该村属于贫困村，农民收入主要以劳务输出种植业畜牧业为主。

2014年黄花坪村生产总值168.5万元，其中：种植业收入77.2万元，畜牧业收入40万元；林业收入5.6万元，第二、三产业收入39万元，工资性收入26万元。农民人均纯收入为4941元，农民收入以劳务输出、种植业、畜牧业等为主。

黄花坪村设施体系不够完善，设施质量较差。道路部分硬化，但村庄外围等还有一部分是土路；排水设施（图2）为明渠，明渠里有明显垃圾；村庄安装有太阳能路灯，能少量满足夜晚照明要求，用电设施为明线，能满足居住要求；给水设施水源为地下水，水质钙化物过多，且经常堵塞，饮水有隐患。

图2　黄花坪村道路及排水

（二）黄华坪民居的特色

黄华坪村的白族民居（图3），建筑主体围护结构主要采用土坯建造（部分采用夯土墙），土坯这种生土材料主要来源于本地的泥土，经过简单的加工，便可成为建造房屋的建材之一；同时，土坯墙具有良好的保温隔热性能，使民居更能适应当地气候条件。当建筑拆毁后，墙体又可还原为泥土，回归于自然中。土来源于自然，而土坯则是组成建筑的一部分，土坯成为建筑与自然的联结者，使建筑成为自然系统中的一部分。在黄华坪村有着烤烟的传统，因此几乎每家每户都有一幢烤烟房。但是随着经济的发展，烤烟产业逐渐落寞，烤烟房也被废弃使用。

图3　黄花坪村的白族民居

（三）黄花坪村的木雕文化

剑川木雕历史悠久，始于公元 8 世纪，白族人民在吸收了汉族和其他民族的文化和生产技术后，逐步形成了独特精湛的技艺。唐代时，剑川白族木匠承担了大理五华楼木雕构件的制作；明清时期，剑川木雕达到了技艺的顶峰；中华人民共和国成立后，剑川木雕有了更大的发展；1996 年，剑川县被文化部命名为全国木雕艺术之乡。近 20 年来，在市场经济迅速发展的大环境下，剑川白族木雕，从纯粹的民间手工技艺逐步向具有民族及地域特性的产业部门过渡与转变，其商业价值、文化内涵以及艺术风格也有相应的变化。通过走访调查，黄华坪村现在仍有一位传承木雕的师傅，他没有出去打工，在村子自己做木工，外带种野生菌和烤烟，也带徒弟，但徒弟学满之后一般都外出打工，不会留在黄花坪村。

三、现存的问题

21 世纪的今天，传统村落在现代文明洪潮冲刷下，无论是自然环境、建成环境，还是社会环境都经历了巨大的改变；乡村原有的产业结构、社会组织以及人文背景发生了根本性的变化；居民们从聚居观念到生活方式都已全面更新。因此，祖祖辈辈生息栖居的古村已难以适应新时代的社会环境和生活需求，传统村落的更新发展已是不可回避的问题。

（一）部分建筑被异化

社会方方面面的迅速变化，使得延续至今的夯土建筑显得无所适从；农村人口奔向城市，许多农村住房闲置无用，任其败落；老建筑因年久失修，濒临倒塌。由于从聚居观念到生活方式都发生了深刻变化，原有的居住形式已不能满足现代人们的生活需求。从建筑艺术的角度来看，尽管许多新的夯土建筑无法与旧的大宅院相比美，但它的冬暖夏凉，独立性，延续性，生态性仍符合现代人的需求。在对黄花坪村的调研中，被访的张爷爷的居住状况颇具代表性，他的两个儿子都在外工作，自家的宅院原本占地比较大，原有的清代宅子拆了以后，在原基地上建现有的新现代式混合传统白族特色的楼房，既有现代的砖混结构，瓷砖贴面，又有传统的白族大照壁。他家的房子体现了村里一部分村民有意愿采用新材料兴建现代式的建筑，但也仍然有相当一部分的村民愿意修建与黄花坪村现有风貌相符合的夯土建筑，在村子的另一头我们就采访到了刚建好新房的一家人，他们修建的是夯土建筑，修建原因是一方面政府会出资帮他们修建新房，另一方面他们认为土建筑是世世代代流传下来的，住着比混凝土的建筑更加舒适。

（二）缺少配套设施

祠堂、庙宇曾是村民的精神寄托之处，在人们心目中它们神圣不可侵犯。但如今当你再次走进这些村落，它们大多数已仅存残断的墙垣、坍塌的梁架，甚至仅有一片瓦砾废墟。村里的娱乐室、村头的休息地已逐渐取代了祠堂、庙宇的地位，成为村落新的中心。

通过调研以及对村民的采访，我们得知村中三叉入口柳树下的休息座椅便是老人们平时闲谈的场地，柳树旁的祠堂却无人进入，祠堂前面的空地则成为了停车场；年轻一点的村民在不忙农活的时，便会在祠堂旁的娱乐室打牌，看牌的村民还会抱着小孩。村中没有小孩的游戏场地，小孩子们都在村中的道路上奔跑或是在自家的院子里玩。

因此，大部分村民还是希望能够修建一些健身娱乐场地、图书室、老年人活动室等。

（三）缺乏与周边区域联系

尽管黄花坪村与沙溪镇的交通条件得到了很大的改善，但沙溪镇仍然离云南省内腹地有比较远的空间距离，从丽江到沙溪古镇经过转车再转车翻山越岭才能到达，同时人们在沙溪古镇停留的时间也一般不会超过3天；黄花坪村没有小学，村里的孩子需要去邻村邻镇就读，小孩子需要行走好几里地去沙溪镇上学；没有公共汽车联系各个村镇，人们的出行基本上都靠摩托车，小面包车；现有道路标识系统简单、陈旧、指示性不强，影响风貌。

因此，旅游线路组织困难。旅游资源开发与环境保护的矛盾比较突出，黄花坪村特色资源基本没有，所以资源整合度不高，吸引力不强，地方民族特色仍有待挖掘。

（四）村庄整体环境较差

从沙溪古镇到黄花坪村村口的道路系统较好，但联系沙溪古镇与黄花坪村的唯一道路过长，周边农田荒废较多，气味难闻，风沙较大；村庄内巷道有石板路，泥路，砂石路，有待整治；基础设施较差。

四、黄花坪村改造提升方案

该设计方案是笔者所在小组共同完成的成果。在设计阶段，小组加入新成员：日本早稻田大学的本科生，梅原令和 Shun Saito，以及博士生陈麟。在他们所经历的社会背景下，所看到的乡村早已是另一种境遇，在他们的实际项目中，更多是讲求公众参与，设计的重点是设计的过程，建筑师和当地村民共同设计，共同参与，这一点拓宽了我们的视野，开拓了我们的思维模式。

我们最终的方案成果分两部分，一方面从文化着手，通过调查了解到当地有木雕，音乐，如何传播传承这些传统的文化，是我们设计的重点；另一个方面从我们建筑规划专业入手，改造政府收购的房子，优化主要道路系统，在不改变村民生活方式的前提下，对村口村民活动空间进行优化，方便村民日常活动交流，激发村庄活力。

（一）改善措施和方法

首先我们把村民聚集起来，一同讨论目前黄花坪村主要的问题和特色。根据讨论结果提出解决方案，卫生整顿提案等等。以“种子的萌芽”为主题，即以木雕文化象征种子，以周边的小学作为传播对象，在学校展示黄花坪村的木雕技术，引起孩子们对木雕的兴趣，感兴趣的孩子可以由父母带领来黄花坪村体验做木雕，并将制作好的木雕带回家，往周边村庄扩散开来。孩子们可以传承木雕文化，并且将这种文化传播出去。以时间为主线，以村民活动中心（公共空间）、政府收购的房子（空家）、主要的道路系统为分线，一起进行改造。在整个时间轴上，我们一共分为了4个具体的步骤。

1．步骤一

在道路系统方面，我们引导村民自己动手，清洁村庄，特别是进村道路，联合种花工作营，引导村民自己在进村道路上种花；在公共空间部分修建停车场，将现有停车空间转换成公共空间，改造村口柳树下的休息空间；空家的部分，首先将空家的墙体部分拆除，组织村民一起打扫卫生，将寺庙和旧宅一侧的墙拆除，从而打开空间与周边空间产生联系（图 4）。

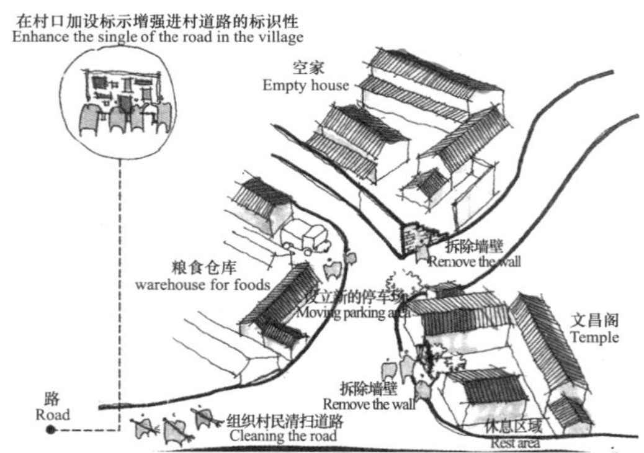

图4　改造步骤一
来源：郑晰月绘

2. 步骤二

道路部分，联合种花工作营，引导村民对进村道路进行绿化种植，提升环境空间品质，种植多种适宜当地气候的植物，比如：迎春花、翠竹等；对寺庙公共休闲空间进行改造；旧宅内部以修旧如旧的原则进行建筑改造，赋予其新的功能，比如：村民活动空间、存放劳作工具等初期功能（图 5）。

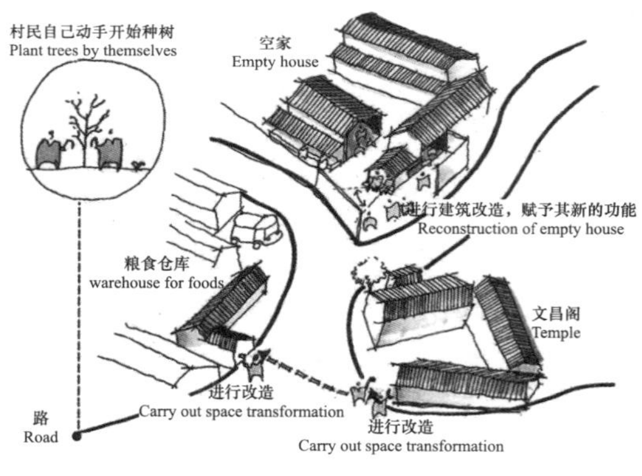

图5　改造步骤二
来源：郑晰月绘

3. 步骤三

道路部分，对进村道路侧面的瓦窑进行改造，成为村庄道路上的新节点，可供村民、游人等学习参观体验瓦制品的制作过程；公共空间部分，修复寺庙对面旧粮仓，供村民使用；对旧宅进行进一步改造，赋予其更多新功能，比如：图书馆，木雕工艺工作坊，粮仓（图 6）。

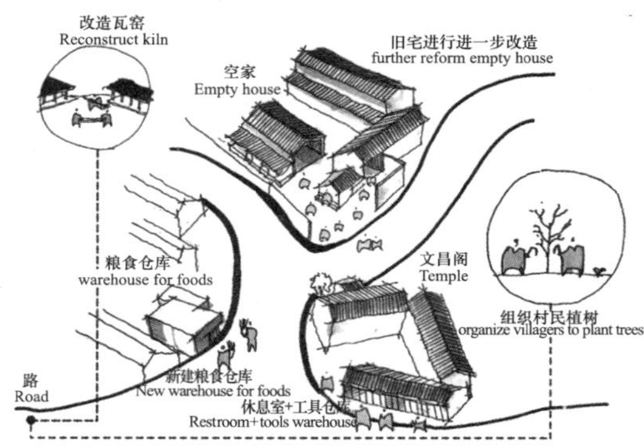

图6　改造步骤三
来源：郑晰月绘

4. 步骤四

道路部分，种更多树；公共空间部分，寺庙粮仓功能转换成自行车停放点，在寺庙后面修建公共活动广场，在广场旁边新建休闲空间；对旧宅进行进一步改造，赋予其更多新功能，比如：公共厨房，村民活动空间，展览空间等（图 7）。

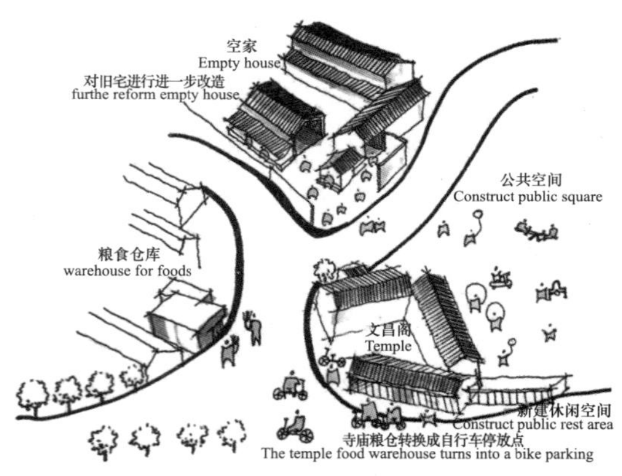

图7　改造步骤四
来源：郑晰月绘

5. 未来畅想

村庄整体环境得到改善，进村道路成为一道亮丽的风景线；公共空间充满活力，村民整体公众意识得到提高；旧宅改造后，空间功能多样化，旧宅成为充满活力的村民日常活动的室内空间，也为小朋友和游客学习、传承、当地传统文化提供了舒适的场所。

五、总结

最后汇报，有三所校的老师、NGO 的专业人士、当地村干部及当地村民代表对我们 4 组改善措施进行评判打分，本组获得的总投票数与另一组相同，共同获得第一名。但是本组获得的村民投票数比他们多，在村民看来更加认同我们公众参与的观点。

通过本次实践调研与设计，我们看到当下传统村落保护与发展的问题受到越来越多的关注，由于传统村落的保护牵扯的多领域多层次的综合问题，需要聚合多方力量同时发挥作用。不能仅仅从建筑学科的角度去研究探索，因为传统村落不仅是生产生态和生活一体的空间载体，又是村落文化的核心物质载体。

本文以建筑学为依托，多层面地提出传统村落的保护策略，从这个跨界角度出发，笔者更加深刻地认识到在传统村落保护与发展中建筑学科的局限性，以及于当下时代建筑学与多学科、多行业之间的交融性。在对黄花坪村的改造设计中，我们不是作为建筑师，在当地改造一栋或者几栋房子；而且在改造的过程中，要求村民参与进来，注重的是公众参与，他们参与的过程便是我们设计的过程，这样即使是在建筑师离开之后，村民也会更加爱护自己的村子、自己种的树、自己种的花、自己打扫的公共空间等等。政府单一的管理，不足以支撑其持续良好的保护，公众参与是村落保护发展的趋势。在村落遗产保护的过程中，建筑规划专业工作者不应当仅局限于专业技术研究作用的发挥，更应当结合其自身的专业特点和角色优势，推动村落保护工作，以更多样的角色和方式发挥更大的作用。

参考文献：

[1] 曾丽萍，谭良斌. 大理沙溪古镇传统白族民居空间更新改造初探 [J]. 价值工程，2014(18):1–2.

[2] 戴林琳 . 传统村落地缘文化特征及其遗产活化——以京郊地区三家店村为例 [J]. 中外建筑，2016(3):55–56.

[3] 赵粒栋 . 互联网时代背景下云南地区传统村落的保护与发展 [D]. 合肥：安徽建筑大学 ,2016.

[4] 吴扬，剑川白族木雕的现状与存在问题分析 [N]. 宜宾学院学报. 2008, 8(5):103–105.

[5] 谢冶凤，论旅游导向型古村落活化途径 [J]. 建筑与文化，2015(8):126–128.

[6] 胡冀珍 . 云南典型少数民族村落生态旅游可持续发展研究 [D]. 北京：中国林业科学研究院，2012.

[7] 黄鑫宇 . 云南剑川白族木雕业研究 [D]. 北京：中央民族大学，2008.

[8] 李楠 . 在新农村建设背景下云南少数民族村落的保护与旅游开发研究 [D]. 昆明：昆明理工大学，2009.

[9] 阎照，张倩倩 . 历史村落保护的公众参与及规划的角色 [J]. 北京规划建筑，2015(06) :62–63.

四、跨文化探索：多元文化碰撞与融汇

基于文化扩散与整合机制的贵州传统建筑景观研究[①]

毛琳箐[②]，刘彬[③]

摘　要：由于贵州民族众多，建筑文化系统庞杂，长期的相互融合造就了既具有“山地文化”的共同特征，又保留了原始“民族文化”内涵的传统建筑景观。文章以文化扩散与整合为理论框架，通过对贵州从古至今文化类型与演变轨迹的梳理，剖析文化流动方向——从先进向落后，从新生向古老，并结合大量实例加以例证，旨在揭示文化机制在传统建筑景观中的重要作用。

关键词：文化扩散与整合机制，传统建筑景观，贵州

文化扩散与文化整合是文化生态学的重要理论。其中，文化扩散是指文化由文化源向外辐射或由一个文化区向另一个文化接受体的传播过程，其结果既可以导致文化的区域分化，也可促成新的区域文化的产生（图1）；文化整合则是指不同文化相互吸收、融合、调和而趋于一体化的过程，其结果表现在各种文化结构、形式、功能和意义上的改变，这不仅是简单的文化集合，而是经过选择、融合达到新的文化适应。二者区别在于文化扩散主要强调外来文化影响本土文化的过程；文化整合则强调本土文化影响外来文化的过程。

贵州是一个“多民族、多宗教、多分布、多边缘”的多文化地域，其中，建筑景观作为其文化的表象之一，受到各民族独特的文化背景及周边地区文化影响，形成了既有“山地文化”共同特征，又蕴含原始“民族文化”内涵的建筑景观文化，它如同一部史书，通过某种文化现象甚至某个微小的景观，记录着历史的变迁与大事件。

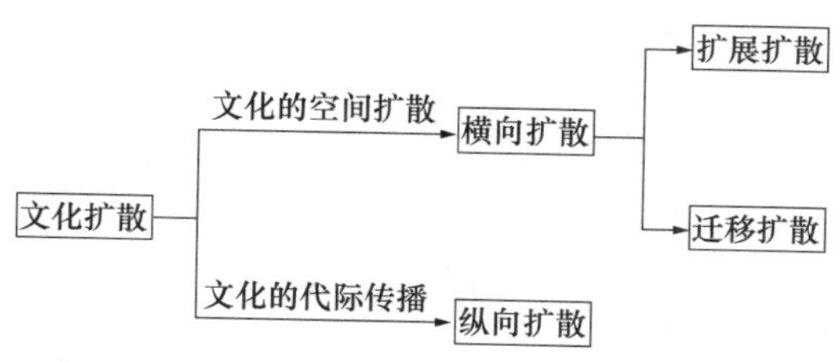

图1　文化扩散类型

一、相关研究综述

关于文化的扩散与整合理论，最初是由瑞典科学家T.哈格斯特朗提出（1953），美国学者J.H.斯图尔德（1955）发表了《文化变迁理论》，

① 项目资助：河北省高等学校人文社会科学研究项目（Z6750147）。

② 毛琳箐，石家庄铁道大学建筑与艺术学院，讲师，84062296@qq.com。

③ 刘彬，石家庄北方绿野建筑设计有限公司，建筑师，22603126@qq.com。

“文化生态学……它的主要问题是要确定这些适应是否引起内部的社会变迁或进行变革”[1]，其中“是否发生社会变迁和变革”即指文化扩散与整合。从此学术界将扩散与整合看作文化生态学研究的重要部分。国内地理学家司马云杰（2001）首次引入文化扩散与整合的权威概念；陆林（2004）对文化扩散方式进行详细分类，分析了扩散的内外在动力，提出了整合的两种模式，并举例说明中国文化的整合过程；周尚意（2006）定义了文化整合，并结合剖析出影响整合的主要因子；吴必虎（2005）强调了文化扩散、整合在景观形成中的重要作用等。在贵州文化流动研究方面，《贵州古代史》《苗族简史》《侗族简史》等史料书籍，通过对民族成因、传统婚嫁习俗等方面，揭示了当地文化的流动和形成过程。本文是在以上成果的基础上，从历史演变角度对贵州传统建筑景观及其文化的系统梳理与解读。

二、贵州传统建筑文化扩散与整合的动因

从古至今文化变革大都是由“移民”的人口流动引起的，是以人为载体加来传播民族文化。通过对族源、迁徙的考察可知，贵州是一个“移民省份”，包括汉民在内的绝大部分居民都由外地迁移而来，为文化交流提供了土壤。各时期人口迁移的发生都需一定的历史契机，主要动因包括（图2）：

（一）战争迁徙

贵州自古便是战乱迁移活动最为频繁的地区之一，现居大多民族都是早期为躲避战乱而迁入的外来民族。如苗族是与蚩尤战败后由黄河地区迁入；百越族系的侗族、布依族、水族是受到外部打击后被迫迁入；毕节和铜仁等地的一小部分蒙古族，是在明末清初为躲避四川动乱迁入；部分江南籍汉民则是在宋元时期因战乱或不堪忍受封建统治者的剥削压迫而迁入的。

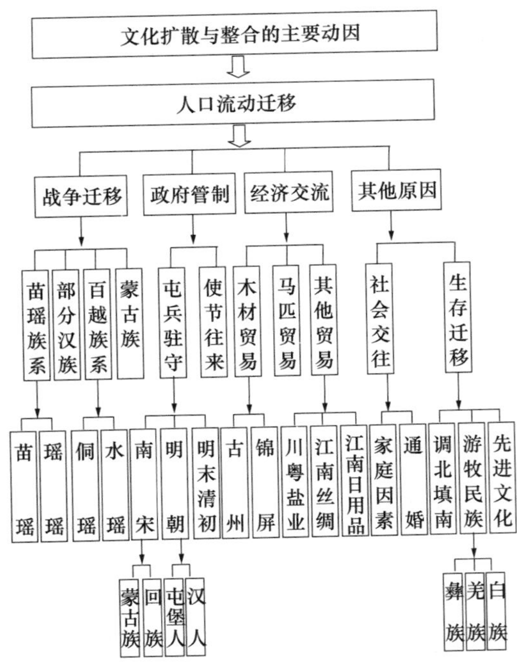

图2　文化变迁的主要动因

（二）政府管制

自秦汉开始，中央集权就已通过屯兵驻守和使节往来对贵州实行政府管制。秦汉时期推行“附则受而不弃，叛则弃而不追”的羁縻郡县政策；大约南宋宝祐元年（1253年），回族和部分蒙古族随忽必烈经云南陆续辗转移居贵州。元朝以后，统治者为迅速巩固其对贵州少数民族的统治，大力推行土司政策，驻兵屯田，设置屯堡、营汛，以实行长期的军事统治和政府管制。尤其是明洪武年间，政府不间断地从内地向贵州屯兵，并随迁入江南富户与家眷近20万人；此外，毕节地区世居一部分满族，据考察也是清康熙初为执行军事任务而入黔定居的八旗兵丁、官员及其眷属。

（三）经济交流

唐宋时期开始，贵州开始出现定期交易的市场。如两宋时期盛行马市；明清时期随屯军迁入的大批来自江西、湖南、四川等地的汉民客商；清初与内地经济交往增多，特别是道路修建、河流疏浚、驿站重建，客观上为商业流动创造了

契机，广州、四川盐商、江南丝织品商、内地日用品商等源源不断涌入。

（四）其他原因

首先，生存性迁移在贵州自古就有发生，如明朝后大批移民就是因家乡人稠地少、无地可种，响应政府“调北填南”政策迁入；现居省内的羌族、白族和彝族等氏羌族系先民的迁入则完全是出自游牧民族的生活特点。其次，明清时期随着中原文化的传入，镇远、贵阳、安顺等先进的生产方式吸引了其他落后地区少数民族的主动靠拢，进而产生了人口迁移。

三、几种主要建筑文化扩散的表现

自旧石器时期贵州就有人类文明的足迹，形成了古代夜郎文化。但夜郎文化并不是孤立存在的，由于“黔”位于与东楚、南粤（越）即长江中下游和珠江流域相关联的位置，成为荆楚建筑文化进入西南的信道，并又与南粤建筑文化保持着难以割断的联系。贵州在西南地区重要的战略地位，使它与周边地区依然保持着紧密地联系。加上中央集权政府的宏观掌控等其他历史、经济因素，因此形成了夜郎文化、巴文化、蜀文化、滇文化、楚文化等多元共生的建筑文化格局，表现出“近桂而桂、近楚而楚、近蜀而蜀、近滇而滇”的建筑文化景观面貌（图3）。

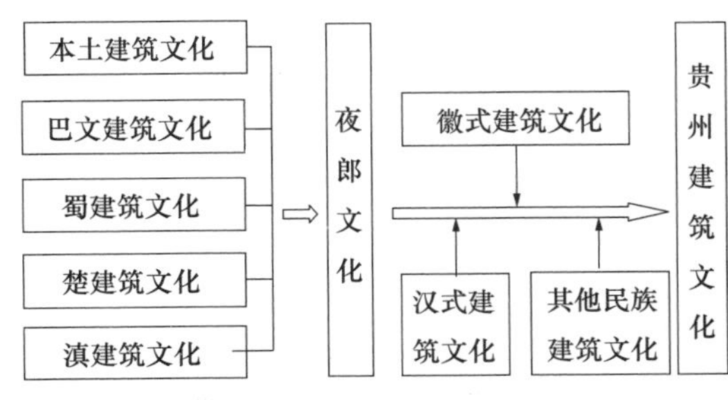

图3　黔贵文化区多源建筑文化构成

（一）徽派建筑文化对黔中部建筑的影响

1. 商业古城

河流是当时商业流通最便利的通道，故受江南建筑文化影响最明显的区域主要集中在锦江、舞阳河、清水江沿岸的城镇，并形成了当时最为繁荣的商业古城。例如，地处川、湘、黔三省交界处的铜仁（图4），依靠水运之便曾一度江南商贾云集，徽州建筑三绝——石牌坊、民居、祠堂被完整地修复；望楼、宗祠等渐次排开，青砖、黛石、灰瓦相映成趣，高大巍峨的封火墙错落其间；民居多为前店后宅或前店后坊；合院内栏杆以繁体的喜字格、万字格、回字格等作为造型。

图4　中南门古城

2. 军事屯堡

从安顺地区屯堡建筑群中，可清晰地辨别出徽派建筑文化的鲜活存在。住宅大多设有天井，平面布局沿袭了江南合院的特点，内院恬静安适，讲究的人家还辟有侧花园、后花园，将江南秀色景色与黔中山地建筑相结合，真山与佳屋联袂，颇有“明代古风，江淮余韵”之韵味（图5）。

图5　屯堡考究的垂花门和下水道石雕装饰
来源：李玉祥，罗德启. 老房子[M]. 南京：江苏美术出版社，2000：图版

3．宗教建筑

镇远青龙洞宗教建筑群，吸收了江西建筑文化的精髓，由高封火墙围合而成，“建筑翘檐凌空、雕梁画栋，院内曲径通幽，既有南方徽派的风格，也有北方四合院的韵味；既有中原建筑基调，又有山地建筑风格；既有江南园林风采，又有民族建筑特色”，是两种文化兼收并蓄的典范（图6）。

图6 镇远青龙洞建筑群

来源：王振复. 中国建筑的文化历程[M]. 上海：上海人民出版社，2000

（二）荆楚建筑文化对黔东苗族建筑的影响

“苗文化和楚文化有着千丝万缕的联系”这一论点，已是学术界公认的事实，无论从苗族古歌、神话传说还是汉文献、考古，都可以找到许多苗楚亲缘关系的证明，甚至有学者认为苗族与荆楚是同宗共祖的关系。虽然这种观点尚待进一步考证，但可以肯定的是，楚国是一个以苗族为主体的国家。尤其是现居贵州东部的苗族，其祖先大部分居住于楚国境内，是荆楚之蛮的后裔。因此，荆楚建筑文化因子鲜活地存在于苗族建筑文化之中（表1）。

（三）湖南建筑文化与黔东北部建筑

贵州东北部犬牙交错，尤其是明清时期湘籍客商逆沅江支流酉水、锦江、舞阳河、清水江而上即可到达贵州，湖南会馆建筑也因此遍布全省各地。它虽外观上远不如江南建筑那般具有一目了然的特点，但由于宗教信仰、思想形态、供奉神灵、雕刻内容上与其他文化不同，故带有湖南文化特色。如黎平两湖会馆禹王宫为3间11檩双步廊式硬山顶，雕梁焕彩、画栋生云。又如黔西三楚宫，穿斗式悬山顶木结构四合大院，院内戏台上方雕刻技艺精湛、人物栩栩如生。

荆楚与黔东苗族的建筑文化比较 表1

		荆楚文化	苗文化
城池/村寨建设	选址：险要	“选址——临水居高，国必依山川”“居高而又鸟瞰之势，可以‘望国氛’，察敌情”	依山傍水、喜居深山险境之中，崇“高”尚“险”
	方位：以东为贵	以东为贵，“秦使者至，昭奚恤曰‘君，客也。请就上位东面’。”楚人以东为尊，故请客人“就上位东面”，其城市“布局——宫城、府邸（居住区）居东”	村寨高贵者一般也居住在村寨的东面
	防御性	防御性为主，“防御：削折城隅，除死角，立斗城”，“是楚国人在国都城池设计中从军事防御需要出发的杰出巧思”	以防御性为主；加大进入难度系数；城池不刻意追去“方”“正”；建造封闭式围墙，所有村寨都以完整的城池形式存在
装饰手法	地面铺装	采用精选的小贝壳按人字形排列铺装地面；常用鱼作为建筑装饰题材和纹饰	常采用“鱼骨头”的装饰形式（图7）
	符号的象征意义	黑框红心的黑白相间是古老楚国的典型装饰图案	黔东南苗族用相同图案装饰门面两侧壁头以及家具，以象征家中灯火不灭
	鸟型装饰	崇尚之鸟尤以凤凰为主，凤作为楚人崇拜的灵物，瓦当、檐口装饰等多以凤鸟纹为装饰	对鸟的钟爱体现在屋脊的装饰上，尤其突出的是在屋脊中央以及两侧饰以灰塑雀鸟，或涂以白垩，以形体模仿鸟的形态（图7）

（四）川滇桂建筑文化对黔西、黔东南建筑的影响

(a)鱼纹铺地图　　(b)屋脊白垩鸟型装饰

图7　苗族装饰文件
来源：(b) http://images.google.cn

西北部的遵义、大方、毕节、织金等地区受川东地区汉族建筑文化影响，房屋大多是土木结构或竹木结构的地面建筑，茅草盖顶，砂土夯墙，墙体厚实，窗洞小而高，平面组合也以合院式为主。有的屋面覆盖小青瓦，土坯墙或夯土墙外粉刷白灰，清爽明快。与滇西北临界的黔西及黔西南地区，则表现出滇西北建筑的一些特征。

东南部与广西为邻，黔东南和桂北地区又是我国干栏式建筑分布最为集中的区域，于是以相同的稻作文化、居住文化为基础，两种地域建筑文化上因有了更多的交流而逐渐趋于一致。如世代居住于黔东南的侗族与桂北的侗族无论从村寨的布局还是鼓楼、风雨桥等公共建筑的建造模式，以及居住建筑材料的使用方面都有着极其惊人的相似之处；与广西毗邻的独山一带布依族民居，多用砂土夯墙，特别结实且冬暖夏凉，而且其地溶洞比比皆是，许多布依族村民依崖建房、洞中栖身，与其他地区布依族建筑明显不同，也许就是受八桂建筑之风的影响；再如荔波的瑶族和广西的瑶族无论是建筑还是语言、服饰上都有异曲同工之处；此外，从干栏式建筑的建造特点看，荔波的瑶族民居介于水族的干栏建筑和苗族的吊脚楼之间，但与水族不同的是，瑶族以土夯筑屋基且仅为整栋屋基的一半，与苗族不同的是，瑶族在平地上人为制造台，这也是受桂北建筑文化影响的表现。

四、多种建筑文化的整合与地域建筑景观的形成

文化整合是与文化扩散相对却又相辅相成的文化交流过程。中华建筑文化中的流动与扩散，自有史以来从黄河流域，由北而南，而后西南，由平原进入山地。即使是在深居深山腹地、与外界绝少接触的贵州，建筑文化流动的方向也一般是从先进向落后、从新生向古老，于是便形成了先进的江南、湘西、巴蜀和古老的荆楚建筑文化向相对落后、新生的本土建筑文化渗透整合的过程。这种文化整合并不是各种文化机械地组合，而是在与本土建筑文化长期交往中有选择地吸收或被吸收，最终表现在建筑景观上即多种民族建筑文化的和谐共生、多元发展。

虽然对外来文化的吸收一直是贵州建筑文化交流的主线，但作为喀斯特地区的主体文化形态，其本身也是一种比较古老的文化体系，因此也会逐渐渗透并影响到外来建筑文化的原始景观在当地的生成。

例如屯堡建筑已与其迁入地的徽派建筑文化大相径庭，风格上，以江南一颗印的砖石建筑对比黔贵干栏式木构建筑为主；在形体上，以江南围合、厚重的形体对比黔贵则通透、具有轻盈的形体；在装饰手法上，以江南的讲究精细、铺张对比黔贵的讲究粗糙、节省、体现自然之美。世居屯堡的江南移民虽然刻意地保持其江南徽派原始建筑文化，以坚强的堡垒、坚决的态度拒绝与本土建筑文化的融合。但经历数百年本土文化的不断渗透，其建筑文化依然逃脱离不了文化整合的必然规律，如今的屯堡建筑已逐渐与周边的布依族建筑形式越来越相近，如周边布依族用来防止野兽入室的矮门——腰门，也被屯堡人运用到了他们的建筑之中（图8）。

图8　屯堡拦腰门

五、结论

中国古代建筑的历史演进离不开各民族建筑文化之间的扩散与整合，就连始终处于较先进地位的汉式建筑文化，其发展也脱离不了少数民族文化的影响。地处古夜郎文化中心的贵州是中原文化、西南文化、吴越文化、荆楚文化等古老文化圈的交融地带，悠久的历史赋予了这一地区深厚的文化底蕴，地理上与世隔绝的绝对优势为各种建筑文化提供了肥沃的土壤。建筑文化作为极其庞杂的系统，其构成与黔贵文化一脉相承，是在保护本土传统建筑文化的前提之下，有选择地吸收与接纳外来文化，而逐渐形成今天“多元”的面貌。这种建筑景观的“多元”源自建筑文化的“多源”，而“多源”的建筑文化又来源于不同的地域与民族，是一种多元并起、多样并存、多极互动而彼此渗透的复合建筑文化。也正是这些不同特质的文化，共同缔造了黔贵地区建筑千姿百态的特色。

参考文献：

[1] 朱利安·H·司图尔特.文化生态学 [J]. 潘艳，陈洪波译. 南方文物，2007(2).
[2] 高介华. 中国西南地域建筑文化 [M]. 长沙：湖北教育出版社，2003.
[3] 俞宗尧，帅学剑. 屯堡文化研究与开发 [M]. 贵阳：贵州民族出版社，2005.
[4] 吴正光. 青岩镇的建筑文化 [M]. 贵阳：贵州人民出版社，2008.
[5] 高介华，刘玉堂. 楚国的城市与建筑 [M]. 长沙：湖北教育出版社，1996.
[6] 王绍周. 中国民族建筑(一)[M]. 南京：江苏科学技术出版社，1999.
[7] 周尚意，孔翔，朱竑. 文化地理学 [M]. 北京：高等教育出版社，2004.
[8] 罗德启. 贵州民居 [M]. 北京：中国建筑工业出版社，2008.

乡村文化保护中的苗族民居建造方式演变的连续性研究
——以贵州省陇戛苗寨为例

吴桂宁[①]，黄文[②]

摘　要：通过对贵州省陇戛苗寨的民居进行实地调研测绘，梳理当地居民的建筑材料、结构体系和施工技术等建造方式由传统向现代逐步演变的过程及其对民居外部形态的影响，对比自然环境和乡村文化保护两种条件下建造方式的演变特征，并分析其连续性和可能原因。

关键词：乡村文化保护，苗族民居，建造方式，连续性

中国西南高原上的贵州省是国内重要的民族聚居地，汉族与苗、彝、侗等少数民族共生共荣，创造出灿烂的多民族村落资源。随着近十几年对传统文化和民族文化的关注度提升，贵州展开一系列围绕乡村的文化保护工作，如传统村落保护、传统村落更新规划，以及生态博物馆建设等。在国家"要保护也要发展"的时代语境中，这些文保工作对维持村落景观稳定、保存传统民居有不可否认的重要贡献，但同时它们也推动着传统民居向现代性演变。与曾经自然条件下的民居演变相比，在受乡村文保主导的民居演变中，地区性和民族性等建筑文化一方面同化着新型建造语言，另一方面其连续性也受到影响，从而演变过程呈现更多本质上的变化。

本文所关注的是传统民居在乡村文化保护浪潮中逐渐表现出的多样性，即从传统向现代演进过程中表现出的建造方式的变迁，以及由此带来的民居文化的多元质变。就贵州西部地区的苗族而言，常年靠山独居造就民居建造方式和外部形态上的独特性，当被文保运动敲开寨门，这些本质日渐转变。介于黔西苗族村落众多且保护状态不一，研究选取其中文化最具特色、外力介入最早、保护时间最长、成果最具争议的梭戛箐苗聚居地之一的陇戛寨作为研究案例，通过分析村寨内不同年代各类型民居的建筑材料、结构体系、施工方式，描述民居由传统向现代变化的历程，并对比自然和外力介入两种不同条件下，建造方式如何影响民居空间、形态、细部表达，及其可能的诱因。

一、陇戛苗族民居的建造材料和结构形式

陇戛苗寨历次民居的建造演变主要集中在建筑材料、结构体系和施工方式上，文章将就批量建设的各代民居对此展开说明。陇戛苗寨位于贵州省六盘水市六枝特区梭戛乡，距梭戛乡4.5km，距六枝特区37.8km，由一条2002年

---

① 吴桂宁，华南理工大学建筑学院，教授，412172936@qq.com。
② 黄文，华南理工大学建筑学院，硕士研究生。

特别修建的省道相连，公路顺着梭戛大坡蜿蜒而上，依次连接河谷的汉族和布依族聚落、半山的乡政府和彝族村庄，以及尽头的陇戛寨和两个新寨。20 世纪 90 年代初，因独特稀有的语言、习俗、艺术和建筑，陇戛寨开始受到政府重视，并于 1995 年与挪威合作修建中国第一座生态博物馆用于保护其物质与非物质文化，受保护的建筑包括传统草木构民居、夯土民居和石构民居。进入 21 世纪，为促进村寨旅游发展、改善民生，政府于 2008 年和 2013 年陆续新建新一寨和新二寨，采用融合现代和传统的建造方式，展现苗族传统元素（图 1）。

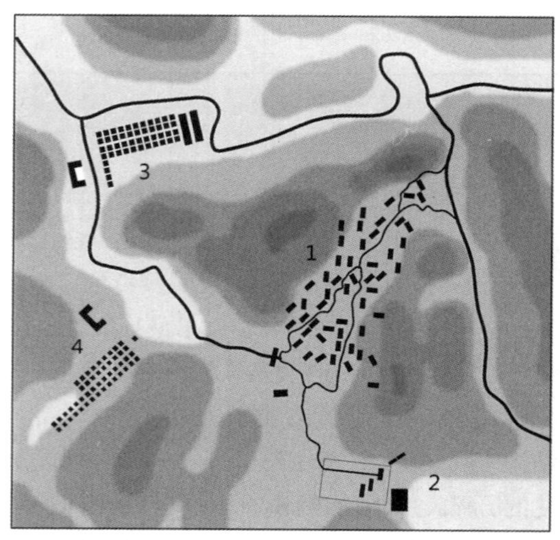

图1　陇戛寨
1-陇戛老寨；2-生态博物馆；3-新一寨；4-新二寨

直至今日，新旧村寨的景观和民居形成一幅村落文保造就的典型二元结构图景：二元对比源于村落保护和发展中的外力介入，外力作用在民居建造方式上，左右其演变过程，呈现在外部形态上，最终影响居住者的生活习惯和观念意识。位于山顶、受外力干扰较少的老寨新旧民居混杂，民居更迭受旧工艺、审美和习惯影响较多，寨民维持男耕女织的传统生活方式；靠近公路、政府主导修建的新寨民居单体一致，建设受当下行政政策和经济技术左右，屋主离开农田，进城务工。虽然陇戛苗寨被纳入政府文保范围后形成山上山下、相对独立的二元景象，但新寨民居的设计修建、老寨新建民居的修整均有地区性和民族性考虑，它们在样式、建造等方面存在一定同源性，因此该二元体系的建筑演变现象可被置于共同的文化基础中进行讨论，分析其受当代乡村文化保护影响程度不同而导致的差异。

对陇戛老寨而言，20 世纪 90 年代前，民居从草木构演变到夯土木构和石木构，墙体材料改变，木构架结构体系不变，建筑形制和形态基本维稳；20 世纪 90 年代后，民居继续演变为混凝土石构，结构体系为石墙承重，木构坡屋面与混凝土平屋面共存，建筑材料、结构体系、修建技术部分变化。对新寨而言，其砖混民居和石构—砖混民居虽加入老寨传统民族元素和地域元素，但混凝土和空心砖成为主要建筑材料，所用石材也非钢钎开采，而是炸山所得，框架结构跃升成为主流（图 2）。

图2　苗寨新旧景观对比（上）与新一寨、新二寨（下）
来源：牟辉绪，徐美陵，罗刚. 活着的文化——梭戛生态博物馆[M]. 贵阳：贵州人民出版社，2013.

（一）传统木构架民居

木构架民居是陇戛苗寨最主要的传统民居，自百年前第一波苗族先民定居梭戛大坡到 20 世纪 70、80 年代，它一直占据苗寨民居的舞台中心并缓慢演化，它包括最初的简易木窝棚、吸收汉式技术产生的全木构民居，以及由此发展而来的夯土木构民居（图 3）。除使用藤条捆绑木棍搭建的木窝棚，这一系列木构架民居均采用穿斗木屋架承重，形制参考汉式两或三开间带吞口坡屋顶民居，但因墙体材料和施工方式上的差异，肌理、窗洞和形体存在出入。它们仍可见于陇戛老寨保存的历史民居实例。

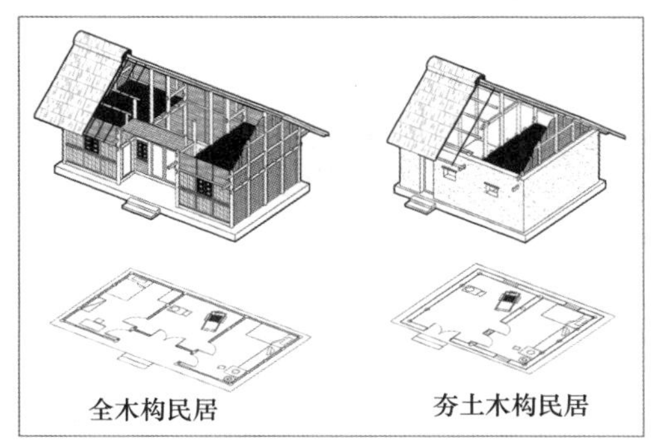

图3　木构架民居轴测图

结合寨中现存的民居实例与历史资料，得知全木构民居最早出现于19世纪初，由居住在梭戛大坡河谷的汉族工匠带入。苗族先民得到汉人的斧、锯伐取木材，刨、凿制作木构件，杩杈、墨斗进行施工，从自然中获取几乎全部的建筑材料建造民居。但因所得工具和技术有限，相比同时代周边地区的汉族木构民居，苗族民居材料种类、构件精度和施工条件较为简略的特点，如因缺少运输工具而无法搬运粗壮的木材制作柱子和主梁，屋架常参差不齐；因缺少大锯而无法解枋解板，四面墙体用横放的短木或笆板代替；因交通环境恶劣而无法购买屋瓦，将金丝茅草置于檩条上作为屋面；因工具种类不全而无法雕刻窗棂、门簪，省略细部装饰。这导致苗族全木构民居的室内空间划分简单、木构架简陋、墙体脆弱、艺术装饰较少。在往后的一百多年中，全木构民居一边完善其建造技术，一边回应自然和社会环境提出的挑战，产生了夯土木构民居。

夯土木构民居涌现于20世纪60年代，一度成为寨中最普遍的民居种类，它是苗族对20世纪中叶生存条件恶化的回答。20世纪50年代，遍及贵州的大炼钢运动一方面伐尽陇戛寨附近的青冈树林，造成木材资源紧缺和土地裸露，另一方面带来人口激增。亟须建造新房却难以集齐木材的寨民在继承木屋架维持房屋稳定的基础上，将目光投向方便取用、成型迅速、工艺简单的泥土，向其中搀入风化的岩石碎屑和少量动植物纤维，板舂垒打筑成房屋。虽因夯土墙体厚重而取消吞口造成民居形态变化，但夯土木构民居继承了全木构民居的结构体系，以及屋架、基础、屋面部位的施工方式，其本质仍是取材于自然的木屋架承重民居。

（二）石木构民居

传统木构架民居向石木构民居转型始于20世纪60年代前后，直接原因是与附近布依族、汉族村落交往引起石构工具革新，苗寨人民掌握钢钎采石和叠砌石墙技术；根本原因是山林消失诱发水土流失和石漠化，木材、黏土愈发难以获取。石木构民居大范围流行则出现在20世纪80年代末，木材价格持续上涨、石材开采更加方便和石灰砂浆出现使石材成为首选材料，它多表现为对全木构民居和夯土木构民居的改造，称为“木改石”和“土改石”。此时修建石木构民居由村民自主修建，材料基本自给自足，使用木屋架承重，维持带吞口坡屋顶二或三开间汉式民居造型（图4）。

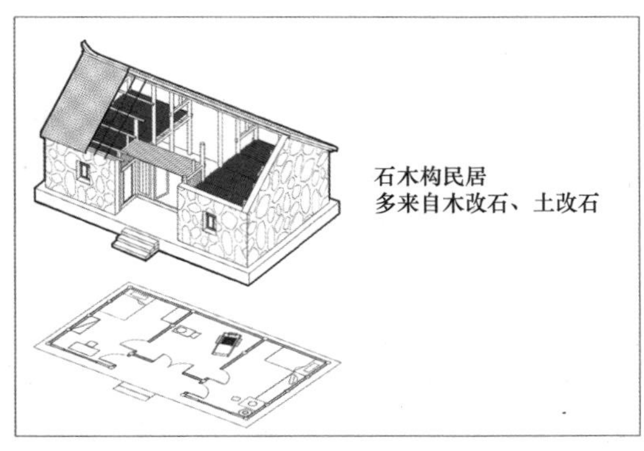

图4　石木构民居轴测图

在石木构民居逐渐代替全木构和夯土木构民居并成为主流的数十年中，可见的变化集中在民居层数和墙体肌理上。石木构民居分一层和两层，一层民居格局形制与全木构民居无异；两层石楼下层圈养牲畜，上层住人；两者的次间上方皆有阁楼，搭建于楼枕或石墙体上。民居的层数与石墙肌理相关，最早的石料受制于开采方式而小且薄，加之缺少砂浆黏合，砌筑时亦不懂得打磨和内外咬接，所成乱石墙肌理参差、不够坚固、极易倾覆，高度仅及楼枕，山墙屋尖部分由竹篾填补；随着用烧制石灰、黏土、黄砂调制砂浆的技术普及和开采打磨石材的工具进步，石块经过打磨、砂浆粘连，结合杩杈和脚手架施工，可卡缝砌筑至二层高度，所得肌理平整清晰。木构架也是影响民居高度的原因之一，相比全木构和夯土木构民居，缺柱少梁的情况减少，它变得更加完善和牢固。此外，寨民也模仿木构细部雕琢石材作为装饰，如山墙的石挑檐。

这一时期的陇戛寨处于封闭的自然发展中，苗族过着自给自足的农耕生活，与周边村落交往不多，更没有外界力量打扰，民居建造方式的自发演变有以下特点：发展出传统材料的新用法，传承旧结构体系并不断完善，建造方式基本同质但整体提高。

（三）混合结构民居

苗族的混合结构民居指混凝土石构民居、砖混民居和石构——砖混民居，它们于20世纪90年代末出现，包括陇戛老寨的新式民居及政府修建的新一寨和新二寨民居。20世纪90年代初，少有寨民走出寨门带回水泥、玻璃等新建筑材料和框架结构等新承重体系，随着1995年由政府、挪威代表和中国博物馆学界组成的文保组敲开陇戛寨门，依次实施公路基础设施建设、生态博物馆建设、百年全木构民居修复、新一寨和新二寨建设和老寨民居整治等保护措施，政策、文化、经济、交通条件剧变，苗寨民居的建造方式和外部形态也随之改变。

1997—2013年的保护周期内，1997年的修复古民居和修建生态博物馆虽然以保护为主旨，展示出对苗族传统建造方式的尊重和鼓励，设计方案充分融合苗族文化，用木构、夯土、石构墙体、金丝茅草坡顶和木屋架再现传统建造技术，但实际施工采用炸药开采山石、使用水泥砂浆砌筑石墙和粉刷砖墙模仿夯土墙，不可避免地引入现代材料、技术等质变诱因。2003年和2013年，两次以提升寨民生活质量为目的的新寨建设，虽以老寨石木构和夯土木构民居为原型，但使用水泥砂浆石墙和空心砖墙作为承重体系，结合混凝土现浇坡屋面，默许并加剧了民居质变（图5）。2008年和2013年的夹杂在新寨建设中的数次民居修整试图通过平屋面改瓦坡屋面、粉刷土色涂料和仿制茅草顶等策略挽回曾经的民居风貌，却收效甚微（图6）。

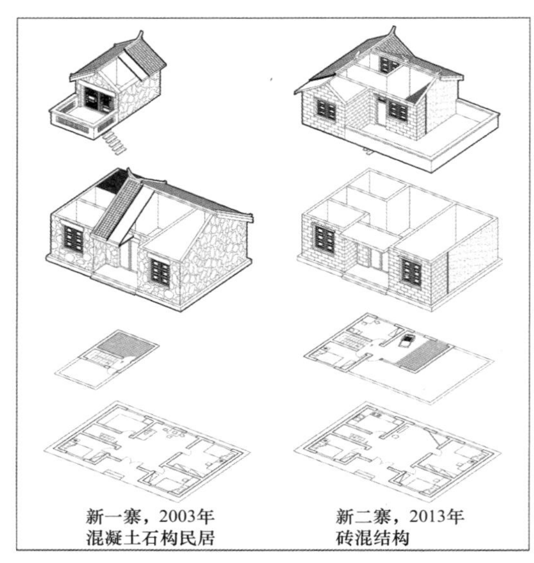

图5　新寨混合结构民居

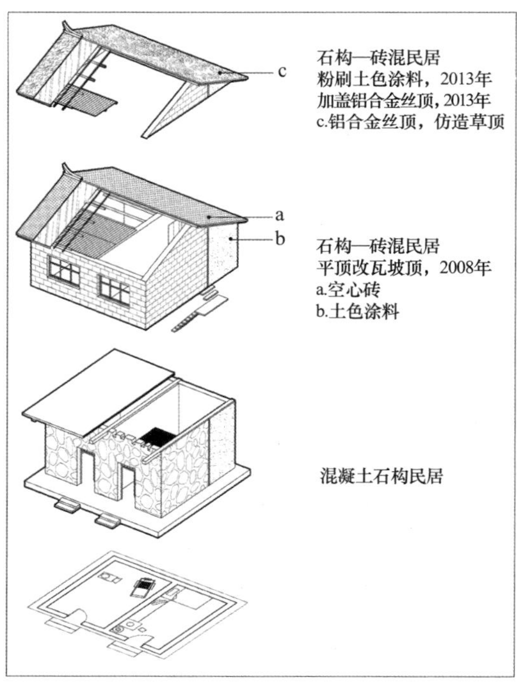

图6　老寨混合民居及其整修

建造材料、结构体系和施工方式上的演变不仅源于诸次邀请村民参与的文保工程，也来自生活环境和寨民意识变化等原因，2003 年通往县城的公路竣工，寨民进城务工带回空心砖、平屋面以及现代审美和生活方式。在陇戛老寨中，至 2003 年新建民居已几乎为混凝土石构平顶形式，至 2008 年民居平改坡修整中广泛使用空心砖加建坡顶二层或直接加盖预制坡屋面，至 2013 年，再无新建木构或石构民居，全为砖混民居，它们皆不再保留吞口、木窗、挑檐等传统元素。

二、当代苗族民居建造方式演变特点与连续性

以自然和乡村文化保护下的两种民居建造方式演变作为对比对象，可见其在建筑材料、结构体系和施工方式三个方面的演变，引起民居连续性在数量、空间、形态、细部装饰上的差异，它们具有以下特征。

（一）数量激变

陇戛寨民居建造方式的演变能最直观地从各类民居的数量变化上看出（表 1），具体表现为传统民居的迅速消失和新民居的快速增长。以乡村文化保护开始并初显成效的 20 世纪末为界，此前全木构和夯土木构民居向石木构民居的演变中，旧民居的数量仍处于增长状态，有自然演变的平缓、渐进特征；但此后石木构民居向混合结构民居的演变中，混合民居单方面的强势增长挤压并抑制其他民居的存在和新建。

这一特征与文保工作引起的建造方式革命相关。石木构民居虽在性能和外形上有所进步，但因和木构民居出于同源而存在诸多相似，它提供的是民居新建的多样性选择，而非垄断。相比石木构民居，混合民居材料和技术带来性能的颠覆，它彻底改变苗族对民居的传统观念，加之政府在改善民生、建设新寨中邀请寨民参与，变相地推广新建造方式，使之加速传播并几近替代传统建造方式，导致连续演变中断。

各类型民居数量变化表

表1

民居类型	1985年		2000年		2005年		2013年	
	户数	比例(%)	户数	比例(%)	户数	比例(%)	户数	比例(%)
全木构民居	21	26.3	13	11.6	13	9.8	10	5.3
夯土木构民居	56	70	71	63.4	45	31.4	1	0.5
石木构民居	4	5	18	16.1	10	7.6	11	6
混凝土石构民居	0	0	10	8.9	32	24.3	60	32
(石构—)砖混民居	0	0	0	0	32	24.3	104	56
民居总数	80	100	112	100	132	100	186	100

来源：部分数据来自《生态博物馆理论在景观保护领域的应用研究》，余压芳；部分数据来自作者调研

（二）返祖现象

民居返祖现象体现在陇戛老寨景观的集体突发性变化上（表 1），它来自受到当时乡村文保政策主导的使用现代建造技巧对旧民居的外形仿造。2008 年，当地政府为促进旅游开发，通过加盖预制坡屋面、加建坡顶空心砖二层，责令全部平顶混凝土石构民居改为瓦坡顶；2013 年初，为响应乡镇景观整治和新农村建设，当地政府要求全部石构—砖混民居粉刷土色涂料以再现夯土木构民居外观；2013 年底，在文化生态旅游的影响下，部分民居被选作复原传统民居的试点，用屋面上覆盖铝合金细丝的方式模仿曾经的草顶夯土民居。

从该特征中可见，虽此措施以保护苗寨景观、延续苗寨民居为目标，但工作重点仍集中在屋面、表皮等浅层外部视觉要素上，建筑材料、结构体系和施工方式等深层建造技术未受重视。随着更坚韧、灵活的新材料和技术普及，

建筑外形不再依靠建造方式表达，两者之间既往的密切关系也日益分离，缺少系统规划、重外形、轻建造的突击整修策略虽易在短期内取得成效，但视觉效果与建筑本身割裂，终将导致民族性和地域性流于装饰和表皮的符号化，民居技艺和民居文化日渐式微。

（三）内外分离

文保背景中苗寨民居建造演变的隐藏特征是民居内外空间的分离，需走进新民居才能发现。苗族混合结构的新居民存在一个特殊的共同点——民居的使用者不是民居的建造者：老寨新民居由常年外出务工的男性建造交予女性使用，新一寨与新二寨新民居由政府建造交与寨民使用。与现存的全木构民居和石木构民居相比，使用新材料、新结构建造的民居无法复制凝结在传统结构体系和建造过程中的空间与功能，它们不可避免地与维持旧式苗族生活的女性和老人产生冲突。这些冲突具体表现在为存储晾干粮食而额外搭建阁楼，室内空间变得如同迷宫；政府为避免烘烤粮食引发氟化病而取消火塘，受到寨民的一致诟病和抱怨；以及在现代起居室布置织布机和染缸，甚至饲养禽畜等。

民居的外部形态与室内空间分离不仅反映出新旧建造方式的割裂，也折射出建造方式与习俗习惯的渐行渐远，原因不仅来自长期封闭的村落突然开放，受外界文化冲击过大；也来自文化主体在文化保护、村落建设中丧失自主权后的日渐迷惘。

三、结语

随着近几十年民族交流越发频繁和外界力量着手保护传统村落，多民族地区的交流隔阂逐渐破除，建造材料、建造技术的涌入引起村落和民居更迭，肉眼可见地影响着民居的肌理、形态、空间和数量，肉眼不可见地切断着民居建造和文化的连续传承。在包含过去和当代的完整的陇戛苗寨时间历程中，将传统民居与新民居纳入连续的民居概念，理解传统民居的演变历程和发展趋势，可发现文保工作中存在着传统文化保存、提升人民生活质量和旅游开发这三股目标不同的力量，它们时而协同，时而拮抗，基于对传统民居或深或浅的理解，通过或长期或突发的策略和措施，对民居文化产生或积极或消极的作用。

陇戛苗寨仅是西南地区已被保护，或等待保护的众多传统村寨一员，其漫长而曲折的文保工作和民居演变过程启示我们，传统民居的真正传承不仅体现在外部视觉效果的连续上，更体现在功能空间、结构工艺的连续上，它不能简单地依靠对符号、元素的模仿，而需保持建造方式的连续，这与文化的自身强度、保护工作的系统规划和文化主体的自主程度相关。建造方式及其演变为传统民居保护和乡村文化保护提供了一个新的思考角度，它提出保护工作需尊重文化的脆弱性、关注地区性与民族性，并在此基础上制定长期、连续的系统保护规划，避免粗犷保护和无序保护对建筑文化、村落景观的破坏。此外，在乡村文保中的民居建造方式演变这一话题下，还存在诸如不同文保措施的不同效果对比、保护成果评价与优化等研究等待继续深入。

参考文献：

[1] 常青．思考与探索——旧城改造中的历史空间存续方式 [J]，建筑师，2018（8）.

[2] 苏东海．博物馆的沉思——苏东海论文集 [M]，北京：文物出版社，1998.

[3] 汤诗旷．苗族传统民居中的火塘文化研究 [J]，建筑学报，2016（2）.

[4] 张涛，消解的边缘 [D]，北京：中央民族大学，2006.

[5] 余压芳，生态博物馆理论在景观保护领域的应用研究 [D]. 南京：东南大学，2006.

[6] 吴昶，梭戛长角苗民居建筑文化及其变迁 [D]. 北京：中国艺术研究院，2007.

[7] 罗德启．中国民居建筑丛书——贵州民居 [M]. 北京：中国建筑工业出版社，2008.

[8] 伍秋林，伍新明．梭戛苗人文化研究 [M]. 北京：中国文联出版社，2002.

[9] 中国贵州梭戛生态博物馆资料汇编 [G]. 贵阳：黔新出（图书）内资字第 091 号，1997.

[10] 胡朝相．贵州生态博物馆的实践与探索 [J]. 中国博物馆，2005（3）.

[11] 牟辉绪，徐美陵，罗刚．活着的文化——梭戛生态博物馆 [M]. 贵阳：贵州人民出版社，2013.

《吴中水利全书》解读[①]

高文娟[②]

摘　要：本文以明末水利专著《吴中水利全书》中的绘图为主要分析对象，聚焦苏州地区的水与城市的关系，以苏州治水所要解决的主要问题为视角，分析不同绘法。要旨在于：在对《吴中水利全书》绘图分类的基础上，区分各图中所绘要素的差别，以此提出关于不同层面上解决不同治水问题的认识。

关键词：吴中水利全书，江南水系，绘图方式

《吴中水利全书》由明代张国维纂辑，崇祯九年（1636）[③]付梓，十二年（1639）刊成，是一部研究东南四府水利状况的巨著（以下简称《全书》）。全书共28卷，约70万字。内容主要记录明代苏州、松江、常州、镇江四府水利。内容涉及图说、水源、水脉、水名、河形、水年、水官、水治、诏命、敕书、奏状、章疏、公移、祀文、诗歌等。清乾隆时，全书被收入《四库全书》之中，采用浙江巡抚采进本，归史部地理山水类，并在《四库全书总目提要》中对其作者、体例做了介绍。2006年，扬州广陵书社出版的《中国水利志丛刊》将全书收录其中，为今人水资源研究提供了重要参考依据。

一、《吴中水利全书》之概要

（一）题解

所谓“全书”，书中《凡例》中有所释疑。以往的水利著作有使用“集”“录”“书”“考”等名，种种繁多，但是有着“言持一家，议主一时，惠偏一郡一邑，或师古而悖今，或详今而略古”不同程度的局限性。作者将历代以来，凡有关吴中水利的典故、文章全部编纂其中，内容之广，故可称“全书”。作者在纂辑前已阅览大量水利相关书籍，对以往书中的缺点和局限性有着客观评价。“师古而悖今”“详今而略古”的提法表明作者已经突破朝代观念的束缚，着眼于在更长的时段中正确定位所研究对象的形成，可见其时间观念上的超越、立意的高远，使得我们更加期待《全书》所要展现的非一家之言、非一时之言、非一地之言。

关于“吴中”所指，作者的解释体现了其对待水系不同于以往的眼光。书中只记录流经苏州、松江、常州、镇江四府的水道，以往都笼统地称其为“三吴”“江南”，多有偏差，作者以为不妥。并且，作者重视水源流向，虽着重于苏松常镇四府的水流，不忘将水源地纳入讨论范围，将杭州、湖州、嘉兴三府一并纳入，“非

① 项目资助：国家自然科学基金项目（51478101）。

② 高文娟，东南大学建筑学院，博士研究生，gaowenjuan913@gmail.com。

③ 出版时间采用本书《凡例》中所书：崇祯九年三月朔旦成书十月既望锓板。广陵书社版中，有关张国维治水的条目一概删除，而在四库全书版中记录完整。

合七郡，莫悉端委”，将绘制的七府水利图作为总图，足见其对水域概念的认识，不局限于地理辖区所见，而在于细查原委。最终酌名“吴中”，实为作者之用心体现。

（二）体例概说

《全书》开篇有三篇序文，分别为自序、崇祯十年蔡懋德序、崇祯戊寅陈继儒序。后为凡例。其后正文28卷，各卷名称详细见表。

根据内容，大致可将各卷分为四个部分，分别为图、水系基本情况、水系管理情况和相关诗文歌谣。《凡例》对各卷所载内容缘由也做了一一阐述。第一部分为卷一、卷二的绘图，因吴中水系“远近纵横高低曲直，非画图莫辨”，仔细绘图有利于对“水利关要了如指掌”。前人亦重视制图，但在刻印时往往疏漏，留传下来的刻板图也多有讹谬，笔法粗糙、方位失准。作者将绘图部分放在正文之首，突出图在水利研究中的重要性，一方面是作者细致调研的结果、后续研究的基础，另一方面也是作者对水利研究宏观把握的整体表达。

第二部分为卷三到卷七，作者对水的基本情况进行分项梳理，弄清来源、流向、名称和形态，目的在于厘清“自然之势”，通过这一本书即可对相关水系情况了如指掌，一旦发生水患可迅速、具体地做出决断。第三部分为卷八至卷十六，是对历代进行的水利工程、管理组织情况所做的一番梳理，对历代诏敕、章奏的收录更是首次。第四部分卷十七至卷二十八则是对相关水系议论、序记、祀祝、歌谣的记录。内容范围之广，收录条目之全，充分体现了作者编纂“全书”的立意。

对水情的细致梳理，对历代水利工程、管理制度的梳理，记录历朝对水政状况的评论，这使得我们进一步理解了作者纂辑《全书》的目的：虽是个人纂辑、出资刻板的水利研究专书，但处处是有利于国家治理水患问题的针对性事项，纂辑此书是出自于作者治理好此地水患的决心与信念，并提出治理好水患有利民生、有利解决连年猖獗的匪患。作者张国维到任苏州时，正是在明朝末年内忧外患、政权动摇之时，民众遭受水灾，百姓困苦。在国家政权风雨飘摇之际，张国维以治水实干，主持水利工程与书刊纂辑，做出为国的精品，其良苦用心显得尤为珍贵。

二、《吴中水利全书》经世崇实的实用性

（一）作者张国维

作者张国维，字九一，号玉笥，东阳人。天

《吴中水利全书》分卷名称列表　　表1

卷数	卷名	卷数	卷名	卷数	卷名	卷数	卷名
卷一	图（42幅）	卷八	水年	卷十五	公移	卷二十二	议
卷二	图（10幅）	卷九	水官	卷十六	公移	卷二十三	序
卷三	水源	卷十	水治	卷十七	书	卷二十四	记
卷四	水脉	卷十一	诏命	卷十八	志	卷二十五	记
卷五	水名	卷十二	敕书	卷十九	考	卷二十六	策对
卷六	水名	卷十三	奏状	卷二十	说	卷二十七	祀文
卷七	河形	卷十四	章疏	卷二十一	论	卷二十八	诗歌

启壬戌进士，曾任钦差总理糧储、提督军务、兼巡抚应天等府地方、都察院右佥御史等职。张国维在明末主持过大量的水利工程建设，治水很有成效，《明史》[①]中为其专门立传，清代的《苏州府志》中也有其传。《明史》中用了近1500字记述了张国维从进士及第到报国捐躯的人身轨迹，其中一段详细记载了他在治水方面的功绩：张国维修建太湖、繁昌两城的城墙，开挖苏州九里石塘及平望内、外塘，长洲至和等水塘，垒砌松江的防海堤，疏通镇江及江阴的灌运河道。因为做出了成绩，张国维被朝廷升为工部右侍郎并右佥都御史，总理河道。当时气候严重干旱，漕运河道枯涸，张国维把周围河流中的水疏通引进运河。而《苏州府志》中对其的记述依然来源于《明史》：

> 宽厚得士大夫心，属郡灾伤辄，为请命建苏州九里石塘及平望内外塘，长洲至和等塘，修松江捍海堤，迁工部右侍郎总理河道。[②]

如今位于苏州山塘街800号张国维祠门前立有“泽被东南”牌坊，沧浪亭内还有他的石刻像，上刻：“抚绥十郡，大度渊涵，疏通水利，泽被东南。”可见张国维为官之中重要的经历在于调查河渠、兴修水利，所取得的成绩得到了朝廷、同僚的认可，民众感激。他丰富的治水经验，是其纂辑《吴中水利全书》实践基础。

在张国维《进呈水利全书疏》中他曾写道：“臣尝单舸巡汛，探溯河渠，各绘水图，括以说略。”《陈情疏》中再言：“臣搜泉兴浚，单骑驰驱，手口拮据，靡事不为。”张国维为调查水情亲力亲为，甚至作为巡抚极为罕见的“单舸”“单骑”进行调查，令人动容。作者以其丰富的治水工程经验与水情调研经历，使我们相信，《吴中水利全书》不但是一本凝结了作者心血的经验总结之书，而且具有很强的操作性与真实性。

（二）后世之评价

《全书》被收录进《四库全书》时，不同的分纂官员对它的介绍与评价略有不同。在“纂修翁第二次分书三十四种”的校阅单[③]中，对《全书》的内容及体例部分说道：“凡各郡州邑之水，溯源疏脉，绘七府水图五十二幅，并载章奏、文移、论议、序记，次以祀祝歌谣……”

《四库全书总目提要》的编撰者翁方纲撰写了分纂提要，是以上文为基础写的：

> “《吴中水利全书》二十八卷，明崇祯九年应天巡抚东阳张国维纂辑。其自序云：蔡懋德上言水利，深切究心，实与国维共诠次此书。凡各郡州邑之水，绘之为图，溯之为源，疏之为脉，缕之为名，度之为形。首刊诏敕、章奏，下逮论议、序记、祀祝、歌谣。所记虽止明代事，然自是有用之书，应抄存之。”[④]

而在《四库全书总目提要》中有关《全书》的描述是这样的：

> 明张国维撰。国维字九一，号玉笥，东阳人。天启壬戌进士，福王时官至吏部尚书。南京破后，从鲁王于绍兴。事败，投水死。事迹具《明史》本传。是书先列东南七府水利总图，凡五十二幅。次标《水源》《水脉》《水名》等目，又辑诏敕、章奏，下逮论议、序记、歌谣。所记虽止明代事，然指陈详切，颇为有用之言。凡例谓崇明、靖江二邑，浮江海之中，地埋不相联贯，自昔不混东南水政之内。今案二邑形势，所说不诬，足以见其明确。《明史》本传称，国维为江南巡抚时，建苏州九里石塘及平望内外塘、长洲至和等塘，修松江捍海堤，浚镇江及江

---

① （清）张廷玉等撰. 明史[M]. 北京：中华书局，1974。

② 选自光绪九年《苏州府志》卷六十八中“名宦一”一节。

③ （清）翁方纲 撰，吴格 整理. 翁方纲纂四库提要稿[M]. 上海：上海科学技术文献出版社，2005：1210。

④ （清）翁方纲 撰，吴格 整理. 翁方纲纂四库提要稿[M]. 上海：上海科学技术文献出版社，2005：341。

阴漕渠，并有成绩。迁工部右侍郎，兼右佥都御史，总督河道。时值岁旱，漕流涸，浚诸水以通漕。又称，崇祯十六年，八总兵师溃，国维时为兵部尚书，坐解职下狱。帝念其治河功，得释。则国维之于水利，实能有所擘画。是书所记，皆其阅历之言，与儒者纸上空谈固迴不侔矣。

翁方纲认为《全书》是“有用之书”，评价其为“应抄存之”，是对《全书》在水利研究方面成就的肯定。《四库全书总目提要》① 中对《全书》水利研究方面的评价并无本质上的差异，并保留了“指陈详切，颇为有用之言”的评价，却在开篇介绍了作者张国维投水救国的经历。虽已交代事迹来源于《明史》，但又不厌其烦的再次引述其中内容。这段材料大致说明了张国维疏通河槽、筑修堤坝的事迹，更曾在兵败而下狱时，因为之前治理河道的功绩而获得释放。张国维为官任上处理江南水政，有着亲身阅历之经验，所著《吴中水利全书》也是其实践经验之谈。《四库全书总目提要》不避讳张国维故国忠义之臣的身份，详细记录其经历和事迹，进而强调了《全书》“与儒者纸上空谈固迴不侔”，极高的评价了《全书》经世崇实的思想。

三、《吴中水利全书》中的绘图

（一）书中绘图

绘图是《吴中水利全书》的一大成就及亮点所在。《全书》共刊有绘图 52 幅，为木刻板，板框长 22.41cm，宽 15.2cm。现存本的目录中所刊有图名 53 幅，而实际缺“吴江县境沿湖水口图”一图，原因不详。每幅图均在图后或是图上，配有文字说明。

（二）水道图与水利图

吴中地区治水的特殊性在于调整过多的水流，而最主要的任务则是排水。怎样把主要发源于天目山系而聚集于太湖的诸水流排泄入海，是当地水利事业所要解决的主要问题。从太湖至海的 100km 以上的广大区域内，开导水源、疏浚河道、相地设闸、改造地形是治水工作的主要内容。从 52 幅绘图的内容来看，因内容要求之不同，绘制各有特点。绘图编排的顺序可大致分为：水利总图、各府县水利图、各府县水道图、与太湖水口图、干流流域图、沿海水口图。这一编目充分体现了吴中治水所要解决的两大问题：治水守城、泄流入海。

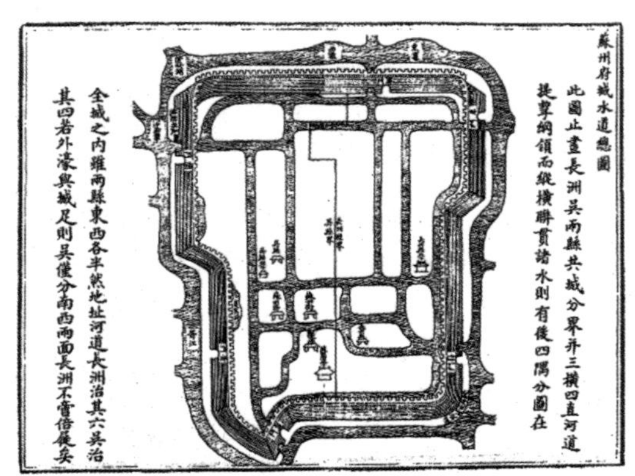

图1 苏州府城水道总图

来源：《吴中水利全书》卷一：马宁主编，中国水利志丛刊[M]，扬州：广陵书社，2006

以《苏州府城内水道图》（图 1）为例，该图分为总图和四隅分治图共五幅，是《全书》中绘制最为精细的一幅，是继南宋《平江图》之后又一幅以水道、桥梁为主体的苏州古城地图。《苏州府城水道总图》内容简洁，绘有城内三横四直主干河、城外四周护城河、城墙、城门位置、府衙县衙府学县学位置、长洲县吴县分界线。主图两侧配有文字说明：

此图止画长洲、吴两县共城分界，并三横四直河道，提挈纲领。而纵横连贯诸水，则有后四隅分图。在全城之内，虽两县东西各半，然地址河道，长洲治其六，吴治其四，若外濠与城足，则吴仅分南西两面，长洲不啻倍屣矣。

① 张英霖. 明末吴中水利全书所载苏州府城内水道总图初探[M]//曹婉如等编.中国古代地图集:明代[M]. 北京：文物出版社，1995。

对于此图的绘制，正如作者自叙“提挈纲领”。将城内干河画出，支流不表，标明干河与城外护城河沟通的情况，实为城市水道管理的重点之处。城内河道东半部（长洲县）较西半部（吴县）稍密集些，然而西部为水源入城处，水流较急，因此城西半部的管理重点在于处理湍急的上游来水入城的问题，城东半部的管理重点在于处理密集的河道泄水之困。

四隅图则是具体而详明的（图2），除绘有总图中绘制的各项内容，增加了支流、桥梁、寺观、粮仓的绘制。全城被四分为东南、东北、西南、西北，无精确比例，方位是上北下南。图中南北间有缩短，东西间被拉宽，略近于方形，与苏州古城“亚”字形轮廓不相若，故而图中所绘疏密不均，距离失准。

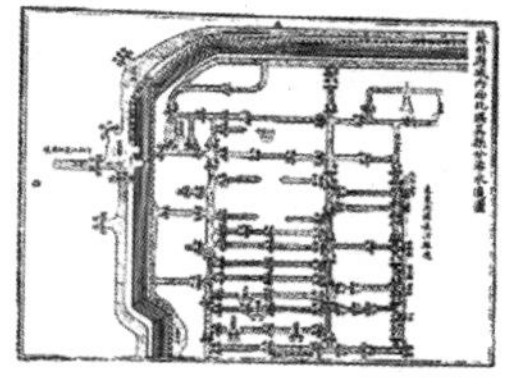
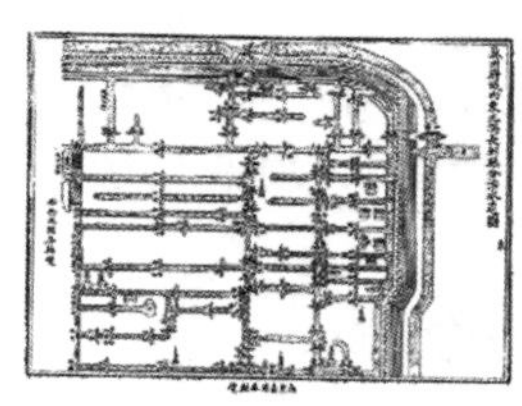
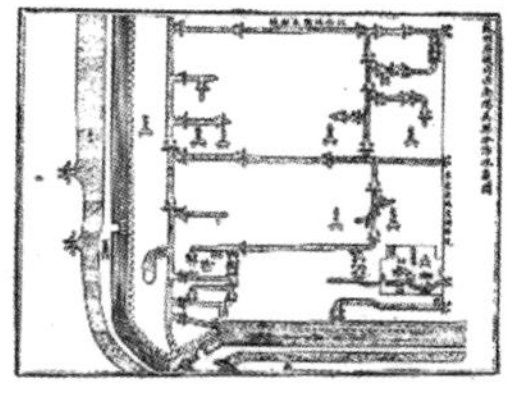
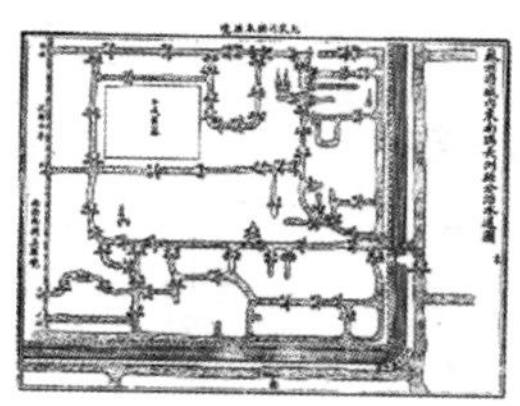

图2 苏州府城四隅水道图
来源：《吴中水利全书》卷一：马宁主编，中国水利志丛刊[M]，扬州：广陵书社，2006

尝试将四幅图拼接时，四图交接之处的河道、城墙、桥梁多有错位、重叠，料想这四幅图也是分幅绘制，而非整图绘制后分版雕刻。这与明朝当时已普遍使用的计里画方绘制法相比，显得逊色不少。但深究各座桥梁仔细绘制的用意，对照后文卷七《河形》中的文字，可看出桥梁是准确丈量河道长短的定位点。图上所画比例并不精确，而以文字记录为准，避免了方格线对水道辨识的干扰，实则为更适合此水道图的画法。

四隅图之后附有一篇《苏州府城内水道图说》，主要写了水道的大体流势，河道的兴盛与衰败过程，以及绘制此图的目的。作者写道，城外环濠“增雄天堑，具区宣泄之水所共繇也。至葑关忽隘，而以一桥为束，使南来运道统归胥江”，表明护城河有着防卫、排水、运输的作用。来往船只均从城外西、南边通行，是由于地势西南高、东北低而导致的城西南部位水量充足，有利于船只通行。也是由于地势的原因，城内水道“皆自西趋东、自南趋北”，西南处的阊门、盘门成为主要进水口，东边由娄门、葑门为主要出水口。这样一来，由自然地势加人工沟渠形成的环流水系，沟通城内城外，有效地控制着水的流向与流速，达到治水守城的目的。河道“历唐宋元不湮。入我明，屡经疏浚”。嘉靖之前，“吴壤以水据胜，水行则气运亨利，更随巷陌舟楫通驶，凡载运新粟，无担负之烦，殷殷富庶有以哉”。而在隆庆、万历之后，水政废弛，河道被侵占，河形也大有改动，“萧条光景不堪名状”。这表明了治水与城市发展之间的关系，特别是在河网密集的江南地区，水道畅则城市兴的关系尤为明显。因此，作者绘制此图的出发点在于加强苏州府城水道的治理，“曲肖各河远近，表识桥梁疏密，即久壅淤，旧迹按图可稽”。面对这样一项复杂而麻烦的工作，我们看到的是作者“欲理苏州血脉，何敢自惜苦心”的强烈责任感。

有关四隅图中河道长度、增减的情况，张英霖在《明末吴中水利全书所载苏州府城内水道总图初探》①一文中已有细致计算与探讨，并与《平江图》做对比，结论这里不再复述。而对于图中所体现出的水道功能，除张英霖总结的交通、宣泄、防卫等作用外，还有一个作用是与苏州所处的关键地理位置是息息相关的。在泄流入江、入海的过程中，苏州位于太湖下游，是入江的元和塘、娄江、吴淞江，入海的淞江以及运河

① 张英霖. 明末吴中水利全书所载苏州府城内水道总图初探[M]//曹婉如等编.中国古代地图集:明代[M]. 北京：文物出版社，1995。

的交汇处，人工的河道在此节点上需要承担调节水量、水位、流向的作用。这一作用在《东南水利七府总图》（图 3）中得以展现。

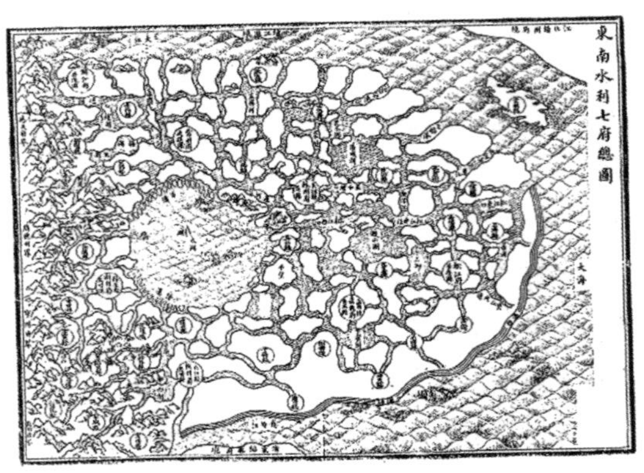

图3　东南水利七府总图
来源：《吴中水利全书》卷一：马宁主编，中国水利志丛刊[M]，扬州：广陵书社，2006

水利图是《全书》中绘图的重点，占 52 幅中的 21 幅，着重于辖境内的水利总形势，绘有湖泊、江河、山冈、府县城的位置，细致一些的会形象的标出重要堤坝、桥梁的位置。《东南水利七府总图》是《全书》中众多水利图的代表。首先，此图突破了原先绘吴地水网图只局限在苏、松、常、镇四府的画法，将吴水的发源地杭、嘉、湖三府也纳入其中，构成了连贯而完整的水源、水网、入海图，是为了满足水利管理中开导水源的实际需求。对水源的重视，是作者治水成功的一条重要经验。再者，此图水网的绘制“条分缕析”，每条河道都相互沟通，不画出中途断流的河道。实际上这也是江南水网复杂的关键点，水道皆相互沟通，关联性极强，水位、水流互相牵制，很难说出某一河道的具体水源。这些交织在一起的河网，共同承担着泄水入海的功能。在总图中绘出相互关联的河道，正如作者所言“披览者举目自辨，不必强为复说”。

《吴中水利全书》这样一部以实用、精确所长的水利书，摒弃了明朝时已具备的记里画方的制图技术和西方传入的绘图技巧，仍然使用了会使信息模糊的传统地图绘法。但是，这并不是《全书》在绘图上的不足，我们不能以今天单纯科技的眼光来评价。对于图中大量无法与实际地理尺度相吻合的地方，是经过长期积淀下来的特定知识和思维模式的体现（以文字记录尺寸距离），是基于一种感性的、达成共识的艺术表达（表现水乡气韵与泽国之感）。寻求绘图与文字、地理实际与表达方式间的多层互动，才是阅读中国古代地图的途径与乐趣所在。

参考文献：

[1] 马宁主编. 中国水利志丛刊 [M]. 扬州：广陵书社，2006.

[2] 景印文渊阁四库全书 [M]. 台北：台湾商务印书馆，1982.

[3] 张英霖 . 明末吴中水利全书所载苏州府城内水道总图初探 [M]// 曹婉如等编 . 中国古代地图集：明代 [M]. 北京：文物出版社，1995.

从传统私家园林到现代化城市公园
——澳门卢氏娱园研究

童乔慧[①]，唐莉[②]

摘　要：卢氏娱园，现称“卢廉若公园”，是澳门独存的一座具有岭南园林特色的近代中式园林，被誉为澳门近代“三大名园”之一。本文以探究卢氏娱园的造园理念以及理景艺术为线索，以历史学、景观建筑学的研究方法，解读卢氏娱园与澳门城市文化、岭南园林的承载关系。着重研究其园林形制、空间布局以及理景艺术。旨在为近代风景园林的地域性研究提供一定的理论基础。

关键词：娱园，私家园林，近代理景艺术，澳门

卢氏娱园，现称“卢廉若公园”，它是港澳独存的一座具有岭南园林特色的近代中式园林，民国时期是澳门华人上流社会、文人雅士交际活动的重要场所。作为澳门近代殖民时期特殊的印记，该园既沿袭了中式传统的造园特色，又杂糅了葡式的建筑装饰风格，既融汇江南园林和岭南园林意蕴又兼蓄中西方造园技术。

一、渊源有自——卢氏娱园的造园背景

（一）澳门文化的多元共生

16世纪50年代至17世纪40年代，由于对外贸易迅速发展，澳门成为明代最大对外贸易港口，也成为西欧国家在东方进行国际贸易的中转港，开始在世界贸易史中占有重要地位[1]。不同民族的海洋文化共存于一个城市，并体现在澳门城市景观的各个方面。

澳门在地理位置上背靠大陆、直面海洋。在其继承中华传统文化的同时，还兼有一种开放的岭南文化的底蕴。岭南文化对于澳门风景园林的影响主要表现在园林布局、建筑形式、装饰艺术和造园手法上，只要“万物皆备于我”便可接纳融合，这种“文之以礼乐”的文化特征决定了中华文化和西洋文化在澳门的碰撞与融合，并且使澳门文化和园林艺术呈现出开放、兼容的多元文化内涵。澳门文化中的中华和拉丁特质并行发展，即使出现碰撞，亦能体现出和谐多于冲突、平衡多于对抗、包容多于分离的特征。这种相互影响更以螺旋向上的循环方式带引着澳门整体文化的发展。

（二）华人富商的桑梓情怀

晚清之后，澳葡政府准许并且鼓励华人开设公司，涉及的领域、行业非常广泛。华商力量逐渐崛起而取代葡商，并且逐渐成为晚清澳门最

① 童乔慧，武汉大学城市设计学院，教授，Irenetqh@126.com。
② 唐莉，武汉大学城市设计学院，博士研究生，lily.tang8@qq.com。

广泛、最富裕、最活跃的群体——商人阶层[2]。早期华人从以渔耕生产为主的渔农社会逐步转变为以商人阶层为主的商业社会。华人富商们大量购置土地，开辟街市，推动了澳门城市化进程，也带来了华人社会形态以及城市格局的转变。

不少华人富商在市中心商业繁盛的地区修建大屋，为了满足寻求宁静幽美的休息场所和抒发故乡情怀的需求，中式私家花园应运而生。他们大都秉承了“前宅后园”的集居住、游玩为一体的中国古典园林模式。在多种文化交流和碰撞中产生的澳门近代中式园林，一方面沿袭了中国传统造园特色，另一方面又杂糅了葡式建筑装饰风格。卢氏娱园作为澳门近代殖民时期的印记，在强势西方文明的冲击下，依然固守着中国古典园林的精华和意蕴，并融汇了西方造园理念，使得园林空间意境宜旷宜奥，园林形制独具一格，与众不同。

二、功能异化——卢氏娱园的发展历史

据《澳门掌故》记载：“至若何东山地，卢氏花园，旧日唐家，当年张苑，华堂水榭，温公聊以自娱；荒径菊篱，陶公於然归隐”[3]。上述卢园（卢氏娱园）、唐园（唐丽泉花园）、张园（张仲球花园）并称近代澳门“三大名园”。后唐园、张园均毁，卢园独存。

卢园是卢九及其子卢廉若、卢煊仲的私园，卢九（1848—1907），原名卢华绍，广东新会潮连乡人，是19世纪下半叶至20世纪初澳门的“一代赌王”。卢九及其家族纵横省澳，专擅烟赌又乐善好施，热心社群，是当时澳门社会、经济生活中最有影响的华商代表之一。其家族见证并推动了澳门城市建设。卢九街、卢家大屋、卢九花园等“房地产”已经成为影响澳门城市格局的标志性建筑，甚至一度成为澳门近代殖民时期城市的“名片”。

卢氏娱园从1870年卢华绍购入园地开始，1889年在园址北部建造卢廉若洋楼，1903年具体筹建园林，1904年由卢廉若聘请广东香山画师刘光廉设计，历时20余年，于1925年完成。因其子卢廉若“性孝友，筑园娱亲”，又名“娱园”[4]。卢家花园是民国初期澳门华人上流社会、文人雅士交际活动的场所。1912年5月，孙中山先生抵达澳门，受到卢廉若款待，下榻卢家花园并在春草堂会见中外重要人士[5]。书房画阁，吴道镕、张学华、汪兆镛等耆宿文人都是常客，寸缣尺素，为娱园题咏不鲜。

“每一个新造的园林都是创造者性格和时代的反映，揭示了文化新的一面。而每一个园林的毁灭，都是我们部分记忆的粉碎，是我们部分意识的消逝”[6]。1927年，卢廉若猝逝，卢氏家族由盛转衰，娱园的风景也日显颓落，无复旧观。娱园业权几经周转，其东北、东南、西南和西面

部分如今都发展为民用大厦，北部的两层住宅现为培正中学行政楼。仅存园林主体建筑春草堂以南的1.13hm^{2}得以保存，只是面积仅有原来花园的1/4（图1、图2）。1973年，澳葡政府购入南部花园，经修葺后从1974年9月28日起对外开放为城市公园，供城市居民休闲游憩，并命名为卢廉若公园。

公园内亭台楼阁、池塘桥榭、曲径回廊、错落有致，整个公园被评为澳门八景之一——

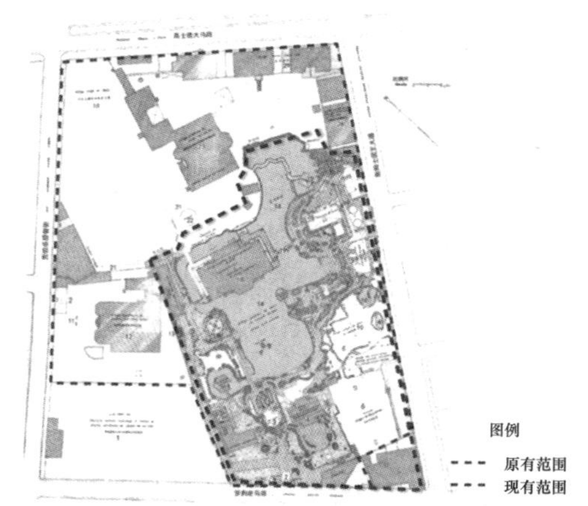

1.丽芳园 2.入口 3.月门 4.养心堂 5.瓶门 6.花圃 7.兰圃 8.兰亭 9.观音石 10.网球场 11.隐园 12.卢煊仲洋楼 13.浮雕池 14.荷池 15.竹林亭 16.莲池 17.门 18.春草堂 19.红桥 20.小花园 21.廊 22.八角亭 23.卢廉若洋楼 24.九曲桥 25.碧香亭 26.茅亭 27.龙田舞台

图1　20世纪60年代娱园平面图
来源：根据19世纪60年代葡萄牙里斯本科技大学社会及政治科学系Ana Maria Amaro教授调查图改绘.

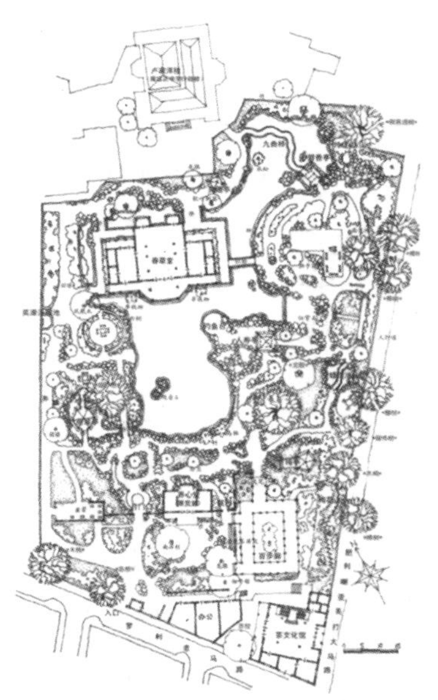

图2　娱园现状布置示意图
来源：陈志宏，费迎庆，孙晶. 澳门近代卢氏娱园历史考察[J]. 中国园林，2012，28(9):104.

"卢园探胜"。"竹石清幽曲径通，名园不数小玲珑。荷花风露梅花雪，浅醉时来一倚筇"[7]。园中假山与苏州狮子林的规模相似，引人入胜。卢氏娱园作为澳门近代风景园林近代殖民时期的历史产物，是中西文化交会的表现场所之一。其在西方意识形态影响下，多元共融，变迁为珍贵的独一无二的园林形制和空间意境，并成为澳门园林乃至中国近代园林中不可忽视的组成部分。

三、融会中西——卢氏娱园的空间布局

（一）空间布局

卢氏娱园坐落在澳门半岛中北部，"望厦村傍以南一带，俱属农田沼泽，阡陌相望。……自澳葡入驻村后，便以贱价将田地收买，填作平原"[3]。1904年，龙田村土地被强取收购后，划出多方街区，成为葡人富豪别墅区，兴建数十幢花园别墅，卢氏娱园就建在此"龙田别墅区"附近。建成后的卢氏娱园南临罗利老马路，北接柯高马路（现高士德大马路），东起肥利喇亚美打大马路（现荷兰园大马路），西临贾伯乐提督街，据《澳门古今》载："除东南角为另一家住宅，西南角为丽芳园外，占地广袤，成一个倒转的凸字形"（图1）。娱园整体坐北朝南，北为望厦山、螺丝山及马交石山一带，南面南海湾海岸，东西两侧东望洋山与大炮台山夹持，符合中国传统山水择地观念。

《澳门掌故》有详细记载："进园，则圆门当道，曲径通幽。荷池上，九曲桥回；竹斋前，千篇屏障；运来四川石笋，种成五百梅花，郇厨餐厅，常餍仕绅政客；书房画阁，时来耆宿文人。"根据文献资料和现场调研，可以推测早期娱园的整体布局沿袭我国传统的自然山水园林，并继承了"园中园"的造园手法。早期娱园以大面积的水体、山石和植物造景，被分为三部分：以养心堂为主景的前庭、以春草堂为中心的中庭、以卢廉若洋楼、龙田舞台为主题的北庭。另外，娱园西侧为卢九之弟居住的"隐园"，"娱园之西厢，乃主人仲弟所居，另辟门向贾伯乐提督街，颜曰隐园，与娱园虽一墙之隔，固有门可通，而亭台树石相若"[3]。隐园通过通透的花墙与娱园相隔，曲径通幽，似娱园的一部分。

娱园的各庭园与隐园各部分之间通过通透的花墙门洞分割和连接，隔而不塞，彼此空间渗透，境界深邃。不同于岭南私家园林的庭园围合手法，娱园通过大面积的水体、山石、植物等造景，使比例较小的建筑在园林中控制整个园景构图，显得空间景观开阔疏朗。中庭为娱园的主体部分，以大面积的荷花池为中心，主体建筑春草堂面宽30m、高度至屋顶栏杆6m左右，与正面的观赏点距离约40m，观赏的水平视角38°，垂直视角8°，观赏距离较远，主景轮廓形态平直舒缓，加之荷花池向西北延伸，具有拓展空间的作用[8]。内向聚合的布局形态加之院内植物茂盛，绿帷环绕，路径曲折迂回，无江南园林林泉幽深的意境，却增加了几分融合亲近感。

（二）景观序列

娱园在景观序列的组织上，力图通过各种园林要素的高低错落，藏露相宜、主次分明地组织每个空间，巧妙利用不同空间的大小、光线明暗对比等手法，达到"以小见大""欲扬先抑"的造景效果。

从罗利老马路进入前庭，便可看到上书“屏山镜楼”的“月洞门”（图3），山石竹林夹道，草木幽深。月洞门两侧有竹节窗花墙，墙前花影扶苏，暗香涌动，墙后乔木高耸，蓝天为衬。入门即见障景堆石假山，依假山左边前行，便见中式攒尖顶“挹翠亭”，这是苏州园林常用的“先抑后扬”，亭外修竹数枝，藤萝攀树，亭下游鱼怡然，有联云“莲青竹翠无由俗，柳色波光已斗妍；纵横域外大瀛海，俯仰壶中小绿天”。虚实相映，实景仙境，余意不尽。花墙东侧延伸至中式单檐三开间“养心堂”，养心堂初建时为接待宾客的前厅，后改为学校图书室、标本室等，不失地域性而又富有现代感。养心堂前圆形庭院假山环绕，穿过模仿皇家园林九龙壁的叠石影壁（图4）便是回字形“百步廊”，红柱绿瓦，由1986年何恩宁设计。

图3　娱园月洞门

图4　叠石影壁

养心堂东侧为“瓶门”，透过门旁花墙，可以看到“三支笔”石笋掩映在竹林间。穿过瓶门便进入主庭，视线经幽闭到开阔，景色逐步展开，主庭水面开阔，池中有用碎石堆塑的“送子观音”像。“景中有景，园林之大镜，大池也，皆与无景中得之”[10]。主庭以水面为中心，内向聚合，周边亭台水榭以其为基本朝向，通过水面镜像，无景处有景。春草堂是园林景观构图的焦点，西式壁柱结合中式飞檐，四面开敞有檐廊，中部向池中心突出的檐廊呈六角平面，屋顶带女儿墙之阳台式，葡式明黄色外墙，白色线脚，绿柳掩映，多元交融（图5）。“姹紫嫣红喜名园集四时美景，吟青挹翠寻胜景忆三代英豪”，春草堂原为家族活动的主要场所，现为澳门民政署的展览场所，水面环绕，东西北各有小桥连接。穿过竹林、石山，曲岸前行石林假山，莲池洼潭，曲桥横卧，安逸清幽。东北临墙叠砌假山石洞“玲珑山”，山下池边建“碧香亭”，通过九曲桥引出对岸卢廉若洋楼，澳门典型巴洛克建筑风格，柯林斯壁柱，曲线山花。卢廉若洋楼是全园最高处，俯瞰园内景色一览无余，远眺园外峰峦群山。

图5　娱园春草堂

四、宜旷宜奥——卢氏娱园理景艺术

（一）茂林花影

“茅亭宿花影，药院滋苔纹”①，娱园以竹石清幽见胜，荷池梅花，茅亭竹斋，常常引来不少

① 唐代诗人常建在《宿王昌龄隐居》中细致地描绘了王昌龄隐居之处的自然景色，赞颂了王昌龄的清高品格和隐居生活的高尚情趣。全诗描述平实，意味含蓄，发人联想，平易的写景中蕴含着比兴寄喻，“茅亭宿花影，药院滋苔纹”两句也正表达了娱园茂林修竹，石林文心的园林意境。

文人画师聚于此赋诗绘画，并为娱园留下了不少诗文画作。在岭南地区，商贾阶层造园最多，多希望从园林“优游喜乐”中摆脱荣辱场的“锱铢厉害”。所以商贾造园主题多通俗易懂，园景自然实在，装饰华丽繁复等。而传统画师的介入，一定程度上提升了园林的花境和意旨。“澳中新会卢氏娱园，池亭竹石，皆其规画，具有画理”[9]，卢氏娱园由岭南画师刘光廉①在1904年前后设计营构，同时期他还设计了珠海的竹石山房。两园均以竹石清幽见胜，荷池梅花，建筑色彩艳丽，精雕细琢，茅亭、竹斋质朴清雅[4]。“竹屋词境，石林文心”，寥寥数语表达了刘光廉的造园意境。

“徵尚斋诗稿”有“题因树园图”：卜地二龙泉，结园三亩宽，百年乔木在，听夕相盘桓。有堂可载酒，有池可垂竿，茂林与修竹，畦菊兼畹兰，漾漾胃绿烟，凉碧生画寒[3]。娱园内古树参天，爬藤植物与山石浑然一体，富有自然野趣。《园冶》曰“雕栋飞楹构易，荫槐挺玉成难”。花木是理景中最活跃、最吸引人的因素，他以四季变化的姿态为庭院增加无限生机，是园中造景要素，也是观赏主题。绿荫满地，清风拂案，市廛尘嚣之气一扫而去。岭南诗人汪兆镛赞娱园：“竹石清幽曲径通，名园不数小玲珑。荷花风露梅花雪，浅醉时来一倚筇”。词后注曰：“卢氏娱园擅竹石之胜，有梅花五百树，香雪弥望，荷池亦极盛”。

图6　娱园碧香亭

（二）房水相伴

根据20世纪60年代娱园被改造为城市公园前的调查情况，娱园初建时面积为2.28hm^2[11]，现公园面积仅剩1.13hm^2，而娱园以大面积的水体造景，水面面积包括荷花池、洼潭和暗渠等约0.26hm^2，占现有园林面积的22.8%[8]。根据面积的限定，娱园以内向聚合理水方式，以保持水面的完整性，不至于因为理水分散使水域面积更为稀薄。

“房水相伴、山水相依是岭南庭园具有地方特色的理水手法”[12]。娱园主庭水池向西北延伸，池水清澈若镜，荷花沁香，红鱼戏底，池边亭台水榭，水态丰盈。春草堂临水而建，中部檐廊向池中心伸出六角平台。挹翠亭、碧香亭、九曲桥等景观建筑物环水而建，参差不齐的界面活跃了池水原有的活泼特性，打破了水面单调的格局。《题娱园雅集图》描写道“中有一亭翼然出，俯仰足使襟尘豁，树色山光润欲流，绿意红情芳未歇”。所以无论水池是清澈晶莹宛若明镜，还是随风泛起涟漪，总会吸引游人驻足池前，令人流连忘返。房水相伴，尺度得当，“与随同坐”，发人联想。

（三）奇石尽含

以石代山，是江南各庭院理景最常用的办法[13]。中国士大夫们认为“石令人近古”，特别是自唐宋以来，文人士大夫们对奇石的追求已经到了穷途末路的地步。江南各地多产奇石，在园林特别是庭院理景中以石峰为景也极为普遍，因为尺度合宜，且可以房屋为背景，或白墙，或门窗，都能衬托出湖石之质感与轮廓，如纸上作画。

在娱园荷花池东侧，石林环绕，宁静清幽，原建有“竹林亭”，现改建为“人寿亭”，联云：“奇石尽含千古秀，异花长占四时春”。娱园的叠石堆山手法虽源自苏州园林，却因就地取材，又有别于江南园林以太湖石为主的传统，也不同于岭

---

① 刘光廉，字吉六，原名刘光谦，广东香山（今中山）人，书画家，擅长园林设计，曾任广西泗城知府，后罢官隐居澳门。据《澳门古今》介绍，其“工书善画，于圆篆方隶，山水花卉，无一不能。平日又喜叠石为假山，曾游大江南北，在广西做官时，饱览画山绣水……所以其布置的池亭竹石，都能清幽雅奇，深合画理。”

南以英德石为主，表现群体美。娱园的山石多玲珑剔透的、供独立欣赏的“立石”。在东北临墙的假山石洞“玲珑山”（图7）便是如此，仿山涧渊潭叠石理水，山高近10m，层层跌落，山顶植参天古榕，四周灌木、花草丛生，小路回转曲折，更有小桥、山洞、平台增加游兴。沿着山后石阶可登上全园最高点的假石山，俯瞰碧香亭、九曲桥、春草堂和中央水池，景色豁然开朗。玲珑山南狮子林、仙掌石堆叠得法，似将崇山峻岭、悬崖绝壁等自然奇观凝缩于娱园中。如同其假山石刻联：“真善假山真岩假岩，天下奇观人间福地”。

图7　娱园玲珑山

五、总结

卢氏娱园是澳门近代殖民时期融汇中西的私家园林，与“广厦环绕”的岭南传统私家园林不同，娱园以大面积的水体、山石及植物进行造景，并融合了葡萄牙巴洛克建筑风格。使得其园林布局与空间意境宜旷宜奥，与众不同。

在澳门城市规划的导向下，娱园由追求自然意趣的私家园林，再生为供城市居民休闲游览的公共花园，其历史价值得到澳门政府的认同和珍视。澳门政府通过采取保护再生措施，使园林与

图8 “亦濠”壁画下的假山

其承载的历史记忆得以重新回归，即丰富了澳门城市环境内涵又扩展了澳门风景园林的地域性研究。

参考文献：

[1] 黄就顺，邓汉增，黄均荣，等. 澳门地理[M]. 澳门基金会，1933：6-7.
[2] 林广志，吕志鹏. 澳门近代华商的崛起及其历史贡献——以卢九家族为中心[J]. 华南师范大学学报（社会科学版），2011(1):40-47.
[3] 王文达. 澳门掌故[M]. 澳门：澳门教育出版社，1999：131：245，271-273.
[4] 林广志. 澳门卢氏家族资料四种[G]// 汤开建主编. 澳门历史研究. 澳门：历史文化研究会，2003:127.
[5] 唐思. 澳门风物志[M]. 北京：中国友谊出版公司，1998.
[6] 法国华夏建筑研究学会. 法中历史园林的保护及利用[M]. 中国林业出版社，2002.
[7] 章文钦. 民国时代的澳门诗词[J]. 文化杂志.2003(3).
[8] 陈志宏，费迎庆，孙晶. 澳门近代卢氏娱园历史考察[J]. 中国园林，2012, 28(9):102-107.
[9] 汪兆镛. 岭南画征略[M]. 广东人民出版社，1988：282.
[10] 陈从周. 续说园[J]. 同济大学学报（建筑版），1979(04):8.
[11] 周琳洁. 广东近代园林史[M]. 北京：中国建筑工业出版社，2011：30-90.
[12] 陆琦. 岭南造园与审美[M]. 中国建筑工业出版社，2005:222.
[13] 潘谷西. 江南理景艺术[M]. 东南大学出版社，2001:10.

多民族聚居区建筑文化保护传承研究①

崔文河②

摘　要：多民族聚居区是我国多民族景观构成的一个缩影，具有学科研究的典型性。“多元共生、和而不同”的建筑特质，在该地区有着突出的代表性，本文分析了我国多民族聚居区乡土民居共性、差异性的具体特征及之间相互关系，指出这是研究多民族聚居区乡土民居的基本前提，文章最后对地区特质传承策略建议进行了探讨。研究认为，从宏观聚居尺度和多元共生的高度，更能够清晰认知多民族聚居区人、环境与建筑的互动关系，并且认为挖掘乡土民居地区特质和研究探讨传承发展路径，将有助于推动多民族聚居区乡村建设的可持续发展。

关键词：多民族聚居区，乡土民居，共性与差异性

一、概况

（一）缘起

我国是一个多民族国家，56 个民族聚居分布、散居杂处，这是我们特殊的国情，这也是我们从事乡土民居研究的背景和前提。从空间分布看，55 个少数民族多居住在西部偏远山区，这里经济发展相对落后，人民生活质量不高，然而这里往往保留着“活态”的传统民居，人与自然仍然保持着传统和谐的状态。随着社会经济的深入发展，少数民族地区的聚落民居既不可能永远保持在传统的生活模式中，也不应该错失现代发展的机遇。由此，这将势必带来民族地区聚落重构与民居建筑的革新。那么，我们是否对乡土民居有足够的认识？对少数民族聚居区民居有足够的了解？面对全球文化趋同及民粹文化保守的缠绕与困惑，以及现代生态理念、绿色建筑技术的深刻影响，我们是否已经做好了聚落重构与民居更新的准备？

当前多民族聚居区乡土民居建设仍盲目移植城市建筑模式，甚至于仿造异域建筑样式，原来有机生长的地域建筑处正在失范和变异的状态中。目前农户改建、新建房屋日益高涨，一方面往往出于对本民族特色的过度强调，出现极为夸张或者体量庞大建筑形式，另一方面抛弃老的居住形式，尝试城市的居住方式，整体颠覆以往的建筑模式。此种趋势不仅加重了农户的经济负担，又丢掉了地区宝贵的生态智慧，带来资源浪费和能耗的增加，破坏了多民族聚居区原本多元和谐的地域建筑风貌。近期国务院先后出台了《“十三五”促进民族地区和人口较少民族发展规划》等一系列政策文件，如不能改变当前无序盲目建设的现象，将势必严重影响到少数民族特色村镇民居保护传承目标的实现。

① 项目资助：国家自然科学基金项目（51308431）。

② 崔文河，西安建筑科技大学艺术学院，副教授，cuiwenhe@126.com。

（二）多民族聚居区

多民族聚居区是民族地区的一种地理分布形式，由于是多民族共居一处，呈现小范围的单一民居聚居、大范围的多民族杂居的分布形式，这里往往自然地理环境多样、民族文化习俗各异，因此多民族聚居区研究相对单一民族地区更为复杂和敏感。从郝时远的《中国少数民族分布图集》[1] 看，我国多民族聚居程度较高的地区主要分布在云南、贵州、广西北部、甘青河湟流域、新疆北部等地区，这里各民族立体交错分布，一座高山不同的海拔高度分布着不同的民族，一条河流的上下游地区甚至河的两岸就居住不同的民族（图 1、图 2）。

图1　藏族、回族聚居一地
（佛教白塔与伊斯兰清真寺居于同一画面中）

图2　黄河两岸的藏族和撒拉族村庄
（新修的跨河大桥，拉近了两族距离）

多民族聚居区各民族之间互通有无、和睦相处，形成一种“多元共生、和而不同”的社会结构与乡土景观，其乡土民居既具有与自然资源环境相适应的建造智慧，又具有与本民族文化认同相协调的民族特色。由此可以看出，分析探讨乡土民居的生存共性与文化差异性，是研究多民族聚居区乡土民居保护传承的必要前提。

（三）研究思路

我国民族地区的乡土民居研究成果丰硕，20 世纪 80 年代初朱良文教授的《丽江纳西族民居》（1988）[2] 就呼吁对少数民族传统民居的保护，近期朱教授在云南哈尼族蘑菇房的改造中（2016），还提出了本地材料、本土技法、本村人力的“低端”路线 [3]。单德启教授在对广西融水对苗寨木楼改建进行了实践探讨 (1992)[4] 等。可以说早期众多学者们长期关注经济欠发达的民族地区，在少数民族乡土民居更新建设方面均做出了重要贡献。

随着 20 世纪末生态思想的发展，一批学者关注民居的绿色再生设计，如刘加平教授团队在云南永仁县彝族扶贫搬迁新居建设中，探讨了西部生土民居建筑的再生设计方法 [5]。以及金虹教授在东北严寒地区分析朝鲜族民居生态思想，从围护结构、建造材料及太阳能利用等方面提出了相关的设计策略 [6]。近年来也有学者关注少数民族建筑的地区性与民族性的互动研究，如单军教授对滇西藏族民居进行了研究，指出民居演变受到地域性应答与民族性传承的双重影响 [7]。

以上能够发现，广大学者十分关注少数民族乡土民居的保护与发展，但研究视角多局限在单一民族，对多民族聚居区的民族之间互动关联性研究存在不足。对多民族聚居区而言，研究总结乡土民居共性与差异性的地区建筑特质是地区乡村可持续发展的关键。虽然目前也有学者关注到多民族聚居区民居的相似性与差异性，如孙娜及罗德胤教授对云南元阳县多民族聚居区传统住宅进行了比较分析 [8]，但是我国地域广袤、多民族聚居区分布广泛，基于多民族共性与差异性互动关联的乡土民居保护传承研究还有待深入开展。

二、共性与差异性的地区特质

影响多民族聚居区乡土民居地区特质的因素

十分复杂，且各因素往往耦合关联，从整体上来看，可归纳为共性与差异性两个方面。共性与差异性的背后体现出两种决定性的因素，一种是以自然资源气候环境为主导的“气候因素”，另一种是以宗教信仰、风俗喜好为导向的“文化因素”。气候因素关系到地区特质的共性，这是在相同自然环境下各民族共同的选择，文化因素关系地区特质的差异性，它是在各民族之间迁徙、聚散、融合等长期发展中逐渐形成的[9]。多民族聚居区乡土民居的地区特质即是自然气候与民族文化耦合关联的结果。

从宏观尺度看，我国多民族聚居区主要集中在西南、西北地区，从中观尺度看，聚居区多分布在自然地理环境分异明显的地区，如横向地理空间上的地质地貌多样（草原、森林、河谷、滩地等），或纵向地理空间上的海拔落差地区，这类地区往往分布着从事不同生产方式和具有多种宗教习俗的多个民族，该类地区便是多民族聚居的典型地区。乡土地区特质研究便是寻找各民族处理自然气候环境所具有的生存共性和文化差异性，从而为地区乡村建设提供科学依据。

（一）共性（同质性、相似性）

气候、资源、地貌是乡土民居不得不面对的重要问题，面对相同的自然气候、资源条件、地貌类型，不同民族的民居营建方法和建筑样式往往是相同的或相似的，这是多民族聚居区比较普遍的现象。虽然受自然环境分异性的影响，从较大尺度看不同民族所拥有的自然资源和所居住的地貌环境也会不尽相同，带来建造方法和建筑样式一定程度上的差异，但是他们却都面临着相近或相同的气候条件，这是研究地区特质共性的核心问题。

建筑气候学[10]将气候要素分为太阳辐射、空气温度、大气湿度、风、降水，从某种角度上讲建筑物便是受此综合叠加影响的结果，其中太阳辐射直接影响着空气温度、湿度和蒸发量，从而对建筑物影响较大。从聚居区的区域尺度看，气候与地区资源和地貌类型相比变化并不大，从我国建筑气候区划看各民族往往同处一个气候区间，即使区内有海拔高度、山南山北等温差的变化，但仍然改变不了区域整体气候环境。如在西北多民族聚居区要适应严寒寒冷气候，建筑首先要做到保暖蓄热，对西南多民族聚居区避雨遮阳则是其重点。挖掘分析各民族在相同气候、资源、地貌环境下的营建共性，往往就成为地区建筑生存智慧研究的重要方面。

（二）差异性

在相近的气候资源环境下，虽然是多民族聚居，行走各民族聚落间却很难发现民居的巨大差异，若没有民居建筑上的民族装饰图案或民族符号，真难以辨清是哪个民族的房子，因此差异性是在地区特质共性前提下的差异性。各民族乡土民居建造模式是在当地自然气候资源条件下生成的，在相同气候环境下相互之间具有地域建筑一致性的，往往仅在空间布局、建筑装饰、民族标志、图案符号等方面展现出各自民族特色，因此多民族聚居区乡土民居地区特质的差异性是一致性与多样性的辩证统一。

居住距离上各民族既有小尺度的临近式居住，也有大尺度的远离式的居住，临近居住民族间差异性仅局限在室内装饰、空间布局等方面，而远离居住差异化相对明显，从建筑体型、建筑材料、屋顶形式、空间布局、室内装饰等具有较大差异。生产方式上各民族也存在较大差异，生产方式往往和地理环境相关联，各民族在与本民族相适应的一定空间地理范围内，从事着本民族擅长的农业生产方式，民居之间存在明显的差异化的生产空间。各民族文化习俗上的差异就更为明显，这也是研究多民族聚居区乡土民居文化差异性的重要方面，如果说为适应自然环境和生产方式的局限，人们对建筑是一种被动接受，那么受民族文化习俗的影响，人们更多是一种主动选择。

差异性也存在于同一民族内部。多民族聚居下对同一民族而言，居住的空间区位也存在本民族核心区（强文化区）和多民族融合区（弱文化区），两区的文化状态是不一样的。正如前所述，各民族间聚居分布、散居杂处，同一民族在本民族聚居的核心区，民居建筑可以说具有强烈的本民族特色，但在民族融合区，民居建筑更多地表现出一种交汇融合的状态，与本民族文化核心区有较大不同，可以说在本民族文化圈中处于一种弱状态，值得注意的是这种现象同样适用于对方民族（图3、图4）。

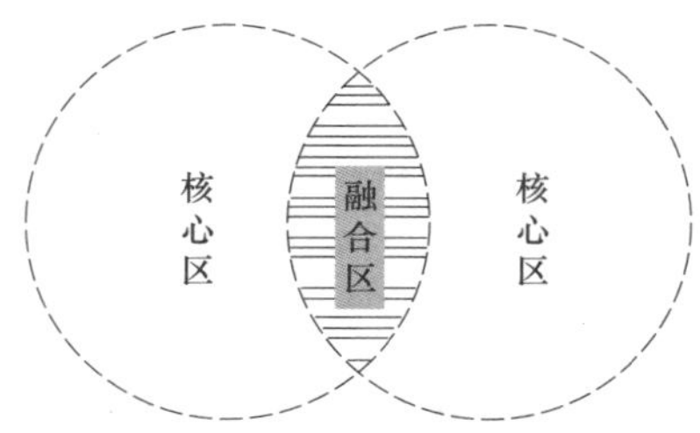

图3　民族文化融合

图4　临近回族的藏族民居也采用了卷棚屋顶做法

（三）地区特质举例：甘青多民族聚居区

甘青河湟（黄河与湟水河）地区是我国多民族聚居的典型地区，乡土民居地区特质具有鲜明的“共性、差异性”特征。该区涉及5个民族自治州、11个民族自治县、36个民族乡，少数民族人口接近五百万。这里是青藏高原与黄土高原的交汇处，处在中原农耕与西北游牧、儒家文化与藏传佛教文化和伊斯兰文化叠加地区，世居此地的民族有汉、藏、回、土、撒拉、蒙古、东乡、保安、裕固族，各族民居既有应对自然气候环境的共性特征，又有适应本民族文化的差异性特征（图5、图6）。

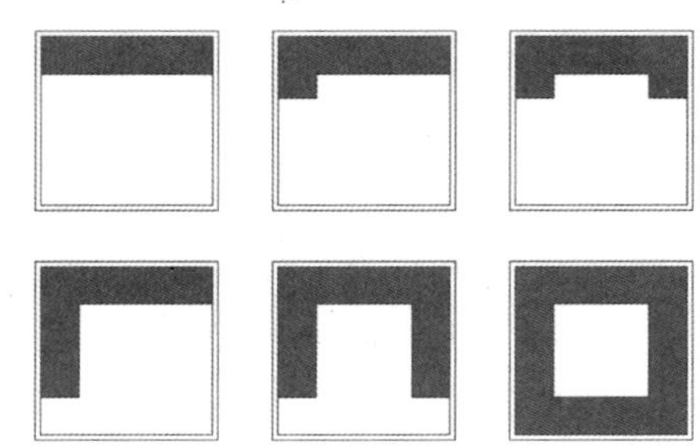

(a) 各族民居基本形式

(b) 庄廓合院式民居

图5　甘青多民族聚居区乡土民居共性

1. 共性特征

甘青河湟流域为严寒寒冷地区，总体气候环境可归纳为高原严寒、日照充足、干旱少雨、风大风多，聚居此地的各民族，不论宗教文化习俗有多大差异，或者居住环境的建筑资源、地貌类型何种不同，在民居建造方面均具有相同或相近的特征[11]，其乡土民居共性特征主要体现在以下方面：①“形态规整”——应对高原严寒；②“宽厚墙体”——应对昼夜温差大；③“北高南低、大面宽小进深”——利于获取日照；④“平缓屋顶”——应对降雨量小、蒸发量大、干燥度高；⑤“L形、凹形平面”——利于避风采光。

以上特征既是各民族应对自然气候环境的共同的选择，也是各民族乡土民居生存智慧的具体体现，它是构成地区建筑原型的重要方面，这给当前乡土民居绿色更新提供了重要启示。

2. 差异性特征

虽然乡土民居具有气候资源导向下的共性特

(a) 汉族民居

(b) 藏族民居

(c) 土族民居

(d) 撒拉族民居

(e) 东乡族民居

(f) 保安族

图6 甘青多民族聚居区乡土民居差异性

征，但是受地区多元建筑文化的影响，不同民族之间及不同地域之间的民居建筑存在较大差异。具体差异性特征体现在空间分布、建筑形体、功能布局、装饰装修等方面[12]。需要强调的是，甘青多民族聚居区乡土民居的差异性具有天然的“和而不同”的属性，和谐、协调、融合是差异性的基本前提和地区背景，乡土民居在地区生存共性的基础上表现出异常丰富多样的建筑特色。

三、传承策略与建议

当前我国多民族聚居区经济社会正快速发展，民族之间的融合交流也正日益频繁，原有“多元共生、和而不同”的乡土民居地区特质能否得到有效保护和传承？是我们不得不面对的严峻问题。对此，首先应对多民族聚居区乡土民居共性与差异性应有清晰地认知，同时还应展开保护传承策略的研究和探讨。为此本文提出以下保护传承策略与建议，以期引导多民族聚居区乡村建设。

（一）共性与个性和谐统一

共性与个性的辩证统一，是指导多民族聚居区乡村建设的重要思想基础。多民族聚居一处，在气候、资源、地貌互动关联，不能脱离自然环境条件一味强化民族特色，这将势必带来民族间的隔离及地区建筑的不协调。对此，首先明晰聚居区内的自然气候划分，应深入挖掘不同气候区划内的地区建筑特质，研究哪些特征是多民族所共同遵守的，哪些特征又是本民族所特有的，并且总结归纳共性与个性背后的人、气候、建筑互动关系，由此将有助于问题的解决。

（二）原型的传承与发展

乡土民居的含义既包括传统民居又包含既有民居和新建民居，乡土民居研究应综合考虑建筑的过去与未来。保护少数民族特色民居，并不等于要停在传统民居止步不前，尤其对量大面广的普通民居而言，适时地更新发展是其应具有的基本属性。这首先需要明确地区建筑的基本原型是什么，原型是乡土民居传承发展的源点。多民族聚居区乡土民居的共性特征往往是构成地区建筑原型的重要方面，在气候、资源、地貌等环境条件的制约下，各民族经过长期调试下所凝结的相同或相似的生存经验即共性特征，应在乡村建设中需要给予特别的关注。

（三）现代技术与民族文化的融合

在现代经济快速发展的背景下，有必要引入现代建筑技术，优化更新传统营建技艺，同时与民族丰富多彩的建筑文化相融合。现代工业技术有其程式化、标准化的特点，但是在多民族聚居区应避免不分民族的“全覆盖、一刀切”指令式建设，应注意工业材料的色彩及形式与当地民族文化认同相适应。同时用现代生态设计理念和绿色建筑技术优化提升传统营建模式，重点研究分析空间形态、功能布置、门窗样式、节点构造等方面与民族文化相协调的多种实现路径。

四、结语

多民族聚居区是我国多民族国土景观构成的一个缩影，具有学科研究的典型性，该地区蕴含着丰富多样的自然地理景观和波澜壮阔的民族文化碰撞融合的历史，引发多方关注。但是，由于其复杂的自然环境、敏感的多元文化和相对落后的经济发展状态，往往是学科研究较为薄弱的地区。“多元共生、和而不同”的建筑特质，在多民族聚居区有着普遍的代表性，本文探讨了我国多民族聚居区乡土民居共性、差异性的具体特征形式，指出这是研究多民族聚居区乡村建设的必要前提，文章还对地区特质传承策略及建议进行了论述。研究认为，只有从宏观聚居尺度和多元共生的高度，才能更清晰的认知这片神奇的土地，并且认为挖掘乡土民居地区特质和研究探讨传承发展路径，才能更好地引领本地区乡村建设的良性可持续发展。

参考文献：

[1] 郝时远 . 中国少数民族分布图集 [M]. 北京：中国地图出版社 ,2002:9.

[2] 朱良文 . 丽江纳西族民居 [M]. 昆明：云南科学技术出版社 ,1988.

[3] 朱良文 . 对贫困型传统民居维护改造的思考与探索——一幢哈尼族蘑菇房的维护改造实验 [J]. 新建筑 ,2016(04):40-45.

[4] 单德启 . 欠发达地区传统民居集落的改造求索——广西融水苗寨木楼改建的实践和理论探讨 [J]. 建筑学报 ,1993(05):15-19.

[5] 刘加平 , 谭良斌 , 闫增峰 , 等 . 西部生土民居建筑的再生设计研究——以云南永仁彝族扶贫搬迁示范房为例 . 建筑与文化 ,2007(06):42-44.

[6] 金虹 , 王秀萍 , 赵华 . 寒区村镇朝鲜族住宅可持续设计策略 [J]. 低温建筑技术 ,2007(02): 21-23.

[7] 单军 . 地域性应答与民族性传承滇西北不同地区藏族民居调研与思考 [J]. 建筑学报 ,2010(08):6-9.

[8] 孙娜 , 罗德胤 , 霍晓卫 . 云南省元阳县哈尼、彝、傣、壮族传统住宅之比较研究 [J]. 住区 , 2011(03):88-92.

[9] 崔文河 , 王军 , 岳邦瑞 , 等 . 多民族聚居地区传统民居更新模式研究 [J]. 建筑学报 ,2012(11):83-87.

[10] 杨柳 . 建筑气候学 [M]. 北京 : 中国建筑工业出版社 ,2010.

[11] 崔文河 . 青海多民族地区乡土民居更新适宜性设计模式研究 [D]. 西安：西安建筑科技大学 ,2015.

[12] 崔文河 , 于杨 .“多元共生”——青海乡土民居建筑文化多样性研究 [J]. 南方建筑 ,2014(06):60-65.

浅析基于“敬惜字纸”信仰的惜字塔建筑文化[①]
——以长沙市及其周边地区为例

罗明[②]，檀丹丹[③]，喻旌旗[④]

摘　要：惜字塔作为中华民族学术发展鼎盛时期的物质文化遗产，承载着明清时期民间敬惜字纸文化信仰的历史记忆。文化衍生建筑，建筑服务于文化。通过查阅大量相关史料文献，分析了惜字塔建筑得以萌芽成长与发展壮大深刻原因；通过走访和调研长沙市及周边地区的多处惜字塔，分析惜字塔建筑因文化特征而表现出的独特形态；揭示出“敬惜字纸”信仰所产生的惜字塔建筑文化。

关键词：惜字塔，敬惜字纸，建筑文化

长沙位于湖南省东部偏北，地处湘江下游和长浏盆地西缘，素有“湖广熟，天下足”的美誉，是一座拥有2400余年深厚文化底蕴的历史名城，也是我国不可多得的古建荟萃文化圣地。长沙自古以来，学术氛围浓郁，文人辈出。“千年学府”岳麓书院、“中国彩瓷第一窑”铜官窑、“雄踞湘城”的天心阁等文化特色建筑异彩纷呈。此外，长沙地质条件得天独厚，地质结构均为第四纪沉积物，盛产量大质优的高密硬质石材。惜字塔是研究敬惜字纸习俗与惜字塔建筑文化的物质实证。本文以长沙市及其周边地区的惜字塔为研究对象，揭示惜字塔建筑的文化内质和建筑特色。

一、敬惜字纸信仰的渊源与发展

文字的诞生在人类的社会发展史上具有划时代的重要意义，文字的发明与创造客观上带动了相关产业及社会思潮的迭代与创新。《淮南子．本经》记载“昔者，仓颉作书而天雨粟，鬼夜哭”，折射出文字的神力之强，同时也说明文字是先贤绞尽脑汁的智慧结晶，因此，古人对文字怀有无上的尊崇与敬畏。文字的问世客观上促进了造纸技术的改良与升级；纸张作为文字传承与保留的物质载体，同样可谓是推广文字流传的重要媒介。古人对文字的弥足珍惜加之造纸技术的改良与进步，二者的完美契合，便为敬惜字纸信仰文化奠定了基础。

几千年来，中国民间信仰内容多元、形式多样且多具地域色彩与阶层特征，文字在诞生之初，并非人人可触及，带有强烈的阶级特性[1]。正因文字是特权者的专属，则深深烙有庄严性、神秘性与不可践踏性等显贵特征。伴随封建社

① 项目资助：国家社会科学基金2014BG00554。
② 罗明，中南大学建筑与艺术学院，讲师，717257508@qq.com。
③ 檀丹丹，中南大学建筑与艺术学院，硕士研究生，tandandan@csu.edu.cn。
④ 喻旌旗，长沙市望城区文物管理局，764800705@qq.com。

会学术氛围的浓郁，纸上习字逐渐被奉为民间的高雅之举，文字自上而下呈现出民间化与普及化的发展趋势。与此同时，文人辈出致使习字纸张空前激增；加之当朝政府频繁下达诏书，对亵渎有字纸者严惩不贷，使得敬惜字纸信仰得以深入发展。以当时的文人士绅为主体成立的惜字会、善堂、公所和以焚化有字字纸为主要功能的惜字塔均应运而生。整个社会形成了以敬惜字纸为荣的风气。敬惜字纸信仰历经多代人的上行下效，逐渐成为明清社会传统伦理的重要组成部分和民间自觉遵从的儒家准则。

因此，敬字纸、惜文化成为民间主流信仰之一，人人以虔诚的态度自觉敬惜。值得一提的是敬惜字纸的信仰习俗推及海外，日本、朝鲜，以及一些伊斯兰宗教国家均受到一定程度的影响。这些国家建立的惜字会以及符合各自民族审美习惯的惜字塔就是其敬惜字纸习俗的典型实证。

二、惜字塔与塔的关联

《说文解字》提及，“塔，西域浮屠也，从土，达声”[2]。塔原为佛教的产物与标志，非中国本土所生，塔随佛教的传播进入中国内地并得以大规模建造。14世纪以来，我国各地出现了一些砖石塔，数量甚多，尤以南方为最。这些塔既不属于佛塔，又不可归结为墓塔范畴，在留有古塔基本结构的前提下又有所创新，自成一独立古塔体系。这一类古塔形式多样，功能相对单一，多被称为惜字塔、焚字炉、惜字亭、焚字库或焚纸楼。本文统一以惜字塔代表这类塔式建筑（图1）。

惜字塔是一类专门焚化字纸的建筑形式，是中国塔群中的特殊类型，因其在中国建筑历史阈限内所肩负的文化使命，深植于中国封建社会晚期和农耕文明鼎盛时期。科举制度、八股取士等社会选拔制度，促使纸上习字常态化，大量的有字纸张需集中焚烧。惜字塔基于一种全新的文化视角，极为自然地从中国古塔中脱离分化出来，形成了以教化为目的的石塔。惜字塔作为塔中的一种类型，并非一否前塔，另起炉灶，而是在汲取古塔基本结构、基础形态与堪舆学精华成分的基础之上，结合“焚化字纸”的特殊功能需求，进行合理的增减与创新，既留有中国传统古塔的总体意蕴，又有自身独具特色的建筑形态。因此，惜字塔是众塔中的普通成员，因其富有专门的功能及特殊的文化意义，而成为塔中的独特类型。

图1　周洛惜字塔

三、惜字塔的建筑文化特点

惜字塔可谓是中国“乡愁”建筑的代表，承载着中国传统文化中独特的珍惜汉字、珍惜文化的历史记忆，集象征性、标志性、功能性、祈祷性[3]于一身，具有鲜明的可识别性。总体而言，惜字塔的建筑文化体现着不同时代背景下共通的意识观念、伦理道德与审美情趣的深刻内质。不同地区经济条件和自然条件的差异性致使惜字塔建筑位置、平面形态、立面形态以及材料装饰等都具有不同的地域特色。

（一）惜字塔的选址

中国自古以来高度重视选址问题，古人认为选址的佳与否关系到运泰之势。一幢建筑的选址，需经堪舆先生紧密结合风水学说反复思虑而确定。惜字塔位置的选定也是如此，是功能性与风水学相融合的最终成果。

惜字塔是中国社会敬惜字纸信仰延存的直接产物，是明清时期关系到科举成败的信仰载体之一，其选址必不可懈怠。笔者广泛调查走访长沙市及其周边的惜字塔，根据惜字塔海拔高程量化分析（表1），发现惜字塔总体位置大多处于海拔高程为30~100m[4]以内的地势较低且平坦开阔之地，小部分处于山地陡峭地带，其具体选址位置基本可分为如下三种：

（1）临水桥涵处或邻近河流等水系发达处。建造惜字塔最直接的目的便是焚烧有字字纸，即“葬字”。惜字塔临水而建，可将纸灰通过塔基部分的出字口直接倾洒于河流水系中。古人深信，水的尽头便是天，纸灰顺水奔流可回至仓颉身边，同时也为自我祈福，以实现子孙聪慧、状元及第等美好愿景。经实地调勘发现，惜字塔于临水桥涵或靠近河湖处为数较多占55.6%（图2）。综合惜字塔临水而建的多重优势，此类选址很自然地占据了其选址的主体地位。

长沙市及周边地区调查 **表1**

惜字塔名称	建造年代	海拔高程（m）	地理位置	建造位置
巩桥惜字塔	清乾隆十七年（1752年）	44	望城区	临水桥涵，建于桥梁上
宝塔桥惜字亭	清（具体年份不详）	90	宁乡县	
大桥村惜字塔	清光绪五年（1879年）	未测	浏阳市	
新华村惜字塔	清道光二十三年（1843年）	58	望城区	近河流处
周洛惜字塔	清咸丰十一年（1861年）	214	浏阳市	
杉木桥塔	清光绪十三年（1887年）	40	望城区	
茶亭惜字塔	清道光十八年（1838年）	87	望城区	学堂附近 （现学堂已毁）
植基塔	清光绪二十三年（1897年）	52	开福区	寺庙附近 （开福寺）
石常惜字塔	清道光十年（1830年）	50	长沙县	黄公祠堂内 （现祠堂已毁）
安洲村惜字塔	清光绪二十三年（1897年）	691	浏阳市	村镇口
飘峰惜字塔	清光绪元年（1875年）	64	长沙县	

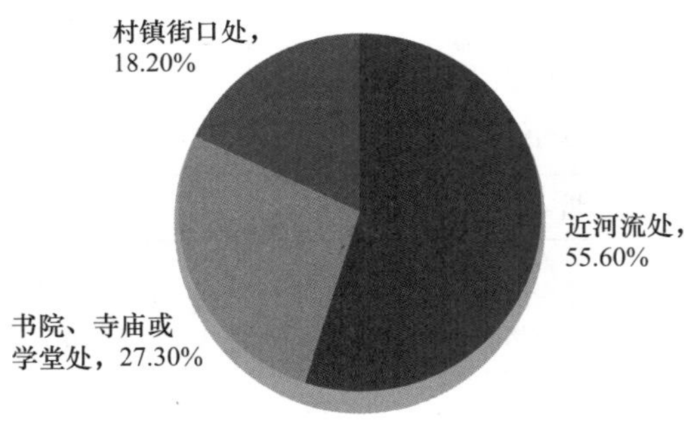

图2　惜字塔的选址

（2）书院、寺庙或学堂处。明清时期，尤其是清代后期科举制度盛极一时，从官方到民间敬惜字纸的信仰愈加强烈，人人对字纸怀有敬畏，不敢随意丢弃与亵渎。书院、寺庙、学堂等文化建筑是产生大量有字字纸的特殊场所，在此建塔只为令书生等特定人群将其习字创诗、题字祈福的废弃纸张焚烧于惜字塔内，并定期举行送灰入海仪式。此类选址占惜字塔选址比例的27.3%（图2）。

（3）村镇街口处。该位置的惜字塔大多作为一郡一邑一县之华表，由当地财主、乡民及读书人牵头合资建造。根据实地考究发现，其位置显赫且体量较大，是为了凸显惜字塔的标志性和象征性。极为醒目的“楼阁式塔”的建筑形象，方便村镇乡民集中焚化字纸，增强仪式感，以达到传承敬惜字纸信仰及昭显本地区的文化底蕴的作用。当然，惜字塔选址于此，这就需要用竹筐将纸灰搬运至河流处举行送灰入海的仪式。显然建造于村镇口处处理纸灰相对烦琐，但传播了敬惜字纸的庄重仪式，增强了文化的传播性。此类选址占总体比例较小，只有占18.2%（图2）。

（二）惜字塔的平面形态特征

平面形态关乎建筑整体布局与功能，在一定程度上对整个建筑起决定作用，所以惜字塔的平面形态必定是古人经多番对比考量而确定的最佳形态之一。中华文化的博大精深使建筑烙有鲜明的人文精神与政治色彩，尤在惜字塔建筑中体现地极为明晰，总体呈现出“由圆变方、由方趋圆、却不为圆”[5]的平面形态演进趋势。中国明清时期“象天法地”“天圆地方”的建筑设计思想一直居于统治地位。中国古塔的平面布局以方为主，与天圆遥相呼应，又受到奇数阳、偶数阴的传统阴阳思想的制约，所以边数多取偶数。通过本次走访调查长沙市及其周边地区，得知本地区的惜字塔平面布局形态全为正六边形，如表 2。

长沙市及其周边地区惜字塔平面形态　　表2

惜字塔名称	塔身平面形态	边数	边长（m）
巩桥惜字塔	六边形	6	0.63
宝塔桥惜字塔	六边形	6	0.6
大桥村惜字塔	六边形	6	0.79
新华村惜字塔	六边形	6	1.04
周洛惜字塔	六边形	6	1.36
杉木桥塔	六边形	6	1.18
茶亭惜字塔	六边形	6	0.94
植基塔	六边形	6	0.74
石常惜字塔	六边形	6	0.67
安洲村惜字塔	六边形	6	0.88
飘峰惜字塔	六边形	6	1.03

首先，基于中国传统审美艺术，独创总体趋向于圆形的多边形平面轮廓，塔基的平面形态为正六边形，以六条均等的线段和六个相等的夹角表达古人东、南、西、北、上、下六个方位；其次，基于当地的工程技术水平及地震等外部条件的综合局限，在一定高度和技术条件下，惜字塔的平面形态是决定其稳定性的主要因素之一。圆形平面形态虽具最好的防风、抗震性能，但因圆形缺少方位指示，与“象天法地”“天圆地方”的建筑设计思想相悖，加之施工难度大，故未被采取。中国先贤独创富有中国特色的平面布局形态，采用视线错觉差的建筑平面轮廓艺术手法，用多维度的折线展现曲线美感，不仅完美诠释中国独到的建筑理念，也展现出儒家思想精髓成分中的调和、中庸、人道仁爱的社会文化。此外，正十边形、正十二边形的平面布局更趋于圆形，但在抗风性和整体强度强度方面优势不及六边形，六边形相对折中，更有利于创造出塔基及整个平面形态坚固平稳、刚劲踏实的厚重感。

（三）惜字塔的立面形态特征

建筑的立面形态决定建筑的总体观感。塔的立面形态总体保持地宫（埋藏于地下）、塔基、塔身、塔刹四段式结构。本次走访长沙市及周边地区的惜字塔，归纳其立面形态，包括以两层为主的小体量和以三层、五层为主大体量两种立面形态，如表 3。

长沙市及其周边地区惜字塔立面形态　　表3

惜字塔名称	层数	高度（m）	面积（m^2）
巩桥惜字塔	2	3.56	1.04
宝塔桥惜字塔	2	2.6	0.93
大桥村惜字塔	5	20.5	1.61
新华村惜字塔	2	4	2.8
周洛惜字塔	3	7	4.8
杉木桥塔	5	15	3.59
茶亭惜字塔	5	12	2.3
植基塔	5	10	1.44
石常惜字塔	3	4.5	1.17
安洲村惜字塔	3	4.13	2
飘峰惜字塔	9	25	2.78

（1）小体量惜字塔。该类型的惜字塔，整体结构简单明了。地面以上为塔基、塔身、塔刹组成

的三段式结构[6]。塔基是地面与塔身的过渡衔接部分，用于支托整个塔身及塔刹的重量。小体量的惜字塔塔基相对矮小，多为花岗石砌筑而成的四边形，级别稍高的惜字塔基座为四边形或者六边形的须弥座形制；塔身部分是整座惜字塔的主体部分，总层数多为二层，首层留有用以焚化字纸的券形孔洞，整座塔的高度大约在 2~4m 之间，各层檐角均有起翘，上下两层几乎等高，面阔高度呈 1：1 的比例；塔刹处于惜字塔的上部，在立面形态中起到封顶、防漏、装饰的收尾作用。

小体量惜字塔的塔刹较小，以显示出惜字塔的小巧玲珑，使惜字塔立面线条更加柔美（图 3、图 4、图 5）。

（2）大体量惜字塔。该类型的惜字塔，总体立面形象高大挺拔、稳实硬朗。地面以上仍保持古塔建筑的“三段式”结构，其选址多为基地平坦、夯实稳定地带。大体量的惜字塔总体高度约为 4~20m，其塔基较高，部分塔基处设有楼梯；塔身的总层数为 3、5、7 等奇数层。首层多设置焚化字纸的门券，二层及以上部分每层异向开有拱形门洞，每层檐角起翘并且预留悬挂铜铃的装饰口。塔身高度随层数增加而递减，塔身整体呈下大上小的梭状；塔刹种类多元，如：倒置宝瓶式、宝葫芦式等式样，塔刹在装饰惜字塔基础上，更加凸显出大体量惜字塔挺拔[7]和神圣完整的立面线条（图 6~ 图 8）。

（四）惜字塔的材料和装饰

中国是以木构建筑著称的东方文明古国，塔来到中国内地最初的建造形式便是以木为主。

图3　巩桥惜字塔

图4　新华村惜字塔

图5　宝塔桥惜字塔

图6　杉木桥塔

图7　飘峰惜字塔

图8　植基塔

然而，由于惜字塔是以焚烧字纸为主的功能性建筑，其建筑材料应需之变，首先，惜字塔建筑材料应具备非可燃烧性；再者，由于惜字塔属于民间的大量性建筑并且其建造者多为当地衙署、乡绅、才子等文人合资募捐建造，其结构、施工、投资均有较大的限制性，当地盛产的花岗石、页岩、麻石成为首选的建筑材料（表 4）。

惜字塔的材料和装饰　　表4

惜字塔名称	材料	纹样	装饰字
巩桥惜字塔	花岗石	无	焚字炉
宝塔桥惜字塔	麻石	无	惜字亭
大桥村惜字塔	花岗石	无	惜字亭
新华村惜字塔	花岗石、麻石	铜钱	惜字塔
周洛惜字塔	花岗石	无	惜字亭
杉木桥塔	花岗石	无	恭录圣祖仁皇帝惜字训言
茶亭惜字塔	花岗石	无	惜字塔
植基塔	花岗石	无	李继堂修，光绪丁酉岁
石常惜字塔	花岗石、麻石	无	惜字炉
安洲村惜字塔	花岗石	禽鸟、花朵	惜字炉
飘峰惜字塔	花岗石、麻石	云龙	敞惜字纸

惜字塔是与火联系密切的建筑类型，以石材为建筑材料，可使塔在具备使用功能和安全性原则上，便于长久留存。另外，从长沙市及其周边地区的区域地质条件分析，该地区具备形成高质花岗石材的基本地质环境[8]，优质充足的石材资源供应可使惜字塔建筑材料做到就地取材、降低成本和提高效率。因此，长沙市及其周边地区的惜字塔大都采用单一的石构材料，同砖木混合材料相比，具有抗震性、防风性以及耐侵蚀风化性等多重优势[9]。

惜字塔作为中国民间特有的文化建筑，其建筑成本受到经济条件的制约。本次走访长沙市及其周边地区的惜字塔，仅有两幢惜字塔塔身饰有铜钱、云龙图案雕刻，大多数惜字塔除塔身阴刻“惜字塔”“焚字炉”等字体外，表面无额外雕花装饰。整幢惜字塔古朴典雅，呈现出端庄质朴的传统古人风。

四、结论

明清时期湖湘文化在全国占有举足轻重的地位。湖南培养了大批科举人才，尤其到清代后期之时，长沙地区学术风尚异常兴盛，进士人数 429 人，占全省进士总数的 56.2%[10]，成为湖南省科举人才培养的重镇基地。书院、寺庙、学堂等文化建筑大量涌现，这无疑是培养人才的摇篮。以焚化字纸为目的的惜字塔既是文字崇拜发展的最终成果，也是长沙市及其周边地区科举制度高度繁荣的重要物质文化遗产。

参考文献：

[1] 鲁迅. 且介亭杂文 [M]. 北京：人民文学出版社，1973：74.
[2] 何宁. 淮南子寄释 [M]. 北京：1998：571.
[3] 张驭寰. 中国塔 [M]. 太原：山西人民出版社，2000.
[4] 袁琳，姜金明，袁琳. 基于 GIS 分析湘鄂风水塔空间分布与演进规律初探 [J]. 华中建筑，2017(4).
[5] 郑力鹏. 中国古塔平面演变的数理分析与启示 [J]. 华中建筑，1991(2)：46-48.
[6] 阮芳，柳肃. 湖南明清楼阁式古塔的建筑特点研究 [J]. 中外建筑，2009(4)：90-92.
[7] 萧默. 嵩岳寺塔渊源考辨——兼谈嵩岳寺塔建造年代 [J]. 建筑学报，1997(4)：49-53.
[8] 樊钟衡. 湖南优质石材资源与开发 [J]. 中国矿业，1998(5)：14-17.
[9] 罗文媛. 建筑中的线 [J]. 建筑学报，1987(9)：51-54.
[10] 湖南通志 [M]. 长沙：湖南书局，1875.

多元文化碰撞与融汇下内蒙古农牧交错地带居住建筑的演变①
——以包头市固阳县下湿壕村为例

孔敬②，李佳静③

摘　要：内蒙古包头市固阳县下湿壕村地处内蒙古自治区中部农牧交错地带，自古以来，这里是北方游牧民族活动的地方，移民运动以来，游牧文化与农耕文化在此相互碰撞融合，形成了多文化并存的局面。从游牧的蒙古包到定居下的窑洞、土坯房、砖瓦房，居住建筑形式发生着很大变化。本文以下湿壕村为研究对象，通过对下湿壕村居住建筑形制的演变研究分析，探究在多民族、多文化影响下的这一地区居住建筑发展。

关键词：多元文化，碰撞与融汇，居住建筑，建筑发展

包头市位于内蒙古自治区中部地区，处于农牧交错地带。在清朝建立以前，这里已经有少量内地移民的存在[1]。随着清朝建立后，移民趋势持续发展，并随着"走西口"移民浪潮的兴起，大量移民的迁入，对包头地区固有的游牧文化产生了一定的影响，从游牧到定居，生产方式的改变同时也影响到居住的建筑形制的变化。

一、包头地区的多元文化

（一）游牧文化

包头市位于内蒙古高原的中南稍西部，而内蒙古高原地处内陆地区，气候干旱，冬季长夏季短，气温日较差大，自古以来受地理环境的制约，生活在这里的人们只能依赖游牧、狩猎等生产方式生存繁衍[2]。这样的自然环境就形成了独特的游牧文化。

而这种"以畜为本、以草为根、逐水草而居"[3]的游牧生活方式则形成了蒙古包这种独特的居住建筑形制。蒙古包是游牧文化在建筑上的智慧体现，反映了文化对建筑的影响。

（二）农耕文化

与内蒙古高原相邻的黄河流域气候温和、地势平坦、雨量充沛。发源于青海省巴颜喀拉山北麓的约克列宗盆地的黄河，经青海、四川、甘肃、流入内蒙古，自池家圪堵进入包头[4]。黄河流域优越的自然条件适宜农作物的大面积种植，因而形成了历史悠久的农耕文化。

由于黄河流域肥沃的水资源，以及优质的

① 项目资助：国家重点研发计划（2017YFC0702400）；内蒙古自然科学基金项目（2017MS0506）。

② 孔敬，内蒙古科技大学建筑学院，副教授，kjing@imust.cn。
③ 李佳静，内蒙古科技大学建筑学院，硕士研究生，623058243@qq.com。

黏土资源，从而形成了传统的生土建筑形制——土坯房。不同于游牧民族"逐水草而居"的生活方式，进行农耕的人们选择就地取材，搭建房屋，遮风避雨，形成了定居的居住建筑。而就地取材的土坯房、砖瓦房也是受到农耕文化影响下形成的建筑形制。

（三）移民文化

"走西口"是我国历史上四大移民运动的一个重要组成部分，它指的是清朝以及民国年间山西、陕西、河北等地的大批民众经长城西段张家口、独石口、杀虎口等关口出关，迁入长城以北的内蒙古地区，在此从事农耕与商业经营等活动的移民运动[5]。

伴随着移民文化的引入，为了能够生存，主要从事的还是农耕活动。因而就产生了移民文化下的居住建筑形制——窑洞。窑洞本是陕北地区的建筑形制，随着移民文化而引入内蒙古地区。部分移民来到包头，在山区内用传统工艺依山建窑而居，就形成了新的居住建筑——土窑。而这种独特的居住建筑形制是移民文化背景下产生的，受移民文化的影响。

二、下湿壕村的概况

（一）下湿壕村的简介

下湿壕村地处大青山腹地，隶属内蒙古自治区包头市固阳县下湿壕镇，距离固阳县城 50km 处，北靠春坤山景区，南临马鞍山景区，西与新建乡为邻，东与武川县接壤，村子入口位紧邻省道 311（图 1）。

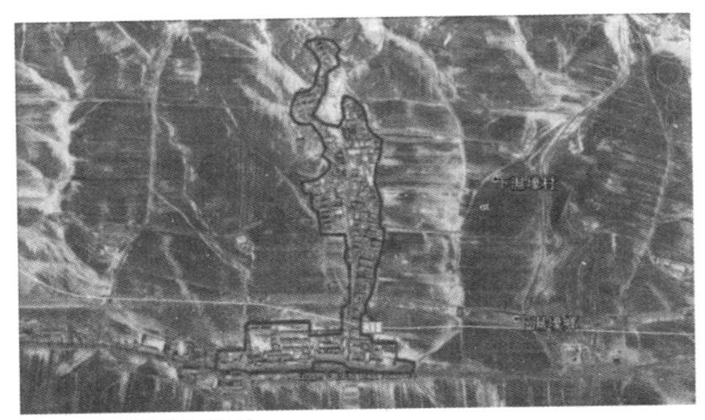

图1　下湿壕村区位

（二）下湿壕村形成背景

下湿壕村于 1911 年建村，因此地未开垦前多为潮湿性壕沟，故得名（图 2）。该村原为下湿壕镇乡政府所在地，现为下湿壕村村委会所在地。形成的原因主要是"走西口"的移民，河北、山西、陕西的人移民来到这里，并且购买蒙古族的土地在此定居，使得下湿壕村形成游牧文化、农耕文化、移民文化共存的局面。因而形成农牧交错地带所特有的产业形式：山下种田，山上放牧。

图2　下湿壕村区现状

三、多元文化碰撞与融汇下下湿壕村的居住建筑演变

（一）土窑建筑

由于在晋、陕两地主要以农耕为生产方式，在下湿壕建村以来，"走西口"而来的移民在迁入这里后，便购买当地蒙古族的土地，一方面继续着原有的农耕生活，一方面还进行放牧活动。因为获得了土地的使用权，所以移民渐渐选择定居下来，在这里生活[6]。

为了解决居住问题，村民开始营建房屋。由于地处于大青山腹地，因而村民便凿山建窑（图 3），利用传统的建窑技术建造窑洞，从而代替游牧民族传统的蒙古包建筑形制。

通过实地调研、走访、查阅相关资料，了解到传统建造土窑的工艺："首先是挖地基。窑洞的方位确定之后，就开始用锹挖地基。其次是打窑洞。地基挖成，崖面子刮好后，就开始打窑。打窑就是把窑洞的形状挖出，用简易车把土运走。第三步是扎山墙、安门窗。用土坠子扎山墙、安门窗，一般是门上高处安高窗，和门并列安低窗”[7]。村里的窑洞多为二窑并联式的形式，一间是会客餐厨使用的，一间是主人休息使用的（图4）。生土窑洞具有因地制宜、施工简便、造价低廉等特点；充分利用地下热能和覆土的储热能力，“冬暖夏凉”是天然的节能建筑[8]。

图3　下湿壕村靠崖窑旧址

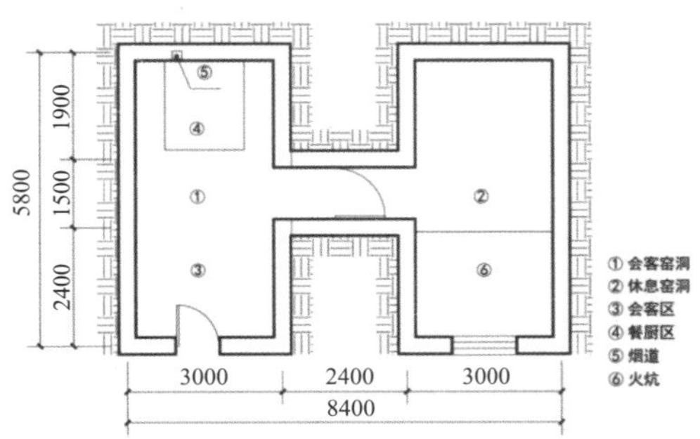

图4　下湿壕村土窑平面

村民利用周边的自然环境，和自己家乡的建造工艺，就形成了蒙古高原上独有的窑洞居住空间，游牧文化、农耕文化与移民文化的碰撞下形成这一地区独特的地域建筑文化，解决了当时移民的居住问题，具有一定的历史价值。

（二）土坯房建筑

下湿壕村随着移民文化的引入，经过几百年多文化的融汇，形成了独有的生产和生活方式：农业与畜牧业结合。下湿壕村村民在山坡开地耕种、在山上放牧。主要种植马铃薯、小麦、葵花、荞麦、莜麦等，4月种植，9—10月秋收，冬天靠存储下来的草蓄养牲畜。农牧交错的生产生活方式形成，村民的居住建筑也由原来的土窑建筑慢慢演变成了土坯房建筑（图5）。村民们渐渐划分地块，建屋围院，并建造牲畜棚等生产性建筑，逐渐形成独院独户的形制。

图5　下湿壕村土坯房

下湿壕村的土坯房以土坯墙体作为房屋承重主体，房屋大梁或檩子直接搭放在承重土坯墙上，之间一般无固定措施，墙体承受屋盖系统的全部荷载。由于木材价格昂贵，在房屋翻修过程中，拆木架房、建墙体承重房已成为村内普遍现象[9]。村民利用当地的生土材料，将土和草拌成泥，然后压成450mm×120mm×50mm的土砖，再进行砌筑。据调研：下湿壕村目前土坯房大都是有50多年历史的老房子，具有很强的研究价值。

土坯房正房一般为两间房，父母和孩子各一间，每间房布局都为西侧有火炕，紧挨着火炕有火灶台，正对入口的是储物柜（图6），基本就是一间房将生活起居全部包含在内，与正房相对的是凉房，用于储存杂物。两侧是农具用房和牲口棚等（图7）。

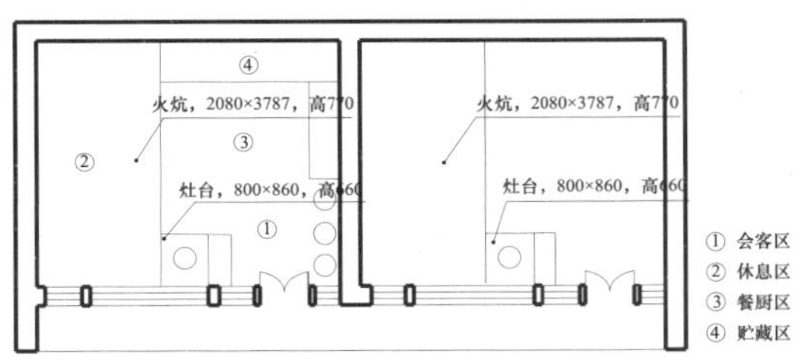

图6　下湿壕村土坯房平面

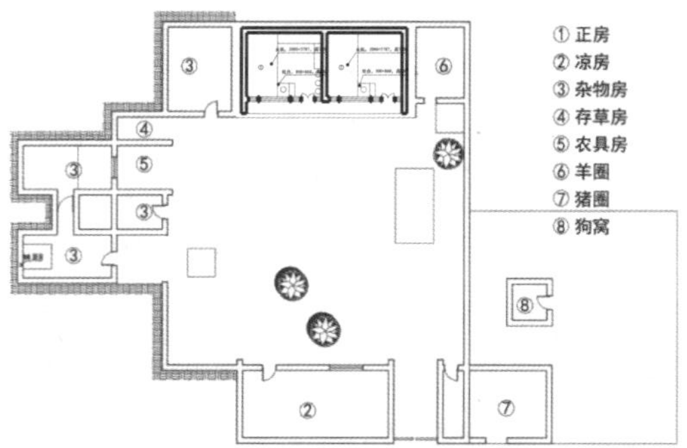

图 7　下湿壕村院落平面

这样的土坯房、牲口棚、土墙土院的形式，是多元文化相互融汇下形成的。农牧交错的生产生活方式造就了独有的农牧结合建筑形制，建筑形制的演变明显受到文化的影响。

（三）砖瓦房建筑

随着社会的进步与村民生活水平的提高，少部分村民建起了砖瓦房。另一部分村民则在原有土坯房的基础上进行改建。由于土坯房存在着下雨易受到雨水的冲刷的缺点，村民每年都要重新粉刷一遍土坯房墙体，很不方便，所以大部分的村民选择在土坯房外部包裹一层砖，从而形成了"外熟内生"的建筑形式（图 8）。

图8　下湿壕村砖瓦房

近年来，在"美丽乡村"建设项目的影响下，下湿壕村建造了一批砖瓦房。新建的砖瓦房还是以户为单位进行建造，人民生活水平得到改善。

四、结语

通过对下湿壕村居住建筑演变的分析，探究地域文化建筑特性，可以看出建筑形制的演变是多元文化碰撞与融汇的结果，受到文化发展的影响。内蒙古农牧交错地带居住建筑的演变，是随着当地居住人群的变化、生产生活方式的转变而变化着。从游牧到定居、从放牧业到农耕生产到半农半牧，多种文化的交织下形成了独有的地域文化特色。这种地域文化对建筑产生不同的影响，文化的不断碰撞、融汇使得建筑形制也发生着本质的变化，最后趋于稳定。

参考文献：

[1] 衣保中，张立伟. 清代以来内蒙古地区的移民开垦及其对生态环境的影响 [J]. 史学集刊，2011(5)：88-96.

[2] 吴伊娜. 对游牧文化与农耕文化的一些认识 [J]. 内蒙古科技与经济，2008(4)：42-43.

[3] 马明. 新时期内蒙古草原牧民居住空间环境建设模式研究 [D]. 西安：西安建筑科技大学，2013.

[4] 丁伟志. 中国国情丛书——百县经济社会调查：包头卷 [M]. 北京：中国大百科全书出版社，1997.

[5] 段友文，高瑞芬."走西口"习俗对蒙汉交汇区村落文化构建的影响 [J]. 山西大学学报（哲学社会科学版），2006，29(5)：92-98.

[6] 侍莉莉."走西口"在河套地区催生的乡村聚落形态研究 [D]. 太原：山西大学. 2015.

[7] 童丽萍，张琰鑫，刘瑞晓，等. 生土窑居的民间营造技术探讨 [C]// 第十五届中国民居学术会议，中国陕西西安，2007.

[8] 侯继尧，王军. 中国窑洞 [M]. 郑州：河南科学技术出版社，1999.

[9] 徐舜华，孙军杰，王兰民，等. 甘肃省土坯房空间分布特征与多因素分类方法研究 [J]. 震灾防御技术，2010，5(1)：125-136.

世俗环境历史变迁对传统宗教声景的影响①
——以沈阳四塔地区为例

张　圆②，宋佳佳③，张东旭④

摘　要：沈阳四塔，最初为清太宗皇太极于1643年以其都城——“盛京方城”为中心，在东南西北四个方向距离方城中心约五里处修建的四座藏式喇嘛塔，并临各塔修建四座寺庙，即“四塔四寺”。本文利用史料文献研究和绘图分析，梳理沈阳四塔及周边世俗环境历史变迁过程；通过现场调查和测绘，分析和总结四塔宗教声景的现状及世俗环境对其的影响，并据此提出不同的宗教声景保护建议。

关键词：沈阳四塔，世俗环境，宗教声景，历史变迁

沈阳四塔，最初为清太宗皇太极于1643年以其都城——“盛京方城”为中心，在东南西北四个方向距离方城中心处，即中心庙约五里处修建的四座藏式喇嘛塔，并临各塔修建四座寺庙，即“四塔四寺”。如今四塔代表的是沈阳城的四个重要地区。

据东塔“敕建护国永光寺碑记”[4]，“盛京四面各建庄严宝寺，每寺中大佛一尊、左右佛二尊、菩萨八尊、天王四位、浮屠一座，东为慧灯朗照，名曰永光寺；南为普安众庶，名曰广慈寺；西为虔祝胜寿，名曰延寿寺；北为流通正法，名曰法轮寺”。

修建“护国四塔四寺”不仅是都城建筑布局的需要，更是要利用藏传佛教的宣传提升民众宗教信仰，维护清王朝江山社稷的稳定，使其传至千秋万代。

一、四塔四寺布局及原始宗教声景

四塔选址于城外距中心庙约5里处，处于乡野农田之中，有着安适的自然背景声：风吹树叶的声音，鸟叫虫鸣之声，冬有落雪之声，夏有蝉叫蛙鸣，春有万物生长，破土之声，冰川融化的潺潺流水声，秋有万物丰收，缓缓落叶之声。特别是春日里农人犁牛耕地划过泥土的声音，牛的哞叫声，农人劳作之声。构成了一副耕作景象。

根据《钦定盛京通志》[3]记载，四寺都为两进院落，且院落布局均为坐北朝南，“三楹山门”，“三楹天王殿”，“五楹大殿”组成的主体建筑位于中轴线上，东西皆有配殿，天王殿两旁皆有钟鼓楼二座，寺庙皆邻塔而建。四塔皆为藏式喇嘛塔，由基座、塔身、相轮三部分组成。塔高约33m，占地约225 m^2。

---

① 资助项目：国家自然科学基金项目（51678117）。

② 张圆，沈阳建筑大学建筑与规划学院，副教授，jzdxzhy@163.com。

③ 宋佳佳，沈阳建筑大学建筑与规划学院，建筑学专业，gaeasoong@163.com。

④ 张东旭，东北大学江河建筑学院，教授，zhangdongxu@mail.neu.edu.cn。

四塔四寺的不同之处在于晾经楼的有无及大小和禅堂僧房的数量，最主要不同则为四座藏式喇嘛塔的位置，位于佛殿的对角线上，且偏佛殿之外的不同位置：东塔位于永光寺南偏东；南塔位于广慈寺南偏西；西塔位于延寿寺西偏北；北塔位于法论寺东偏北，如图1所示。

在这种祥和的自然背景声烘托下，规则有序的院落布局，加之藏传佛教特有的绕塔活动，产生了低沉舒缓又厚重的宗教声景：信奉者朝拜时磕长头，念诵“六字真言”所发出的“嗡嘛呢呗咪吽”，僧侣们诵经的声音，手握经轮绕塔而行的虔诚的脚步声，经轮转动的声音，佛教饰品彼此撞击的声音、蜡烛火焰摇曳的声音、经幡随风飘动的声音、塔刹铃铛的脆响等，结合钟声、鼓声，建筑内外、院落内外的声音彼此交融，烘托了神圣而浓厚的宗教氛围。

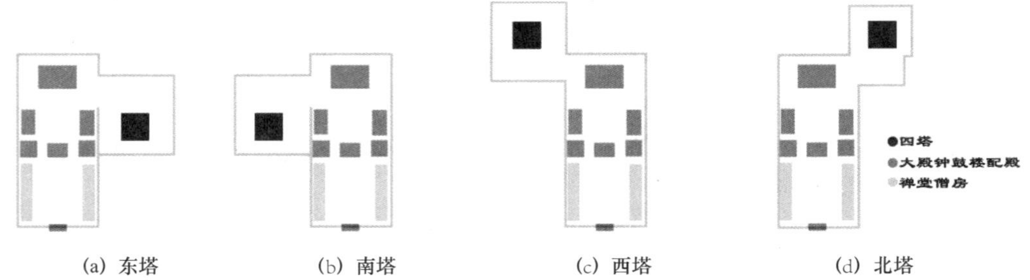

图1 四塔四寺建成初始的院落布局

二、周围世俗环境历史变迁及声景伴随变化

通过史料文献和地图分析，梳理四塔四寺周边的世俗环境随着时间和特殊事件的历史变迁过程，得到如图2所示世俗环境历史变迁时间轴。分析世俗环境历史变迁对宗教声景的影响，可知周边世俗环境因四塔四寺的宗教功能而产生和发展，并由于其扩展壮大对宗教声景产生反影响，最终形成共生的关系。

（一）形成到繁盛

四塔四寺均始建于1643年，并于1645年竣工。建成伊始，于一片乡野农田间，形成了古静幽香的宗教氛围，寺内宗教活动念经礼佛庄重肃穆，寺外农耕活动犁牛耕地劳作丰富多彩。清末民初，“东塔春耕”更是被收入“盛京八景”之中。1778年，清乾隆皇帝东巡时驾临四塔四寺，并亲自书写“慈育群灵”“心空彼岸”“金粟祥光”“金镜周圆”匾额，直接提高了四塔四寺的政治地位和宗教地位以及历史地

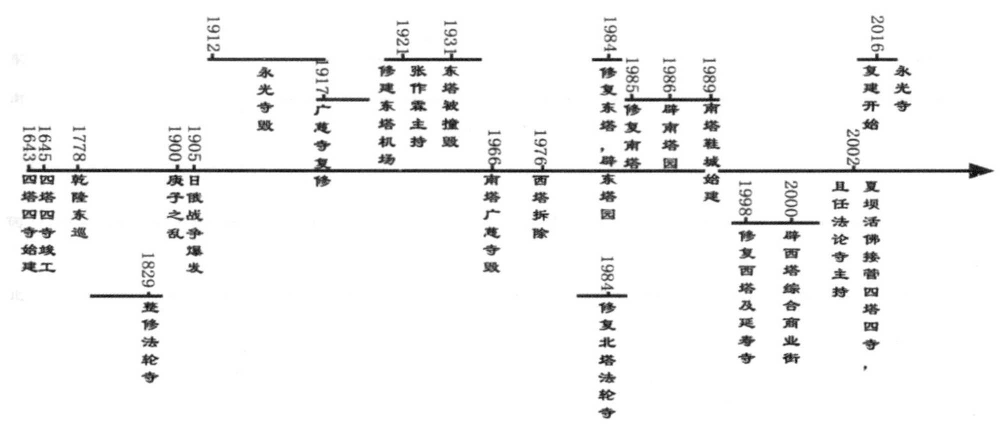

图2 四塔四寺周围世俗环境历史变迁

位。至此，四塔四寺香火旺盛，周边居民渐渐聚集。随着时间的推移，以四塔四寺为中心各自形成了一片居民生活点。寺内诵经之声，寺外市井繁华。

（二）战乱的冲击

而随着1900年庚子之乱，以及1905年的日俄战争爆发，战乱频发的年代，民众流离失所，而广慈寺的古寺部分和法轮寺的部分以及寺庙内大量禁书均在战火中被焚毁。日俄战争后，日本迫使朝鲜人民聚居在西塔附近，成为其奴隶。之后，随着永光寺在民国年间被摧毁。1921年张作霖主持修建东塔机场，东塔周围被军事活动的声音所占满，四塔四寺的宗教活动均曾一度停滞。

从1927年"奉天省城市街全图"[5]可以看出，四塔地区已经被世俗民居所包围，失去了原本的宗教氛围。香火最为旺盛的北塔法轮寺也已经沦为停放棺椁的场所，宗教活动完全被世俗活动所代替，宗教氛围完全消失匿迹于喧嚣嘈杂的世俗活动声音之中。幽静氛围已然不在。

而随着1931年"九一八事变"爆发后，东塔于战火中被炸毁，沈阳全城也沦入日本人之手，民众整日在战火阴影下惴惴不安地生活，世俗环境逐渐沦入一片恐惧和死寂之中。

（三）局部修复到再次毁坏

这种情况持续到了中华人民共和国成立之后，北塔法轮寺的寄存遗骨被火化，并逐渐恢复了一些宗教功能，而朝鲜族居民由于历史原因逐渐聚居在西塔附近，使朝鲜语成为西塔地区的一门通用语。

然而情况的好转并未持续很久，"文化大革命"开始，南塔广慈寺消逝于历史之中，仅剩南塔独自立于世俗环境之间，西塔遭到拆毁，北塔法轮寺再次沦为停放棺椁的场所，仅剩下部分的宗教活动完全停止，四塔四寺附近成为人们不想靠近的地方，宗教场所成为萧瑟之地，淹没于世俗环境一片"破四旧"的口号之中。

（四）修复到再次繁荣

"文化大革命"的结束使得四塔四寺迎来新的生机。东塔、南塔和北塔分别于1984—1986年间被修复，同时法轮寺恢复其宗教职能，而由于东塔永光寺和南塔广慈寺当时已不复存在，分别于塔边开辟公园。东塔园中还修复两座碑亭，铺仿清砖板路，栽植苍松翠柏，庄严肃穆，古香幽静。而南塔园则绿树成荫，成为了附近居民休闲聊天娱乐的场所。1998年，西塔延寿寺于原址上按照原貌进行复建。

伴随经济的发展，延寿寺周围的朝鲜族居民逐渐以其民族特色开辟成为具有朝鲜族风情集购物、餐饮、娱乐各项功能的综合商业街。街道灯饰亮化率达100%，热闹非凡。而南塔附近自1989年开始，南塔鞋城开始建设，同时带动了物流运输业的发展，时至今日，南塔周围交通繁忙，商业繁盛。

自1987年开始，北塔对外开放，恢复其宗教职能，香火逐年旺盛，直至2002年，法轮寺正式恢复为宗教活动的场所，并礼请第四世下坝活佛出任主持，并将藏地很多法事、法宝带到北塔，使北塔重新奠定了其宗教地位，宗教氛围得到改善，宗教声景得到提升。并辐射到周边环境，使得北塔附近的宁山公园和四周环境都处于一片绿树成荫的静谧之中。

2016年，经政府批准，觉海法师主持之下，东塔永光寺复建开工。目前，永光寺复建正在进行中，预计2018年竣工。且东塔园修复之时，栽种的苍松翠柏，古静幽香，结合经幡飘动，烛火摇曳，朝拜者络绎不绝，自那时起已经恢复部分宗教声景。未来永光寺复建完工后，在此宗教声景上恢复的寺院院落布局，宗教氛围变得更为浓厚，将成为该地区的主导景。

三、四塔四寺声景现状调查

（一）现状分析

经过历史变迁，周边世俗环境的改变，以及不同的保存修复情况，四塔四寺与周边世俗关系现状如图3所示；其院落布局如图4所示：东塔的永光寺复建已经初具规模，预计2018年竣工，届时，永光寺将恢复昔日风貌以及其宗教职能；南塔广慈寺寺庙部分不存，仅存修复后的南塔和南侧的三间禅房，在塔的东南方向建造了南塔公园，为周边的居住者提供休闲场地；西塔延寿寺院落布局则是第一进院落中轴线上为喇嘛塔，塔基正南布置香炉，两侧绿化树木对称排列，布置规整；第二进院落由大雄宝殿，东西配殿，法王殿及附殿构成；北塔法轮寺是目前沈阳四塔四寺中占地面积最大，保存情况较为完好的一座寺院。法轮寺的第一进由山门，东西配殿，钟鼓楼及三楹天王殿组成；第二进院落由韦陀殿，法堂，往生堂和七楹大雄宝殿组成，大殿前方有碑亭二座，北塔在大雄宝殿东偏北方向。

（a）东塔

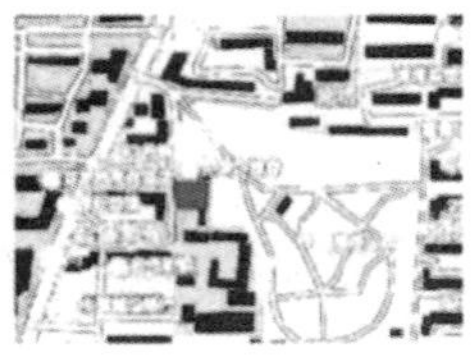
（b）南塔

（c）西塔

（d）北塔

图3　四塔四寺与周边世俗环境的关系现状

（a）东塔

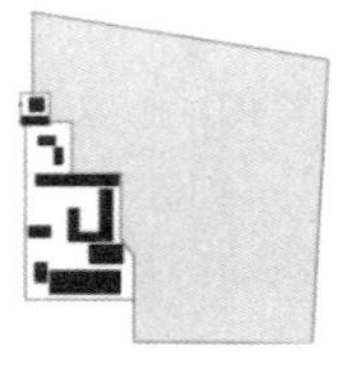
（b）南塔

（c）西塔

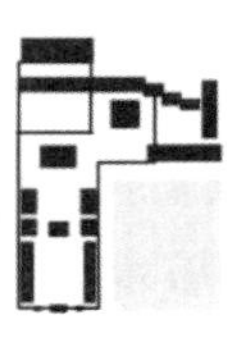
（d）北塔

图4　四塔四寺现状的院落布局情况

（a）东塔

（b）南塔

（c）西塔

（d）北塔

图5　四塔四寺的现状调查照

（二）现场调查

为进一步了解四塔四寺周围的世俗环境现状的具体情况，包括人群分类、人群活动状况，和声音构成种类。和四塔四寺的内部宗教活动情况包括寺庙内僧侣工作人员数量、信奉者数量，信奉者的参拜程序，世俗环境变化对宗教声景的影响，影响程度等因素。

通过分析寺庙外的世俗声景声音种类，宗教声景对周边世俗环境的辐射程度；寺庙内的宗教声景声音种类，和世俗声景对宗教声景的辐射程度。测量寺庙内外的声压级。具体测量方法如下：

（三）结果分析

调查结果显示世俗环境对宗教声景的影响取决于如下两个因素：①周边世俗环境的构成、世俗声音的强弱；②宗教场所本身是否有宗教活动的存在。浓厚的宗教氛围对周边世俗环境的影响是积极的，一定程度上提升了世俗环境的宜居程度。四塔四寺的具体情况如下：

1. 东塔

由于永光寺复建工程正在进行，工地的施工声音成为东塔附近的主导声音，其次为四周道路交通声，重型汽车的声音以及鸣笛声在东塔下

四塔四寺地区的背景噪声情况以及声音构成分析 表1

	东塔	南塔	西塔	北塔
声压级分布图				
所听到的声音	所有的点均受到东塔永光寺复建工程工地声音的影响，1、2、3、5、7点还受到交通干道的噪声影响较为严重。	1、2、3、4、5点完全在交通和商业噪声之中，6、8、10点处于被交通噪声和商业噪声辐射较为严重的区域中，7、9点较为次之，可听见花鸟虫鸣、树叶摇曳的声音及钟声。	1、2、3、4、8点处于交通噪声和商业噪声之中，6、7、9、10点则处于交通和商业噪声影响较为严重的区域之中，5点较为次之，可以听见花鸟虫鸣、树叶摇曳的声音。	3、4、5点受到交通噪声轻微的影响，其余点都笼罩在较为安静的宗教声景之中，可以听见花鸟虫鸣、风吹树叶的声音，以及烛火摇曳、信奉者朝拜的声音。

四塔四寺的测点背景声L_{90}的分布情况 表2

L_{90}(db)	1	2	3	4	5	6	7	8	9	10
东塔	70.2	65.7	60.6	60.8	52.2	59.9	56.2	59.0	59.6	54.0
南塔	68.0	76.5	75.4	72.7	80.2	64.4	47.3	59.8	57.3	47.6
西塔	75.9	84.3	69.4	71.4	63.4	70.2	71.0	79.1	57.0	61.2
北塔	46.0	49.2	55.4	54.1	48.9	48.9	48.8	48.3	42.6	43.3

依稀可以听见。由于工地的影响，掩盖了鸟叫声等自然背景声。人影较少，人的活动声音较弱。东塔附近有铁路经过，但是火车轰鸣声对东塔附近世俗环境无明显影响。东塔目前香火维持，贡品尚存，且较为丰富。东塔永光寺工地所产生暂时性的声音对其自身宗声景的影响将会在永光寺复建工程竣工之后而消失，即图中橙色色块会转变成在苍松翠柏摇曳，花鸟虫鸣的背景声中的宗教声景，并成为永光寺周边世俗环境的主导声景。

2. 南塔

和蓬莱宫仅一墙之隔。蓬莱宫巨大的敲钟声会辐射在南塔公园范围内，不同宗教声景之间相互影响。且南塔西面紧邻住宅小区。南塔烛火摇曳的声音，香火飘动的声音，以及烛台和塔刹的铃铛的声音都被社区活动声音所淹没，宗教氛围仅留存在南塔现存的院子里，甚至是公园内也缺少一种安静的氛围。南塔公园内树木茂密，但是令人愉悦的风吹树叶和花鸟虫鸣之声被公园内的活动声以及外部传来的商业声和交通声所掩蔽。宗教声景被世俗活动声音所影响，宗教氛围减弱，世俗环境的影响较为负面。

3. 西塔

南门正对高架公路，西为学校，东为西塔商业街，北为朝鲜族居民住宅区，进山门便望见西塔，由于西塔街进行商业活动的时间主要集中于晚上，白天商业活动对西塔的影响不大。主要影响因素是高架道路上传来的交通声，刺耳的鸣笛声尤为显著。学校中同学活动、上下课、早操等人群集散活动所产生的声音也均可以在西塔延寿寺内听到。此外，附近正在施工的工地颇多，影响也较大。且西塔四周都是直接与世俗环境相邻，寺庙围墙内外，特别是面朝高架路的山门部分缺少由参天大树营造的静谧氛围的烘托，尽管寺内灌木和草本植物绿植较为丰富，依稀能听见一些花鸟虫鸣之声，一定程度上减小了世俗环境的干扰，但鲜有信奉者进行绕塔活动，香火的声音过微。宗教声景所产生的宗教氛围并不浓郁，周围世俗环境对其干扰程度较大 。

4. 北塔

西面紧邻一高档住宅小区。南为宁山公园，北面一个街区外有高架道路以及学校。因此在北塔依稀可听见交通声。寺院内宗教氛围浓厚，信奉参拜的人络绎不绝。信奉者进山门朝拜烧香的声音，敲钟的声音，烛火摇曳的声音，风铎叮当脆响的声音，绕塔活动所产生的脚步声，经轮转动之声，结合树叶摇动，鸟叫虫鸣之声，营造了浓厚的宗教氛围。寺庙南门休憩的人或闭目养神，或轻声交谈，或轻哼小曲尽享午后闲暇时光。尽管与南塔相似，周边也紧邻住宅小区，但由于周边世俗环境的相对安静，绿植茂密，且寺内宗教活动繁荣，宗教声景烘托了周边世俗环境的宁静氛围。寺内一片虔诚，寺外怡然自得。

四、结论及建议

由研究可知，城市中世俗环境的变迁与宗教声景在一定程度上呈现着一种共生关系：宗教场所和宗教声景的形成带动周边世俗环境的发展；而世俗环境的变化对宗教声景必然产生相应的影响。

就四塔四寺和周边世俗环境的关系而言，历史上正是由于四塔四寺的建造才引发人群聚集，推动世俗环境发展；而世俗环境的健康发展也会促进宗教活动的繁盛，世俗环境和宗教声景达到一种和谐共生的状态。

根据四塔四寺及周边世俗环境现状的差异，提出相应保护策略：

（1）南塔和西塔，由于宗教活动稀少，交通噪声影响较大，需加强其附近的交通管理，在维持其宗教活动的基础上，利用现有或新建休闲公园设置声景保护区域，维护原址清幽的宗教氛围。

（2）东塔对沈阳城市具有重要的历史地位，且仍有宗教活动进行。永光寺的重建项目、东塔机场搬迁改造项目前期工作的进行应充分考虑对宗教声景的塑造和维护。

（3）北塔及法轮寺建筑保存完好，宗教活动完整，特别是自 2002 年起夏坝活佛开始任北塔法轮寺主持，宗教地位进一步提升，作为沈阳城市特色声景之一，应注重维护其典型性和纯粹性，从城市管理和环境建设的层面，降低周围世俗环境的消极影响。

参考文献：

[1] 刘霄，张一平，张东旭. 沈阳藏传佛教寺院空间与环境研究 ——以“四塔四寺”为例 [J]. 华中建筑，2017（2）:121-126.

[2] 张东旭. 汉传佛教寺院声景研究 [J]. 新建筑，2014（5）

[3]《钦定盛京通志》卷九十七，1779.

[4] 敕建护国永光寺碑记，1645.

[5] 王华楼 . 奉天省城市街全图 [M]. 奉天鼓楼北各大书房，1927.

[6] 沈阳北塔护国法轮寺 [EB/OL].2008-10-17.http://www.beita.org/html/simiaojianjie/shenyangbeitahuguofalunsi/200810/17-751.html.

[7] 刘长江 . 盛京寺观庙堂 [M]. 沈阳：沈阳出版社，2004：26-37.

[8] 张志强 . 盛京古城风貌 [M]. 沈阳：沈阳出版社，2004：39-43.

工业遗产法律保护论纲

邓君韬[①]，陈玉昕[②]

摘　要：伴随中国工业化、城镇化建设，特别是在产业结构转型与升级进程中，工业遗产应如何制度化即法制化保护成为了重要议题，越来越受到社会各界广泛关注。本文通过剖析当下中国工业遗产保护现状、指陈问题、比较域外工业遗产保护实例，拟从文化遗产、城乡建设等相关法律法规特别是地方性法规完善的角度，对我国工业遗产法制化保护与开发提出完善建议，以弘扬中华优秀传统文化、延续城市历史文脉、保护工业遗产。

关键词：工业遗产，法律保护，文化遗产，城乡规划，三线建设

工业遗产相较于世界众多文化遗产类型来说属于较为“年轻”的类型。它通常指18世纪以来以采用钢铁等新材料、煤炭和石油等新能源、以机器生产为主要特点的工业革命后的工业遗存。

一、工业遗产保护：历史与现状

（一）国际工业遗产保护发展

英国是世界上最早开展工业遗产保护工作的国家，1973年第一届国际工业纪念物大会在世界最早的铁桥所在地——铁桥峡谷博物馆召开，这次大会的顺利举行使世界各国开始关注工业遗产的保护话题。进入21世纪，工业遗产保护又迈向了新阶段：国际古迹遗址理事会通过与联合国教科文组织合作举办关于工业遗产保护的学术讨论会的方式向世界宣传工业遗产的保护问题，并且以此加快工业遗产进入《世界遗产名录》的步伐[③]；2003年7月，在俄罗斯下塔吉尔召开的国际工业遗产保护委员会大会上通过了《下塔吉尔宪章》(Nizhny Tagil Charter)，对于工业遗产的保护问题提供了可资参考的国际准则。

（二）我国工业遗产保护现状

1. 工业遗产保护地方性法规

1）上海市

上海作为我国民族工业的发祥地之一，保留着众多的工业遗产。上海的工业遗产保护工作在我国开始较早，也是国内较早制定工业遗产保护相关地方性法规的城市之一。上海市在1989—1999年这十年中，在累计398处优秀历史建筑中，将包括杨树浦电厂、上海造币厂等28处厂

① 邓君韬，四川省人大常委会法制工作委员会社会法规处副处长（挂职），西南交通大学法律硕士教育中心副主任，公共管理与政法学院副教授，法学博士，联系方式：13618055558；joviat@aliyun.com。

② 陈玉昕，西南交通大学公共管理与政法学院法学硕士研究生，联系方式：15708418140；1010182740@qq.com。

③ 从2001年开始，国际古迹遗址理事会与联合国教科文组织合作举办了一系列以工业遗产保护为主题的科学研讨会，促使工业遗产能够在《世界遗产名录》中占有一席之地。

房、仓库和市政建筑设施列入了法定保护的范围内。1991年上海市政府颁布了《上海市优秀近代建筑保护管理办法》(1997年予以了修正，现已失效)，该管理办法是上海市第一个涉及近代建筑历史保护的地方性法规。其中不仅对优秀近代建筑的范围进行了界定，并且对1840—1949年建造的重要建筑提出了更为明确的保护措施(比如规定“对优秀近代建筑应当划定其保护范围和建设控制地带”)；不仅如此，该管理办法还创新性地提出了工业遗产的保护与利用要与环境风貌[①]、城市功能相适应的发展模式[②]。

2）沈阳市

东北是工业遗产振兴的重要一环，有着近百年历史的沈阳市铁西区素有“共和国工业长子”“共和国装备部”美誉，被称为“东方鲁尔”。作为老工业基地的组成部分，这里坐落着大量的工业遗存。铁西区经历了日伪统治、解放战争、国家“一五”“二五”等不同时期，保留有各个时代的工业遗产风貌。2006年，伴随中共中央、国务院《关于全面振兴东北地区等老工业基地的若干意见》出台，沈阳铁西区的工业遗产保护工作也得以有序展开。2006年12月沈阳市出台了《铁西新区工业文物保护管理工业意见》，它虽然只是一部地方法规，却具有里程碑意义——是我国首部工业文物保护专题地方性法规；2007年沈阳市开始了对铁西区工业遗存的开发改造，分别将“一五”期间的苏式建筑工人村宿舍和“二五”期间留下的沈阳铸造场翻砂车间进行了改造利用，建成两个能够体现铁西工业文化内涵的工人村生活馆和铸造博物馆；2010年，铁西区委托同济大学编制《铁西区全域规划》，将工业文化作为重要组成部分并预留足够的发展空间；2011年，铁西区将工业文化正式纳入宏观战略体系[③]。

2. 存在的问题

1）保护法规空缺

我国到目前为止都还没有一部专门针对于工业遗产保护问题的法律法规。在目前我国已颁布施行的相关规范性文件中，包括《中华人民共和国文物保护法》《城市紫线管理办法》《关于加强对城市优秀近现代建筑规划保护工作的指导意见》《关于加强文化遗产保护的通知》《关于加强工业遗产保护的通知》等，虽然都或多或少的提到了工业遗产的保护问题，但与工业遗产保护关系比较密切的，只有2006年国家文物局下发的《关于加强工业遗产保护的通知》——真正将工业遗产作为独立的保护对象，但其仅是国务院的部门通知，效力层次较低，而且也只是对工业遗产保护问题做了原则性规定，既没有提出如何保护的具体实践，也没有规定对破坏行为的惩罚措施[④]。

2）保护主体模糊

就目前工业遗产保护实践而言，很容易将工业遗产与普通的文化遗产混为一谈，从时间上

① 该办法第十九条规定：在优秀近代建筑风貌保护区范围内，应当保护体现城市传统和地方特色的环境风貌，保持原有街区的基本格局。新建、改建、扩建建筑物、构筑物的高度、体量、材料、色彩等，须与区内的环境风貌特色相协调。对损害环境风貌特色的建筑物、构筑物，应当按规划改建或者拆除。

② 该办法第九条规定：优秀近代建筑的所有人和使用人(以下简称所有人和使用人)，须按保护要求进行保护，不得擅自改变优秀近代建筑的现状使用性质……涉及城市规划的，市文管委或者市房地局应当征得市规划局同意。优秀近代建筑的现状使用性质与原建筑设计性质不一致，影响或者可能影响优秀近代建筑保护的，市文管委或者市房地局可做出调整使用或者限制使用的决定。

③ 铁西区18处工业遗产得到有效保护和利用。以工业文化长廊、重型文化广场、中国工业博物馆、工人村生活馆、铁西1905创意文化园、劳模园为代表的“一廊、一场、两馆、两园”等工业文化格局已经形成。近年来，铁西区相继获得“改革开放30年全国18个重大典型地区”“新中国60大地标”“2008联合国全球宜居城区示范奖”“中国最具海外影响力城区”等诸多荣誉。有数据显示，从2002年到2011年的10年间，铁西区地区生产总值年均增长33%，是2002年的13倍；固定资产投资年均增长45%，是2002年的29.8倍；公共财政预算收入年均增长34.5%，是2002年的14.4倍。金晓玲.沈阳铁西：用工业文化点亮历史照耀未来——铁西区工业文化建设情况调查(上)[J].辽宁日报，2013-8-6.

④ 张林.国务院发力文化遗产保护，不申报者文物局就指定[J].瞭望新闻周刊，2006(4).

看，工业遗产主要是指鸦片战争以来的有价值的工业遗存[①]；虽然工业遗产也属于文化遗产的重要组成部分，但不能直接将其等同于文化遗产。除此之外，工业遗产与文物界定之间也存在着交叉，有些工业遗产属于文物保护对象（特别是不可移动文物）。

3）评估标准待明确

显然，并非所有的工业遗存都可以称作工业遗产，如何分辨一栋建筑是工业遗产则需要具体的评估标准。我国目前相关的界定较为模糊，对于该保留哪些部分，如何界定工业遗存的价值等问题都没有明确的标准、指引。

二、工业遗产保护的域外分析——以日本为例

日本与我国一样经历了近代工业化的浪潮，在工业技术不断发展的今天，旧有的工业设施也一度被视为城市发展的“绊脚石”。但是，近40年来日本的工业遗产保护和利用从无到有、从理论到实践均取得了长足的进步。2007年2月，战国晚期、江户前期日本最大的银矿——岛根县石见银山成功申请世界遗产；2014年6月，群马县富冈制丝场及近代绢丝产业遗迹群也被列入世界遗产名录；2015年7月，明治产业革命遗址群申请世界遗产成功[②]。数年内日本已有三处工业遗产申遗成功，日本在工业遗产的保护和利用领域已走在了亚洲前列。

（一）日本工业遗产保护动力

日本工业遗产保护和利用的第一个动力来源于产业结构调整。随着经济发展，日本工业面临更新换代，大量传统制造业及相关能源企业逐渐停运，资本和劳动力向更多第三产业领域转移。在这种情况下，地方政府、地方社团都希望能够挖掘旧厂房的新价值，以此发展新的经济增长点；工业遗产保护的第二个动力来源于日本人心中的情感依托。随着产业升级调整，过去的生产场景、劳动生活中所结成的人际关系均成为了历史故事，对于一些老工人而言，这些场景不仅仅是生活，更承载了他们的青春和一腔热血。那记忆中的场景，成为他们时常怀念的一种乡愁；对企业而言，工业遗迹就是自身成长发展的轨迹，是展示历史、建构“神圣”的一种装置。大而言之，近代国家的高速成长建基于工业体系的全面发展，因此，国家也需要以旧工业遗迹为物质依托，直观地向民众宣讲近代民族国家成长的历史，[③]其是一种民族精神塑造、意识形态宣传的重要工具和物质载体。

值得注意的是，日本的工业遗产申遗具有极强的政治意味，并引起了部分国家的关切和反对[④]，对此，我们应当辩证认识。

（二）日本工业遗产保护实践

1．确立工业遗产判定标准

一个地方的高速可持续发展与其资源使用率提升是分不开的。旧时的厂房、机器，在新的时代

---

① 邹怡.日本是如何利用和保护工业遗产的[N].文汇报，2016-2-19.

② 邹怡.日本是如何利用和保护工业遗产的[N].文汇报，2016-2-19.

③ 泷泽意倔.日本工业遗产保护与启示[J].国际贸易，2006（10）.

④ “日本明治时代的工业革命遗产·九州、山口及相关地区”内容涉及钢铁冶炼、造船、煤炭等行业，其中不仅有日本海军的三重津遗址、位于下关的前田炮台，更涵盖了“三菱重工业长崎造船所”厂区内的多个子项目。除了有生产战争机器的长崎造船所外，在这个申遗项目里，还包括位于福冈县境内的“旧官营八幡制铁所”。
甲午战争后，日本政府从中国的赔款中拿出近2000万日元作为创设资金，从德国引进全套设备和技术，建立了八幡制铁所——二战前日本最大的国营钢铁厂。日本政府曾明令这里以生产炮架、造军舰材料、速射炮弹坯料等军火器材为主。有关档案记载，从1905—1945年，整整40年间，日本从中国抚顺共计掠走近2亿t优质煤炭，主要供给的就是这座钢铁厂；1938年侵华日军占领湖北大冶，疯狂开采当地铁矿，7年间掠走优质铁矿420万t，主要供应的也是这里；第二次世界大战期间，日军使用的战舰、坦克等重武器，大量采用的就是八幡制铁所生产的钢材。这座用甲午战争赔款兴建、在日本侵略扩张历史中扮演重要角色的钢铁厂，竟成了工艺遗产用以宣传的“非西欧地区最早工业化国家”的有力证据，是“政治性地利用教科文组织”的典型做法，必须警惕并坚决反对。

条件下，只有改变它的功能效用，才能使它焕发生机。在工业遗产保护实践中，日本首先解决的问题就是确立工业遗产的判定标准。从1990年开始文化厅主持了日本近代化遗产的综合调查，以近代化为视角对文化遗产进行普查，其中就包括了记录日本近代化历程的工业遗产。从2007年开始，经济产业省又专门组织了“工业遗产活用委员会”，进行“近代化产业遗产”的认定，这是一次专门针对工业遗产的普查和认定，为日本随后的工业遗产保护工作奠定了坚实基础①。

2. 发挥政府调控作用

在工业遗产保护工作进程中日本政府发挥了重要作用。在国内产业结构迅速调整和经济低迷徘徊的当下，日本政府计划完成一些工作以振奋民心。因此对工业遗产进行保护利用既能使低效率资产重新焕发生机创造经济效益，又能提升振奋民族自豪感，成为日本政府最好的选择，日本政府和支持政府的企业财团开始大规模进入工业遗产保护领域。例如，对于交通业来说，工业遗产的利用开发将直接带动旅游业和交通业的发展；而对于制造业和地产界，制造业和地产企业手中持有大量旧时的工业资产，亟须寻找新的利用方式将其盘活，工业遗产开发利用是不二的选择；工业遗产的价值不仅体现在经济价值上，更承载着特定时期的文化和企业精神，因此工业遗产的开发利用需要文化企业的助力；工业遗产在开发利用过程中，少不了资金运转，而对于金融资本行业来讲这也是个新的投资机遇。

总之，日本工业遗产利用过程中，政府是极为重要的发轫动力源，在政府的宏观调控和统筹下各方相互配合，使得日本的工业遗产保护工作逐渐步入正轨，并处于亚洲领先行列。

3. 社会力量多方参与

虽然前文提到了政府在工业遗产保护中的重要作用，但政府职能繁重，难以在具体的实践中亲力亲为。所以，在工业遗产的保护和利用过程中，完全可以放宽视野，充分利用有志于工业遗产保护的各方社会力量，实现资源的合理整合和科学配置。在富冈制丝场的利用过程中，就有很多NPO(非营利组织）团体活跃的身影。政府推动工业遗产的保护和利用后，引入NPO等社会团体共同参与工业遗产的保护开发，充分汇聚有识之士对工业遗产的保护热情和无限智慧，他们参与活动本身也是对工业遗产社会公共价值的充分发挥。

三、我国工业遗产保护法制完善建议

（一）制定法律法规

我国目前并没有对工业遗产保护的专门法律，因此制定工业遗产保护相关的法律规章或是未来的发展方向，以使经认定具有重要意义的工业遗产通过法律手段得到强有力的保护。工业遗产保护法律体系对于工业遗产的认定标准、保护主体以及管理机构责任需要在立法上加以明确，对于懈怠保护或破坏工业遗产的行为要进行一定的处罚。根据目前状况，可考虑设立地方政府保护工业遗产的考核评估机制，完善工业遗产管理机构及责任运行机制等等。

以三线建设时期的工业遗产保护为例，可考虑联合工业、军工、科技等领域专家学者和相关学术机构，加强三线建设遗产全面梳理、调查与系统研究，将三线建设遗产保护利用纳入当地文物事业规划、国民经济和社会发展规划与城乡规划，加强依法保护；鼓励开展跨地区三线建设遗产保护利用资源整合、协作联动，形成区域整体效应。

（二）明确工业遗产多样性及原始性标准

我国目前对工业遗产进行保护开发时尚未能

① 泷泽意伲.日本工业遗产保护与启示[J].国际贸易，2006(10).

很好体现对传统文化价值的应有体认和尊重，在保护与开发的工程中更多的是看中经济利益而忽略了工业遗产本身的价值，这也使得工业遗产的传统文化内涵在这种利益追求的过程中被歪曲，失去了本身的多样性；还有的地方为了迎合现代工商社会审美，将一些工业遗产进行无序化改造，使其失去了原有的特殊性与唯一性。因此我国在进行相关立法时，应注意平衡好现代审美与工业遗产多样性及原始性的关系，确保工业遗产价值能够得到真正发挥和充分利用。

（三）开发与保护相结合

因为工业遗产具有不可再生性特点，为了将工业遗产原原本本地留给未来，必须树立工业遗产保护为主、开发利用为辅的原则，并以此为基础制定具体的措施，协调好遗产保护与经济发展之间的关系，避免过度、无序开发过程中对工业遗产造成的破坏①。

开发与保护做得比较好的一个范例是与三线建设有关的工业遗产，如贵州省六盘水市已建成三线建设专题博物馆，遵义市创建了1964文化创意园和三线建设展示馆，四川乐山市建立了中国铁道博物馆嘉阳小火车科普体验基地，开发嘉阳小火车·芭石窄轨铁路工业文化旅游，等等。

（四）人与自然和谐发展

“城市”作为人类集中的居住地，从生态学的角度看是一种生态系统，它具有一般生态系统的最基本特征，即生态与环境的相互作用：各个城市功能区之间进行着物质代谢、信息传递和能量流动，“每个工业遗产就像是具有独立有序的自控代谢体系，保证了整个生态系统的自给自足。一个生态系统要维持下去，它必须满足与周围的环境进行能量上的交换和物质上的循环，若如城市进行工业遗产的保护，强调的是与周围环境功能上的统一性”②。

（五）公众参与机制

随着社会发展和国民素质的不断提高，世界各国越来越注重社会事件中的公众参与。事实上，公众参与一直被世界上许多国家认为是进行文化遗产保护的重要方式。工业遗产的开发利用的过程中可向广大民众普及工业遗产保护的相关知识，引导民众亲身参与到工业遗产保护的工作中来，形成政府、个体、非政府组织乃至整个社会层面都自愿加入到工业遗产保护行列的局面；同时，逐步完善文化产品供给侧改革，深入探索工业遗产保护公众参与、工业文化权利公众分享、工业文化资源公众受益等相关配套机制。

参考文献：

[1] 刘栋 . < 无锡建议 > 呼吁保护工业遗产 [J]. 领导决策信息，2006(11).

[2] 章立，章海君 .《无锡建议》与无锡近代遗产保护与利用 [J]. 北京规划建设，2011(1).

[3] 丁芳，徐子琳 . 论中国工业遗产的法律保护研究 [J]. 科技信息，2012(1).

[4] 彭芳 . 我国工业遗产立法保护研究 [D]. 武汉：武汉理工大学，2009.

[5] 张林 . 国务院发力文化遗产保护，不申报者文物局就指定 [J]. 瞭望新闻周刊，2006(4).

[6] 唐利国 . 论我国工业遗产保护法律制度的构建 [J]. 商场现代化，2010(5).

[7] 邹怡 . 日本是如何利用和保护工业遗产的 [N]. 文汇报，2016-2-19.

[8] 泷泽意伲 . 日本工业遗产保护与启示 [J]. 国际贸易，2006(10).

[9] 郭洋，唐志强，杨汀 . 国外如何保护工业遗产 [N]. 人民政协报，2017-5-25.

[10] 聂武钢，孟佳 . 工业遗产与法律保护 [M]. 北京：人民法院出版社，2009.

[11] 阙维民 . 国际土业遗产的保护与管理 [J]. 北京大学

① 开发、利用和管理工作，都应以遗产的保护和保存为前提，都应以有利于遗产的保护和保存为根本，并据此设计出具体的保护制度与处罚措施。

② 李阿瑾.基于低碳环保理念下的城市工业遗产保护 [J].生态经济，2013(1).

学报（自然科学版），2007（4）.
[12] 李莉 . 浅论我国土业遗产的立法保护 [J]. 学术前沿，2011（1）.
[13] 俞孔坚，方婉丽 . 中国工业遗产初探 [J]. 建筑学报，2006(8) .
[14] 邢怀滨，冉鸿燕，张德军 . 工业遗产的价值与保护初探 [J]. 东北大学学报，2007（1）.
[15] 张松 . 上海产业遗产的保护与适当再利用 [J]. 工业遗产, 2009(35).
[16] 叶瀛舟，厉双燕 . 国内外工业遗产保护与再利用经验及其借鉴 [J]. 上海城市规划, 2007(3).
[17] 陆邵明 . 关于城市工业遗产的保护和利用 [J]. 规划师，2006(10).
[18] 金晓玲 . 沈阳铁西：用工业文化点亮历史照耀未来—铁西区工业文化建设情况调查（上）[N]. 辽宁日报，2013-8-6.
[19] 肖立军 . 攀枝花大工业文化遗产的价值与保护对策研究 [J]. 攀枝花学院学报，2007（4）.
[20] 唐利国 . 论我国工业遗产保护法律制度的构建 [J]. 经济与法，2010（5）.
[21] 李阿瑾 . 基于低碳环保理念下的城市工业遗产保护 [J]. 生态经济，2013（1）.

中西建筑文化交融下的中国地域性建筑表达

于璨宁[①]，李世芬[②]，李思博[③]，杜凯鑫[④]

摘　要：文章首先对早期中西方交流及中国建筑地域性表达进行总结，分为中华人民共和国成立前及改革开放前两个阶段，在此基础上梳理新时期域外建筑师在我国的建筑实践，并根据不同的特点将新时期分为三个阶段，开放初期、开放中期与当前时期。其次对新时期中国建筑地域性表达方法的改变进行了总结与梳理，将建筑地域性表达分三种类型：即人文化的地域表达、自然化的地域表达、纪念性的地域表达等，进而通过案例进行论证。

关键词：地域性，交融，中西建筑文化，人文化，自然化，纪念性

中国传统建筑随着几千年封建社会的发展形成了相对固定的木构体系，清末以前，异域文化对中国建筑的影响较为微弱，如佛塔建筑，只是充盈传统建筑的类型，而非从根本上撼动其建构模式。因此在西方文化影响下的中国建筑真正发生本质变化是随着殖民文化的强行入侵及第一批建筑学留学生的回国开始的，从时间上划分可分为三个阶段：中华人民共和国成立前（1949 年前）、改革开放前（1949—1979 年）、新时期（1979 年至今）。

一、早期文化交融方式及中国地域性建筑特点

20 世纪初期，西方多国在中国南京、上海、天津、广州、青岛、武汉、大连等地开设了通商口岸、建立租界等，并大规模建设教堂、工厂、银行、火车站、学校、住宅等建筑。这些西方建筑形式开始与中国建筑文化发生强烈碰撞，恰逢此时西方也正处于古典主义向现代主义建筑形式的更迭阶段，这对我国第一代建筑学留学生产生了巨大影响，随着他们的归国，西方古典主义和现代主义建筑理论都与中国传统建筑形式发生了融合，因此中华人民共和国成立前中国地域性建筑表达方式具有一定多样性：包括新古典主义、折中主义、现代主义、宫殿式以及民族式等。

1949—1979 年间，建筑风格变化较快。国民经济恢复期，现代主义“方盒子”建筑发展活跃，主要原因是经济因素限制，另外，1949 年前毕业的许多建筑师受西方（以美国为主）现代主义建筑教育影响较深。1953—1957 第一个五年计划期间，梁思成提出的以传统宫殿式建筑（图 1）为蓝本的中国民族形式建筑（图 2）以及苏联援建的苏式建筑（图 3）兴起。1958—1959 年，中国“十大建筑工程”完成。这十年是中国建筑突变的十年，也是国际建筑求变的十年，他们的发展相吻合。

① 于璨宁，大连理工大学建筑与艺术学院，博士研究生，oastudio@163.com。
② 李世芬，大连理工大学建筑与艺术学院，教授、博士生导师，oastudio@163.com。
③ 李思博，大连理工大学建筑与艺术学院，硕士研究生，oastudio@163.com。
④ 杜凯鑫，大连理工大学建筑与艺术学院，硕士研究生，oastudio@163.com。

图1　友谊宾馆
来源：邹德侬．中国建筑60年（1949-2009）历史纵观[M].p27

图2　新疆人民剧院
来源：百度图片

图3　广播大厦
来源：康巍．断裂体验：中国当代实验性建筑师解读[D].P21

“文革”期间，正常的建设基本停顿，只要为了一些必要的政治经济活动而进行的局部建设，诸如政治型、工业型、地域型建筑活动。

这两个阶段的中西文化交流方式具有一定的共性，因此都属于早期文化交融。殖民时期（1949年前）的文化交流带有入侵性和强制性，我国所提出的向西方学习也是在“救国”强烈需求下的被动之举，因此其交流结果以西方文化为主导。1949—1979年间的涉外文化交流以向苏联学习为强制要求，不具备主动性和自由性，我国传统文化在其中作用较弱。由此可见，早期文化交融具有强制性、单一性、单向性、片面性与不完全性，他们是基于不平等基础上的交流，因此交融结果较新时期单一。

二、新时期西方建筑师在华创作三个阶段

纵观新时期建筑三十多年，域外建筑设计事务所进入中国市场的历程，是与全球以及中国的经济改革和发展历程相吻合的。大体上来说可分为三个阶段，每个阶段的海外建筑师的在华创作，从建筑类型、规模、分布地区以及设计特色上都各不相同。

第一阶段：

第一阶段为1979—1990年，为开放初期。这一段时间我国在工程建设开始实行招投标制度，建筑市场的竞争机制初步建立，对境外事务所参与我国大陆设计项目提供了相对公平的竞争环境。最早进入中国建筑设计市场是日本建筑师，这多与日本财团的投资或引进技术相关。除此之外，由于地利和语言的优势，香港建筑师也是进入中国内地建筑市场的先锋。该阶段各项目工程主要集中于我国经济最为繁荣的北京和上海两座一线城市，古都西安也存有零星项目。建筑类型多为涉外酒店建筑和少量的涉外办公楼，用以解改革开放之初该类建筑匮乏的状况。而此时正值国际式衰退，新理性主义、后现代主义等设计思潮兴盛，不同类型的建筑流派与风格纷纷着陆中国，各域外建筑师对现代建筑与我国传统建筑结合进行了探讨，推动了我国本土建筑地域化发展。

如1982年竣工，美国陈宜远建筑设计和地产公司设计的北京建国饭店在设计手法上沿用了中国传统官式建筑群体的设计手法，将中国传统庭院空间应用到饭店的设计中；加拿大B+H事务所设计完成的厦门门高崎国际机场候机楼屋顶逐层退台升高，由折线形架空斜脊和两端微有上翘的正脊组成的屋顶轮廓（图4）是中国传统形式的现代探索和尝试，呼应了地域特色；美国贝克特设计公司的北京希尔顿长城饭店设计提取传统城垛和女儿墙元素隐喻长城（图5）。美国华裔建筑师贝聿铭设计的香山饭店通过借鉴江南私家园林庭院空间的平面布局特征，灰白色调，再现传统门窗元素，将西方现代建筑原则与中国传统的营造手法相结合，表达出了建筑师对中国建筑民族之路的思考（图6）。

第二阶段：

第二阶段为1990—2000年，是域外建筑师在华设计加速发展的阶段。这一时期，我国建筑市场的开放程度继续加大，欧洲建筑师开始进入中国市场。地区分布由早期的北京、上海向广

图4 厦门高崎国际机场候机楼
设计师：B+H 事务所
设计时间：1983年
来源：www.ccaonline.cn

图5 北京长城饭店
设计师：贝克特设计公司
设计时间：1983年
来源：www.btg.com.cn

图6 香山饭店
设计师：贝聿铭
设计时间：1982年
来源：www.ikuku.cn

州、深圳、大连等经济发达城市扩散。建筑类型也由宾馆建筑向综合型写字楼建筑转变，例如北京中日青年交流中心、中国银行总部（图7）、上海金茂大厦（图8）、深圳地王大厦（图9）等。

这一时期设计手法开始转变，域外建筑师逐渐脱离对传统形式的模仿，转向对我国传统原型的提取，以及地域材料、特色文化的再现。SOM 事务所设计的上海金茂大厦以中国塔为设计原型，同时借鉴中国传统佛教文化理念，将外立面设计成 13 节来体现了佛塔的最高境界。该阶段域外建筑大多数以商业开发为目的，虽数量众多却缺乏精品。

图7 中国银行总部
设计师：贝氏事务所
设计时间：1989–1995年
来源：www.photofans.cn

图8 上海金茂大厦
设计师：SOM事务所
建设时间：1992–1998年
来源：www.360doc.com

图9 深圳地王大厦
设计师：美国建筑设计有限公司
设计时间：1996年
来源：www.nipic.com

第三阶段：

第三阶段为 21 世纪初至今，即域外建筑在国内全面发展的时期。伴随着北京成功申办 2008 年奥运、上海申办 2010 年世界博览会、广州申办 2010 年亚运会以及我国经济的持续高速增长，中国成为了世界注目的焦点、国际建筑师的试验场。越来越多的域外建筑师来到中国寻求机会。欧美建筑师来华数量大幅度增加，域外建筑遍布国内各大中城市，建筑类型也逐渐扩展到商业、办公、住宅、会展、剧院、政府重点工程乃至更大尺度的城市设计和规划。

这一阶段域外建筑师加大了对中国传统文化、精神、地域文化的关注，以及对本土设计的关怀，尤其是中外联合设计里中方的建议受到重视。其次，高新技术的快速发展攻克了许多建造技术难关，使建筑结构形式、材料等方面摆脱了以往的限制而表现得更为大胆，一时间我国涌现了大量的域外建筑作品。正因技术条件的成熟与国际建筑师的蜂拥而至，使 21 世纪的域外建筑在外形、造价、隐喻含义等诸多方面饱受争议，但不能否认此类热议证明了全民主人翁意识的增强及我国建筑水平的提高，因此 21 世纪的域外建筑创作强烈地推进了中国地域建筑文化的发展。中国国家大剧院、中央电视台新台址、国家体育场、五棵松文化体育中心、国家游泳馆、长城脚下公社（图10）、国家图书馆、首都机场 T3 航站楼、中央美术学院美术馆（图11）、天津图书馆（图12）；上海环球金融中心、东方艺术中心、上海南站、广州歌剧院、广州体育场；郑州郑东新区规划等都是此时期的建筑创作实例。

图10　竹屋
设计师：隈研吾
设计时间：2002年
来源：www.ikuku.cn

图11　中央美术学院美术馆
设计师：矶崎新
设计时间：2006年
来源：www.zhulong.com n

图12　天津图书馆
设计师：山本理显
设计时间：2011年
来源：www.ikuku.cn

三、新时期中国地域性建筑

新时期中国地域性建筑的表达与域外建筑师在华的表现有相似性和关联性，基本同样分为三个阶段，且地域性表达方法大致趋势同西方设计师的相同，初期阶段（1979—1991 年）以形式模仿为主，而后逐渐到中期（1990—2000 年）、现代期（2000 年至今）演变为对传统、文化、精神的深入关注。根据不同的表达目的和表示方法可具体分为：人文性的地域表达、自然性的地域表达、纪念性地域主义表达。

人文性地域表达指建筑的地域性传达出针对人的文化传统、群体意识、精神内涵、民族宗教等方面信息，可能通过共识符号、特殊空间、空间链接、色彩材质等方式表现。如齐康先生的武夷山庄、黄汉民先生的“古堞斜阳”、何镜堂先生的“中国馆”等设计作品，域外建筑师例如贝聿铭先生的苏州博物馆、SOM 的金茂大厦、隈研吾的知博物馆也属于此类的地域表达，其表达方式有模仿、抽象、隐喻等多种手法。

自然性的地域表达指建筑的地域性传达出自然、环境、生态等因素的尊重与保护，可以通过形态融合、高技与低技保护等手段进行地域表达。如崔愷先生设计的河南安阳殷墟博物馆、周恺先生玉树格萨尔广场都与环境融为一体，刘加平先生对窑洞的研究探索，岭南学派对岭南建筑气候适宜性的研究、张轲的西藏娘欧码头等。域外建筑师如福斯特在上海久事大厦设计和阿特金斯建筑设计集团的上海佘山世茂深坑酒店，将生态技术理念、可持续性理念融入到建筑思想中也属于此类。

纪念性地域主义表达与人文性地域主义略有交叠，两者相较其更加偏重纪念意义以及遗址遗产类建筑。如莫伯治先生的南越王墓博物馆、莫伯治张锦秋先生的大唐芙蓉园、丹凤门遗址博物馆、齐康先生、何镜堂先生的南京大屠杀遇难同胞纪念馆及扩建工程，彭一刚先生的甲午海战博物馆等都数以纪念性地域建筑，其最大特点是重视对历史实况或情感实况的还原。域外建筑师如彭勃先生西安大明宫国家遗址公园设计。

四、结语

随着我国全面性的开放，中西方建筑文化交流日益丰富，相比前辈建筑师，在新时期背景下成长与发展起来的建筑师有更多的机会和更自由的环境与外界对话。在不同思想不断碰撞与融合的过程中，潜移默化的对我国的建筑设计产生了巨大的影响。全球化的背景下，许多国家的城市与建筑都面临着千城一面的现象，建筑的地域性表达被日益重视，随着中西方交流的加深，我国建筑的地域性表达通过多样的手法、丰富的内涵以及共鸣化的传达愈成熟。

参考文献：

[1] 邹德侬 . 中国建筑 60 年（1949—2009）历史纵观 [M]. 北京：中国建筑工业出版社，2009.

[2] 杨永生 . 中国四代建筑师 [M]. 北京 : 中国建筑工业出版社 ,2002.
[3] 刘亦师 . 中国近代建筑发展的主线与分期 [J]. 建筑学报 ,2012(10):70-75.
[4] 杨玉昆 . 上世纪五十年代的首都十大建筑 [J]. 北京档案 ,2012(02):4-7,60.
[5] 徐卫国 . 正在融入世界建筑潮流的中国建筑 [J]. 建筑学报 ,2007(01):89-91.
[6] 康巍 . 断裂体验 : 中国当代实验性建筑师解读 [D]. 大连 : 大连理工大学 ,2004.
[7] 吴良镛 . 论中国建筑文化研究与创造的历史任务 [J]. 城市规划 ,2003(01):12-16.
[8] 厦门高崎国际机场候机楼 [J]. 建筑学报 ,1997(03):46-48.
[9] 北京长城饭店 [J]. 建筑学报 ,1980(05):48-51.
[10] 杨屾 . 境外事务所在中国设计实践的现状研究 [D]. 天津 : 天津大学 ,2010.
[11] 张晓春 . 评《全球化冲击——海外建筑设计在中国》[J]. 时代建筑 ,2007(02):143.
[12] 古今. 跨世纪的上海金茂大厦[J]. 时代建筑 ,1994(03):2-4.

建筑的图解实践：迪朗理性的类型设计方法

熊祥瑞[①]，杨豪中[②]

摘　要：建筑图解的是建筑思想抽象和简化的过程，其背后不仅包含着设计师对建筑方案的理解思考，也预示着建筑的构成要素和生成方法。在迪朗理性的设计思想中以图解的方式，将大量建筑几何解析、分类而获得建筑类型，并以此为根本语言生成新的建筑来揭示普遍原则。本文以历史观和逻辑论证方法从学术背景、理性建构、认识论和方法论四个方面深入分析，深刻认识迪朗类型设计方法的关键和对现当代创作的启发。

关键词：图解，迪朗，类型设计，逻辑，方法

17世纪以来，随着资本主义社会的兴起和启蒙运动的影响，欧洲自然科学和社会科学发展突飞猛进，以笛卡尔（Rene Descartes）和培根（Francis Bacon）为主对之前欧洲经院哲学和封建意识进行了哲学层面的彻底重建，同时以伏尔泰（Voltaire）、孟德斯鸠（Montesquieu）和卢梭（Jean-Jacques Rousseau）为主要阵营的无神论自然哲学大大促进了新科学分支和知识体系的发展[1]。而建筑学作为古老的传统职业与其他科学相比还是处于落后状态的，因此18世纪是西方建筑革命和创新的重要时期，此时的建筑创作在方法和理论上追求新的建筑认知。J.N.L迪朗（Jean-Nicolas-Louis Durand）作为当时重要的建筑师、建筑理论家、教育家反对固有教条和大胆批判文艺复兴以来对威特鲁威的尊崇，尝试建立符合科学理性的建筑创作的一般原则，并为此在实践和理论上做出深刻探索，对建筑学进程具有重要作用，也率先把建筑类型的概念以图解的方式清晰呈现出来，并作为一种建筑创作的客观方法介入到实践当中。

一、前置的历史问题

（一）建筑学固有矛盾的认识

建筑学在西方出现很早，自威特鲁威（Vitruvius）开始基本上界定了较为完整的建筑学学科体系，但是在建筑传统里对于建筑学本质的追问从来没有中断过，这也使得建筑学的发展在不同的历史时期因为不同的意识形态、价值导向、审美要求等而多元并存，同时这也暴露了建筑学始终无法避免其固有的困境和矛盾：特殊与一般，主观与客观，具象与抽象，艺术与科学[2]。当时在巴黎综合工科学校的教学中，迪朗也深刻触及到这些困境和矛盾，一边投身于新的建筑变革探索中，一边试图寻找打破这种长期存在的困境，建立一种能够超越任何历史时期限制的永恒的系统化的建筑知识体系。作为对工程师教授建筑通识的迪朗认

① 熊祥瑞，西安建筑科技大学建筑学院，硕士研究生，1445938729@qq.com。
② 杨豪中，西安建筑科技大学建筑学院，教授、博士生导师。

为①，建筑学的教育不应该只研究特殊的建筑或风格，需要客观认识到历史上建筑科学产生的普遍意义，能够从这种意义中抽象出不受历史因素干扰的建筑设计的一般方法，尤其摒弃古典建筑对比例、形式、柱式等的过分强调，应该注重建筑的功能性和经济性价值[3]。这也是能够跳出固有困境的现实途径，因此迪朗对世界各地的历史建筑进行图录汇编②，并从中寻找答案。

（二）特定时期的建筑革命

迪朗的一生正好处在法国国家动荡的年代，从路易十六王朝的衰败、拿破仑帝国到路易十八王朝。这个时间段内法国的建筑教育和实践正好是由J.F.布隆戴尔（Jacques-François Blondel）为核心的巴黎皇家建筑学院思想为主，提倡建筑的理性原则，向古希腊、古罗马甚至法国古典建筑学习，但是反对装饰，强调建筑的功能与象征性。迪朗早年也在皇家建筑学校学习，深受学院观点的影响，并且后来受到当时在建筑创作中最具革命精神之一的著名建筑师部雷（Etienne.Louis Boullee）的亲自指导，部雷在建筑设计上热衷古希腊、古罗马的纪念性风格，用简明的方形、圆形、锥形等几何构图，具有严谨的柏拉图式的理性逻辑（图1），在形式上追求纯粹性、内向性、集中式和规范可控性[4]。但是部雷大多数的作品由于尺度超大或技术限制很难实现，迪朗批判学院派对古典形式的不舍，同时继承其功能观点，也继承了部雷建筑设计中简明几何逻辑的形式创造，但是迪朗把这种理性与现实结合起来，以解决实际问题为目标，建立高效经济的建筑设计和建造方法，这是在前人基础上对建筑的进一步探索革命。

图1　部雷：巴黎卡鲁塞尔广场剧院方案
来源：单踊. 西方学院派建筑教育史研究[M]. 南京：东南大学出版社，2012

二、迪朗的理性建构

（一）科学基础

18世纪因为启蒙运动的影响，西方自然科学发展迅速，在这整个科学氛围中，迪朗图解实践的理性建构首先是源自把建筑学和其他自然学科之间的借鉴，尤其是生物学中的分类方法，这直接使得迪朗后来通过对历史建筑的对比分类而获得类型特征。当时著名的生物学家林奈（Carl von Linné）、布冯（Buffon）对生物学的分类方法影响最大，林奈通过解剖动物，从动物内部的组成结构特征将其进行分类，这也启发迪朗对建筑类型的判定必须抛开外在的建筑形式，而回归到建筑内在结构特征[5]。其次，迪朗在综合工科学校教授建筑时，不仅学生是主修筑桥、铺路、机械制造、水利等工程专业，而且同事是著名的数学家加斯帕·蒙热（Gaspard Monge）、拉格朗日（Lagrange）、天文学家拉普拉斯（Laplace）等，这要求迪朗在建筑学教学中既要满足工程学的高效，又要保证建筑学像其他科学一样具有严谨的逻辑。因此，迪朗尝试借助理性的几何方法来创造全新的建筑设计逻辑，具体方法便是从大量的既有建筑中梳理出科学肯定的几何图示建筑类型。

（二）建筑的一般原则

迪朗所追求的一般建筑原则是面对建筑学固有困境的永恒原则，也是正面反对威特鲁威

---

① 曲茜.迪朗与综合公科学院模式[J].华中建筑，2005(4)：173-177.

② 1799年迪朗出版了《古代与现代各类大型建筑对照汇编》，是把宫殿、神庙、住宅、剧院、教堂等建筑类型按照平面、立面、剖面汇集在一起，类似生物学创建了建筑各种类型的参照图谱。

(Vitruvius)“坚固、适用、美观”建筑三原则而重新制定的原则。在《建筑学课程概要》(Precis of the Lectures on Architecture)开篇绪论中，迪朗对建筑做了定义：“建筑是构成、实施遍及所有公、私建筑物的技术，在所有技术中，建筑产品是最耗费钱财的技术。”[6] 在这里迪朗注意到建筑构成、建造和经济性，从根本上否定了以前的原则。在对建筑艺术的理解上，迪朗认为建筑的美来自于功能的合理性，功能自然就能证明建筑的美观性，如果脱离了建筑的使用目的和现实的建造成本去讨论建筑的美学问题是没有意义的。因此在长期被狭义所约束的威特鲁威三原则的对应内容上，迪朗做了明确的补充，坚固、适用、美观不光是关乎结构、布局和装饰的问题，还关乎建筑的便利性、卫生、规则性、科学性等相关的一般原则，最后迪朗所革新的建筑一般原则为：建造、适用和经济①。这是把威特鲁威三原则范畴扩充的理性的建筑原则。

三、图解实践的逻辑

对前置历史问题的认识和理性的建构是迪朗在认识论上对建筑革新所做的贡献，而图解的实践则是从方法论层面展开具体的操作手段。

（一）建筑的分类

迪朗图解实践的第一步是对建筑的分类，是尝试从大量不同特征的建筑案例中找到支配建筑形成的普遍原则，其实在迪朗之前大卫.勒罗伊(Julien David Leroy)已经开始了对神庙和教堂建筑的对比分析，这与迪朗的出发点是一致的(图2)。迪朗执着于建筑拥有自身的科学性，能够脱开历史发展而存在的绝对相对性，也即建筑的自主性②。事实证明，在迪朗对大量建筑草图整理对比的努力之下，确实不同的建筑之间存在某种密切的相关性，但是不能忽略的是这种相关性是建立在简明的几何逻辑基础上的，甚至在对比过程中为了使相似性呈现更为明确，迪朗对部分图纸做了修改，实际上这也正好说明了建筑自主性的存在(图3)。

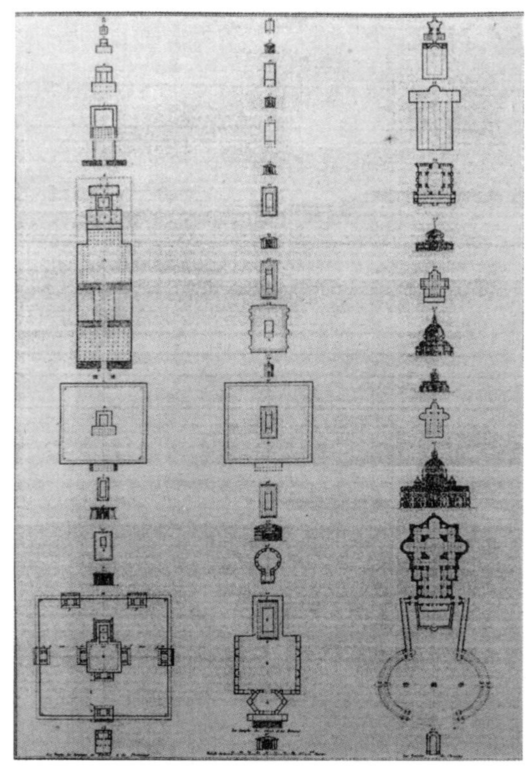

图2 勒罗伊：神庙和教堂的对比分析
来源：Jean-Nicolas-Louis Durand, Introduction by Antoine Picon, Translation by David Britt. Precis of the Lectures on Architecture: With Graphic Portion of the Lectures on Architecture[M]. Los Angeles: Getty Research Institute,2000

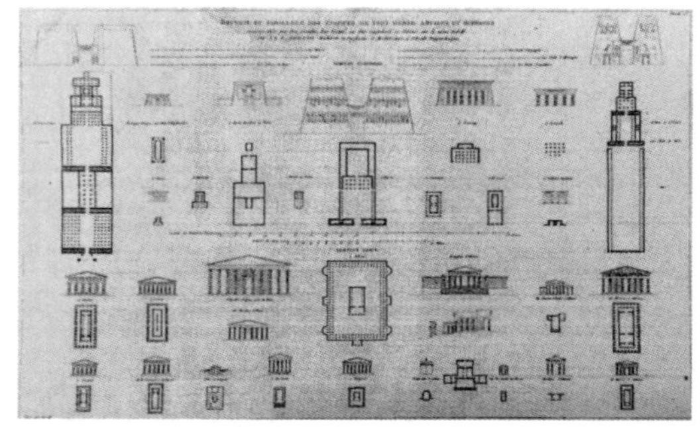

图3 迪朗：神庙的对比分析
来源：Jean-Nicolas-Louis Durand, Introduction by Antoine Picon, Translation by David Britt. Precis of the Lectures on Architecture: With Graphic Portion of the Lectures on Architecture[M]. Los Angeles: Getty Research Institute,2000

---

① 日本建筑学会编. 建筑论与大师思想[M]. 徐苏宁译. 北京：建筑工业出版社，2012.
② 沈克宁. 建筑类型学与城市形态学[M]. 北京：建筑工业出版社，2010.

（二）正向的抽象逻辑

建筑设计的过程是从无到有，从抽象概念到具体实物的过程，这是建筑生成的正向逻辑。迪朗起初通过对各类建筑的对比分析，认为建筑生成的普遍原则是从对几何形式的图解开始，通过对几何形式从简单到复杂加法的描述过程，而最终获得完整的建筑平面、立面、剖面。在迪朗正向的抽象逻辑里，建筑平面始终存在十字形轴线，以此为中心建立点和线的几何轮廓，进而完善网格，用墙体代替网格线，用柱子代替点，然后完善门廊、台阶、大厅等建筑要素，最后根据平面图绘制出立面（图 4）。这个加法的逻辑完全是绝对的建筑概念的表达，其本质还是从抽象的几何构成开始，在设计之初并没有从真正建筑的角度出发，这也不可避免操作过程中一定的主观性，立论之初的目的就是要克服建筑原则的主观性，然而这样的逻辑生成使得迪朗对建筑客观原则的阐释不具有说服力，因此也对建筑的科学性信念产生怀疑[7]。

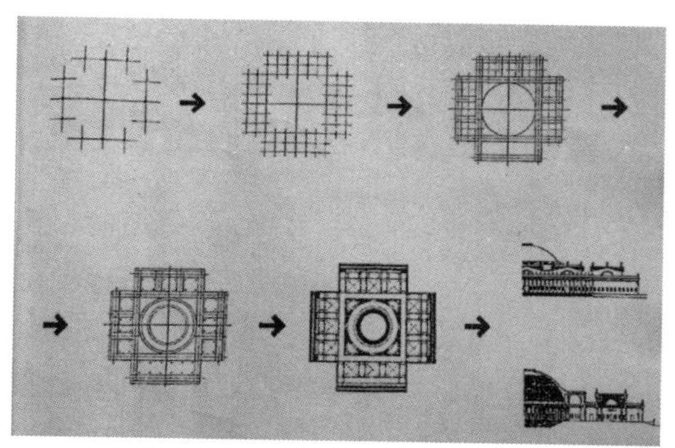

图4　抽象几何生成建筑的步骤
来源：Leandro Madrazo.Durand and the Science of Architecture[J].Journal of Architectural Education，1994(48:1)：12–24

（三）逆向的抽象逻辑

迪朗自己也意识到正向的抽象逻辑只能证明几何图像是建筑的抽象存在，并不能推导出建筑明确的类型，因此迪朗进一步探索，反过来从实际方案中推导建筑的几何特征，以此获得普遍类型，再从类型出发生成建筑。这样的反向逻辑保证了在设计之初能够确定建筑生成的几何图案的客观有效性，因为这些几何图案是从普遍类型中产生的，这也就意味着建筑生成的普遍原则被清晰表达出来。迪朗在 1821 年出版的著作中特意加入了自己从实际建筑中总结出来的对应的几何特征，并认为这就是建筑的普遍类型，能够作为建筑生成的客观依据（图 5）。同时，迪朗通过把建筑类型抽象为几何特征，进一步说明了几何图案完全能够被认为就是类型，这在接下来图解实践的具体方法中至关重要。

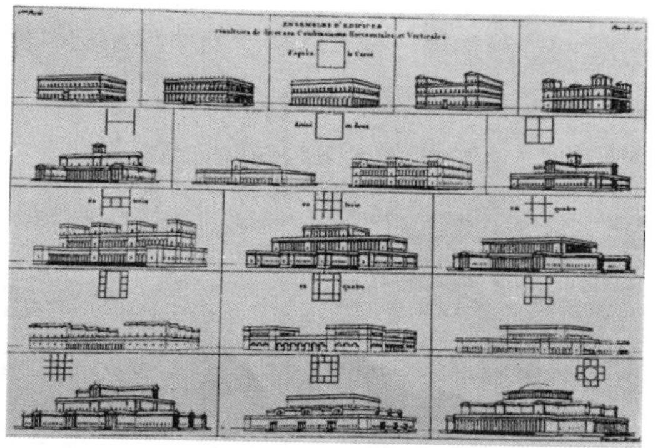

图5　迪朗对建筑和几何类型的对应梳理
来源：Leandro Madrazo.Durand and the Science of Architecture[J].Journal of Architectural Education，1994(48:1)：12–24

四、图解实践的方法

虽然迪朗对建筑的普遍原则在认识论的层面做了严密的逻辑推导，但他最终的目的还是要回归到具体实践中，用自己的理论方法来指导建筑的设计过程，尽管他本人的大多数方案都停留在图纸。

（一）类型与几何特征

关于类型的理解和认识，一直以来争论从来没有断过，但德·昆西（Quatremere de Quincy）率先提出了概念上的类型，是基于对古典秩序的理想模式的建构，既是对形式特征的模仿描述，又是超越单纯模仿的理性和感性的叠加表现，在有关类型的认识上，德.昆西很明显受到了勒罗伊对神庙和教堂对比分析的启发，因为尽管在定义上出现了不同，但是有一个约定作为共同基础，那就是一个新的类型需要通过解释、分析、组织和再生来超越古典形式的限制。这样也把建筑从重复的模仿之中解放出来，赋予建筑一种自主性，以及产生一些完全不同的新的东西[8]。基于这一点，迪朗的类型图解工作是与类型学问题相关最为紧密的。类型和图形的关联需要对概念和形式之间做一个区分，这与德昆西关于类型概念和模型观点相一致。

从迪朗对圣彼得教堂在保留几何特征的基础上的重新构思（图6），以及对苏弗洛（Soufflot）巴黎万神庙希腊十字式平面几何特征替换的批判构思，可以清楚看到类型和几何特征之间的密切关联（图7）。

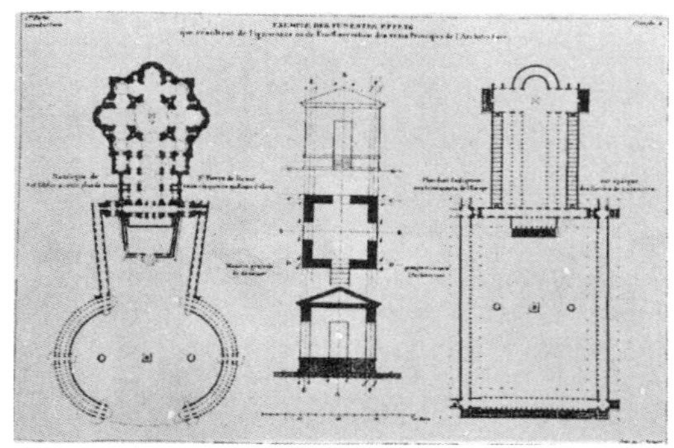

图6 迪朗根据圣彼得教堂做的新方案构思
来源：Jean-Nicolas-Louis Durand, Introduction by Antoine Picon, Translation by David Britt. Precis of the Lectures on Architecture: With Graphic Portion of the Lectures on Architecture[M]. Los Angeles: Getty Research Institute,2000

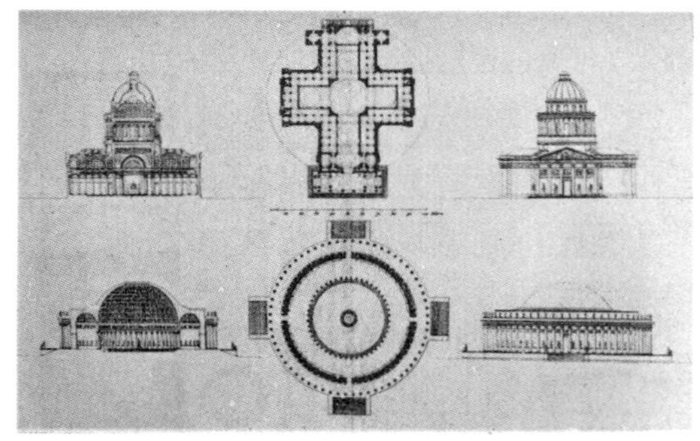

图7 迪朗对巴黎万神庙方案的批判构思草图
来源：Jean-Nicolas-Louis Durand, Introduction by Antoine Picon, Translation by David Britt. Precis of the Lectures on Architecture: With Graphic Portion of the Lectures on Architecture[M]. Los Angeles: Getty Research Institute,2000

（二）作为元语言的几何元素

迪朗尝试将建筑知识图形化，让更为几何化和精确化的建筑形式抽象成建筑类型，减少建筑的复杂形式变体，而还原到一个普遍的根本形式上，这样就能够剔除风格参照的干扰而揭示建筑的基本特征，因此迪朗建立了建筑生成元语言的图示库①，用四边形、圆形和线条等基几何元素和一些简单的组合变体作为建筑的元语言，尽管没有建筑呈现在这个图示中，但是每一种几何元素是一个或多个建筑的抽象（图8）。获得建筑语言的过程是逆向逻辑的转变，而从图示库出发组合形成建筑的过程是正向逻辑的转变，这清晰表达了迪朗的这个设计程序没有随着设计的完成而结束，反而是设计开始于最初设定的一个计划，这就是类型，也是迪朗图解实践的普遍原则。

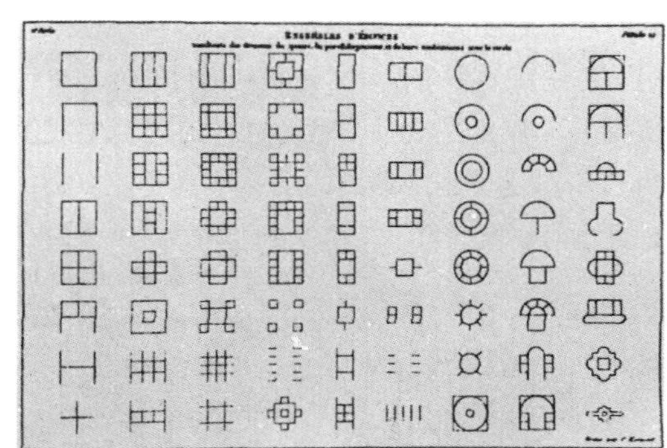

图8 迪朗建立的几何元素形成的语言图示库
来源：Jean-Nicolas-Louis Durand, Introduction by Antoine Picon, Translation by David Britt. Precis of the Lectures on Architecture: With Graphic Portion of the Lectures on Architecture[M]. Los Angeles: Getty Research Institute,2000

（三）元素变体构成建筑的无限可能

通过前后两次逻辑推演和语言图示库的建立，迪朗对类型概念做了清晰的图解表达，同时也界定了设计过程中的主观和客观部分，客观性在于对类型的选择，主观性在于对源自类型的形式变体的创造。在元素变体构成建筑的科学性上迪朗也做了相应的解释，在他的著作中展示了由同种元素变化形成的不同建筑的平面、立面和剖面（图9），同一个几何图示形成不同

① Leandro Madrazo.Durand and the Science of Architecture[J].Journal of Architectural Education, 1994(48:1): 12-24.

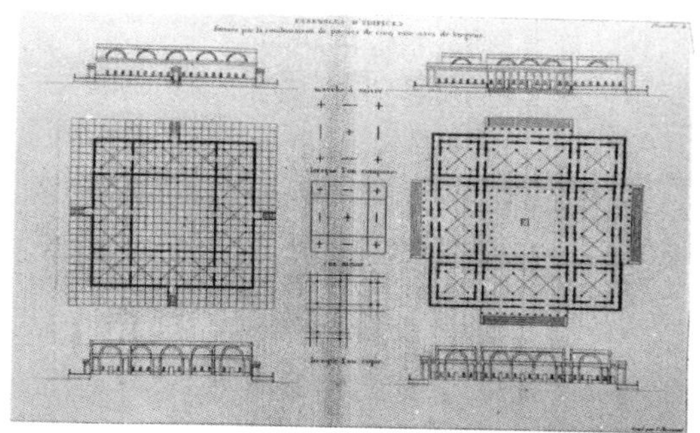

图9 迪朗由同样的几何语形成的两种不同建筑
来源：Jean-Nicolas-Louis Durand, Introduction by Antoine Picon, Translation by David Britt. Precis of the Lectures on Architecture: With Graphic Portion of the Lectures on Architecture[M]. Los Angeles: Getty Research Institute,2000

的建筑，表明了从原始几何到建筑生成的一种科学程序，只要认识到这种程序，那么基本的几何元素便能够形成无限的构成可能，建筑的普遍原则便不证自明了。在迪朗之前，帕拉迪奥（Palladio）的众多实践有着同样的说服力，其目的是通过实践案例的完成来定义几何原则，而迪朗紧接着通过几何原则的逻辑操作分析来指明由元素变体形成无限可能的科学程序，而且是能够被其他建筑师广泛运用的。

五、总结

迪朗建筑的图解实践旨在建立建筑学知识的方法论体系，才能达到普遍意义，在形成方法论之前迪朗在认识论层面做了大量的革新，从类型的实证逻辑到几何特征分析，奠定了他建筑学理论的基础，也成为了类型学设计方法的开端，有关建筑普遍原则和自主性的阐释其影响力持续到现代主义之后，当然对当前建筑创作方法的启发意义也是不言而喻的。虽然迪朗一直在强调建筑学知识的客观性，但是直到今天我们不论从理论、教育、实践上依然对建筑学知识的客观性认知是模糊且多样的，因此不妨认为，正是这种模糊和不确定性保证了建筑学的持续生命力。

参考文献：

[1] 马林韬．西方自由主义文化的哲学解谱．第二部“第二周波”：西方自由主义的文化革命：从启蒙运动、法国大革命到德国古典主义哲学革命[M]．北京：社会科学文献出版社，2012.

[2] Leandro Madrazo.Durand and the Science of Architecture[J].Journal of Architectural Education, 1994(48:1)：12-24.

[3] 沈克宁．建筑类型学与城市形态学[M]．北京：中国建筑工业出版社，2010.

[4] 马龙．对西方建筑理论特征的研究[D]．西安：西安建筑科技大学建筑学院，2000.

[5] 吴绉彦．分类学与迪朗的建筑类型学[J]．建筑与文化，2014(5)：121-123.

[6] Jean-Nicolas-Louis Durand, Introduction by Antoine Picon, Translation by David Britt. Precis of the Lectures on Architecture: With Graphic Portion of the Lectures on Architecture[M]. Los Angeles: Getty Research Institute,2000.

[7] Werner Szambien, Jean-Nicolas-Louis Durand, 1760-1834[M]. Paris: Picard, 1984

[8] Sam Jacoby,Typal and typological reasoning: a diagrammatic practice of architecture[J]. The Journal of Architecture, 2015(20:6), 938-961

建筑叙事中的礼俗文化[①]
——以《金瓶梅》中的营造择吉为例

李辉[②]

摘　要：礼俗文化是支撑建筑空间的重要组成部分。对于礼俗空间的专业分析，可以很大程度上挖掘建筑空间形态的形成机理，从而更深入地探究建筑构成的文化动因。中国传统的空间礼俗，虽见诸一些传统经典文献，但更具体、更完整的记载，则散见于一些叙事类文学作品中。对这些内容的系统整理与适当解读，可以更深入地了解中国古代建筑的空间逻辑，对于中国建筑史的研究提供另一个的视角。

关键词：叙事，礼俗，建筑文化，金瓶梅

依据泰勒在1871年所做的原始定义，文化是"一种复合体，它包括知识、信仰、艺术、法律、道德、习俗和人类作为社会成员所拥有的任何其他能力与习惯"。[③]因而习俗可看作是文化中的一个重要范畴。而关于习俗，韦伯认为："我们想把'习俗'理解为一种在类型上衡稳的行为的情况，这种行为仅仅由于它的'习惯'和不假思索的'模仿'，在传统的常轨中得以保持，亦即一种'群众性行为'，没有任何人在任何意义上'强求'个人继续进行这种行为。"[④]依据这样的观点可以认为，建筑习俗至少包含了相关的礼俗与制度。

礼俗包括礼仪与风俗，都是中国古代文化的一部分。

古代中国人在建筑中的活动首先遵从的是各种礼仪与风俗，在这个意义上，建筑与其他的各种器物一样，只是为礼仪活动服务的一个载体。所不同的，建筑为这些活动提供了一个相对比较大的空间，以容纳活动本身。因此，研究发生在这些空间中的礼俗，无疑对于建筑形态与文化研究都是必要的。

"'风俗'（Lore）一词指人民群众在社会生活中世代传承、相沿成习的生活模式，它是一个社会群体在语言、行为和心理上的集体习惯。"[⑤]风俗被《辞海》释为"历代相沿积久而成的风尚、习俗"。

建筑礼俗问题，是一个跨于民俗学与建筑学之上的综合课题。

对于民俗学的研究，建筑礼俗无疑是一个非常重要的研究对象。钟敬文主编的《民俗学概论》中把民俗分为物质民俗、社会民俗、精神民俗与语言民俗四大类，而居住建筑民俗被归于

---

① 国家重点高校建设项目（900036351756）。

② 李辉，中国美术学院张江校区，教师，国家一级注册建筑师，Golden@188.com。

③ 转引自：阿摩斯·拉普卜特.文化特性与建筑设计[M].常青,张昕,张鹏译.北京:中国建筑工业出版社,2004:72。

④ 马克斯·韦伯.经济与社会（上卷）[M].林荣远译.北京:商务印书馆,1997:356。

⑤ 钟敬文主编.民俗学概论[M].上海:上海文艺出版社,1998:2。

物质生活民俗一类。在民俗学的研究视野里，居住建筑占有异常重要的地位：首先它是人类解决生存条件与安全条件最重要的手段，是人类社会文化最基本的一个物质基础；其次它也是具有审美意味的文化，与其他类型物质生活的美本质是相同的；最后，居住建筑代表着家庭与社会的伦理观念。[①]

在建筑学的研究中，礼俗的问题一直受到不同角度的关注。早在五六十年前，刘致平在研究四川住宅建筑的时候就明确指出："礼俗对于建筑的影响最大，尤其是对于住宅影响更大……"[②] 近些年来的中国民居研究已经逐渐从布局、形式、技术及使用等纯粹物质范畴的讨论，转向对于建筑的社会功能、群体组织形式、居住习惯以至各种仪式与禁忌的讨论。尤其当建筑文化已经成为建筑史研究的一个重要内容，礼俗的讨论已经成为一个无法避开的课题。

钱穆认为礼是中国文化的核心，"在西方语言中没有'礼'的同义词。它是整个中国人世界里一切习俗行为的准则，标志着中国的特殊性。……中国人之所以成为民族就因为'礼'为全中国人民树立了社会关系准则。当实践与'礼'不同之时，便要归咎于当地的风俗或经济，它们才是被改变的对象。……要了解中国文化必须站得更高来看到中国之心。中国的核心思想就是'礼'。"[③] 因为礼在中国古代文化中的极端重要性，因此，研究建筑文化避不开"礼"的命题。甚至也可以类比钱穆的观点，认为中国古代建筑文化的核心思想也就是"礼"。可见，研究中国的建筑历史不可能不研究礼俗。但建筑方面的礼俗有着分散性的特点，它们很细琐地存在于人们日常的生活中，并且随着时间的推移也会不断产生各种变化。因此，在正式的建筑历史论述中，很少有对于历史某个具体时期的礼俗进行详细论述的文字。因为那样的一个过程，要建立在大量的田野考察中，以获得大量的真实细节，但历史最容易湮灭掉的就是这些细节。所幸，中国古典长篇小说为这种研究提供了可资参考的依据。

中国古代叙事作品，有着强烈的"史传"倾向。为了表征某种虚拟的"真实性"，作者会刻意描绘自己曾亲身经历的某些真实情形。而那些亲身经历的情形，许多是以礼俗的形式出现的。——因为礼俗更加接近于人，因此也更加容易借以强化作者期待的"真实性"特征。所以，将小说作为素材来研究建筑中的礼俗，有着非常明显的优势。

作为中国文人独立创作的第一部长篇小说，《金瓶梅》是由某个文人在相对较短的时间内构思完成的一部作品[④]。不同于那些"世代累积"型作品，《金瓶梅》中关于民间建筑礼俗的内容非常系统，并且其表现的形式也是基于不同层次的。限于篇幅，本文仅从建筑营造过程中的择吉进行研究。

择吉包含了空间与时间，空间当然就是风水。作为一种习俗，已经有着很长的历史了，它在专业的人眼中被认为是一种术数，有着较为系统的理论构架。《辞海》释"术数"为："一称'数术'。……即以种种方术观察自然界现象，推测人和国家的气数及命运。《汉书·艺文志》列天文、历谱、五行、蓍龟、杂占、形法等六种，并云：'数术者，皆明堂羲和史卜之职也。'但史官久废，除天文、历谱外，后世称术数者，一般专指各种迷信，如星占、卜筮、六壬、奇门遁甲、命相、拆字、起课、堪舆等。"其实后面

---

① 钟敬文主编.民俗学概论[M].上海:上海文艺出版社,1998:92-98。

② 刘致平.中国居住建筑简史——城市,住宅,园林[M].王其明增补.北京:中国建筑工业出版社,1990:127。

③ (美)邓尔麟.钱穆与七房桥世界[M].蓝桦译.北京:社会科学文献出版社,1998:8-9。

④ 对于"文人独立创作"一说，文学界至今也有着不同看法，如徐朔方著文《〈金瓶梅〉的写定者是李开先》，称其非个人创作，而是由文人写定的，类似看法也有许多。但黄霖详细地论述了《金瓶梅》问世与版本传播方面的一些相关问题，认为它是由单一文人在短时期内创作的结果。详见：黄霖.金瓶梅讲演录[M].南宁:广西师范大学出版社,2008:15-29。就笔者研究过程中的认识，除去小说第五十三至五十七回所谓"陋儒补以入刻"的若干章节，其余大部分的叙述在建筑空间的表达上是比较连贯的。

所列的这些术数形式，都可统称为择吉术，它们都是通过一定的方法给人们提供关于吉凶的信息的。当然狭义的择吉专指为某事而进行的时间选择。

毋庸讳言，在中国古代城镇、聚落以至建筑甚至陈设的过程中，风水是一个重要的决定因素。囿于各种思想原因，以前的建筑史讨论中对于“风水”的话题涉及较少。新版的《中国古代建筑史》中列专门章节进行讨论，并且很客观地把它称为中国古代所特有的一种“术数”，并且指出“它通过对天地山川的考察，辨方正位，相土尝水，从而指导人们如何确定建筑物（包括坟墓）的朝向、布局、营建等，帮助人们妥善利用自然，获取良好的环境，保证身体健康和获得心理安慰。”[①] 这样的界定实际上已经把风水看作一种重要的文化现象。

对于普通市井阶层的人，如小说《金瓶梅》中的西门庆，风水并不是一门学问，更不会被当作一种文化现象。在实际操作层面上，风水会与择吉这样的行为相混合，其实更多是以一种礼俗的形式出现在日常生活中。在这个过程中，趋吉避凶的仪式感成分远大于实际的意义。

小说中有两处出现相关的描写。一是为扩建花园的工程而请阴阳择定日子：

> 一日西门庆会了经纪，把李瓶儿床后茶叶箱内堆放的香蜡等物，都秤了斤两，共卖了三百八十两银子。李瓶儿只留下一百八十两盘缠，其余都付与西门庆收了，凑着盖房使。教阴阳择用二月初八日兴土动工。将五百两银子委付大家人来昭并主管贲四，卸砖瓦木石，管工计账。……当日贲地传与来昭，督管各作匠人兴工。先拆毁花家那边旧房，打开墙垣，筑起地脚，盖起卷棚山子、各亭台耍子去处。非止一日，不必尽说。
>
> ——第十六回

这段描写是建筑营造之初在时间维度上的择吉。从严格的意义上讲，择吉本质上不是风水，但作为一种礼俗的仪式是直接相关的。风水是在空间上的一种布局，择吉则是时间上的一种安排，两者通常会同时出现，甚至由同一个人负责完成，这人就是“阴阳先生”。吕思勉曾把“阴阳数术”一并作为先秦学术思想的一部分来讨论：“汉志阴阳，为诸子十家之一，数术则别为一略。……论其学，二家实无甚区别，盖数术家陈其数，而阴阳家明其义耳。故今并论之。”[②]

“阴阳家”作为一种职业名称，来自阴阳术数理论。中国古代一向极重视阴阳，而对于建筑方面则更为关注。《吕氏春秋·孟春纪第一》有云：“室大则多阴，台高则多阳；多阴则蹶，多阳则痿。此阴阳不适之患也。……昔先圣王之为苑囿园池也，足以观望劳形而已矣；其为宫室台榭也，足以辟燥湿而已矣；其为舆马衣裘也，足以逸身暖骸而已矣；其为饮食酏醴也，足以适味充虚而已矣；其为声色音乐也，足以安性自娱而已矣。五者，圣王之所以养性也，非好俭而恶费也，节乎性也。”正是由于对阴阳的重视，在术数这样的领域从事活动的人，也常被指称为阴阳，依此形成了“阴阳家”。

小说《金瓶梅》中涉及的对于西门庆新花园开工日期的选择，也正是由这样的阴阳来完成的。从时间择吉上来看，自古有着许多的模型系统。干支五行、纳音五行、十二直、二十八宿、九星、六曜、黄道黑道等，都是古代人判断吉凶的重要依据。对于小说中所说的二月，《宅经》上就曾经提出，二月的生气在丑艮（东北）而死气在未坤（西南），以及二月土气冲坤方[③]。另外，“择日选时还必须考虑各年、各月、各日乃至各时所值的神煞。”[④] 所有这些命理模型相互作用，共同构成一个复杂的术数体系，“阴阳先生”据此提出自己对于吉凶的看法，并为托求者

---

① 潘谷西主编.中国古代建筑史·第四卷(元明建筑)[M].北京:中国建筑工业出版社,2001:521。

② 吕思勉.先秦学术概论[M].上海:上海书店,1992(影印版):141。

③ 洪丕谟.中国风水研究[M].武汉:湖北科学技术出版社,1993:26-27。

④ 刘道超等.神秘的择吉——传统求吉心理及习俗研究[M].南宁:广西人民出版社,2004:125。

选择一个最合适的时间节点。

当然，对于西门庆而言，这种择吉更多的只是一种心理安慰。但后文他对于“风水”的关注，则有很大程度的炫耀权势的功能。

> 里面吃茶毕，西门庆往后边净手去，看见隔壁月台，问道：“是谁家的？”王六儿道：“是隔壁乐三家月台。”西门庆吩咐王六儿：“你对他说，若不与我，即便拆了。如何教他遮住了这边风水？不然，我教地方吩咐他。”这王六儿与韩道国说：“邻舍家，怎好与他说的。”韩道国道：“咱不如瞒着老爹，庙上买几根木植来，咱这边也搭起个月台来。上面晒酱，下边不拘做马坊，做个东净，也是好处。”老婆道：“呸！贼没算计的。比时搭月台，买些砖瓦来，盖上两间厦子，却不好？”韩道国道：“盖两间厦子倒不好了，是东子房子了。不如盖一层两间小房罢。”于是使了三十两银子，又盖两间平房起来。西门庆差玳安儿抬了许多酒、肉、烧饼来，与他家犒赏匠人。那条街上谁人不知。
>
> ——第四十八回

小说此处明确提及“风水”二字。风水本起于墓葬之“阴宅”，晋代郭璞《葬书》有云：“气乘风则散，界水则止。古人聚之使不散，行之使有止，故谓之风水。风水之法，得水为上，藏风次之。”①后人把其作用推广至阳宅，也形成很多的理论。关于西门庆所谓别人“遮住了这边风水”的说法，在风水相关理论中也确有其事，但其判定却是一个非常复杂的过程，非一眼而能辨明。如《黄帝宅经》提到的：“夫辨宅者，皆取移来方位，不以街北街东为阳，街南街西为阴。”②可见，遮住风水并非完全与方向有关，需要一个细致推论认定的过程。并且，一旦真的被“遮住了这边风水”，其禳解过程也非易事。“凡修筑建造，土气所冲之方，人家即有灾殃，宜禳之。”③其后文所叙，整个过程之繁复，绝非如韩道国所说“咱这边也搭起个月台来”或是“盖上两间厦子”这样简单。

就风水本身而言，笔者更认同它“凝聚着中国古代哲学、科学、美学的智慧，隐含着国人所特有的对天、地、人的真知灼见，有其自身的逻辑关系与因果关系，……在建筑学中具有不容忽视的地位与价值。”④但由上面的分析可知，且不论风水理论对于住宅建筑的科学性，单就小说叙述而看，西门庆其实并没有真的相信这些理论。小说第二十九回周守备推荐了吴神仙来给他家算命，结束后面对吴月娘的疑惑他有着这样的解释：“……自古算的着命，算不着好。相逐心生，相随心灭。周大人送来，咱不好嚣了他的头，教他相相除疑罢了。”由此可见，对于建筑过程中的风水，西门庆也应该是类似的态度。在他眼中，这些都仅仅是形式化的建筑礼俗，其作用至多不过是心理安慰方面的“除疑罢了”。

中国古代建筑与“人”有着极密切的贴合，最重要的表现就是人在建筑中的社会文化活动。这些活动包含习俗、礼仪以及基于它们所产生的各种制度，它们从文化上赋予了建筑实体以“意义”，使得建筑产生文化背景下的合理存在性。在建筑文化的范畴中，这些“意义”是非常重要的，“意义不仅是功能（以及活动）的重点，往往还是一项至关重要的功能。”⑤这种活动虽然包含在建筑中间，但以建筑历史研究者的视角进行观察时，往往隐于建筑实体之后，以日常行为中的细小事件表现出来。研究古代建筑历史，不可能完全脱离其文化背景。“生活在活生生的现实的文化中，使人们产生了一种更为强

① 转引自洪丕谟.中国风水研究[M].武汉:湖北科学技术出版社,1993:3。

② 语出《黄帝宅经·总论》，转引自：王玉德编著.古代风水术注评[M].北京:北京师范大学出版社,1992:30。

③ 语出《黄帝宅经·凡修宅次第法》，转引自王玉德编著.古代风水术注评[M].北京:北京师范大学出版社,1992:38。

④ 潘谷西主编.中国古代建筑史·第四卷(元明建筑)[M].北京:中国建筑工业出版社,2001:531-532。

⑤ 阿摩斯·拉普卜特.文化特性与建筑设计[M].常青,张昕,张鹏译.北京:中国建筑工业出版社,2004:90。

烈的探索每一文化整体的兴趣。人们愈来愈感觉到，脱离了一般背景，就无法理解文化的任何特性。”① 这些包含习俗、礼仪等内容的“活生生的现实文化”已经随着历史的发展而泯灭掉了，但小说却基本完整地承载了这类内容。如前面所说到的，小说虽然是一个虚构的叙事作品，但在虚构的过程中存在着一个生活原型。有着“史传”特征的中国古代叙事作品，更强调这种文化方面的真实性。因此，基于小说文本对于一个时代的建筑相关礼俗、制度的研究，是一个必然的方式。

对于文化和形式之间的关系，马林诺夫斯基在《文化论》中有如下描述：“……对于一物，不论是一船、一杖、一器，除非能充分了解它在技术上、经济上、社会上及仪式上的用处，我们不能获得关于它的全部知识。”拉普卜特在《宅形与文化》中曾有专门的章节讨论影响建筑形式与文化关联中的“恒常与变异”。② 如果把传统建筑史研究中的主要文化依据理解为一些“恒常”的原则，那么在小说《金瓶梅》中更多的时候则是以一种“变异”的方式呈现的。并且依据小说叙事所描绘的内容，在明代中晚期的市井建造活动与建筑空间使用中，这些“变异”的因素无疑已经占据了主导作用。当然，反过来，如果在现实世界上不具备这样的自觉关照，那么也不容易设计出一个满足文化需求的形式，包括建筑形式。

参考文献：

[1] 阿摩斯・拉普卜特 . 文化特性与建筑设计 [M]. 常青，张昕，张鹏译 . 北京：中国建筑工业出版社 ,2004:72 [2] 马克斯・韦伯 . 经济与社会（上卷）[M]. 林荣远译 . 北京：商务印书馆 ,1997:356

[3] 钟敬文主编 . 民俗学概论 [M]. 上海：上海文艺出版社 ,1998:92–98.

[4] 刘致平 . 中国居住建筑简史——城市，住宅，园林 [M]. 王其明增补 . 北京：中国建筑工业出版社 ,1990:127.

[5] 邓尔麟 . 钱穆与七房桥世界 [M]. 蓝桦译 . 北京：社会科学文献出版社 ,1998:8–9.

[6] 潘谷西主编 . 中国古代建筑史・第四卷（元明建筑）[M]. 北京：中国建筑工业出版社 ,2001:521.

① 美国人类学家弗兰兹・博厄斯给《文化模式》写的序，详见：露丝・本尼迪克特.文化模式[M].王炜等译.北京:生活・读・新知三联书店,1988:3。

② 阿摩斯・拉普卜特.宅形与文化[M].常青,徐菁,李颖春等译.北京:中国建筑工业出版社,2007 :77–81。

拾光：一种简明易行的竹建构美学[①]
——楼纳竹结构建造节对活化乡村文化的探索

宋明星[②]，钟绍声[③]

摘　要：本文通过设计团队参与贵州省黔西南州楼纳村的竹结构建造节活动，思考如何采用一种低姿态的探索与追寻，而非一种刻意的张扬与展示，表达竹结构这一建造主体材料的内在设计美感和逻辑。设计理念：构建可工厂大量加工，装配式的、易复制的建造方式。把竹看成纯粹的一种建筑材料，利用其可切割，有竹节，可透光等特征，做出一个心中的拾光小屋。并由建造活动，引发了一些对活化乡村文化的思考。

关键词：内在设计美感，竹结构逻辑，拾光小屋，活化乡村文化

2016年7月至8月，由楼纳国际建筑师公社、中国建筑中心CBC、贵州黔西南州政府主办的首届楼纳国际高校建造设计大赛在贵州省黔西南州楼纳村举行。本次大赛诞生于中国乡村复兴的背景下，将邀请国内外建筑院校师生针对楼纳的山林、田野等进行自然建筑学的探讨，同时对建筑师如何介入乡村复兴进行反思与尝试。大赛以“露营装置”为主题，是一次以“竹”为材料的设计实践，力求使建筑系学生在从设计到建造的过程中，加深对材料、形态、空间、结构的理解与认知。

一、探索最真实的建筑竹构体现

在设计之初，接到来自UED的邀请函与设计任务书，要求以“露营装置”为主题，开始一次以“竹”为材料的设计实践。

设计团队[④]开始第一轮初期方案的创作，每个方案几乎都利用到了竹子的弯曲和大跨度的支撑来形成空间。当对各自的方案进行评判与选择之时，发现即使每个方案的造型与空间都大不相同，但是站在客观的角度上我们并没有办法去评判众多方案的优劣[1]。如果要完成这些弯曲的形式或者大跨度的支撑所形成的形式，似乎会有其他的建筑材料（比如钢材、木材）会比竹材完成的效果更佳，跨度更大，弯曲更自由，构造方式更便捷稳固。

那么：到底什么才是最真实的竹构建筑体现？表达竹材之美一定要弯曲或者追求大型的跨度吗？设计团队在研讨中的一句话“是否可以采用一种低姿态的探索与追寻，而非一种刻意的张扬与展示。”为我们所接受，从而将设计立意定

① 项目资助：国家自然科学基金项目（51378184）。
② 宋明星，湖南大学建筑学院，副教授，mason_song@qq.com。
③ 钟邵声，湖南大学建筑学院，研究生。
④ 设计团队组成：指导老师：宋明星，邹敏。参赛学生：钟绍声，邓天驰，黎啸，邹智乐，沈涛，曾小明，王元春，宋静然，刘萌旭，伍梦思（名字排序不分先后）。

位为：寻找和探索一种能被平民所接受易推广的竹建构美学。

通过对竹子空桶状的形式、有竹节的结构、竹面与竹肉纤维强度进行探讨，把竹材看待成一种纯粹的建筑材料，从构造到肌理，希望竹材在整栋小屋的各个角落都尽情地释放着自己特有的构造与形式的魅力（图1）。

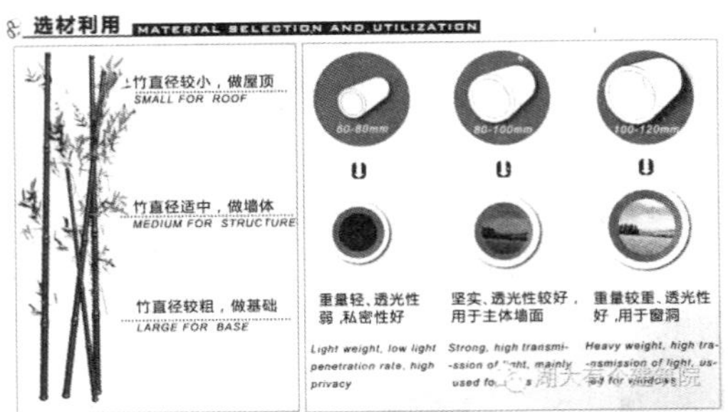

图1　竹筒建构的原理

结合竹材成材周期短，可挑选性强的特征，希望能结合工厂化的加工，推广一种能够让没有经过建筑专业学习的人、哪怕是一名儿童都能根据说明书进行自主搭建的一种竹建构方式。让建造房屋家具就像乐高积木一样简单而有趣[2]。

二、设计方案

围绕“传统”“模块化”“方便搭建”等元素，通过宿营这一特定行为研究“竹筒墙”片段能够带来的可行性。

从建造本身出发，研究竹筒墙相互连接的方式，在尝试传统榫卯与包接的方式后，结合竹子本身的材料性能，找寻一种简明的构建方式[3]。更重要的是，本设计从宿营地这一使用要求出发，希望能够结合功能做出趣味空间。

平面利用最简单的3m×4m的矩形格构，按照人体基本尺寸，布置了两处能够供露营者卧倒休憩的床，结合选址的远处景观，布置了一个饮茶观景的平台，两个床之间下挖形成了一个篝火或者聚会的深坑。整个平面紧凑而又实用，严格按照露营者的需求做出设计（图2）。

图2　拾光小屋方案

简易低姿态的竹构主要通过外立面均匀的竹筒形成，即将长竹均匀切割成10cm一节，假设竹子直径为10cm，利用双层竹筒的榫卯契合，依次榫接，形成外墙。而竹子间不规律的竹节恰好构成立面中部分遮挡，可以设置在睡眠的头部，中空部分的竹筒则构成正常自然通风采光的外墙。实心竹节与空心竹筒的非均匀布置，形成理性立方体形体外立面中的微妙的光影变化[4]，而设计阶段设想的夜景内光外透，也会由于竹子竹节这一独特的植物特征，而表达出我们最真实的建筑竹构理念，也形成了作品的命名：拾光（图3、图4）。

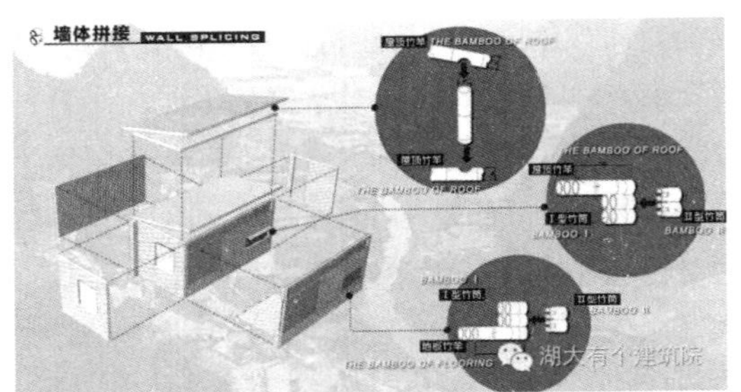

图3　方案设计中的拾光小屋

图4　真实建造的拾光小屋

屋顶将一根长竹一分为二，挖去竹节，直接形成排水管，而两两之间的正反扣置，如同古建筑的筒瓦和盖瓦，直接形成了排水槽与排水竹筒间的遮盖。后期建造过程中多次下雨，也证明了我们的屋顶构造的耐久性和可靠性，拾光小屋成为了下雨时大家躲雨的好场所。

三、竹结构建造过程

模块化建筑的第一大问题：

由于模块化的建造要求，我们设计的房屋需要统一规格直径的竹筒上千个，但是一根 5.5 m 长度的正常成竹，从头部到尾端的竹径变化为 8cm~12cm。

也就是说一根 5.5 m 长度的竹竿，可以切出直径约 8cm、9cm、10cm、11cm、12cm 的竹筒各 10 个，而建设“拾光”小屋只需要一种统一直径的竹筒。那么，建设 1 栋“拾光”小屋所需要的成竹与建设 5 栋“拾光”小屋所需要领取的成竹数量几乎是一样的。建设 1 栋“拾光”小屋，会浪费所领取成竹接近 4/5 的部分。

本次实际建造时间只有两个礼拜，建造规则为领取成竹配合师傅自主加工，并且是建造一栋展示自己设计的小屋。所以，湖南大学参赛队的成员们在现场对原始的方案做出了修改。

（一）墙体的修改

为了保留我们模块化的建筑理念与保留我们墙体的光影韵律，又因为每个竹筒的直径都大小不一，我们决定将原来每个竹筒的统一直径模块尺度扩大到一个 600mm×400mm 的由竹筒组成的模块（图 5）。

（二）框架的增加

因为方案设计发生的改变，竹筒的大小不一，手工制作的误差，以及巨大的工作量，使我们无法像原始方案一样把整面墙用竹筒自身插销的方式拼接成一面整体，那么，我们需要一个框架来联系我们的竹筒模块单元与应对墙体的侧推力。

在框架的搭建中，我们坚持着我们“竹”的理念，与师傅们讨论搭接的方式，通过竹子自身空腹、竹面纤坚韧等特性，运用竹材套筒、虎口、插销等做法实现全框架无任何竹子之外的其他材质连接（图 6）。

图5　现场的模块单元

图6　模块单元组合的竹墙

（三）横向龙骨的增加

墙体的模块单元竖向为互相搭接直接接触基地的自承重，为了应对侧推力与防止框架的形变，我们用横向龙骨将模块单元“塞”进了框架之中。

（四）屋顶

通过现场师傅的介绍与推荐，我们的屋顶通过竹子自身的防水特性，与切开后的 U 形管竹子实现屋顶的防水与排水。

（五）室内地板

与墙体设计语汇相呼应同时收集各个学校的废竹材切割成竹筒。同时，迎合露营这一功能主题，对室内进行了一体化符合人体尺度的高差设计，与室内景观装饰设计（图7）。

图7　室内基地施工过程

（六）小院景观

结合我们“拾光”小屋的语汇，我们通过收集居民的废旧生活用品，与其他学校的废竹材进行切割，精心营造出“拾光”小园（图8）。

图8　拾光小屋建成照片

四、建造活动对乡村文化激活的影响

建造节的过程中，设计团队深深体会到了在楼纳这样一个西部山村中由高校参与的这个活动对活化乡村文化生活的正面影响。这从以下几个方面可以看出：

首先，对于贵州黔西南州下的一个乡村，主办方利用国际建造节这一针灸式的激发点，带来一定的知名度，后期再辅以知名建筑师的大师作品，通过一定时期的积累，形成某种建筑学术界的世外桃源与参观圣地般的效应，正是看到了建筑界与文化界、时尚界的紧密联系，日本新潟县的越后妻有的村落复兴正是类似成功的先例。每一届越后妻有大地艺术节都邀请世界各地艺术家来，结合当地自然和人文景观进行创作，这些作品融入乡间自然，艺术品和建筑作品与村落的自然和人文必须融为一体而非高高在上，建造和建构的过程也会有当地村民的参与，从而构成乡村复兴的独特魅力[5]。

其次，来自高校的师生在建造过程中，深深体会到了村民的质朴与善良。村民对大学生普遍是一种欢迎和尊重的姿态，对建造类的活动抱有较强的参与意识，表达了希望了解外面的世界和动手改善自己家园的愿望（图9）。反之城市中成长的大学生对乡村的生活、基础设施、轰轰烈烈的乡建活动、农田、自然也是充满了好奇和疑问，但更多地表现出尊重村民乡土文化、热爱自然、善于发现并挖掘乡村的美等等集体意识[6]，这对于未来若干年将持续下去的建筑学术界热点——乡建而言，显然是件好事。

图9　村民与设计团队共同建造

最后，根据专业参与竹材建造的浙江竹境公司的介绍和推广，在当地村民中形成了对竹子做建筑的新的观念。而贵州本身也是我国竹材的主要产地之一，当地极其廉价的竹子从来没有在村民心中变成可供挖掘的潜在资源。这种活动对观念的改变相信会有长效的潜在影响。

五、后记

受组委会的邀请，设计团队在楼纳用20天的时间搭建了来我们的“拾光”小屋，在这20天中每一天都会遇到实际建造的问题，潜心向竹境的师傅和当地的工匠学习竹材的构建方式，并通过晚上的学习与讨论将其运用于第二天的实际建造中来，每天都过得充实愉悦。

“拾光”小屋的设计过程几易其稿，没有采用人们脑子中传统意义上的竹建筑需要的飘逸，弯曲，韧性。也尽量回避着木构建筑的受力与形态特征。只想把竹看成纯粹的一种建筑材料，利用其可切割，有竹节，可大量复制，可透光的特征，做出一个心中的拾光小屋。设计作品的真实和在地，并坚持着我们最初的带社会性的设计理念：构建可工厂大量加工，装配式的、易复制的建造方式。此外竹筒墙的光影韵律，模块拼接的细节处理，符合尺度的室内设计，横向龙骨的方向导向，这些都让我们的空间富含贴近生活的亲切感与宁静的禅意。

参考文献：

[1] 申绍杰．材料、结构、营造、操作——“建构”理念在教学中的实践 [J]. 建筑学报 ,2012,(03)：89-91.

[2] 朱力泉．建筑中的“异化”行为 [J]. 新建筑 ,1990(3):44-47.

[3] 罗鹏．建筑与结构的交响——大跨度建筑与结构协同创新教学实践探索 [C]// 全国建筑教育学术研讨会论文集，2013:478-482.

[4] 刘爱华．参数化思维及其本土策略——建筑师王振飞访谈 [J]. 建筑学报，2012(9)：44-45.

[5] 蔡肇奇，袁朝晖．新地域建筑创作中建构文化的基本问题研究 [J]. 华中建筑 , 2012,(5):22-24.

[6] 曾磬，石孟良．新地域建筑中建构文化的美学追求 [J] 中外建筑 ,2015,(7):56-58.

图片来源：

湖南大学楼纳设计团队绘制与拍摄

五、青年自由论坛：城市更新与社区营造

“微距城市”视角下的传统民居控保改造研究[①]

巩雅洁[②]，孙磊磊[③]，李斓珺[④]，胡彪[⑤]，姚梦飞[⑥]

摘　要：传统民居是我国物质文化遗产的瑰宝，随着城市化的迅猛发展，历史地块中古民居的保护更新问题却日趋严峻，社会结构与邻里关系也随着物质空间的衰败不断瓦解。研究引入“微距城市”概念并将其作为视角，洞察具体而近距的城市环境及问题，寻求差异化、精细化操作的微观设计策略，期望对传统民居及其承载的邻里关系与生活场景进行整体保护，从而为苏州古民居保护与更新提供新的视角与范式可能。

关键词：微距城市，苏州传统民居，微更新，控保改造

传统民居具有高度的历史、文化和艺术价值。但长期以来，由于迅猛的城市化发展，历史地块中的古民居控保与改造问题一直颇受困扰。现今对古民居及其群落的保护常常聚焦于具有重大历史价值的文保单位或运用规划手段进行控制性保护研究，不在文物保护范畴内的传统民居，大多按照原有的样式风貌进行开发、重建或改造。这些操作手段实则更倾向于将精力放在宏观的城市面貌维护，却忽视了微观的空间使用及居民的日常市井化生活。柯林·罗（Colin Rowe）的《拼贴城市》（Collage city）中对于现代生活方式涌入传统城市空间中造成的客观矛盾，提出把对象从其原先存在的系统与结构中抽取，用于织补历史和现实的矛盾与割裂[1]。这种抽取与织补不是简单的空间形态的剥离与移植，而是蕴含了内在的社会、艺术价值等的完整提取与有机“拼贴”。事实上，传统民居背后的人文内涵与艺术价值正是由其日常活力与存在性所体现，将传统民居的空间改造和场所更新与居民生活的日常性相互融合更具社会意义；认识到对其旧有社区环境活化、功能再生的重要性才是对传统民居遗产存在价值的认同与保护的真正要义。

一、微距城市

针对纷繁复杂的历史环境和探究传统地段杂糅现状的城市状态，研究引入“微距城市”[⑦]概念并将其作为研究视角介入传统民居群落的街巷、弄廊、院落、楼阁之中。“微距”城市首先可以作为一种观察视角，洞察具体而近距的既有城市环境与空间真实的应用场景，以此为原

① 项目资助：国家自然科学基金资助项目（51508360），江苏省自然科学基金资助项目（BK20150341），江苏省高校自然科学研究面上项目（14KJB170019），苏州大学大创训练计划（2015xj064）。

②、④~⑥ 巩雅洁、李斓珺、胡彪、姚梦飞，苏州大学建筑学院，课题小组成员，gongyajie0225@gmail.com。

③ 孙磊磊，通讯作者，苏州大学建筑学院，副教授，s0902@163.com。

⑦ 微距城市：微距本身是摄影的一种手法，通过镜头的放大，对物体进行近距离或者超近距离的拍摄和观察，往往会获得戏剧性的画面，对细节表现充分；本文中的“微距城市”指的是通过特定的研究视角来透视城市，通过研究视角特定的条件对城市进行层层透视，进行深入的、个性化的观察与研究。

点，深挖内涵并回溯整体，从城市、邻里、民居空间到使用主体的不断深入、全面的解剖中，使古民居于各个层级中被“完整提取”；“微距”城市还可能是一种更新观念旨在寻求差异化操作的微观设计策略，是通过对现有“微更新”“微视角”“微设计”以及“微时代”等研究策略的深入理解和整合，借助摄影语汇中的“微距”手段，获得一种针对传统民居集群空间保护与更新的独特性研究视角和方法。因此，本文提出的“微距城市”主要体现在对研究对象具体场所、聚焦空间、微观改造的关注，从系统到局部的逐级拆解，对改造更新程度的控制，对居民、传统民居及其承载的“真实生活方式”保护。其内涵主要体现为以下方面：①“以小见大”，从小问题见大格局，从局部的个性到整体的普遍性，企图筛选出典型性的民居；通过对其进行改造更新研究，以此为基石，提炼出具有推广性的更新方法。②“由隐至显”，在透过现象探究本质的过程中发现民居关键问题下内涵的深层原因，并在不同尺度、层级寻求差异、精细化操作的微观设计策略。③“以点带面”，将传统民居抽象为几组基本的邻里单元，以此为样本原型，研究内部各要素复杂关系。用“微改造”解决普适性问题，拓展传统民居的保护内涵。

二、微距调研

“古城卫士”阮仪三曾说，从全国来看，苏州古城保护的最好[2]。这一点也可从古城的整体肌理得到印证，但若将视角推近、古城肌理放大至街坊尺度观察，原本细密统一的空间肌理则变得细碎而无序。进一步调查发现，苏州传统民居普遍存在配套设施不完善、生活空间局促、老龄空心化及物质空间衰败等问题。为使研究普适而具体，笔者通过梳理苏州古民居的普遍性问题与典型空间特点从而筛选、定位出苏州古民居坐标系统中的样本原点——天官坊（苏州控保建筑106号）。苏州控保建筑目前共计289处，其中80%以上都是传统民居。天官坊位于学士街社区，平面形制完整而典型，空间问题突出，作为典型的苏式民居样式代表，研究对苏州古民居的保护就有了范式意义。从历时性上考察，天官坊为明朝宰相王鏊故居，清初衰败，后被徽商陆义庵所购，改名为陆宅，其东临学士街北段西侧，北至梵门桥弄，西面为民族乐器厂，官方称之为天官坊[3]。岁月变迁，如今已被拆分成多户散为民居，建筑格局不复往昔。目前天官坊能找到较为完整的图是源于陈从周先生于1957年的记录[4]。然而，将早期图纸与现状对比可以发现其空间环境恶化情况明显，保护迫在眉睫（图1）。

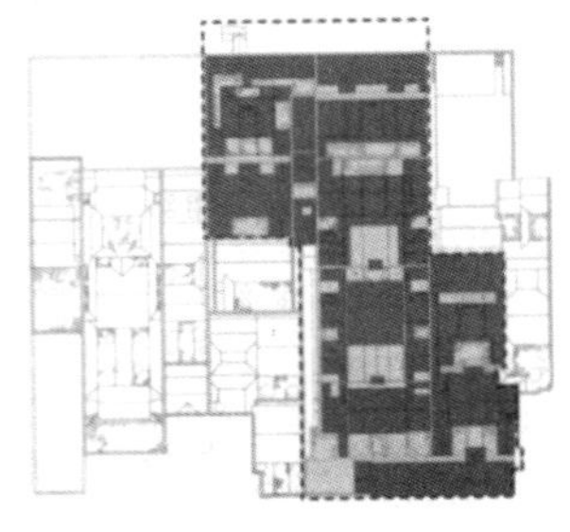
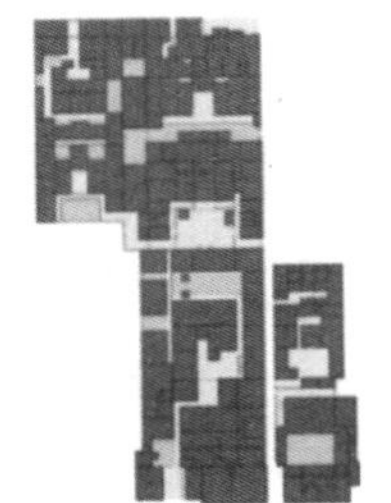

图1　历史测绘与现状测绘对比
来源：胡彪绘制

近一步“微距”调研，介入并洞察天官坊的具体空间如街、巷、弄、廊、院、落、楼、阁；深入细部空间对应的生活场景与民居的使用主体，从而体悟与发现天官坊的空间魅力、存在问题及背后的深层逻辑。

天官坊的居民主体主要由两部分构成：一是本地原住民、留守老年人，年龄结构较大、收入低、较贫困；另一部分是外来务工人员，年龄结构相对较小。此外，天官坊现存的产权模式以政府产权为主、房屋个人产权为辅；政府安置户及外来租户居多，家庭整体收入水平低下，人员结构多样，居住空间拥挤而狭小。

由于居住空间的非正常压缩，以及在政策、制度等原因的限制下，居民无法高效的利用宅内空间，对公共空间的“抢占”反而是总体成本最低的一种方式，于是厨房、卫浴等功能外溢到公共空间。公共空间的领域感被割裂，公共与私密的边界变得模糊，形成了一种新型的居民共有空间形制。这种不良的空间外溢与争夺现象本质上也反映着邻里之间的社会关系的衰败。原有空间所对应的使用主体已然不存，从一个封建礼制的大户家庭演变为一个“熟人社会”[5]的空间，在经过老城衰败、原有人群不断外迁、外来务工人员由于低房租的吸引不断涌入，社会结构又一次瓦解、重构，空间也随之发生裂变（表1）。总体来说，使用主体及其社会关系与具体的空间形态形成了有趣的一致对应，居民在异变的邻里与空间关系中通过争夺、妥协、默认形成了一种新的邻里平衡。但这个相对平衡的状态较为脆弱、不稳定，老人传统的日常生活习惯与外来务工人员的生活习惯冲突、对撞，随时都有可能因为某种原因发生邻里矛盾甚至使得邻里关系进一步恶化。

天官坊现状分析　　表1

	采光不佳	增建搭建	噪声干扰
现状照片			
问题分析			
	流线分析	原本组团关系	自发组团关系
总结分析			

来源：李斓珺、姚梦飞绘制

因此，结合居民需求（表2），改善居住品质、满足居住需求和复兴邻里关系，既是客观的迫切需求，也能与还原老宅形制，对场地进行肌理保护相辅相成。

三、微距改造

（一）由显入微——城市、邻里与关系

任何事物都存在于其所对应的系统中，透过具体而近距的空间与民居真实的需求与困境，从微观介入进而宏观梳理。问题的根本性解决绝不仅在于局部微观的调试而应回溯于系统[6]。通过

天官坊调查分析　　表2

居民基本信息		
产权关系	年龄构成	家庭构成
31%；64%；5% 短租户　政府安置户　房屋产权人	6%；14%；31%；26%；23% 20周岁以下　20-35周岁　35-55周岁　55-65周岁　65周岁以上	38%；30%；18%；14% 夫妻二人同住　与父母同住　夫妻、孩子三口一同居住　独居
家庭收入构成	社区职业构成	套均面积
17.2%；60.3%；13.8%；8.6% 1000元以下　1000-2000元　2000-3000元　3000元以上	3.4%；34.5%；51.7%；10.3% 事业单位　工人　下岗、退休　其他	27.6%；56.9%；8.6%；6.9% 0-30平米　30-50平米　50-100平米　100平米以上
居民改造需求		
不便之处	对公共厨房态度	对公共卫浴态度
31%；20%；21%；28% 储物空间不足　缺少独立卫浴	31%；41%；28% 愿意　不愿意　无所谓	5%；82%；13% 愿意　不愿意　无所谓
居民对公共空间使用现状		
公共区域问题	公共空间内活动	邻里交往现状
13%；20%；22%；23%；22% 噪音　走廊通风不佳　楼梯行走不便　杂物堆积影响交通　巷道中和车子交汇时不安全	21%；43%；9%；21%；6% 锻炼　聊天　小孩玩耍　种植花草　带宠物	22%；31%；7%；40%
居民日常生活习惯		
居民日常习惯	出行方式	对停车场需求
11%；25%；36%；28% 在家门口坐着晒太阳　在街上和邻居聊天　在街巷上挑子里和邻居玩耍　在自家院子和邻居吃饭	52%；48% 步行　骑行	86%；1%；13% 希望　不希望　无所谓

来源：胡彪、李斓珺绘制

深入理解民居在空间肌理与格局、路径与尺度、核心与细部空间、居民的日常使用等层面的问题，进而使其在对应的层级得到针对性的回应。

对天官坊的保护，将遵循从宏观到微观，整体至细部逐级递进的更新策略，进而使得保护更新可控制、有章法。在城市尺度的层级，应当以保护天官坊所在区域的肌理，尊重其与城市的关系为目的，通过梳理还原天官坊的空间秩序、格局与结构，拆除不必要的违建，修复空间形态（图2）；在邻里尺度的层级，洞察与分析民居各部分的相对地理位置、空间特点与居住人群，从而将天官坊划分成西侧、中路核心、东侧

3 个基本的邻里单元，在此基础上探究各邻里单元及其之间的联系。邻里单元是对应着一个自身相对完整的空间体系与内部具有相对稳定社会关系及相近社会属性的“集体人”的社会结构，在这一层级，各邻里单元之间于空间与社会结构上有着微小但又明显的差异，基于这个不同，各单元间又通过共有的路径进行联系与交流。

图2　城市肌理改造前后对比
来源：巩雅洁绘制

例如，天官坊的三个邻里单元中，现状 7 号大院处于场地核心地位，通达性最强，公共性最高。研究于此集中设置社区服务功能，使之成为连接相邻邻里单元的功能中心，再通过重建传统民居路径，使得各个组团能便利到达这一功能核心。西侧的邻里单元靠近梵门桥弄，交通流量大，较为喧闹，故西侧邻里单元居住群体以年轻人租住或年轻的家庭结构为主，辅以服务性功能如生鲜超市，不易受干扰且方便服务于居民。东侧的邻里单元靠近砖雕博物馆，主要交通依赖于肃封里这条小巷，偏静，居住人群以老年人和老龄化家庭结构为主，布局的公共性职能例如共享厨房也是较为私密。因此，各组邻里单元动静有别，功能布置各有针对。在整体布局中，院落间横纵相互联系，各单元空间与场景序列有序组织，增加空间的趣味。

（二）空间反制生活

生活场景实际是居民生活习惯作用于民居空间的结合反馈。空间与社会关系是相互对应并影响的，研究期望通过空间的转变来重塑社会关系，复兴邻里。成功的保护往往是不仅保留了建筑及空间格局，还保护了传统民居内部的社会结构与居民“真实的生活”。

对新建建筑而言，功能即使用者需求决定了空间形式；而在控保建筑更新中，我们思考如何通过新功能植入和空间设计反制使用者的行为习惯。在此，新功能空间的置入策略是将无归属性的空间转化为公共性空间，人们对这类空间的使用将置于集体监督之下，因个人利益造成对集体空间的破坏或擅自改造的行为将会大大减少。例如，笔者在其中一个居住组团中，将原用于杂物堆放的公共用房置换为棋牌室，对棋牌室有使用需求的居民将会自发监督棋牌室内或周围绿化带内堆放杂物的行为。在传统民居中，因用地和建筑风貌保护的限制，几乎不可能置入大体量、集中性的邻里服务中心。因此我们选择将社区服务中心“化整为零”插入至若干个居住组团内，在交通串联方式和功能配置上进行整体控制，形成功能轴线，增加邻里交往和居民聚落感、归属感，也就有助于社区管理、降低潜在犯罪发生概率。此外，在巷口新增了自行车与电动自行车停放处，以改善狭窄街巷以及民居庭院中因随意停放造成的通行不便与邻里矛盾（表 3，场景 01）；值得注意的是，在还原的院落空间中，结合绿植材质及与基地贴近的儿童游戏设施、健身设施，对空间二度划分限定，既能增加活动方式，也方便居民结合器械进行晾晒，减少居民自发加设晾晒器具阻碍交通、引发邻里空间争端的可能（表 3，场景 02、03、04）。

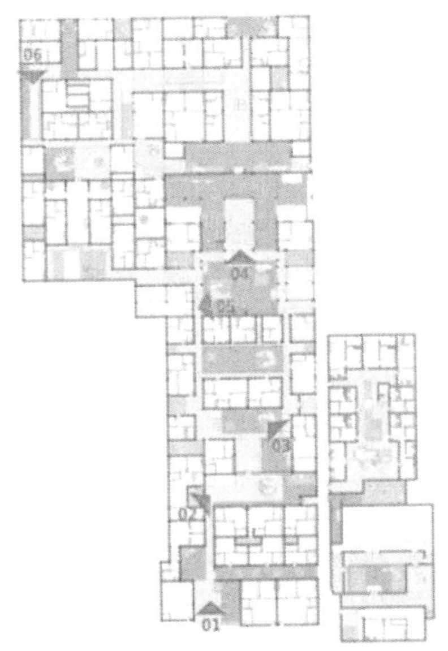

图3　微距节点场景标注
来源：李娴珺、巩雅洁、胡彪、姚梦飞绘制

微距节点场景图　　表3

来源：李嫻珺、巩雅洁、胡彪、姚梦飞绘制

上述操作，以功能配置相对多样的庭院节点整合公共与私密空间，是空间手段基于功能差异化对控保建筑形制的织补。无论是单一的节点还是组合而成的功能轴线，是缝合多个居住组团的功能和空间要素，使得居住组团能以细胞生长的姿态实现古城区各个居住社区的复兴。

（三）以点带面，由微而显

1. 聚焦于空间要素，细胞式生长

阿尔多·罗西（Aldo Rossi）指出，历史遗留下来的要素具有“推进性”，体现在可将空间形式留存下来，不受制于其原始功能[7]。因此，笔者在细分的3个邻里单元中，提取其中功能复兴的载体，即“宅、院、园、廊”四个核心系统，分别对应着建筑的居住使用，活动、交往，游憩、观赏以及交通等功能。在前期调研中居民所需求的健身房、共享厨房等分别植入公共性的“院”中，园林式的景观、绿化则由“园”的体系承载，满足居民的交往、游憩需求，“院”“园”基本以轴线对称布局，中、东、西3个邻里单元各有轴线，通过轴线的串联连接方式组织院落空间，主次有序，轻重变化，节奏鲜明。从外到里，从公共到私密，过渡自然。“廊”是各邻里单元间的横向结构与并联连接，对二层空间和结构进行梳理，结合备弄，设置二层连廊，越过层层庭院，近距离欣赏层叠瓦山。合宜的过道宽度，为步行交往提供可能，也加强空间引导性，再加入新的楼梯，解决部分二层住宅消防疏散问题。

“院、廊、园”实际是多个生活场景的物质载体共同组成的体系，同时也根植于江南传统民居的空间形制之中。空间与人体的相互关系是由触觉和因触觉体验而对视觉信息做出的反应所建立的[8]，研究基于公共和半公共空间体系的形态，结合功能置换等手法，将具有相似特征的组团以细胞生长的形式进行复制；在结合各组团内部具体矛盾赋予功能，及可实现多个组团既和谐又独特、保存整体场所价值的更新（图4）。

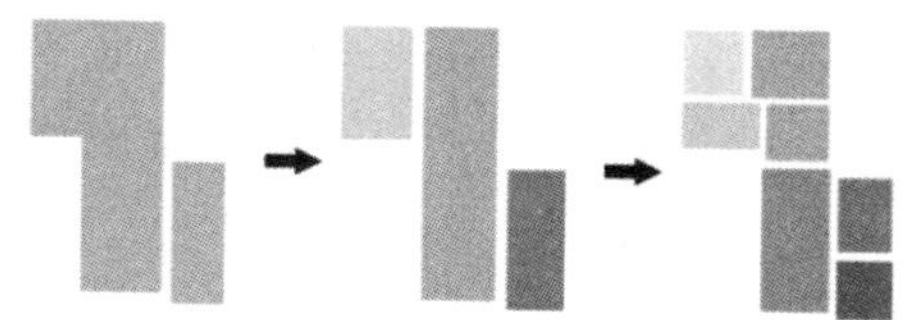

图4　“细胞生长”更新
来源：李嫻珺绘制

2. 以套型设计改善生活品质

传统民居的本质是居所，提升居住体验，减少资源争夺，是改善邻里关系、保护控保建筑物质形态中最基础也是最易忽略的方面。在居住品质提升中，笔者主要采用两种手法：一是“拆”，拆掉不必要的违章乱建，梳理居住空间肌理，结合历史建筑结构体系，且以被动式手段合理改善建筑物理环境；二是“补”，即是吸纳部分空置空间，补偿拆除部分面积及功能，使常驻户内有独立厨卫，部分租户集中区有共享厨房，做到基本功能齐全（图5、表4）。

以中部邻里单元南侧组团为例（表3，场景02），设计中我们拆除了现状居民部分加建（包括建筑体、屋檐挡板），将加建功能分解置换后，通过在这个庭院空间进行景观、绿化上的更新，解决南侧组团住户的采光通风问题，重新赋予了庭院交往、游憩功能。此外，结合原有

图5　套型各层平面标注
来源：姚梦飞绘制

"微户型"套型图　　表4

套型A①一室一厅一厨一卫			
编号	A-1	A-2	A-3
模 型			
套型B②两室一厅一厨一卫			
编号	B-1	B-2	B-3
模型			
套型C③一厨一室一卫		套型D④复式	
编号	C	D-1	D-2
模型			
套型D复式			
编号	D-3		D-4
模型			

来源：李斓珺绘制

建筑的结构特点和相邻二户户主意向，恢复或加入一些小的天井庭院，让与院子相邻的两套住房南北通透；在结构不满足改造要求或面积无法协调的建筑部分，加设天窗。通过上述被动式措施，使采光和通风情况获得改善，在形制上也强化了传统建筑的空间节奏特点（图6）。

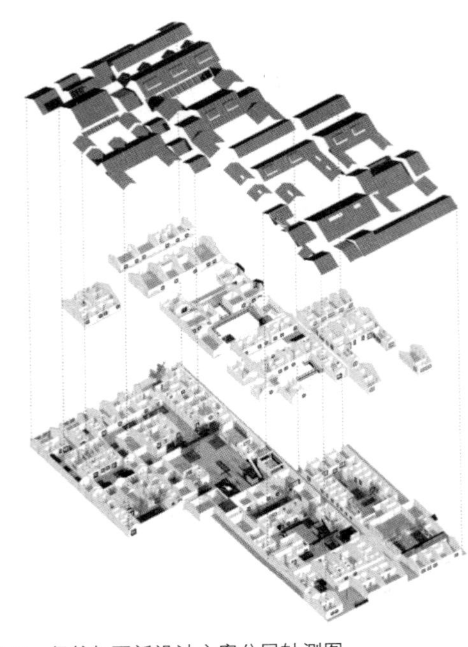

图6　保护与更新设计方案分层轴测图
来源：李斓珺、巩雅洁、胡彪、姚梦飞绘制

在访谈过程中，笔者结合住户实际诉求，设计了跃层的套型，既能够补偿拆除加建后住户的面积需求，又提供了时下兴起的半租半住的使用可能。部分租住用户平时并不需要使用厨房，即安排在二层居住；腿脚不便的中老年房东，住在一层，入户方式相对独立互不干扰。这一居套型将大量空置二层房间置换为功能弹性空间，再结合近期流行的网络民宿订购，为居民带来收入；游客或租户的介入，或将增加西南

① 套型A：A-1可基本满足一个空巢家庭的日常使用，A-2套型增加家务间，利于干湿分离；A-3与套型C类似，原有客厅如果进行二次分割，能够划分出睡眠区和工作区，适合青年租客的使用。

② 套型B：B-1是较大的单层套型，满足联合家庭向主干家庭的过渡。B-2一侧是家务区，另一侧是起居与卧室，有效减少过道面积。

③ 套型C：适合1-2人租住或场地内的独居老人。

④ 套型D：即复式，分两大类。常住户的户型为D-1和D-2，其中D-1面向经济条件相对较好的核心家庭，跃层且有入户花园；D-2针对主干家庭设置，有二层露台，腿脚不便的老人可居一楼；租住结合的套型为D-3和D-4，一层为共用门厅和房东的住家，配有卧室和厨卫客厅，二层为2-3个卧室，共用一套卫浴。租与住空间上互不打扰，交往与经济模式上则提供了新可能。

侧砖雕博物馆的客流量，也带动更多人进入、了解这一历史街区，为历史建筑的功能保护和更新注入新活力（图7、表4）。

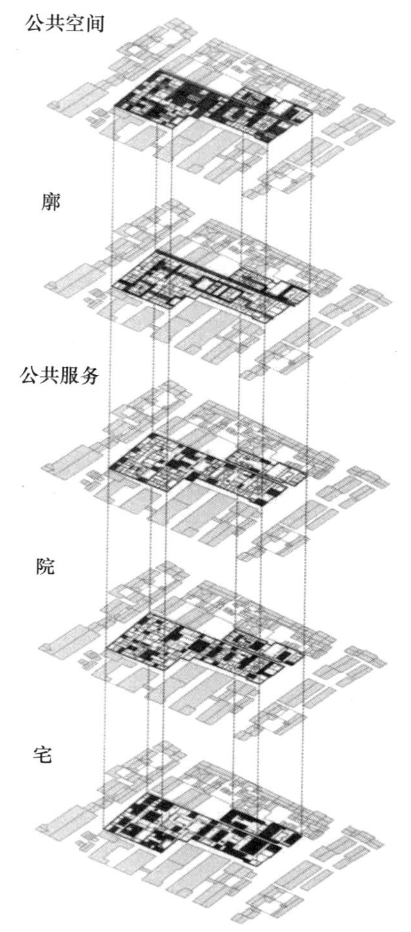

图7　保护与更新设计方案层级分解示意图
来源：巩雅洁绘制

四、结语

在我国城市化转型的时代背景下，传统民居的保护绝不应仅仅停留在肌理、建筑与空间格局。民居的特色理应回归到具体的生活场景与使用主体。传统民居的艺术与文化价值也是由从城市、民居到使用主体等诸多层级共同构成。

本文提出的“微距城市”通过不断近距的剖析观察与不同层级的针对性改造，将传统民居的空间改造和场所更新与居民的日常生活相融合，以期促成社区环境的活化与功能的再生。

空间与使用主体及其生活往往互为因果；本研究希望通过微距视角下的空间引导使用主体的方式推动传统民居及其承载的“真实生活方式”的整体保护，并以苏州传统民居的典型代表“天官坊”为例论述，探寻新时期下苏州传统民居保护与更新的新的研究视角与普适性对策。

参考文献：

[1] Rowe C. Collage City[M]. Tong M, trans. China Building Industry Press, 2003 [柯林·罗. 拼贴城市 [M]. 童明，译 . 北京：中国建筑工业出版社，2003.]

[2] 阮仪三. 姑苏新续 苏州古城的保护与更新 [M]. 北京：中国建筑工业出版社，2005.

[3] 冯晓东. 园踪 [M]. 北京：中国建筑工业出版社，2006.

[4] 陈从周. 苏州旧住宅 [M]. 上海：上海三联书店，2003.

[5] 张斌，张雅楠，孙嘉秋，徐杨 . 从“溢出”到“共生”田林新村共有空间调研 [J]. 时代建筑，2017,(02):47-55.

[6] 吴良镛. 人居环境科学导论 [M]. 北京：中国建筑工业出版社，2001.

[7] Rossi A. Urban architecture[M].Huang SJ, trans. China Building Industry Press, 2006 [阿尔多·罗西 . 城市建筑学 [M]. 黄士钧，译 . 北京：中国建筑工业出版社，2006.]

[8] 常青 . 建筑学的人类学视野 [J]. 建筑师 ,2008, 136(6):95-101.

湘西红石林老司岩村自建住宅的平面演化[①]

文静[②]，卢健松[③]

摘　要：本文以时间为序将湘西老司岩村自建住宅平面形式演变分为四个阶段，通过系统性分类与实地调研，分析了单栋住宅在四个时期以及各栋住宅在同一时期平面形式演变轨迹的比较，进而总结出该村自建住宅平面形式演变的一般规律及典型特征。最后，揭示其平面形式演变的主要原因是人口因素。

关键词：老司岩村，自建住宅，平面形式，演化机制

一、引言

老司岩村位于湘西古丈县西北 35km，现为红石林镇辖属的一个自然村，距镇政府驻地 8 km。村落处于高差达 170m 以上的河谷地带，地形复杂，地貌多样，大体是一个“九山半水半分田”的山区村。地势东南高，西北低。村内散落的民居大多依山而建，南靠椅背山，左望青龙坡，右眺白虎坡。村里人都说：“酉水似土司公主玉颈上的半封闭银环；散落其间的民居在银环上雕龙饰凤，堆金镶玉；独留南面一条崎岖山路，行车走马。”酉水，自古沟通湖湘巴蜀，老司岩乃必经之地。史料记载，大明中叶，因地理位置独特，船梭帆飞，车水马龙，吸引商贾云集于此。从唐宋起，渐成酉水河流域举足轻重的繁忙码头和古商道，形成化外之地著名商业重镇。鼎盛时村里人口达五千之众，因其繁华而得“小南京”之名[1]。老司岩最繁荣时，王村只是它的管辖地，有“王村一条街，不敌老司岩一壁岩”之说。在这里，留下了很多珍贵的文物古迹。目前保存较为完整的有两座四合院、清咸丰年间修建的伏波庙、石板路古街道、古城墙、清代古井、店铺及石碑等。2002 年 5 月 19 日，湖南省人民政府公布老司岩民居为省级文物保护单位。

二、平面形式的演变情况

（一）典型案例选用

本研究根据演化分期选取典型案例。老司岩村的自建住宅大致可分为五个分期：明清时期，民国时期，1949—1978 年，1979—2011 年，2012 年至今。以下各个案例能够分别代表这五个分期的平面形式特点，并且能够从一定程度上反映各时期住宅立面、结构、装饰等特点，有利于展开后文平面形式演化机制研究，故选择以下 7 个住宅实例。

① 项目资助：国家自然科学基金资助（51478169）。

② 文静，湖南大学建筑学院，硕士研究生。

③ 卢健松，湖南大学建筑学院，副教授，Hnuarch@foxmail.com。

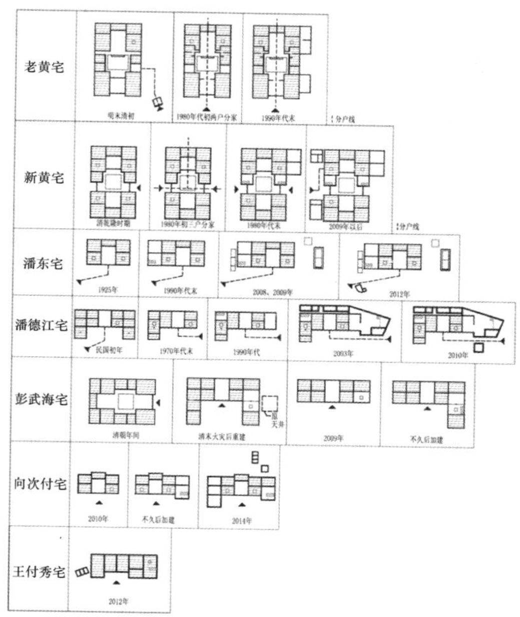

图1　单栋住宅在各个时期的平面演变

（二）调研住宅的建设背景

本研究中，各栋单体兴建的时间各有不同，老黄宅明清时期平面为回字形，中间为湿天井。院门位于住宅的东南角，进入院门后沿着房屋外围进深方向于房屋东侧进入住宅内部。新黄宅于清乾隆年间所建，平面为回字形，中间为湿天井。院门位于住宅的东南角，为八字朝门。院落较多，分前院、后院、偏院、天井；分田到户之后，房屋被三户人家划分，内部功能重新排布。

潘东宅于1925年所建，一字形平面，为最基本的一明两暗式布局。

潘德江宅于民国初年所建，最初为U字形平面，入口位于正屋正面所处的高台下，需沿着石阶拾级而上。

彭武海宅为清朝年间所建，原本为瞿家大院。瞿家大院的正屋方向与现状彭武海宅的正屋刚好呈90°夹角，即彭武海宅如今的吊脚楼位置大致为瞿家大院正屋所在的位置。

向次付宅为2010年新建，平面为一字形；不久于房屋左侧加建灶房与杂物间，外砌蓄水池、烤烟房等，平面呈L形。后进村道路水泥加宽硬化，村民采购建房材料方便许多。向次付于2014年于房屋右侧加建卧室、杂物间，并利用基地高差，卧室下部作牲畜棚、杂物间等，形成双首层平面。造型采用吊脚楼外观，但实际上是由矿渣砖砌块建造的砖混结构，只是沿着外立面贴了一层木板维持立面用材统一（图1）。

（三）各栋住宅在同一时期的平面演变

明清时期平面基本为回字形布局；民国至建国初期，平面开始分化，向U形和一字形演变，平面形式有所简化，但仍基本保持中轴对称；中华人民共和国成立后至20世纪80年代，平面处于“填充”状态，各家各户共处一屋的现象十分普遍（图2）。

明清时期的四合院被多户划分共同居住，过去的大宅、大院也被用来做供销社、公社食堂、生产队等；直至改革开放，尤其是分田到户之后，因人口与居住空间极度的不平衡，将老屋拆掉建新屋或拆掉一半楼子去别处建新屋成为常态，村民建房的热情达到高潮；20世纪90年代，受厨房炊事功能的影响，一般家庭都会于房屋一侧加建一间作为灶房，同时新增了杂物间、卧室等房间；2012年村内原有唯一一条通向外村的泥泞小路加宽改直，且铺设水泥，再加上近几年村民生活条件得到改善，建房材料和施工条件有了提高，村民建房有了更多的选择，无论是平面形式、立面造型、结构构造还是生活设备设施、家装装饰都有了不小的改变。

三、自建住宅平面形式演变的一般规律及典型特征

（一）一般规律

平面形式的演变体现在由回字形向U形、一字形过渡，再接着向L形转变，最后回归到一字形，平面形式经历分离、延伸最后再竖向叠加的演变（图3）。

（二）典型特征

1. 开间数演变

通过图3可以发现，从明清时期至20世

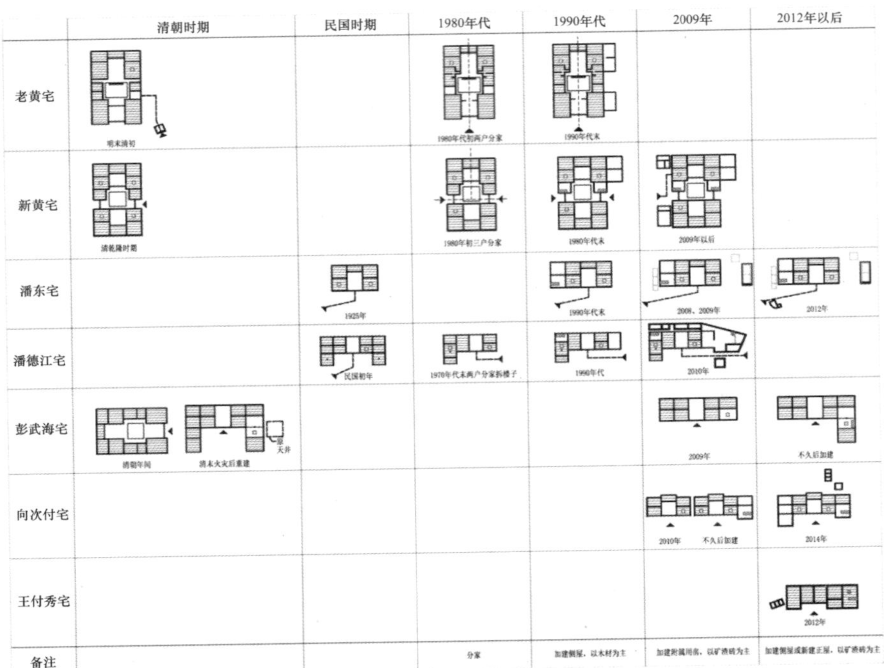

图2 各栋住宅在同一时期的平面演变

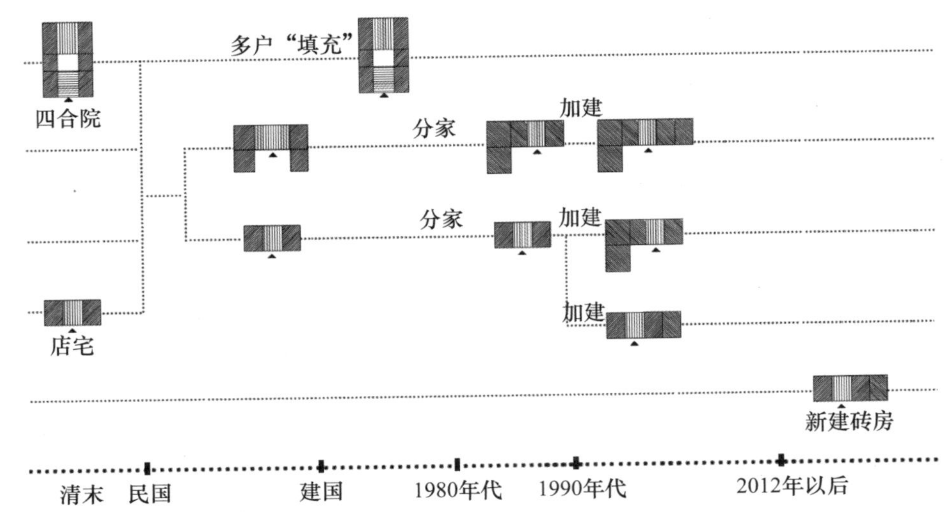

图3 平面形式演变规律

纪 80 年代，自建住宅正屋都是三连间，即“一明两暗”式，明间为“堂屋”，左右次间为“人间”。然而，20 世纪 80 年代末到 90 年代兴起的加建侧屋热潮改变了这种基本形式，正屋开间数由三间演变为四间。到了 2012 年，砖的利用大大改变了房屋结构，村民新建砖房时延续了木屋的四开间形式，中间两间分别作堂屋和客厅，有了现代起居室的概念。随着砖的广泛使用，越来越多的砖房建起来。由于砖房屋顶不受开间数的限制，只要基地空间允许，房屋可以向周边任意扩张，于是，近几年很多新建的砖房、混凝土房的开间数甚至达到了五间，层数也由 2012 年的两层增加到三四层。

2. 平面变体

实地调研中发现，大部分民居遵循上述的平面形式演变的一般规律，但个别房屋出现了一些平面形式上的变体，它们在大演变的进程中“偷偷”地进行自己的小演变。

1）三开间平面上的“加”“减”法

“加”法：增加了披屋的设置。村民为了扩展附属使用功能，将堂屋后面的房间增大进深，加长形成披屋，当地人称“加拖”（图4a），意拖出一间的意思。这种做法简单，加大了进深，加了空间使用率，给房屋造型增添了几许韵味，被广泛使用。有些建筑在正面加披屋，做成披檐，下面做廊，成为室内外过渡空间，同时起到突出入口的作用。

“减”法：主入口向内凹进形成“吞口”（如图4b）。张家组张生住宅的平面为一字形，但正中一开间向内凹进形成吞口，是个具有凹字形特征的一字形平面。据传，该住宅的主人原本是想效仿紫荆屋做的这个吞口，因紫荆屋的房屋入口处有一根二梁，这根梁可以兴旺家族，保全家平安富贵。据村里70多岁的老木匠王叔君说，紫荆屋以前一是官府衙门修，二是有财有势人丁兴旺的显赫人家修。“先前的老人家传说，要命大德厚的人才能修得和住得，不然就镇不住，不利顺。”实际上，屋主的妻儿在房屋建成后相继病故，于是，又有传言说屋主镇不住紫荆屋，普通人是不能随便建紫荆屋的，否则会遭遇大祸，这给当地民居增添了一些神秘色。

2）在三开间基础平面上做大的“加”“减”法

“加”法：因人口增长，原有居住空间不能满足现有居住现状，于是会在三开间的一侧横向加一至两个开间（如图4c）。若地形不允许横向延伸，则通常会于垂直方向加开间，类似“楼子”的平面。“减”法：在铺上老街这个片区，还出现了两开间的一字形住宅（如图4d）。

前两种混合“加”法（如图4e）。

3）特殊的变体，平面转换

铺上老街黄奶奶家为清朝时期所建。正屋为一字形，因过去是商铺故房屋正面朝向老街平行布置。改革以后，老街的没落使得房屋正面的铺台不必再使用，因此屋主将房屋整体朝内旋转90°，这样屋前不仅留出一片方正的院落供作晒坪，房屋的私密性得以提升[2]。

3．以加建灶房为中心的新联合体

过去很长一段时间，房屋功能布局是以堂屋和火塘为中心，其他功能房间围绕中心布置。然而，随着社会发展，尤其是分家带来的人口与居住空间的矛盾比如火塘数量、卧室数量等都亟待解决，生产工具的进步要求人们更换较大型的现代化农机具，杂物间也更多地被需求，于是加建侧屋成了综合解决这一系列问题最简单又快速有效的方式。加建侧屋的功能划分以灶房为中心，卧室和杂物间为附属，这三者多作为联合体集体加扩建（图5）。

4．不规则“间”演变

20世纪90年代以后，房屋一侧加建一间或两间侧屋的现象逐渐增多。一般来说，正屋的选址是经过考量后，结合堂屋、火塘、卧室等主要房间的使用功能慎重决定下来的，房屋平面基本都是规整方正的[3]。然而，加建的侧屋因地形条件、经济条件等多方面的限制，不能保证平面的规整，故出现了多种侧屋“间”与正屋的组合形式（图6）。

5．主要功能空间平面演变

一栋房屋的整体平面形式之所以发生改变，

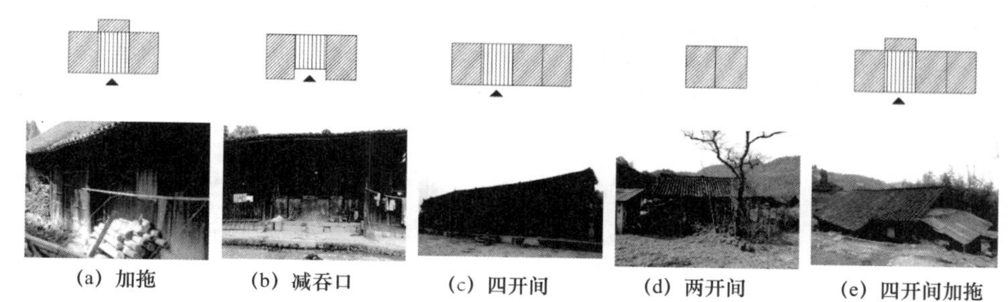

图4　平面形制变体

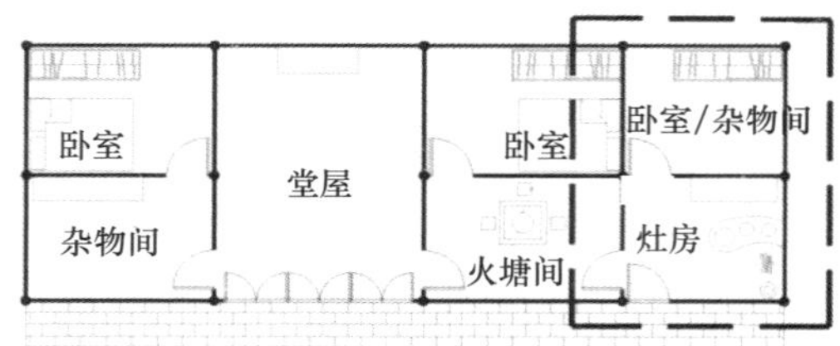

图5　新增正屋核心

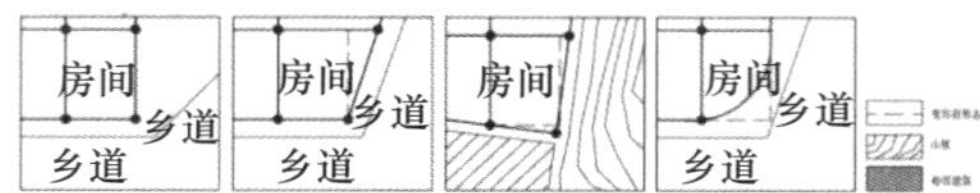

图6　间的不同组合形式

肯定是受到整体平面各组成要素的影响。一个小的功能空间平面发生变化，会引起与之相连的功能空间也发生平面的或增或减，这里仅以堂屋、火塘、卧室为例。

堂屋：堂屋主要的变化在于：①进深减小，面积减小；②堂屋后房间大多向后延伸，整体进深增大（图7）；③家装趋向现代化。

图7　堂屋间的演变

火塘：火塘的主要变化在于：①数量增加，位置由左侧移到右侧；②由于灶房和火塘合用，火塘面积增大；③功能更齐全，如添置了灶房、燃气灶、橱柜、烟囱等，装修有了改善如瓷砖贴面；④个别加建的侧屋会重新规划平面，留给火塘间一个独立、方正的大空间，火塘灶台合并同屋前后布置（图8）。

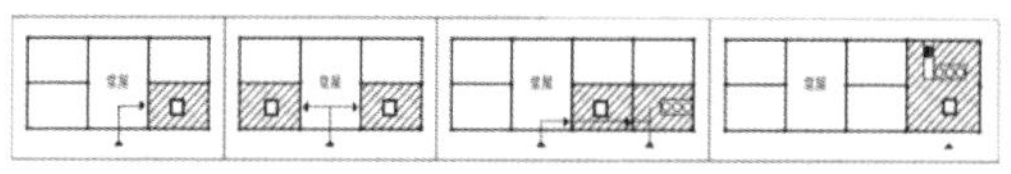

图8　火塘往灶房的演变

卧室：卧室的主要变化在于：①面积增大，房间数增多，使用率提高。卧室原本位于正屋左右人间的后半部。随着火塘使用频率降低，有的家庭会在夏季将火塘封了，将之作为卧室使用，增大了卧室的使用空间。加建的侧屋前半间作为灶房，后半间作卧室或杂物间使用。②装修现代化；③移向高处，如吊脚楼二层或砖房顶层。

四、演变的主导性因素

通过对平面形态演变的分析，结合实地调研与采访，笔者发现对自建住宅平面形态演变起主导作用的是人口因素。

老司岩现存最早的民居是明清时期所建，平面形式是回字形。回字形，也叫合院型、“四合水”，由间或廊围合而成，老司岩现存明清四合院老黄宅和新黄宅皆为一进四合院，不过其中老黄宅原本是有两进合院的，后因故损毁才形成如今的一进合院。明清时期老司岩作为水运的货品集散地，商贸频繁，经济旺盛，最繁华时光油铺就有48家，大批商贾云集于此。一屋之下，人口众多，子孙后代多的家族纷纷建造四合院以解决共同居住的问题，同时也能彰显家族财富与地位[4]。

民国时期连年征战，青壮年要么战死，要么残疾，极大地影响了村民经济生产生活。再加上传统家族社会中“多子多福”的观念，不少人有“早栽秧，早打谷，早养儿，早享福”的旧思想，妇女早婚、早育、多育的现象非常普遍，妇女初婚平均年龄仅16岁，最多可生育7~8胎，但在旧中国死亡率高，天灾匪祸加上疾病流行，人口问题并不突出。由于回字形房屋工期长、耗精力，不便于快速复制，这一阶段人们建房的财力和精力受到了局限，对空间秩序也少了些讲究，这时候建房开始走向简化和快速，首先做的就是取消了敞厅，再取消一边的楼子，直到最后两边的楼子都取消。反映到民居的平面形式上则体现为由回字形向U形、一字形过渡。

中华人民共和国成立后，百废待兴。国家实行计划经济，土地经济制度由封建土地制度向土地改革—农村合作化运动—人民公社体制过渡。在经济政策的改革下，农民的生活水平有了基本保障。人民生活安定，条件改善，家庭生产又急需大量劳动力，从20世纪50年代开始，古丈县人口即向着高出生率、低死亡率、高增长率的方向发展。生育观念的激发，极大地促进了人口增长，加快了房屋更新的需求和速度。然而，经历数千年封建社会再到半封建半殖民社会，土地一直集中在少数地主，豪强的手中。广大从事耕作的贫农，佃农却一直少地，无地。中华人民共和国成立后，共产党人决心从根本上废除它，于是提出了“打土豪，分田地”的口号，土豪被迫从四合院豪宅中搬出来，这些空置出来的回字形四合院有的被农民们以“填充式”入住，有的发展为生产大队、仓库、粮仓等公共建筑[5]。当时整个社会为了集中力量发展农业，土地收归集体所有，私有民宅无权私自进行扩张，房屋更新的需求被抑制，因此当时的主流一字形住宅并无太多变化。

1979年改革开放以后，国家主导的计划经济瓦解，人们对更新房屋的需求得以解放。由于家庭联产承包责任制，土地又流转到农民手中。受改革开放影响，整个社会的经济水平有了大幅度提高，农民既有钱又有地，可以修建新房了。同时，建国初期诞生的这批新生儿经过十几年的成长，于此时大多已到成家建房的时机，在一定程度上又刺激了农民建房的欲望，于是通过分家这一契机，条件好的另选宅基地修建新房，条件一般的则在祖屋旁扩建。其中扩建的居多，由于各栋住宅所处地势、周围环境不同，扩建的形式也产生了不同。

2012年，村内唯一的进村小道加宽改直，铺设水泥，改善了进出村的交通条件，农民建房材料得以更新。而受1984年一纸中央文件松开乡村户籍人口“自由出入”城市的高墙的影响，中国农村外出务工人数暴涨。即使闭塞如老司岩这样的古寨，也在错过第一波打工潮后听到了风吹草动。老司岩村民黄湘洁的父亲黄云生清楚地记得，家庭联产承包责任制开始后的一两年，家里困难得揭不开锅。“要是懒一点，就吃不饱。”而远在近千公里外的广东佛山，当时外来工已经可以拿到数倍于内地的工资。老司岩外出务工人数逐年增多，他们在大城市见多了钢筋水泥起的房子，见多了各式风格、各式造型的建筑。以至于2012以后，交通条件改善，他们荣誉归来，也想在老家修建一所房子，而城里那一栋栋光鲜亮丽的房子便浮现在脑海里，模仿复制便普遍成为一项通俗做法了。平面不再讲究对称，四开间、五开间皆有可能，层数不再是单层，二至四层皆有例可寻，平面内部功能划分也更加丰富。

研究乡村的居住建筑，这项工作从一开始便与国家提倡的“望得见山、看得见水、记得住乡愁”的主题政策相呼应，是符合人民愿望及需求的社会和文化行动，因而充满活力和未来[6]。刘沛林在《古村落：和谐的人聚空间》中指出：中国传统城市的形态，受明显的形制约束而表现出格局上的大同小异；与之不同的中国古村落，因自由灵活的生长状态显得不拘一格。所以，在漫长的村落自我进展过程中，单个民居建筑所表现出来的直观印象是丰富多彩的，但这些演变又是有规律可循的，我们可去探寻研究这些演变过程，并挖掘出导致这些演变发生的主导性因素，从而利用其指导新农村自建住宅建设。

参考文献：

[1] 陈晓杨．基于地方建筑的适用技术研究 [D]. 南京：东南大学 ,2004:19.

[2] 卢健松．建筑地域性研究的当代价值 [J]. 建筑学报 ,2008(7): 15-19.

[3] 杨胜池．清代以来老司岩伏波信仰的功能转换研究 [D]. 吉首：吉首大学 ,2016:21.

[4] 周婷．湘西土家族建筑演变的适应性机制研究：以永顺为例 [D]. 北京：清华大学 ,2014:239-240.

[5] 古丈县志编纂委员会．古丈县志 [M]. 成都：巴蜀书社 ,1989:349.

[6] 赖竞超．从被忽视，到顶层设计，三十年两代人留守史 [N]. 南方周末，2016-03-24.

基于城市记忆的沈阳铁西工业区更新与改造策略研究[①]

吕健梅[②]，李丹阳[③]

摘　要：在沈阳城市的近现代发展史中，老工业基地的城市基因和工业文化已经深植于这座城市。铁西区作为最大的集中工业区，体现了这段辉煌的城市历史。对其进行更新与改造的前提是保持城市记忆的连续性，积淀城市文化。本文分析了铁西工业区更新与改造的经验和问题；阐述了工业遗产是城市记忆的重要组成；提出基于城市记忆的城市要素再编策略：①转换城市旧区功能结构；②激发城市节点的触媒效应；③强化边界的特色景观

关键词：城市记忆，城市肌理，城市节点，工业区改造

城市发展是一个连续的过程，城市空间在不同时期的扩展就像生物体的有机生长，具有持续性。某个时期的城市是从继承以往历史时期的城市记忆而来，城市记忆的这种传承性，使一座城市具有了历史的厚重感。从个体对城市的认知角度，人们之所以能够认知一个城市的环境，记忆起了重要作用。感觉是对客体做出的当下反应，记忆是主体曾经的经历，感觉和记忆的交织构成人们对事物的认知。记忆具有关联性，它能够连接过去与未来、时间与空间，物质与精神。避免城市记忆发生遗失，城市文化发生断裂是城市更新过程中面临的极大挑战。

一、现状、问题与策略

在时代流变与本体恒在的张力中探究建筑文化意涵；在宏大叙事与微观日常的对话中展开建筑文化批判；在史学考据与多元透视的思辨中引导建筑文化发展。

（一）铁西工业区的发展沿革

沈阳作为东北最重要的工业城市，在发展的不同历史时期工业始终是主旋律。从20世纪40年代开始形成了铁西工业区，拥有冶金、机械、化工、建材、橡胶、制药等门类齐全的产业集群。50年代到80年代初，铁西区的发展达到了顶峰。直到20世纪90年代，随着新兴工业的发展和传统工业的升级，铁西区实施“东搬西建”战略，大批工矿企业被搬迁到原铁西区的西南部。仅在2001—2011年十年间，原有厂区和厂房的40%被废弃和拆毁。更多的商业、房地产、休闲广场、博物馆进入了铁西区[1]。

铁西老工业区已经完成了它的历史使命，其区域职能由工业生产转变为居住。在这个转变过

① 项目资助：国家自然科学基金项目（51678371）。

② 吕健梅，沈阳建筑大学建筑与规划学院，教授，ljm1225@126.com。
③ 李丹阳，沈阳建筑大学建筑与规划学院，讲师，lee_dy@126.com。

程中，如果完全拆除旧建筑，不仅浪费了大量资源，而且割裂了城市的过去与未来，破坏了城市记忆的完整性。造成城市实体形态的急剧变化和城市文化的断层。近年来城市微更新的观念取代了大规模拆建的城市开发行为。这种局部更新与改造延续了城市的历史，将城市记忆有机地融入到城市中去。

（二）铁西工业区现状

旧铁西区以工业为主的历史沿革形成了北场南宅、北疏南密的城市格局（图1）。以建设大路为界，建设大路以北街区尺度较大、路网比较稀疏，主要是工厂区和厂房建筑，商业和公共服务设施不完善。建设大路以南密度较大，主要是工人居住用地，从20世纪50年代开始修建工人村，此后陆续兴建了具有不同时期特点的居住小区。因此该区公共服务设施新旧混杂，规模和形式也比较多样。

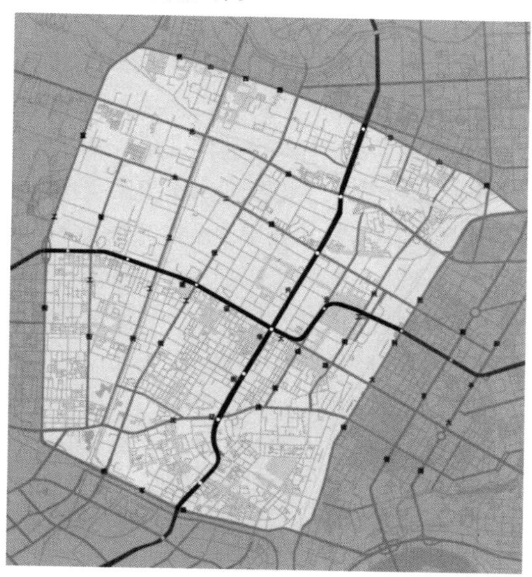

图1　铁西区城市结构图

随着工厂大规模向西南迁移，目前铁西区还有部分工业遗存，以及正在使用的现役厂房。主要集中在铁西区西北部。现存较大面积的厂区主要有沈阳热电厂、沈阳锅炉厂、沈阳轧钢厂等，其余大部分旧厂区已被拆毁，改建为商业、购物中心、住宅小区、写字楼等。旧铁西区的原有道路网基本保持原貌，虽然近年改建和新增了交通道路，并于2010年开通了地铁一号线。但是公交线路和站点与已经发生改变的城市结构和居住街区位置有很大矛盾，亟待整合与完善。

（三）问题与策略——城市要素再编

凯文·林奇认为好的城市环境应该有能力为人们创造一种特征记忆，称之为意象。城市各要素之间在区位上、功能上和形态上的牢固联系，所形成的可识别的稳定结构即城市的整体意象[2]。

铁西区南北区域均存在土地新旧使用模式之间的矛盾。建设大路以北原来以工厂区为主，需要保留的大型厂房等工业遗存较多。建设大路以南原来就是居住区，老旧建筑拆迁和新建小区对于城市肌理破坏较严重。区域功能的转变不可避免地造成原有城市结构的破坏，使城市意象变得混乱和“片段化”。人们的记忆只是一些城市要素的“零散组合”，仅仅通过旧有工业遗存的简单改造，不能形成新的城市意象和认知结构。只有通过创造新的城市活动和场所，进而引发对城市要素进行再编，才能形成有机的城市整体意象。

针对上述问题，提出城市要素再编策略：①转换旧区功能结构；②触发城市节点触媒效应；③强化特色景观边界。

二、转换旧区功能结构

（一）北部工厂区的功能置换

铁西北部工厂区的改造要进行大面积的功能置换，首先需要准确的功能定位。由于传统工业的生产需要，工厂区占地面积大，街区距离较远，城市肌理粗糙，缺少居住文化和设施。以城市公共空间和大型仓储为宜，如会展、博览城市公园等公共设施。其次，增加区域交通的通达性。西北区域位于铁西区的边缘，紧邻城市快速干道。实现北部区域功能置换的重点是加强城市轨道交通，未来地铁9号线的开通，在北一路上增设地铁站点，将改善该区域的可达性。同时还应采取增加公交站点，在区域范围内增加景观步行系统等方式。

最后，在功能置换的具体过程中工业遗存应采取活化再利用的方式进行改造。赋予旧建筑新的使用功能，使其能够被有效地利用起来，发挥新的经济效益和社会效益。铁西区工业遗存活化再利用的方式具体如下：

（1）厂区景观的整体改造。将厂区的车间、院落和场地等进行全面保护，形成大型工业风格的景观绿地和城市公共空间。厂区景观的整体保留能够能更生动地唤起人们对于生产场景的记忆，往往比单体建筑工业遗存效果好。位于卫工北街和北一路交叉口的原沈阳铸造厂，保留了部分厂区和厂房（图2），其中一个大型车间被保留下来，改造成集中展现东北老工业区工业文明的铸造博物馆。北侧临街加建了新的工业博物馆，形成现在的博物馆建筑群。目前铁西区现存较大型的厂区资源已经不多。主要集中在工业博物馆建筑群南侧，原红梅味精厂和沈阳化工厂旧厂址，拟建城市公共绿地和特色文化创意产业园区。

图2　沈阳工业博物馆及旧厂房

（2）承载历史信息的建筑物、构筑物的局部更新。西北区域还零散存留着废弃铁路、冷却塔、烟囱和运输管线等。这些工业遗存的活化再利用必须以城市整体结构为基础，系统地以多元化方式进行。

（二）南部工人村城市肌理修补

道路是城市的绝对主导元素。道路的长度、宽窄决定了街区尺度和城市肌理，道路的起点、终点和方向决定了城市几何结构网络[3]。

铁西区传统的南北分区，造成南北城市肌理和街区尺度的不均衡。西南部曾经是沈阳市最大的产业工人聚居区——工人村，城市相对比较密集（图3）。工人村始建于1952年，东至卫工街，南至南十二西路，西至重工街，北至南十西路的区间。占地面积73万 m^2，总建筑面积40万 m^2。至1957年共建成143栋苏式风格起脊式三层住宅建筑，现有两个组团的多层住宅大院被完整保存下来，成为工人村生活展示馆。

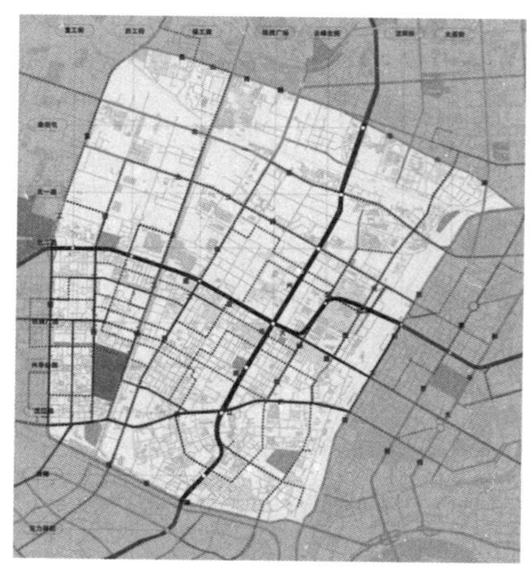

图3　工人村路网结构

从20世纪90年代开始又陆续建设了新的居住区。以肇工街为界，西侧街区城市肌理基本没有破坏，从富工一街到富工四街，仍然保留了有特色的老街区和街巷空间。在不改变原有城市肌理的前提下，按原有尺度恢复或重建旧住宅，局部更新改善公共服务设施，重新营建市井生活场景。东侧新建工人新村、启明新村等居住区规模比老工人村扩大了将近一倍，东西向城市道路基本延续原有城市肌理，南北向城市道路形成较大街区尺度（图4）。

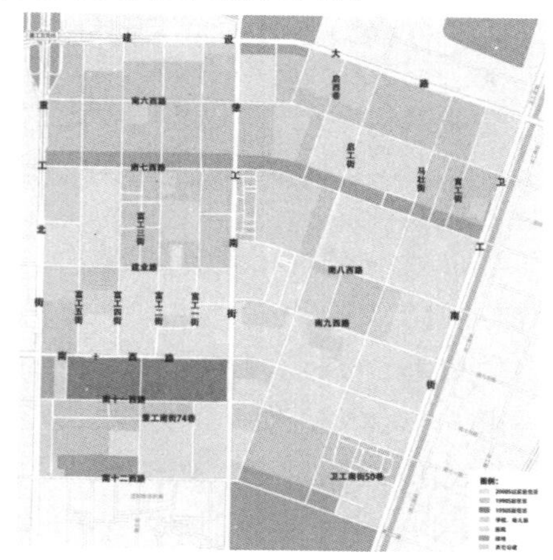

图4　工人村与工人新村肌理对比

由于商业小区空间的封闭性和管理的独立性，在小区内增建城市道路不可行，只能沿东西向城市道路增设公交站点，满足公共设施服务半径和步行距离要求，修复城市肌理。历史上铁西西区一直缺少南北向的交通联系，随着铁西区居住功能的逐步完善，工人村北部部成了新商圈，在修复东西向城市肌理的同时，还需要重新梳理南北区域的道路交通结构，有效利用北部商圈，实现城市公共资源的共享。

三、激发城市节点触媒效应

凯文·林奇把节点称为战略性焦点。如交叉口、广场、车站、码头、换乘中心等，在节点处往往自然形成区域的商业中心、文化中心等城市公共空间。带动城市发展和经济增长，形成触媒效应[4]。作为城市“触媒”应该具有区位潜力，具有良好的可达性、标志性、和与所处位置匹配的功能性，还应具有场所精神和表达城市文化的优势。铁西区经过更新改造形成了若干新的城市节点（图5）。

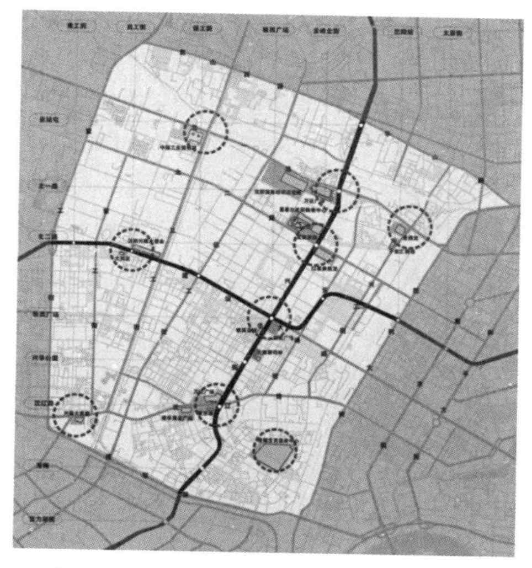

图5　铁西区城市节点现状

这些项目大部分是旧遗址新建的大型超市和购物中心，由于交通便利并且满足了居民的生活需要，而吸引大量人群形成城市节点。如兴隆大都汇、家乐福超市等。还有一些项目虽然区位优势不大，但是由于功能定位准确，延续了工业城市的记忆，形成了独特场所精神，因而形成了吸引了大量人流的公共活动空间，成为城市的新节点和地标性建筑，为区域注入了活力。

以2014年建成的铁西北二路大型商业项目为例（图6）。位于兴华街北二路的原机床一厂、风动工具厂于2007年搬迁到沈阳经济技术开发区，在原址上建起了包括宜家、红星美凯龙、星摩尔的大型商业群。宜家将功能定位在现代家居产业和餐饮业，在建筑风格上传达了与铁西区工业精神相符合的现代工业风格。不仅成功地激活周边城市空间的商业经济活动，而且为铁西区带来了新的地标性建筑、市民活动的公共场所、新型工业文化的代表。成功地形成了触媒效应。

图6　铁西区宜家

四、强化边界的特色景观

在城市意象中区域是一种可以进入“内部”体验的较大地块，如大片景观绿地、活动场地等；“边界”则是区域的分界线，是由自然或人工的线性要素构成，如河岸、铁路、湖面等。边界的强化可以使城市各个层级的区域划分更清晰。铁西区较大的四个区域是由建设大路和卫工明渠两条边界划分的。卫工明渠是铁西区的东西两部分的边界，始建于20世纪50年代，过去长期接纳铁西工业区和上游排泄的大量工业废水和生活污水。1985年开始，卫工明渠经过两年多的紧张施工，形成了总长度近7km的沿河绿化景观带。建设大路是铁西区南北两部分的边界。是旧铁西区工业生产和生活的大动脉，现在仍然是城市主要干道和城市轨道交通沿线[5]。它们是历史遗留下来的划分城市区域的传统边界，强化主要边界的景观特色延续了城市的记忆，能够增强城市的可意象性。

卫工明渠是贯穿旧铁西区南北的人工河，已经成为铁西区的标志性滨水景观带和特色景观。但是作为区域之间转换的边界，仍然存公共性、开放性和可达性差的问题。造成边界作用不强，削弱了城市区域变化的认知度。强化该边界的策略是：以明渠为轴线，结合公交站点，沿河两岸发展集景观、场地、服务为一体的功能性综合节点，发展步行系统，形成景观边界，增加城市区域的可识别性。在未来逐步向东西两侧辐射，形成完整的城市绿地网络和步行交通系统[6]。

与卫工明渠垂直相交的建设大路是铁西区的主要交通干道，但是由于以交通功能为主，仅在各个道路交叉口形成不连续的点状景观和城市空间，没有形成连续的有特色的景观边界。与卫工明渠相比较，缺少连续的特色景观和标志，使其边界的可识别性不强。在满足交通功能的基础上，将建设大路建成连续的景观廊道，强化边界的特色景观，增加城市可意象性。

五、结论

只有消失的才成为记忆，只有传承下来的才称其为文化。基于城市记忆的旧工业区更新与改造，是传统工业城市建立城市特色文化的契机。铁西区的工业文化是沈阳城市文化的重要部分。在旧工业区更新过程中不破坏区域整体结构，延续旧区发展脉络，对区域边界、道路、节点等城市要素进行再编，渐进式和富有弹性地适应城市新的格局，是延续城市记忆和积淀城市文化的有效策略。

参考文献：

[1] 陈伯超，刘万迪，哈静．近现代工业遗产保护与活用——以沈阳铁西工业区改造为例 [J]. 新建筑，2016(3):25-30.

[2] 凯文·林奇．城市意象 [M]. 方益萍、何晓军译．北京：华夏出版社，2001.

[3] 柯林·罗弗瑞德·科特．拼贴城市 [M]. 童明译．北京：中国建筑工业出版社，2003.

[4] 金广君，陈旸．论“触媒效应”下城市设计项目对周边环境的影响 [J]. 规划师．2006(11)22:8-12.

[5] 申红田，严建伟，邵楠．触媒视角下城市快速轨道交通对旧城更新的影响探析 [J]. 现代城市研究 2016(09):89-94.

[6] 林怀文．城市触媒与交通缝合——深圳市中心区福华地下商业街实施方案设计简介 [J]. 建筑学报，2001(11):34-41.

基于类型形态学的历史居住街区保护更新探索①
——以南京市大油坊巷街区为例

汪睿②，张彧③

摘　要：近年来，中国的城市化发展迅速，盲目的开发和修建导致许多珍贵的历史资源在建设中被破坏，历史建筑和街区的保护工作成为当务之急，而究其根源是因为缺乏理论和方法的指导。本文通过对城市类型形态学方法的研究，探寻适合中国历史居住街区保护的有效途径，并通过对历史居住街区的实地调研和形态学分析，对城市的肌理变化和发展差异提供理论解释，提出科学的历史建筑和街区保护措施及建议。

关键词：历史居住街区，类型形态学，城市肌理，保护更新

近年来，中国古建筑保护工作在如火如荼地进行，在经历过多次由于忽视了历史文化遗产和历史区域的珍贵性和重要性从而导致历史资源被破坏的教训之后，历史保护工作者也逐渐意识到，历史资源的保护和延续不再是单一的古建筑修复工作，而是应该包含历史区域的文化保护和传承。国内城市历史保护研究至少可追溯至梁思成在20世纪上半叶的工作，他不仅关注利用新的营造技术保护单体的历史建筑，同时强调应用规划策略保护历史城市和区域[8]。在历史建筑和街区保护受到重视的今天，历史保护工作需要一套既适用于区域保护又能够指导建筑修复的理论体系和方法，能够从宏观和微观的角度分析保护对象的历史文化意义和修复方式，类型形态学（Typomorphology）的应用正好填补了这方面的空缺。

一、类型形态学的历史发展

类型形态学是分析理解城市形态演变发展的重要工具，这种研究方法可以从不同尺度上分析城市空间肌理的组成要素和相互关系[1]，并且可以从宏观到微观地理解城市与建筑的发展规律[11]。1933年，德国地理学家康泽恩（M.R.G.Conzen）④在英国开创了城市形态学研究的“Conzen学派”，并采用了在历史发展过程中研究城市形态演进的方法，开展了在当时不多见的大比例尺城市形态研究[13][14]。以穆拉托瑞（S.Muratori）⑤为代表人物的意大利学派运用建筑类型学进行城市形态分析，将房屋类型与地块、街道联系在了一起，并对城市有机体进行构成要素的层级区分[4]。卡尼吉亚（Gianfranco

① 项目资助：国家自然科学基金青年基金资助项目（51208090），国家住房和城乡建设部软科学研究资助项目（2012-R1-7）。

② 汪睿，东南大学建筑学院，硕士研究生，553180358@qq.com。

③ 张彧，东南大学建筑学院，副教授，yyy_azy@qq.com。

④ 康泽恩，M.R.G. Conzen，1907—2000年，德裔英国人，杰出的城市形态学家、历史地理学家。

⑤ 穆拉托瑞，Saverio Muratori，1910—1973年，意大利学者，是当代城市形态学的奠基人之一，也是意大利学派乃至西方建筑学领域城市形态学的开创者。

Caniggia)[①]在穆拉托瑞的基础上提出具体度(level of specificity)的定义，以尺度为标准对城市层级进行进一步划分，对城市肌理在不同等级的解析度下进行观察、分析和描述，架构了从微观建筑学到宏观地理学的研究框架[6]。他们在研究中采用了把建筑类型学与城市形态学结合的方法，因此又称为"类型形态学"[3]。法国凡尔赛学派(Versailles)和来自其他国家的许多研究者也同样更新、完善和创新了城市形态学理论，对该领域做出了不同的贡献。1996年，国际城市形态论坛(ISUF)正式成立，城市类型形态学研究进入一个广泛交流和融合的新阶段[5]。

二、大油坊巷历史居住街区城市肌理研究

建筑历史并不像现代主义认为的那样是一个阶段代替另一个阶段，一种形式和风格代替前一时期的形式与风格，而是前若干阶段的建筑在下一阶段同时存在[12]。就是说在城市和建筑历史中，类型和形态的"历时性"是相对的，而"共时性"是绝对的。类型形态学的研究必须建立起立体的以时间和空间为轴线的研究框架才能够从中发现城市和建筑发展的规律，从而总结归纳出科学的设计方法[7]。以往国内的形态学研究多停留在某一特定时间点建成的状态而忽视了各个层级的不同历史阶段的研究，而对于历史连续性的高度重视正是意大利学派和康泽恩学派能够发展壮大的重要原因[10]。国内的城市保护工作应该认识到城市老地图这一重要历史资源，通过对不同城市层级的历史连续性分析发现和总结地块肌理特征的演变规律，为往后的保护和设计工作指引方向。

(一)历史居住街区城市肌理的研究方法

在类型形态学的理论中，层级系统是个非常重要的概念，结合历史居住街区特有的院落布局，笔者将其定义为8个层级：城市、区域、街区、地宅院、房屋、构造和材料(表1)。

城市层级研究体系　　表1

城市	自然环境为主，如城市的地形、地质、气候条件等
区域	区域性自然环境和人工环境，如河流、峡谷、沼泽地以及主要道路网、城市天际线，城市功能区等
街区	功能性人工环境，如城市公园，交通系统，车辆和行人，特定功能建筑群，标志性建筑等
地块	生活性人工环境，如公共活动空间，街巷空间，社区服务设施，商业，住宅等
宅院	具有产权归属的生活领域，如室内外空间，建筑群，院落，人群，社交活动等
房屋	具有家庭特征的生活领域，如功能性房间，室内环境，室内设计，家庭活动等
构造	建造构造，如房屋结构、施工技术、细部节点等；生活构造，如家居布置、家庭成员、生活方式等
材料	建造材料，如结构材料、装饰材料和某些专用材料等；生活材料，如金属、塑料、布、纸、石头、木料等

大油坊巷历史居住街区由于受到不同历史阶段各具特色的建设的影响，产生了丰富的肌理累积的面貌，本研究以历史地图和资料以及实地调研成果为基础，分别从时间序列和空间分布的角度关注历史居住街区中平面肌理的演进过程，并针对其建筑年代、层数、结构、质量等可能影响肌理变化的因素进行详细的资料收集和实地考察，分别在街区、地块和建筑层级绘制了平面肌理图，再与现状地图进行对比分析来发现其中存在的演变逻辑[9]。

(二)街区层级肌理分析

对南京市秦淮区大油坊巷历史居住街区的地图资料进行整理和比较之后，可以看到街错综复杂的街道格局、地块边界和建筑群。整个街区体现出区别于周边现代化城市格局的街巷特色和建筑风格。在某些区域形成较为集中的局

① 卡尼吉亚, Gianfranco Caniggia, 意大利建筑师, 费拉拉大学建筑系教授。

部整体性特色，并且在多个位置重复出现，从而形成了街区的整体印象。同时，不同区域地块又呈现出一定的差异，加上与之相邻街巷进行组合形成了各自区域的独特性。

大油坊巷历史居住街区位于南京老城东南部，内秦淮河东段以东：西侧紧邻内秦淮河两岸传统历史居住街区，南侧靠近双塘园历史居住街区，北侧靠近夫子庙历史文化街区，文化氛围浓厚，东侧、南侧分别抵箍桶巷、马道街两条城市次干道，风貌区内无城市主次干道穿越，是南京城南整体风貌较为完整的明清传统民居区，其在城市中的地理位置以及和其他重要标志性建筑和区域的相对关系在城市建设中一直保护完好。老城区中虽然包含了各个时期的建设痕迹，地块和道路也随着经济发展和城市建设而产生适应性改变，但是由于标志性节点的存在加上原有城市路网和水系的保留而呈现出具有历史内涵的城市肌理。通过宏观的城市肌理分析，可以看到，大油坊巷历史居住街区作为保留下来为数不多的历史居住街区，其价值不仅体现在内部的历史建筑和文化上，还应该作为城市肌理的重要节点加以考虑。

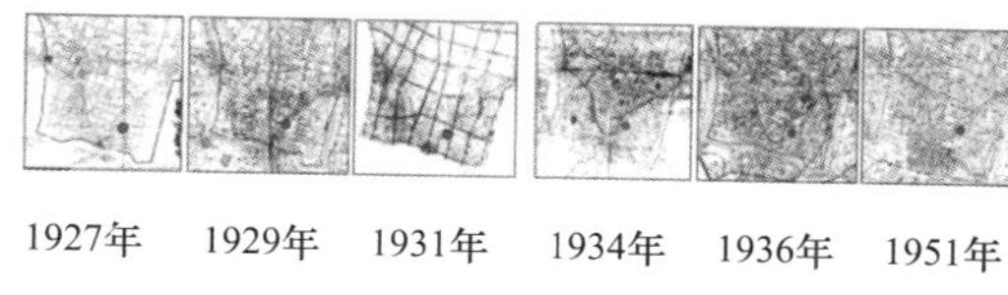

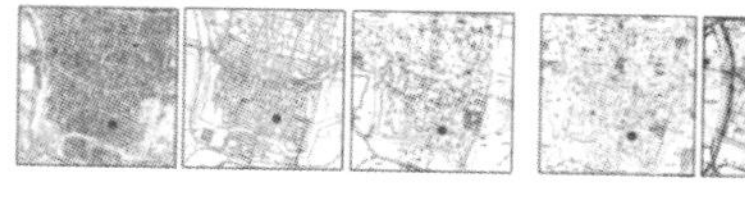

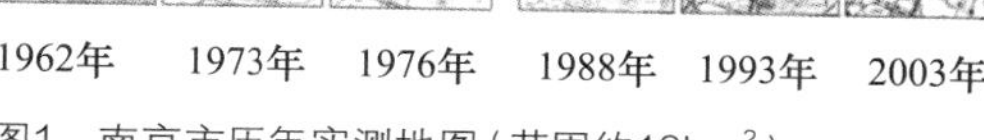

图1　南京市历年实测地图（范围约16km²）
来源：南京市规划局

（三）地块层级肌理分析

该层级主要从地块组团、道路系统和公共空间三个方面加以讨论。

地块组团方面，最早呈现出由十字形路网划分的四块区域（图2），然后主要在东北角较大范围的区域进一步细分，总体保持了南北垂直划分的方形地块格局，其中：西北角的组团保存完好，没有经过拆除重建，地块范围和环绕道路都延续至今；西南角的地块在1940年左右经历了拆除重建；东侧的地块在1930年左右经历了大规模的拆分，东北角的万氏故居和东南角的小部分区域保留至今。

道路系统方面，由西侧最早的两条垂直交错的道路逐渐向东侧延伸扩展，从道路和公共空间分离变成道路和公共空间混杂到最后只剩下路网系统。道路宽度由宽敞逐渐变得狭窄，到2014年左右，街区内部的主要道路已经不足3m，最窄处仅能一人通过。街区北侧的小油坊巷在2005—2014年之间经过改造，形成了现在直线的小西湖巷，街区西侧的建设量相对较小，最早的十字形道路被保留下来。

公共空间方面，街区内主要表现为由单一开放区域转变成两个相邻的开放区域（祥鸾庙和小西湖）到最后开放区域消失（拆毁和填湖）。1930年以前，西侧堆草巷宽度较宽，历史资料也显示这里是堆放草料的室外场所，东侧公共空间主要围绕小西湖的水面分布；1930年以后，由于祥鸾庙的搭建，街区内增加了祭拜的公共活动，公共空间也得到了扩展，由单一向多元转变；随着经济发展和城市建设，土地价值提高，庙宇被拆除，湖泊被填埋，到了2014年左右，街区内的公共空间基本全部消失。

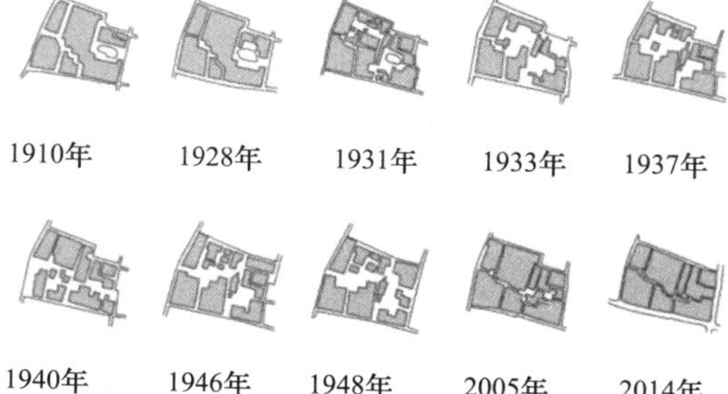

图2　街道层级肌理变化（范围约0.1 km²）
来源：研究团队整理

（四）宅院—房屋层级肌理分析

在城市—街道—宅院—房屋四个层级中，城市层级规模最大，肌理改变速度最慢，经久性最强；街道层级次之；宅院—房屋层级规模相对较小，由于人口流动快，建设行为频繁而呈现出常改变，多样化，经久性弱的特点（图3、图4）。

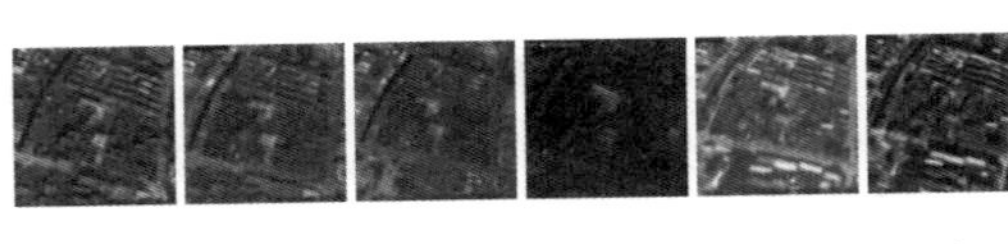

2005年1月 2006年4月 2007年7月 2009年8月 2010年8月 2010年11月

2011年10月 2012年10月 2013年1月 2013年4月 2014年3月 2015年1月

图3 大油坊巷历史居住街区历年卫星图
来源：谷歌地图

1 地块 2 地块 3 地块 4 地块

图4 大油坊巷历史居住街区地块照片

1 号地块中的院落属于政府机构，占地面积较大，有内院和停车库，建筑层数为 5~6 层，材料为混凝土，与周边民居相比尺度较大。2005 年 1 月时，只有南侧靠马道街的建筑为灰瓦坡屋顶，2006 年 4 月以后，进行过屋顶翻新，其余两栋也变成灰瓦坡屋顶，但东侧建筑的屋顶的白色突出物仍然保留。该地块中的建筑从平屋顶变为坡屋顶推测目的是为了与街区肌理相吻合，从平面上看的确起到了一定效果，但是由于建筑尺度与传统民居完全不同，在街区中显得非常突兀，而且封闭式的管理也与周边房屋关系紧张，形成较封闭的环绕巷道，不利于居民生活。在实地走访调研过程中，我们发现，新翻修的屋面采用了徽派建筑的白墙灰瓦和马头墙形式，该形式虽然属于江南传统建筑可是与小西湖当地民居屋面肌理风格截然不同，使得该地块的建筑既缺乏功能和尺度的适宜性又丧失了肌理文化的统一性。

2 号地块位于堆草巷南端入口附近，北侧是四层的长乐配电站建筑，西侧和东侧分布了大量一层的坡屋顶民居。2005 年 1 月该地块为靠近道路的一片空地，并有围墙阻隔，是高度密集建设的大油坊巷历史居住街区中少见的开敞地带；2006 年 4 月该地块中新出现三栋红色机平瓦屋顶的一层房屋，中间一条道路将其分为西侧两栋和东侧一栋，新建筑屋顶的颜色与周边房屋相比较淡，差异明显；2009 年 8 月时，地块东侧建筑改造为蓝色金属板屋面，地块西侧的红瓦屋顶此时基本与周边旧民居颜色接近；2010 年时，贯通地块南北的道路宽度足以让卡车通过，2011 年以后宽度变窄，车辆勉强通行；直到 2015 年时，该地块已经非常拥挤，西侧红瓦建筑完全融入该侧房屋群之中，东侧仓储功能也向周边几栋房屋蔓延，蓝色金属屋顶面积进一步扩大。可见，该地块由于新建道路的穿过重新进行了分区，变成了几栋较小的房屋，道路两侧功能逐渐发生了分化，屋顶形态肌理往完全不同的方向发展最后形成了截然不同的外观。

3 号和 4 号地块主要以临街居住建筑为主，尺度较小，多为一层坡屋顶房屋。前者位于马道街和箍桶巷交界处，靠近南侧以商业为主导的老门东历史街区，房屋为混凝土结构，在十年中经历过多次翻修和整改。2005 年 1 月时，只有靠近箍桶巷的两栋房屋为坡屋顶；2009 年 8 月时，该地块靠近马道街的两栋平屋顶房屋被改造为灰色机平瓦屋顶。4 地块在 2005 年 1 月时为面向东侧箍桶巷的三进深房屋，据历史资料记载为万氏兄弟故居；2009 年 8 月时，由于西侧的三层混凝土建筑被作为夫子庙街道社区服务中心投入使用，该地块上的房屋被全部拆除，成为其内院和停车场；2010—2015 年期间，该地块中陆续植入了几棵大树。这两个地块的肌理变化说明居住和商业功能的房屋极易因为功能和周边发展发生变化，3 地块由于受到风貌整治的影响而改变屋顶肌理，4 地块房屋由于政府功能的置换而被拆除，可见经济和城市发展对于街区肌理的改变有着至关重要的影响。

（五）平面类型和要素分析

大油坊巷历史居住街区中平面类型呈现出多样化的特点，包括道路、建筑、设施等方面的特征。道路方面，大油坊巷、小西湖巷、箍桶巷、马道街为四条外部车行道路，箍桶巷为城市次干道，车流量较大；堆草巷、西湖里、朱雀里以及其他几条没有名字的道路是小西湖街区内的人行道路，有弯曲，不适合车辆进入，但是街区内部的这几条支路在基地中的作用很大：连接了南北和东西主要街道，方便居民出入；大油坊巷沿街布满了商业，餐饮等设施，大大满足了居民生活的需要，一定意义上充当了市场的作用。由于近百年来街区内道路的数次翻新，街道尺度和功能的逐渐分化，大油坊巷历史居住街区的街巷呈现出多元化的状态，道路宽度从不足 1m 到四五米宽度不等，道路铺地也根据行车和行人功能进行了区分（图 5）。建筑方面，由于历史悠久，街区经过很多次大拆大建，房屋呈现出不同年代混杂的状态，同一条街道上，房屋的朝向也不统一，由此可以推测出该区域中的原始路网分布和房屋位置朝向。同时，街区中某些建筑室内平面比街道高，某些比街道低，可以推测出这里的路面可能经过整修，路面高度发生改变，而道路两侧建筑不在一个水平面上则有可能历史上此处存在局部山坡或者湖泊等地形变化，这些可以作为推断历史居住街区中原有环境条件的参考资料。基础设施方面，街区内呈现一定的区域差异和带状特征：东侧靠近主要干道的房屋和西南侧新建多层住宅楼的基础设施如卫生间和厨房等配备较齐全，而西北侧和大部分街区内部的老旧房屋多缺少基本的厨房和独立卫生间；街区沿外侧道路商住结合房屋和沿内部主要巷道新建房屋的基础设施配备表现出优于非道路两侧的房屋的状态。可见，历史居住街区基础设施的配备情况依赖于临近的城市建设和道路规划，内部差异性的产生受新老建筑的更替的影响。

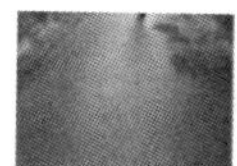
水泥路

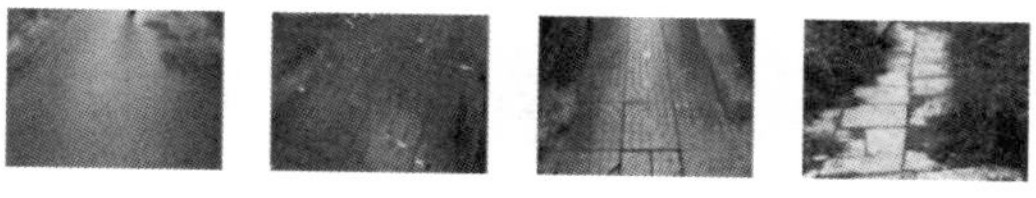

硬质铺地 1

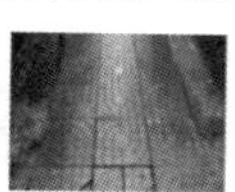
硬质铺地 2

软质铺地

图5　大油坊巷历史居住街区铺地选材

三、结论与建议

本文首先从不同的城市层级中，结合不同的历史阶段提炼出对空间肌理产生影响的要素类型，然后对其进行历时性和共时性的比较分析，找出演变规律和相互联系，判断某个要素的类型在街区中肌理的演变中是否存在影响。同时，针对不同层级的城市层级可以选择适合的调研方法。例如：城市层级的研究可以向规划局收集历史地图，使用叠图、软件分析等方法观察其演变规律，重点记录水系和主要街道的走势，针对变化明显的局部地区分析其变化原因；街道层级则可以通过绘制道路与地块的图底关系来分析街区内部各区域与街道的关系，地块与建筑群的关系，院落与房屋的关系。宅院与建筑层级则可以通过卫星图分析街区的内部的地块组团、道路系统和公共空间、屋面形式和材料的演变规律，并针对不同变化类型的地块进行原因分析，研究影响该街区肌理变化的内因和外因。

大油坊巷历史居住街区从 20 世纪初到 21 世纪初基本保持着一致的街区轮廓，周边水系和路网也基本没有发生改变。但是随着城市规模的扩大，原本位于老城南靠近城墙的边缘地带现在已经成为了城市最繁华中心区域，周边高楼林立，道路被拓宽，各种旅游景点和商业街区环绕，历史居住街区内保留的建筑和街道尺度反而与现代化城市格格不入。由于没有找到合适的更新办法，街区内的居民既没有享受到现代化城市带来的生活品质的提升，也没有受益于历史街区悠久的文化价值。街区内部的道路在历史变迁中获得拓展，但是宽度被压缩，与城市接轨的出入口已经不适宜车辆通行，针对这种状况需要合理定位该街区未来的发展方向：如果以封闭保护为主，则应该考虑其他车辆通行的办法；如果想要开放街区，加强与现代化城市的融合，则应适当恢复主要道路的宽度，以适应车辆的便利同行。街区内的公共空间由于土地紧缺已经完全被住宅占据，这种现象是在近代出现的，不利于居民生活和社区环境的塑造，参考历史上的祥鸾庙的空间尺度和模式可以有针对性地进行历史复原或者公共空间的重塑。通过共时性分析可以发现不同地块之间的相似和差异之处，房屋年代组成和结构的相似是因为这些地块拥有相同的历史经历，保留了各个时期的要素，这些共性是将历史居住街区甚至是城市各个区域联系在一起的文化纽带；而建筑层数和质量的不同可以反映出街区中存在丰富的功能组成和分区，在经历过拆除和重建之后，产生了风貌上的差异，类型形态学指导下的历史保护不仅仅需要从古建筑和古街区中发现延续下来的代表“类型”，也要尊重社会和经济发展规律，在满足市民生活的基础上灵活地进行类型的“转译”，以满足现代化功能和审美的需要。从研究中也可以看出，历史建筑周边环境的变化会使建筑风貌随之发生改变，特别是沿街的房屋会受到商业、道路、景观等城市建设的影响；反过来，街区中房屋的修建也会影响整个历史居住街区的空间肌理，特别是一些公共建筑和公共空间的建设，由于体量和占地面积较大，会对整个街区的空间布局产生巨大影响。因此，无论是历史建筑修复还是历史区域保护工作都不能只考虑单一层级的要素，建筑的发展与周边环境的变化是密不可分的。建筑类型绝不可能只从构造材料的研究中得出，它必然与区域文化的传承相联系；城市形态的演变也不能仅仅站在宏观规划的角度考虑问题，而是认识到街区、地块、道路、建筑的共同组成作用，也要从局部要素的角度探究合适的城市肌理演变方向。

参考文献：

[1] 陈飞，谷凯．西方建筑类型学和城市形态学：整合与应用 [J]. 建筑师，2009（02）.

[2] 陈飞．一个新的研究框架：城市形态类型学在中国的应用 [J]. 建筑学报 ;2010（04）.

[3] 邓浩，宋峰，蔡海英．城市肌理与可步行性——城市步行空间基本特征的形态学解读 [J]. 建筑学报，2013,（06）.

[4] 段进，邱国潮．国外城市形态学研究的兴起与发展 [J]. 建筑规划学刊，2008,（05）.

[5] 韩冬青．城市形态学在城市设计中的地位与作用 [J]. 建筑师，2014,（04）.

[6] 蒋正良．意大利学派城市形态学的先驱穆拉托瑞 [J]. 国际城市规划，2015（04）.

[7] [英] 康泽恩．城镇平面格局分析：诺森伯兰郡安尼克案例研究 [M]. 宋峰译．北京：中国建筑工业出版社，2011.

[8] 梁思成．中国建筑史 [M]. 百花文艺出版社，1998.

[9] 聂真，曹珂．历史街区构成要素的类型学思考 [J]. 山西建筑，2008（29）.

[10] 邱国潮．国外城市形态学研究——学派、发展与启示 [D]. 南京：东南大学，2009.

[11] 沈克宁．建筑类型学与城市形态学 [M]. 北京：中国建筑工业出版社，2010.

[12] 汪丽君．广义建筑类型学研究 [D]. 天津：天津大学，2003.

[13] 汪丽君．康泽恩城市形态学理论在中国的应用研究 [D]. 广州：华南理工大学，2013.

[14] 张健．康泽恩学派视角下广州传统城市街区的形态研究 [D]. 广州：华南理工大学，2012.

场所营造与城市历史街区的微更新保护

胡文荟[①]，王舒[②]，赵宸[③]

摘　要：历史街区的保护更新不仅仅是实现建筑物质层面的更新改造，还包含着一种更加深层次的，一种能够引起人们集体共鸣，具有可识别性的感性的场所营造。本文以大连东关街这片越发破败、残破，并且变得与周边街区格格不入的老城区为例，提出“微更新”的保护更新手法。这种模式的运用能够重新激活历史街区的发展潜力，使得历史街区不仅能够保留住历史街区作为城市灵魂与记忆的这一载体，而且使得其更加贴近现代的生活并且具有时代性。

关键词：历史街区，场所，营造，东关街，更新

一、场所营造与城市更新

一座城市之所以能够对人产生一种向心吸引力，最根本原因应该归结为，这里的街道，建筑，甚至是一道门槛，一花一木都能够将你的感觉带入其中，让你能够走进一个无止境的“内部”世界。使一座城市成为一个场所的力量，主要是彻底地感受到场所精神的存在，这种感受，当我们处于一个到处都是老房子和古树交相辉映的地方时又尤其强烈。如果一座城市单纯作为人类聚居的功能而存在，无法引起上述所说的场所感受，那么这座城市就是死亡的城市，正如罗西所说：“城市实际上是生存与死亡的大本营，其中有许多元素就像标记、符号和警示一样。当节假日结束时，建筑上便留下伤疤，砂土又重新占据了街道。除了固执地重新进行修建以期待另一次节假日之外，什么都没剩下。”罗西认为，欧洲的城市已成为死亡的住所。它的历史和功能已经结束；它早已抹去早期单个住房的特有记忆而成为一种集体记忆的场所。作为一个巨大或集合的住所，城市所具有的心理实现是由其作为幻想和错觉的场所而引起的，这与生和死的转换状态相类同。

城市建筑学，研究的是城市这一个建筑体，也是罗西提出的全新的视角。城市建筑体最深层次的结构：建筑体的形式及城市的建筑艺术。“城市的灵魂”成了城市的历史，成了城墙上的标记，成了城市的记忆和独有的明确特征。所以对于罗西而言，城市是一个集合了市民们集体记忆的，与物体和场所相联系的大的建筑单体。这一点和康提出建筑必须以场所的观点视之不谋而合。“房间”对他而言是一处具有特殊特性的心灵的场所，“建筑物”则是“房间的社会”。街道是“房间的共识”，城市则是“一个场所的集合，对提升生活方式的感受给予关怀”。场所的特性是由其空间的特性和它们吸收阳光的情形所决定的。因此他说，“当阳光还未照射在建筑物的外表时，太阳并不晓得自己的奇妙”，

---

① 胡文荟，大连理工大学建筑与艺术学院，教授，huwenhui7752@163.com。
② 王舒，大连理工大学建筑与艺术学院，硕士研究生，shushu_19921019@163.com。
③ 赵宸，大连理工大学建筑与艺术学院，硕士研究生，527353527@qq.com。

而且“一件房间的元素中窗户是最神奇的”。这种想法与海德格尔非常接近。

所以，无论从哲学还是建筑学抑或城市建筑学的基点出发，我们都必须重视场所感的营造。基于罗西提出的纪念物的经久性的观点，一个城市的历史街区物质空间就具有这种所谓的纪念物单体的经久性。城市“最有意义的经久性体现在街道和平面布局中，布局在不同层次上延续下来；虽然布局变得有所不同而且通常会产生变形，但本质上并没有被取代”。所以，传统历史街区的物质形态格局，不仅在相当长的时间内保持着较高的稳定性和延续性，传统建筑内部空间的组织结构、形式特点与色彩、建筑材料，以及建筑内外空间的构成关系，都鲜明地体现了当地特有的地缘属性和文化主体性。社会在不断发展，任何城市建成环境自建成那天开始就已经过时。而对很多建成环境来说，无法完成像“新陈代谢派”理想中建筑主体的永续更新，因此要使建筑与城市空间能够不断刷新自我，满足使用需求，局部的调整与更新似乎成了必然的要求。“微更新”意味着既有别于城市建设模式，又在相对于既有城市更新模式较小的尺度上出现的、更新服务指向较为有限的使用群体的、较易组织实施的、低成本与短周期的更新模式。“自下而上”的微更新开发模式具有小规模、有机、渐进、富有人文关怀等优势。在这样的语境下，“微更新”的提出代表了一种对宏大叙事的反作用。贴近空间使用者的更新行为暗示了较少的抽象成分，转而更多地体现出日常性特征。

二、城市微更新与东关街改造的具体实践分析

（一）东关街历史背景

大连东关街，这个有着100多年历史的老街区，承载着大连几代人的梦想与记忆。老一代大连人用自己的智慧和勤劳让街区焕发出勃勃生机，从饮食、商业到生活习俗无不成为今日大连的文化土壤。东关街作为大连的历史老街之一，其建成和发展背景却极具特点和保护价值，东关街是在沙俄规划影响下建成，经历了日占期经济文化入侵。在此规划下中国人被聚集在小岗区一带，东关街就此形成。东关街从建设之初至今其街区业态都以商业和服务业为主导，是殖民期大连最大的中国人聚集区和最繁华的商业区，也是唯一兼容了中国传统院落形式与日俄建筑风格的历史老街。东关街经历了百年的发展和演变，形成了融入这个城市的独特脉络，但如今这片老城区却越发破败，并且变得与周边街区格格不入。街区内部的基础设施落后，交通组织混乱、道路狭窄、停车位缺乏。现有街区的建筑主要用于居住，空间与功能过于单一。街区内有诸多新建建筑插建在原有传统建筑群内，进行无规划地翻建、加建，导致院落的产权归属混杂，传统建筑风貌破坏严重。该区的房屋质量整体较差，破败严重（图1）。街区现有使用人群中外来务工人员居多，不利于街区与建筑的保护与文脉的传承发展。东关街的经济产业与周边现代化经济产业联系缺失，没有产生经济区位效应。

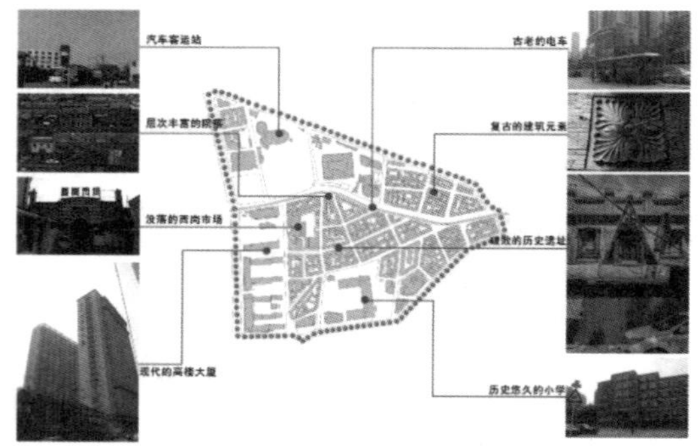

图1　东关街现状

（二）微更新方法提出的理论依据

对于东关街的保护办法，也是众说纷纭，各执一词。西岗区政府曾想只留下幸福大院等周边三个院落建筑加以保护修缮，将周边其他建筑进行拆除重建（图2）。但显然这种方法是不合适的，仅仅保留几栋单体建筑，其实就是在消除空间形态的多样性，这也意味着随之带走了相应的控件只能和以此为基础的社会行动。能够

有效汇聚多样化社会性的空间形式，甚至是还原属于东关街繁盛时代的生活形态，才能够重新建立这一片陷入失语状态的，与现代城市空间发生断裂的传统文化历史街区。所以大面积的拆除甚至完全拆除东关街是首先被否定的方式。

图2 保留建筑示意

自20世纪80年代初期，陈占祥提出要把城市更新主要定义为城市“新陈代谢”的过程。我们可以看出，20世纪80年代中国的城市更新途径涉及多个方面，既有西方曾经畅行的推倒重来，也有对待历史街区的保护和旧建筑的修复等。吴良镛先生站在城市的“保护与发展”角度，在1990年提出了城市“有机更新”的概念，但必须指出吴先生的“有机更新”更偏重城市物质环境的改善。随着城市问题的不断深化，2000年以来，建筑学和城市规划学相关领域的学者们开始注重城市建设的综合性与整体性，尤其对于坚持城市的可持续发展的论调逐渐占领了重要地位，譬如：张平宇的“城市再生”、吴晨的“城市复兴”、于今的“城市更新”等。表1列出了一些比较有代表性的中国近年来关于城市更新概念的定义（表1）。

国内具有代表性的城市更新方法　表1

时间	作者及概念内容	强调点
1980	陈占祥 （城市更新） 城市总是经常不断地进行着改造和更新，经历着“新陈代谢”的过程。城市更新的目标是振兴大城市中心地区的经济，增强其社会活力，改善其建筑和环境，吸引中、上层居民返回市区，通过地价增值来增加税收，以达到社会的稳定和环境的改善	强调城市的“新陈代谢”过程，突出经济发展在城市更新中的作用。城市更新途径包括重建、保护和建筑维护多方面

续表

时间	作者及概念内容	强调点
1994	吴良镛 （有机更新） 即采用适当规模、合适尺度，依据改造的内容与要求，妥善处理目前与将来关系——不断提高规划设计质量，使每一篇的发展达到相对的完整性，这样而集无数相对完整性之和，即能促进北京旧城的整体环境得到改善，达到有机更新的目的	从城市的“保护和发展”出发，当中体现“持续发展”的思想
2004	张平宇 （城市再生） 伴随城市化的升级，针对现代城市问题，制定相应的城市政策，并加以系统管理和实施的一个过程	从城市化的过程中出现的城市问题角度出发
2005	吴晨 （城市复兴） 用全面及汇融的观点与行动来解决城市问题，寻求一个地区得到经济，形体环境，社会和自然条件上的持续改善	强调整体观以及改善结果的持续性

（三）东关街改造具体实践分析

对于历史街区的保护更新方式，应该是渐进式的，可持续的保护更新，而对于中国城市更新的方式中，我认为有一些更新方法和手段是可以借鉴的。从场所营造的角度出发，我们称场所的建造为建筑，透过建筑物，人赋予意义具体的表现。同时季节建筑物并形象化和象征化其生活形式成为一个整体。因此人的日常生活世界变成一个非常有意义的居所，因而面对历史街区的破败和文化的失落，我们企图寻找一种对于原始日常生活世界的回溯方法——微更新，即不仅仅是实现建筑物质层面的恢复更新，更是重塑原属于东关街的场所记忆并赋予它新的活力和生机。

1. 点式更新，以带全局

东关街现在的主要功能为居住，使用人群以外来务工人员居多，其次的功能还有小型商业与小型工业。街区功能较为单一、服务人群有限，不利于街区长期平稳的发展。前文已经提到，对于历史街区的保护更新方式，应该是渐进式的，小规模的，而不是大规模的拆改重建。因此点式更新的方式，我认为是可行的。可以选取某一片区（如幸福大院）为改造试点，通过对于这一片区的小规模建筑空间形态、布局的改造带动整个东关街的保护更新。

从改造内容上，我认为建筑物质层面的改造是必不可少的，东关街建筑经历了百年的岁月洗礼，已经变得老旧和破败，居住条件恶劣，天花板漏水、掉灰等现象严重，建筑保存质量不高（图3）。我们将在尽可能保留原态的基础上对东关街小格局、高密度的生活起居空间进行物质空间的重塑，以提高东关街区的空间品质。我们必须认识到的是，点式更新不仅仅是对居住空间的物质恢复，更是起到一个向心分裂的作用。所以，对于东关街内极具老式生活样态的空间，

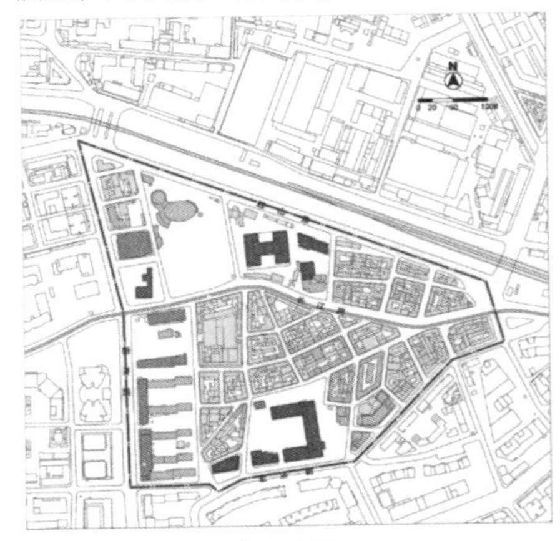

图3 东关街现存建筑质量

我们应该予以重视和重点恢复。

2. 老字号新模式

在街区原有功能的恢复上，对于大连老字号进行重塑。在历史文化展示区中重新引入大连老字号，通过调研分析，过去东关街内部的大连老字号有几十处，先保留的大连老字号依然有十余处，从街区功能的层面来讲，重塑大连老字号有利于街区功能的丰富，巩固街区地位。从文化意义来讲，老字号的回归也意味着大连民族资产业的寻根溯源，实则文化的回归。但老字号的回归并不意味着完全的重现，比如大连老字号的理发店，我们可以将具有年代感的空间场所与全新的经营模式相结合。使之更加具有可发展性和生长性。

3. 特色居住模式的放大营造

东关街中有不少具有特色的居住空间，如外廊围合的院落空间、精致小巧的生活空间、以炕为主导的休憩空间、交互相通的邻里空间。这些都是值得我们去重塑的具有典型的具有老式大连生活味儿的功能空间，下面我将分条列述如何对这些具有特色的居住模式进行放大营造。我认为，这不仅是我们对于东关街保护更新的重点之所在，更是对于东关街场所营造的灵魂之所在。

1）交互空间营造

随着现代生活节奏的加快和集合却封闭的住宅模式，邻里之间的交往变得越来越少，而显然，这并不是我们所乐意看到的情况。如何改善邻里的交互模式，创造和谐亲密的交互空间，我们可以从东关街的老建筑之中学到经验。开放的外廊、内廊（图4），共同使用的内院，尺度宜人的街道，使整个东关街有着良好的邻里交互空间，也使得东关街极具人情味儿，也就是我们所谓的场所感。所以，对于东关街现存的这些空间模式，我们应该将它们保存并恢复，甚至赋予它们更多的空间价值和意义。

图4 外廊空间示意

2）炕、灶空间营造

提及东北民居，人们最先想到的就是一家人坐在炕边的矮桌上吃饭、交谈的生活场景。炕、灶似乎成为了东北生活特色的代名词。所以，对于这样的生活空间的恢复改造是我们应该重点关注的。而东关街的炕灶空间，更是具有其自身发展的特点（图5）。如果我们将这种生活空间放大，对于场所感的营造和空间辨识度的提升都是有意义和价值的。

图5　炕空间示意
来源：百度百科.努尔哈赤祖屋 与南北大炕，http://www.tuxi.com.cn/viewtsg-15-1030-19-3247914_509514093.html

4. 街区尺度与城市尺度的重新连接

对于东关街的保护更新不能仅仅局限在对于原有功能空间的重塑上，同时我们需要引入一些新的功能，以激发东关街的活力。值得我们注意的是，东关街现存的空间格局是适宜我们去引入这样一些新的功能以带动整个片区的发展的(图 6)。

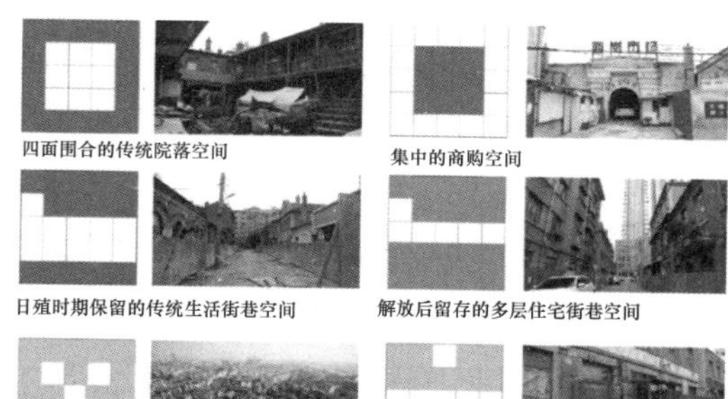

图6　东关街空间示意

1）设置小型博物馆

在东关街中引入博物馆功能，博物馆的主要展示主题为大连近代文化与历史，馆中可以将大连近代发展的历史、文化与历史文物集结其中，对于大连独有的“海南丢”记忆做重新的途释。可以增设东关街展示场馆，具体介绍大连东关街民族工商业文化的起源与发展。

2）增设文化市场

东关街现有的西岗市场面积大、保留时间长、历史久远、入口形式独特、市场氛围浓厚，在不改变其原有优势的条件下，将西岗市场打造成东关街文化市场，将市场内部进项重修装修，其功能主要为传统文化产物的交流与展示。

3）建立青年创业园

东关街作为曾经在殖民时期的中国人居住区展现出了强大的生命力，民族资本在街区内蓬勃发展。到了今天这种情况发生了变化，希望通过更新来为街区继续注入新的活力使得街区的不再被城市的发展孤立起来，织补街区与城市的发展裂隙。

三、城市微更新的可持续发展

城市发展的过程就是城市不断更新改造新陈代谢的过程，进入 21 世纪，人类社会进入了一个以城市为主体的现代化发展的新阶段。城市内的街区、景观、环境等都在城市发展的历史长河中逐渐发展和演变，这就使得很多的记载着城市历史印记的传统街区、历史保护建筑以及具有地方传统特色人文风貌的出现。它们不仅仅传承着悠久的历史文化，同时还是城市自身的宝贵财富。微更新作为一种更新手段正是一种基于社会空间立场出发的，以历史街区的原有者为重塑空间的利益分享者，自下而上地引导性策略。微更新不是力求达到城市的某个最终状态，而是在其调控下，能够为历史街区的自我发展创造一个可行的方式与手段，从而将城市与历史街区的裂痕重新织补，延续城市的记忆与灵魂。因为城市是不可能停止发展的脚步，所以这些记载着历史的传统街区正处于被严重破坏的边缘，亟须在保护城市历史传统文化的前提下予以保护和更新，从而最终实现城市的可持续发展。

参考文献：

[1] 刘伟，苏剑．“新常态”下的中国宏观调控 [J]．经济科学，2014(4): 5-13.

[2] STOKER G．Regime Theory and Urban Politics[M]// JUDGE D，et al (eds)，Theories of Urban Politics．London: SAGE Publications，1995: 23-34.

[3]PIERRE J．Models of Urban Governance: The Institutional Dimension of Urban Politics[J]．Urban Affairs Review，1999，34(3)：372-396.

[4] 田莉. 从国际经验看城市土地增值收益管理 [J]. 国外城市规划，2004(6) : 8-14.

[5] 吴晨 . “城市复兴” 理论辨析 [J]. 北京规划建设，2005(1) : 140-130.

[6] 张京祥，胡毅. 基于社会空间正义的转型期中国城市更新批判 [J]. 规划师，2012(12) : 5-9.

[7] ZHANG T. Urban Development and a Socialist Pro-GrowthCoalition in Shanghai [J]. Urban Affairs Review，2002，37(4) :475-499

[8] 吴良镛 . 北京旧城与菊儿胡同 [M]. 北京 ; 中国建筑工业出版社，1994.

[9] 阿尔多・罗西 . 城市建筑学 [M]. 北京 ; 中国建筑工业出版社，2006.

铁西老工业基地“工业铁路”文脉延续探究

李佳欣[①]，付瑶[②]

摘　要：沈阳铁西工业区作为我国老工业城区，历经数次转型与改造，遗留下的建筑物与构筑物影响了城市整体布局与城市形象。本文以工业铁路为入手点，通过文献研究与实地调研对铁西区工业发展历史进行系统梳理，确定工业铁路对于沈阳城市发展的历史价值和文脉价值。根据传统铁路文脉延续方法，选取铁西工业铁路典型路段进行工业铁路文脉延续方式的探索，以期在保护铁西区工业遗存的同时，用合适的方法展现昔日铁西区辉煌的工业文明。

关键词：铁西老工业基地，工业铁路，文脉价值，文脉延续

我国工业铁路文化自1876年开始，至今已经有百余年的历史，形成了独具特色的工业文明，并随时间推移留下了许多具有历史性、技术性和艺术性的工业遗产，工业铁路遗产真实的反映了我国的工业文明从轻工业到重工业、从单一厂房到连片厂区、从原材运输到产品物流的工业发展特征。然而，由于我国正处于经济快速发展时期，许多工业遗存并没有得到妥善的保护与利用，致使工业文脉也随之逐渐消亡。本文试图通过文献整合、实地调研等方式，对沈阳铁西区工业铁路进行全面的了解；并通过对铁西区工业铁路文脉延续方式的探索，为国内现存工业遗存的保护方式提供较为翔实的参考依据。

一、铁西区工业铁路发展历史与特征

（一）发展历程

1. 铁西区工业发展历程

沈阳作为中国著名的重工业基地之首，被誉为“共和国长子”；而铁西区成立于1938年1月1日，因位于城市铁路西侧而得名，是在国家“一五”“二五”时期重点建设的老工业基地，素有“东方鲁尔”之美誉。

1931—1944年由于日本帝国主义侵略沈阳，并对其进行殖民主义改造，使铁西在短期内由28家工厂迅速发展为323家，客观地促进铁西区成为中国规模最大密度最高的工业区。1986年起，市场经济的转型使得铁西的经济体制逐渐跌入谷底，大多数工厂企业都呈现亏损状态，伴随着工厂相继倒闭和大量工人失业，铁西一度引以为傲的大型企业逐渐成为了沉重的负担。直到2002年省政府针对铁西区现状提出了整改方案，铁西区才重新迈入了发展新阶段。

2. 工业铁路发展历程

在铁西区70多年的工业历史进程中，一直严格沿袭“南宅北厂”的布局方式。铁西几乎每家工厂都有专用铁路用作产品及材料运输，因此建设大路以北工厂、铁轨等工业遗存十分丰富，承载着绝大部分的工业记忆（图1）。铁西区是

① 李佳欣，沈阳建筑大学，本科生，453216999@qq.com。
② 付瑶，沈阳建筑大学，教授，fu4@sina.com

一个以重工业和装配制造为主，轻工业为辅的立体化工业区，传统航运和公路运输难以满足大体量构件和材料的运输。因以铁路为依托并逐步扩张，铁西工业区才逐步建设起来。

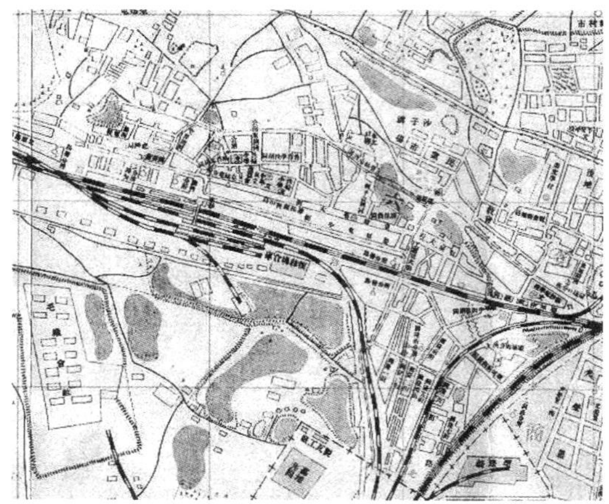

图1　1944年铁西工业组团工业铁路分布图
来源：沈阳地图荟萃

工业铁路也随着铁西历史发展而发展，不同时期呈现出不同特征如下：

（1）1931—1986年：这时期铁西修建了大量的工厂专用铁路，各厂区的铁路专用线纵横交错、编织成网，确立了各工厂的基本格局。

（2）1986—2002年：铁西面临资产重组、经济与产业结构调整，昔日繁盛的老工业区逐渐衰败，大量旧工业建筑停止生产，工业铁路也失去其原有的功能。

（3）2002—2017：自20世纪80年代以来，多数铁路被拆除或废弃，仅有部分厂区内保留运输线路。

3. 研究意义

工业铁路作为铁西区工业文明的标志性符号之一，对铁西的空间格局、产业布局、路网系统、市政建设、经济发展以及文化风貌等均发挥重要作用，在推动铁西区乃至沈阳经济发展的过程中扮演着重要角色。而作为一项独特的工业遗存，工业铁路的文脉延续性研究近年来也越发受到各界重视。因此，如何继承与保护工业铁路文脉，实现工业城市文化遗存的延续与再利用，已经成为了工业城市保护与改造的重要课题。

（二）工业铁路布局

工业铁路指不包括在铁路网线路之内但却与铁路网线路相连的、贯穿工厂内部的、专供企业使用的铁路路线。沈阳近代时期在工业发展的同时修建了大量的工厂专用线，而铁西区的工业铁路无论从规模上还是布局上都是极具代表性的。铁西区内线路密集呈网状，共有8条铁路支干线，其中5条的起点为沈阳站，主要负责工厂成品的对外运输；另外3条则为大成站，主要负责市内成品运输以及原材料运输等。支线的延伸线路共有287条，分别通往区内各个企业工厂（图2）。

图2　铁西区工业铁路路网分布图
来源：沈阳铁西网

（三）工业铁路特征

工业铁路作为近现代工厂企业新兴运输方式，穿过各厂区构成完整的运输系统；在运输上有以下优势：

（1）适应性强：因其在运行上机动灵活，因此专用线的利用率极高。

（2）运输量大、成本低：火车车厢容量大，同时段运输的情况下比公路运输成本低，优于其他运输方式。

（3）运输风险小、耗时少：每次运输量大，故运输相同物品耗时短，且铁路运输有其专用轨道，安全性也较高。

二、工业铁路文脉延续方法探索

（一）相关概念解读

文脉（context）一词，最早源于语言学范畴，它是一个在特定的空间发展起来的历史范畴，即“一种文化的脉络”，单独提出来看的话是文化传承和积淀的意思。而延续一词字面意思理解为“传递、承接、接续”，一方面指传承好的方面，另一方面则指承接后继续发展。

本文中的文脉延续就是指对铁西区工业文化的继承，是一个传承、延续、与再发展的过程，在过程与方式选择上应注意是选择性的、优化性的延续，而不是盲目的完全保留；要认识到文脉延续的目的是通过对不同路段不同方式的保留与改造，使人们在使用、参观铁轨的过程中，直观感受铁西区辉煌的工业发展史与工业文明。

（二）工业铁路文脉延续方式

不同国家和地区对其延续方式不尽相同，本文通过对国内外有关案例进行了收集与整合，总结出如下方式：

1. 动态保存

动态保存就是相关部门通过组织、管理、融资等形式维持铁路的运行。这种方式较为直接，但由于每条工业铁路都有对应的工厂企业，因此工厂的运营情况、盈亏状态以及场地布局都是能否将铁路以动态方式延续的关键。

该方式多应用于英国等工业文明发达国家，如世界上最早被动态保护的工业线路：英国泰勒林铁路（图3），该路段位于英国威尔士的格温内德，始建于1865年，原隶属于当地采石场，因工厂倒闭于1950年停止运行，准备将其拆除转卖；后被铁路爱好者接洽并对其进行修复，并于1951年5月重新运行至今。

图3　英国泰勒林铁路
来源：http://bbs.hasea.com/forum.php?mod=viewthread&order-type=1&tid=482537

2. 整体保护

工业铁路的整体性保护即将保护的义务和责任按需分区，每个区域需维护自己辖区内的铁路遗存，并积极的保护和展示工业铁路文化。这种方式的优点明确：既使工业铁路文化遗产、遗存较为完整的保护起来，还能使工业文明较为广泛的普及；其次由于早期铁路及工业建筑占地面积较大且布局复杂，拆除势必会导致更高的费用，因此考虑整体保护是一条切实有效的途径，如能结合实际情况再利用则能充分体现工业文化的传承。

法国在该保护方式上有较为成功的经验。巴黎的奥赛博物馆以收藏印象派作品而闻名，其主体建筑就是著名的文物保护建筑——奥赛火车站（图4）。这种做法为后续工业建筑的保护与开发提供了宝贵的经验。

图4　巴黎奥赛博物馆
来源：http://www.xjlxw.com/cgy/oz/fg/lyyj/2010-10-13/53010.html

3. 合理利用

合理利用即利用自身资源，结合旅游业以及其他相关产业来获得相应的资金，进而对铁路遗产进行保护、开发以及再利用。这种做法首先减少了成本投入，利用丰富的工业铁路遗产资源并整合地方工业、农业、旅游业等行业，进行铁路的重组与创新，行业收入则可直接投入到铁路维护中，并且能充分发挥工业铁路的经济效益，通过创造资金、教育民众和影响政策方式来实现保护目的，是最为经济的方式；其次，旅游业正在日益成为文化及自然遗产保护的中坚力量，旅游作为文化交流的重要途径为我们提供了了解不同年代历史文化的机会，后人可以通过旅游展示、工业运输、其他行业运输等方式对传统工业铁路文脉有更深层次了解。

坐落于奥地利的赛默灵铁路，于1998年被联合国教科文组织评定为世界级工业遗产，这也是第一条被列入联合国世界文化遗产的铁路。因塞默灵铁路是第一条穿越高山地区的铁路线，故被称为铁路建筑史上的里程碑（图5）。

图5 赛默灵铁路
来源：http://scenery.nihaowang.com/scenery1387.html

塞默灵铁路因其高超的建造技术闻名于世，至今仍是奥地利铁路的主要干线。期间奥地利铁路部门为保证铁路的安全性不停对路段进行翻新重建，并结合旅游业在铁路沿线修建旅游酒店、人红滑雪场和艺术馆等旅游项目。目前已经成为奥地利有名的风景区，创造了一种新型的工业文化景观模式。

4. 节点改造

城市发展建设是一个整体性的过程，由于工业铁路路网的复杂与庞大，因此在规划建设过程中往往被划入相应的建设用地中。这些路段不仅影响了城市整体规划和建筑布局，并且导致园区与公路交通不畅，对周边居民和带来诸多不便。基于以上情况，铁路及相关部门可以综合考量路段价值，选取合适路段保留并进行景观节点改造。这种做法既能提高土地利用率、保证路面畅通，也能以标志物的形式作为园区或住区工业景观，有很好的提示性。目前该做法在中国应用广泛。

坐落于沈阳铁西区的中国工业博物馆（原沈阳铸造厂），将其专用铁路线拆除，只留下厂区内路段并结合周边雕塑、火车头的构筑物作为一个工业景观，以一种静态展示的方式向参观者呈现曾经铁西的辉煌历史（图6）。这里的工业铁路性质已然能发生了变化，由原来的实用性运输轨道变成了观赏性的工业景观，但是铁路的文脉依旧留存，体现了铁西区的工业文明。

图6 中国工业博物中心庭院
来源：http://www.microfotos.com/?p=home_imgv2&picid=2128373

三、铁西区工业铁路文脉延续方法探索

（一）基地现状

和昔日的繁盛景象大不相同，如今的铁西区辉煌已褪去，昔日让人引以为傲的大型企业因资产重组、环境污染等问题成了影响铁西区经济发展的巨大的包袱，工厂纷纷倒闭或迁出，现如今除了聚集在北二路附近的沈阳冶炼厂、红梅味精厂、沈阳机床厂绝大部分已经拆除重建。工业铁路也因配合市政建设以及工厂停运，在建设拆除了几条后，现在剩下的贯穿了铁西区部分交通干道。部分住区也有铁路穿越的地方，因此环境较为复杂，工业铁路既没有得到合理的保护与利用，也带来了交通及生活上的诸多不便。通过实地调研和测绘，对铁西老工业基地铁轨现存状况进行定量统计，绘制现存铁轨区域分布图和路段分布图（图7）。

现如今工业铁路的存在形式主要有三种：

（1）维持工业运输：沈阳物流园、沈阳电力厂等园区仍在运营，其铁路也依旧保持运行状态，充分发挥了自身作用。

（2）厂区内闲置：沈阳冶金厂、红梅味精厂等废弃厂房内的铁轨，其形态完整保存良好，因

图7　铁西现存铁路分布

注：现存铁轨
拆除铁轨

自身工厂停止运营致使其闲置。

（3）其他地段闲置：部分厂区厂房已经被拆除，场地也被重新规划建设，但其轨道依旧保留，并横穿公路、小区以及其他园区。

（二）历史与文脉价值

1. 历史价值

就铁西区而言，其历史是城市发展及文化积淀的反映，它见证了工业化发展的历史时期，代表了铁西人的文化记忆和思想精神。而保持工业铁路文脉的延续性则是维护沈阳作为“工业化城市”存在与发展的必要条件，其风貌与文脉不是偶然形成的，而是大量的历史痕迹堆积叠加的结果。因此在对铁西工业铁路文脉进行延续性设计时，应考虑在传承历史的基础上发展；通过特定手法延续工业历史，才能使工业城市在尊重传统的同时被后世接受。

2. 文脉价值

一个城市的发展离不开强大的文化支撑，在铁西区不断发展的过程中，通过其建造的“沈阳铸造博物馆”“铁西馆”以及“铁西区规划馆”不难看出它对文化的迫切需求。当铁西丰富的工业文化底蕴和现代先进的结合起来，势必能加速推进铁西区的发展进程。

（三）人文情感价值取向

基于对基地的现场调研与测绘，又在此基础上选取典型路段进行现场访谈，试图从关注人文情感因素的角度，了解现居住于铁西的老工人、工人子女以及外来人员对工业铁轨现状的认可程度及对其保护方式的期待，以工业铁路作文脉延续的操作模式和情感取向（图8）。

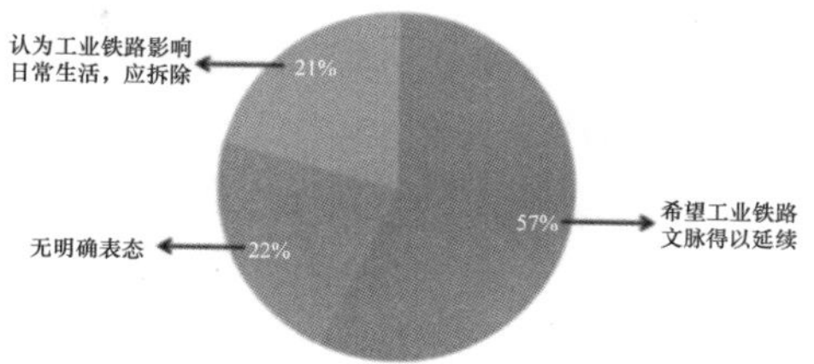

图8　铁西居民情感因素访谈分析

在随机访谈的100户家庭中，57%的家庭表示希望铁西的工业文明得以延续，并希望增设文化基地提高子女对铁西文化的认知度；22%认为没有保留的必要，应尽快拆除将土地重新规划建设；也有21%居民由于后搬入铁西，对其历史不够了解，但仍可接受在不对生活起居造成影响的情况下对工业铁路进行部分保留和再利用。通过访谈可以看出，大部分人对保护铁西工业遗存以及工业文化还是持正向态度的，因此对工业铁路文脉延续方式的探索显得意义非凡。

（四）文脉延续手法探索

工业铁路的文脉延续既能提高城市土地的利用率，又因废弃铁路再生后，有着良好的区域环境，对城市吸引人群、改善环境、提高文化底蕴都有着重要的作用。为此，基于上述调查研究，分别选取3处典型的工业铁路路段，并根据其现存状态进行文脉延续的方式探索。

（1）功能改变——“沈阳冶金厂旧厂区”工业铁路原线保留

冶金厂旧厂区内的铁轨保留程度较高，因厂区倒闭而停止运行，属于厂区内闲置型铁路。在对该区路段进行工业铁路文脉延续方式的探索时，借助沈阳市政府将该厂区改造成文化创意园的意向，对厂区内闲置的铁轨进行再利用，尝试以“铁路运行展示”的方式塑造动态的“工业展示线路”；结合厂区内沿路的工业景观进行改造，使参观者在感受工业铁路文化的同时，全面体验铁西工业文明。

这种做法不同于传统工厂改造模式，参观者可以乘坐火车亲自体验工业铁路运输过程，并配以适当的工业文化展示空间，相较于传统静态展示更为鲜活和说服力。同时可结合冶金厂厂房进行一些小型工业生产，使工业铁路在展示文化的同时依然兼具运输作用。

（2）消极到积极——住区内穿行铁路景观改造

铁西区有很多老式住宅楼因缺乏统一规划而依照地形无秩序建设，导致许多失去运输动能的铁轨穿越住宅群。这类工业铁路标志着城区的开发潜力，可以根据实际需求进行部分保留，并结合昔日物件做工业景观节点，使其作为小区或组团中心。这样做有既利于促进城市总体环境的改善，在丰富城市景观的同时也改善了城市生态系统；也有助于实现居民活动多样化，在展示工业文脉的同时作为一个住区的集散型场地方便居民的生活；同时拆除其余影响居民正常生活的轨道，在保证居民生活质量的同时加强铁西特有的工业文化氛围。

因此，弃置的工业铁路可被视为科学的“试验田”，并顺应市政部门与居民需要，解决空间的局限性。

（3）开放展示——“沈阳物流园”专用铁路展示

对于仍处于运营状态的工业铁路，应将其与现代建设的铁路加以区分，并通过和工厂管理部门沟通，在不影响工厂运营的情况下选取部分路段，以开放型工厂的形式展示铁路运输过程与特点，将工业文化融入大众生活。

由于工业铁路的特殊性，使其在空间和时间上都有延续性，从而使城市更具有可读性。工业铁路文脉延续首先要考虑城市文脉及路段自身的历史文化价值，同时也需要考虑资源的有效利用，发挥工业遗存潜能，使废弃的铁路成为一种有效的、多效用的工业遗存。

参考文献：

[1] 柴栋梁. 工业遗产中铁路文化遗产的保护与开发研究 [D]. 郑州：河南大学，2014.

[2] 铁西区编纂委员会. 铁西区志（沈阳市）[M]. 沈阳：辽宁人民出版社，1998.

[3] 王彩君. 沈阳市铁路废弃地再生空间设计途径研究 [D]. 西安：西安建筑科技大学，2013.

[4] 张晶. 工业建筑遗产保护与文化再生——以铁路建筑为例 [N]. 科学之友，2012-01：136-137

[5] 蒋楠. 铁路遗产的保护更新方法研究 [J]. 山西建筑，2017(4).

[6] 陈伯超，刘万迪，哈静. 近现代工业遗产保护与活用——以沈阳铁西工业区改造为例 [J]. 新建筑，2016(3)：25-30.

"双创"背景下特色小镇的公共艺术设计[①]

杨淑瑞[②]，刘春尧[③]

摘　要：中国特色小镇建设是带动小城镇发展的国家战略。成都市德源镇以主推"大众创新、万众创业"为产业特色入选首批"中国特色小镇"。近年来，当地进行了大量公共艺术建设。本文将其核心街区的公共艺术类型分为：标识型、青春题材型、创业题材型、美化装饰型。最后一类作品仍然占大多数，造成城镇形象流于普通、产业特点模糊。本文提出当地公共艺术建设的三条设计原则，以体现该镇"双创"产业特色。分别为：地域和产业特色原则；绿色、生态、可持续发展原则；空间优化和促进公众参与度原则。

关键词：小镇更新，地域文化，绿色原则，空间优化

一、特色小镇与公共艺术设计的关系

（一）特色小镇建设的产业特色

在2016年7月20日，我国住建部等三部委发文，计划到2020年，培育1000个左右各具特色、富有活力的休闲旅游、商贸物流、现代制造、教育科技、传统文化、美丽宜居等特色小镇，引领带动全国小城镇建设。四川省的郫县德源镇、大邑县安仁镇等7个小镇榜上有名[④]。

德源镇位于成都市近郊，区域优势显著，是成都市规划的生产性服务业重点聚集区、成都菁蓉汇创新创业规划群核心区。近年来，德源镇以建设具有全球影响力的创新创业菁蓉小镇为平台，围绕着"水润德源、双创[⑤]乐园"的发展定位，积极培育城乡生态环境绿色和美、服务设施现代便捷，充满活力的特色小镇，2016年5月国务院将德源镇列为全国首批28个双创示范基地之一。

（二）公共艺术对特色小镇带来的积极影响

"公共艺术"自20世纪60年代开始出现，普遍被当时的大众理解为安置在公共空间中的雕塑作品或是环境设计，随着社会的发展，"今天的公共艺术已经成为当代文化意义上作用于社会的一种思想方式和工作方式"[1]。就像美国费城现代艺术协会主席卡登（Janet Kardon）所说的那样"公共艺术不是一种风格或运动，而是以联结社会服务的前提为基础，借由公共空间中的

---

① 项目资助：四川省社科规划基地项目（SC16E093）。

② 杨淑瑞，西南交通大学建筑与设计学院，硕士研究生。

③ 刘春尧，西南交通大学建筑与设计学院，副教授，liuchunyao@swjtu.edu.cn。

④ 住建部政策原文网址http://www.mohurd.gov.cn/wjfb/201607/t20160720_228237.html。

⑤ 简单来说，"双创"指的就是"大众创新、万众创业"，"双创"活动也泛指我国各地的城市与企事业等单位的两项创建工作。 国务院总理李克强在2014年9月的夏季达沃斯论坛上公开发出"大众创业、万众创新"的号召，"双创"一词也由此开始走红。

艺术品的存在，使得公众的福利被强化”[2]。现在的公共艺术已经变成了一种文化上的社会公众福利，体现着当今社会的人文关爱。

积极发展小城镇是我们国家城镇化发展的基本策略，在小城镇的更新与再建中，公共艺术的介入越来越频繁，不少国内外的优秀案例都证明了公共艺术对城村建设带来的良好影响。2016年在浙江德清县莫干山镇启动的“一竹一世界”国际竹创意系列活动，邀请多国公共艺术家，以莫干山镇当地特色的竹子为原材料，在小镇驻点设计艺术作品，“旨在推动文化创意与乡村业态发展的互动，加强美丽乡村建设与城市生活美学之间的关系”[3]，这次活动成功营造了当地良好的艺术氛围，将大城市的公共艺术资源引入莫干山镇，为小镇的产业层次注入了新的内涵。

在同为亚洲国家的日本，越后妻有地区的生产生活曾经十分滞后。日本当代艺术策展人北川富朗希望通过大地艺术节去唤醒乡村。现在越后妻有大地艺术节已经成功举办了六届，每一届大地艺术节都会吸引来自世界各地的艺术家前来，结合当地的自然和人文景观进行创作（图1）。

图1　田甫律子大地装置作品《绿色家园》
来源：金江波，潘力. 地方重塑——公共艺术的挑战与机遇[M].上海.上海大学出版社. 上海：上海大学出版社，2016

为越后妻有当地带来了大批的游客，推动了整个地区经济、文化的发展。

韩国政府自2009年起开始推行“村落艺术”项目，这个项目也是希望通过借助公共艺术的力量去改善城镇居住环境。其中釜山的“甘川洞文化村”就是一个比较突出的案例。该地区原本是釜山当地有名的落后地区，通过2009年“梦想中的马丘比丘”、2010年“美好迷路”、2012年“幸福翻番”等主题活动，实现了甘川洞地区的面貌转型，使之成为充满浓郁艺术氛围的美丽乡村[4]。艺术元素的介入赋予地区新的活力，为慕名而来的游客带来更多的趣味。不仅如此，这样的项目还为入驻艺术家提供了更多的工作岗位。

通过分析中日韩三个国家的公共艺术介入小型村镇建设案例以及总结（表1）中可以看出，公共艺术积极向上的影响不可忽视，“公共艺术介入当代乡村建设，既改善了乡村的公共环境；同时，打破了乡村发展的匀质状态，增强了当地村民的社区意识、乡土观念；除此，公共艺术介入乡村环境，还将增强村落的开放性。”[5]。它已经成为一种促进城镇再生的重要新兴策略，好的公共艺术规划与公共艺术作品可以撬动乡镇的转型与发展。并且随着公共艺术在公共文化福利中的分量越来越重，当地民众的居民生活品质也得到了提升。这些有利影响也正好符合“中国特色小镇”的发展需求。

二、德源镇公共艺术建设现状

经过前期多次的田野考察，发现德源镇内已有一定数量的公共艺术作品，主要围绕在德源

中、日、韩三国案例　　**表1**

国家	地区及项目名称	公共艺术计划实施时间	为地区带来的有利影响
中国	莫干山镇“一竹一世界”国际竹创意系列活动	2016年	提升当地文化特色，使当地休闲旅游、户外运动、文化创意等产业的发展更为有序
日本	越后妻有大地艺术节	2000年至今	带来大批游客，推动整个地区经济、文化发展，体现人文关怀
韩国	釜山广域市甘川洞文化村	2009年至今	赋予落后地区新鲜活力的同时为入驻艺术家提供了更多的工作岗位

来源：2017年6月自绘

镇核心街区——红旗大道北段与创生活水街分布，北至清水河东路，南到静园东路，东至德富大道，经过对这些公共艺术作品进行编号与点位确认，结果如图 2 所示。

据统计，德源镇新城区围绕主干道分布了大大小小 29 组公共艺术作品，为避免一一铺陈，本文试着将它们分为了四个类型（表 2）。

标示型。意为有标志性意义的公共艺术作品，比如红旗大道北段与清水河东路交叉口的大型雕塑作品（图 3 左上，表 2 中编号为 1）。

青春题材型。作品题材上着重展现年轻人群的青春朝气。比如图 3 右上（表 2 中编号为 9），这样运动题材的作品，风格活泼向上。

创业题材型。双创小镇里的公共艺术题材

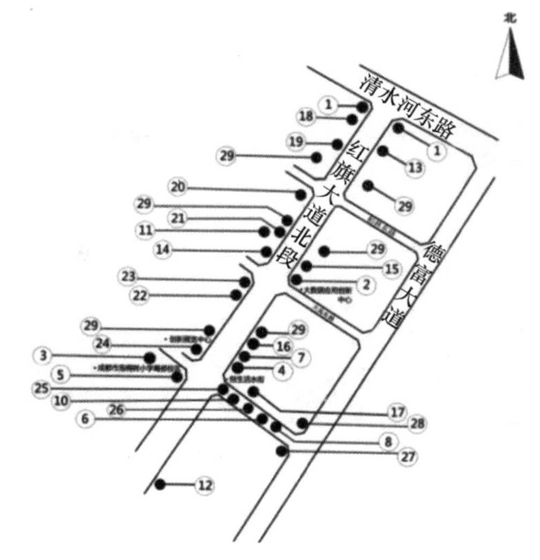

图2　核心街区公共艺术点位
来源：2017年6月自绘

德源镇公共艺术

表2

作品类型	编号	作品名称	材质与艺术形式
标示型	1	天府之翼	不锈钢着色
	2	NO.1	不锈钢着色
	3	蜀	不锈钢着色
	4	创生活水街地标	不锈钢着色
青春题材型	5	匆匆	不锈钢着色
	6	街头	不锈钢着色
	7	变形金刚	金属焊接
	8	书语	不锈钢着色
	9	灌篮高手	不锈钢着色
	10	数码瑜伽	综合材料
创业题材型	11	我在菁蓉镇系列一	涂鸦壁画
	12	我在菁蓉镇系列二	涂鸦壁画
	13	英雄榜	不锈钢着色
	14	创业魔方	不锈钢着色
	15	创客条形码	不锈钢着色
	16	互联网英雄涂鸦	铁板立方体丙烯彩绘
	17	攀登者	玻璃钢
美化装饰型	18	鹿	不锈钢
	19	银杏	玻璃钢着色
	20	构成	不锈钢
	21	黑子白子	玻璃钢着色
	22	鹤	不锈钢
	23	萌1	不锈钢着色
	24	萌2	不锈钢
	25	食蚁兽	玻璃钢着色
	26	小黄人	废旧金属焊接
	27	并肩	不锈钢
	28	竹板凳	不锈钢
	29	带状水体景观	

来源：2017年6月自绘

图3 德源镇内四种公共艺术作品类型
来源：于德源镇2017年5月自摄

离不开与创业相关联，如图3左下（表2中编号为17）的作品表达了年轻人在创业道路上不断攀登拼搏的决心。再比如表2中编号11、12的两幅涂鸦壁画作品，从题材上来看很符合德源镇的“双创”文化特色，充满了年轻人创业奋斗的朝气，而且用较低的成本达到了较好的艺术效果。

美化装饰型。这一类型泛指那些题材表达上指向性较弱，造型上也只具有简单的装饰性作用的公共艺术作品。“这样的公共艺术看似某种形式的宣传广告，或者说像广告那样迫使观者去接受它，那么，这样的作品就可能被大众当作广告来对待——视而不见，弃之不用”[6]。此类模式化的公共艺术作品充斥着我国城市街道，造成千城一面的现象。例如像图3右下（表2中编号为22）那样的雕塑，它们仿佛是一些批量生产的流水线产物，无法展示特色小镇发展理念，并且在造型上存在一定的安全隐患。值得注意的是，在沿着红旗大道两侧人行道上分布着许多带状水体景观（图4），配以喷泉和一些雕塑作品，缓解了现代都市路面硬化建设带来的沉闷与僵硬，同时为行人提供了休闲娱乐的空间，这十分符合菁蓉镇“水润德源”的定位，属于美化装饰这一类型中相对成功的案例，只是部分水体景观在位置分布上会影响到人们的行动路线，也容易发生安全问题。

图4 带状水体景观
来源：于德源镇2017年5月自摄

根据田野考察的情况，将搜集到的数据进行汇总（图5），可以看出，美化装饰这一类型的作品几乎快占据现有公共艺术作品总量的半数，过多此类型作品的出现会导致该区域的产业特点模糊，城镇文化庸俗失味，城镇形象流于普通，不利于德源镇双创精神的氛围打造。

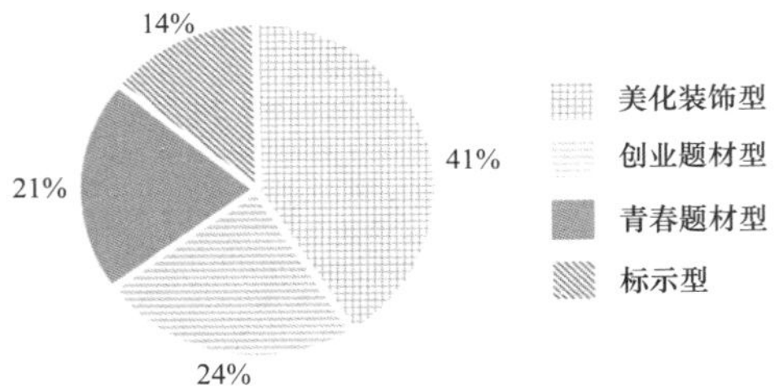

图5 各类型雕塑占总体比值
来源：2017年6月自绘

三、特色小镇公共艺术设计原则总结

围绕德源镇当地以“双创”为特点的产业格局，本文提出适合当地“特色小镇”建设的三条公共艺术设计原则，内容如下：

（一）地域和产业特色原则

特色小镇是中华传统文化传承的新载体，

在公共艺术设计之初应当充分考察该区域的历史文化、民风民情，以尊重地方民俗特色与民族文化为前提，因为这些特色小镇中的公共艺术作品与所在街区的特色文化紧密相连，应当是不能被复制移植、无法被其他地区套用的。就德源镇而言，这里的地域文化就是当地的“双创”产业，创作公共艺术作品时要抓住这样的产业特色，比如（表 2）创业题材类型下的几例公共艺术作品就很容易与观者产生心理上的共鸣。

（二）绿色、生态、可持续发展原则

现阶段，德源镇街区内缺乏绿色环保的新型材质作品。大部分为不锈钢着色和玻璃钢作品，只有少部分利用废旧金属焊接制成的公共艺术小品。从长远角度讲，公共艺术应该配合特色小镇“绿色、生态、可持续”的发展理念，可以注意以下几个方面：第一，在作品制作中考虑如何减少能源、资源的浪费，制作方式是否会对环境造成污染；第二，考虑使用自然材料，适当挖掘当地自然材料的潜力，比如竹子这种四川常见的材料，可用来制作一些季节性短期展示的公共艺术作品。第三，将废旧物质二次利用创作成艺术作品的理念也值得提倡，比如废旧金属的二次焊接组装。在德源镇水吧街中有组利用废旧锅炉与铁链焊接制成的小黄人雕塑就是很好的例子（表 2 中编号 26）。

（三）空间优化和促进公众参与度原则

街区中的公共艺术作品摆放位置十分重要，因为公共艺术小品在一个空间中是作为细部规划展现的，扬・盖尔在《交往与空间》中有说：“经过精心的细部处理，户外空间就能起到积极的作用而受到欢迎。”[7] 而这些细部空间应考虑小镇街区内的重要结点，比如人流量密集的路口、重点单位的门口，或者一些吸引视线注意力的楼房墙面，将公共艺术作品安置在这样的位置比较有利于小镇整体的空间优化。

公共艺术的核心是公共性，这是一种艺术与当代城市、社会大众、公共空间之间的交流。所以在设计之初应考虑到，作品与观众之间能否产生联系，这种联系可以是观者心理的共鸣，也可以是触觉上的实际体验。经过前期对德源镇现有的公共艺术作品考察，发现街区内的公共艺术作品基本上都属于传统视觉造型类的范畴。与人们的联系只是看与被看的关系，结合扬・盖尔的理论：“为了以较简单的方式改善一个地区的户外环境的质量，最好的做法就是创造更多、更好的条件使人们能够安置下来。”[8] 结合小镇情况，可考虑设计一个造型上便于人们安坐，有一定驻留作用的“坐席景观”式公共艺术作品，同时起到了优化空间与促进公众参与的作用。

例如图 6 这样的作品，设计师将机器人的四肢部分创作为便于游人休息的座椅，这样的作品造型上趣味十足，又为行人提供了安坐小憩的条件，值得学习。

图6　机器人形坐席景观
来源：CND中国设计网http://www.cndesign.com/opus/9741fd21-d800-4f98-9d73-a4ae00c71989.html

四、结论

通过以上对特色小镇的梳理以及德源镇街区内公共艺术作品的分析，得出了以下几点建议：

注意公共艺术作品的设计原则，走出误区，避免重复已有的失败案例；向已有的高质量公共艺术作品汲取经验，在他们的基础上设计再造；注意街区内整体的环境和谐，艺术品的创作不能破坏街区整体风格，要融入自然，向已有的周围建筑、街道风格靠拢。

“公共艺术是以艺术的语言、方式、方法解

决公共问题的艺术。”[8] 德源镇作为以“双创”产业为鲜明特色的“中国特色小镇”，在公共艺术创作之初考虑到这里的双创特色是最基础、最关键的，如何配合中国特色小镇绿色、生态、可持续的发展理念，善用当地资源，因地制宜地规划公共艺术设计，以艺术的语言来增强小镇当地居民的文化自信与自我文化认同，塑造地方精神是公共艺术家应该思考的问题。

只有符合特色小镇精神风貌，可以为该地区带来有利影响的公共艺术才能称为优秀的公共艺术。

参考文献：

[1] 金江波,潘力. 地方重塑——公共艺术的挑战与机遇.上海.上海大学出版社 [M]. 上海：上海大学出版社，2016.

[2] 金江波，潘力. 地方重塑——公共艺术的挑战与机遇.上海.上海大学出版社 [M]. 上海：上海大学出版社，2016.

[3] 章莉莉. 一竹一世界——2016 国际竹创意设计系列活动纪实与思考 [J]. 公共艺术，2016(5)：5.

[4] 魏寒宾，唐燕，金世镛.“文化艺术”手段下的城乡居住环境改善策略——以韩国釜山甘川洞文化村为例 [J]. 规划师，2016(2)：132.

[5] 卢健松，刘雅平，魏春雨. 当代公共艺术与乡村人居环境的自组织发展 [J]. 中外建筑，2012(10)：44.

[6] 蒋志强. 公共艺术与公众文化空间 [J]. 文艺研究，2007(5)：140.

[7] 扬·盖尔. 交往与空间 [M]. 何人可译. 第 4 版. 北京：中国建筑工业出版社，2002.

[8] 金江波，潘力. 地方重塑——公共艺术的挑战与机遇.上海.上海大学出版社 [M]. 上海：上海大学出版社，2016.

基于文化传承的历史步道建筑改造设计初探①
——以长沙市天心区段为例

解明镜 ②，朱慧桥 ③

摘　要：本文以长沙市历史步道天心区区段为例，通过对区段内建筑的调研走访，深入了解其发展概况，并详细分析区段内的建筑现状，总结出现状存在的种种问题。针对区段内不同街道建筑的特点，阐述了改造设计需要遵循的基本原则。在此基础上，探讨历史步道的建筑改造策略，使其既能保存长沙地域历史原始风味，又能与现代城市发展相接轨，以期对今后城市中心区历史空间建筑的研究与改造有所启示。

关键词：历史步道，建筑改造，传统建筑

长沙是我国首批24个历史文化名城之一，然而许多来到长沙的人们发现，除了天心阁、杜甫江阁等一些特定的历史文化景点以外，相比洛阳、西安同期第一批历史文化名城而言，历史文化的氛围非常单薄。许多外省的人们熟知长沙更是因为长沙如今发达的娱乐产业，被称为娱乐之都。其实长沙历史悠久，文物保护单位众多，马王堆汉墓、铜官窑、竹简等文物古迹在全国乃至全世界均具有深远影响，这些历史文化遗产在一定程度上得到有效的控制和保护。然而在长沙近代城市化建设中对普通历史文化建筑的破坏却相当严重。1938年，为了抵御日寇的侵犯，一场毁灭性的文夕大火烧毁了中心城区达80%的建筑。不仅如此，现代城市建设过程中的旧城改造，建筑的新陈代谢均对长沙的古建筑、历史街区造成很大的影响。虽然随着社会进步和人们观念的转变，历史文化建筑保护受到越来越多的重视，但在保护过程中仍然存在很多问题。随着中心城区的历史记忆逐渐消失，为了保留中心城区的历史印记，长沙市开始建设历史步道。历史步道主要由具有一定历史文化特色的人文景点及其他重要游憩空间、路径系统和为满足步道游憩功能所配建的配套系统组成[1]。

一、历史步道概况

长沙市历史步道（图1）西至湘江中路、东至芙蓉路，北至三一大道，南至白沙路，用地总面积约8.1km²，先期建设的示范线总长6.4km，南起白沙路，沿书院路往北，北到开福寺。其中属于天心区段范围为南起书院路第一师范历史地段，北至五一路，总长约3km。天心区历史步道共包括1个历史文化街区（太平街历史文化街区），3个历史地段（化龙池、西文庙坪、省立一师范历史地段），主要历史文化资源点（包括文保单位、历史建筑、历史遗址等）约有100处

① 项目资助：中南大学中央高校基本科研业务费专项资金（2017zzts517）。
② 解明镜，中南大学建筑与艺术学院，副教授，99006830@qq.com。
③ 朱慧桥，中南大学建筑与艺术学院，硕士研究生，516061937@qq.com。

左右，其中主要有贾谊故居、伍厚德堂、遐龄古井、梅公馆旧址、陶侃射蟒台、湖南省立一师范等，历史文化资源丰富。

图1　历史步道规划
来源：长沙市规划勘测设计院

二、建筑发展概况

历史步道传统民居建筑大致可分为普通民居，近代公馆和商业店铺三类，不同类型的民居其文化内涵也各不相同。普通民居的变迁，体现了民族的变迁与融合的历史文化；近代公馆体现了对外交往和经济文化；传统店铺则是体现了商业文化魅力；三者更成为历史的一种标志，拥有深刻的纪念意义。

（一）普通民居

长沙位于湖南中部，传统民居的建筑特点融合了湘西，湘南与湘北各方建筑特点。没有北方民居的隐晦厚重，也没有江南水乡民居的华丽秀气，而是朴实轻巧，装饰性构件不多，通常以实用性为主。民居造型简洁，颜色素雅，平面对称布置，房屋中间为有内院或者天井，房间的高度通常较高，利于采光通风。通常设置高出屋面的马头山墙，随屋顶的斜坡呈阶梯状。明清以来，长沙城市格局初定，主城区以西长街、北正街、南正街、东长街四条街道为主，其他小巷分布在街道两侧，纵横交叉，民居建筑主要分布于这些小巷之中[2]。经过文夕大火，长沙保卫战，以及城市发展过程中的建筑更新改造，大部分传统民居建筑已不见踪迹，只有少数留存下来直至现在。历史步道的民居除传统的砖木结构外，新建近代民居以砖混结构为主，保留有长沙地区传统民居建筑特点，一般一楼为商铺，二楼居住。

（二）公馆建筑

公馆在古代的含义很多，主要是指诸侯的离宫别所或是公家所建造的馆舍。在近代随着西方文化的侵入，社会逐渐开放起来，公馆就特指一些高官富豪等上流人物的私宅。近代长沙名人辈出，在传统文化和外来文化的交融过程中，他们的宅第也成为近代长沙城市住宅中一种独具特色的类型——公馆，据《长沙志十五卷》定义“公馆为清代官员的私宅和民国时期的豪华民房”[3]。

1904年长沙开埠，城市建设迈上了近代化旅程[4]。随着商业的发展，公馆的数量和规模逐渐扩大，最终形成了代表上流社会的公馆建筑形式。公馆经历了从传统民居式到中西合璧及西方古典式的发展历程（表1），是多元文化下城市建筑发展的代表，见证了长沙市民居建筑的历史变迁，具有重要的历史价值。随着城市的发展，留存下来的公馆都遭到了不同程度的破坏。历史步道上的近代公馆已留存不多，它们是历史步道上最重要的地域特色资源和具有重要历史价值的建筑，也是历史步道建筑改造工作的重要任务之一。

公馆建筑发展历程　　　　表1

建筑年代	建筑主要平面形态	公馆类型
1840—1904年	独院式	传统民居式
1904—1911年	独院式、殖民式	中西合璧式
1911—1938年	独院式、天井式	中西合璧式、西方古典式
1938—1945年	天井式、内庭式	中西合璧式、西方古典式

（三）商业店铺

开埠前长沙地方文化的最大特点就是它的商业性。长沙城自战国形成城邑以来，向来就是军事重地和江南商埠。其商业性质更为明显。在商周时期长沙地区就有较大规模的商品交换，明代成为中国四大茶市之一，到清代又成为中国四大米市之一，清末成为中国五大陶都之一[5]。

如今的历史步道商业区延续了古代的街巷布局和名称，整体为商业店铺的建筑主要集中在太平街、坡子街街巷。除此之外，其他店铺主要集中在衣铺街、下黎家巷、古潭街（学宫门正街），形制为上层居住、底层做商铺。

太平街一直以来保存了长沙古城原有的历史街巷格局，整条街道只有375m，历史文化景点众多，如贾谊故居、四正社旧址、利生盐号、乾益升粮栈等。主街和旁侧小巷以商铺店面为主，是现今长沙有名的集历史文化娱乐特色旅游为一体的商业街道之一，每年吸引了大量本地居民和外来游客参观游玩。除此之外坡子街也是有名的商业店铺集中街道，据清同治《善化县志》载，此街以地势坡度大而得名[6]，其由东向西连接黄兴路步行街和湘江大道。坡子街历史悠久，商业以火宫殿为代表的庙会文化、民俗文化、饮食文化为主，各相互交融发展，具有深厚的文化底蕴。

衣铺街、下黎家巷、古潭街三条街连成一条，北连坡子街，南出口面杜甫江阁和湘江，自古以来就是长沙典型的民居和商业结合的街道。2004年，长沙市人民政府和天心区人民政府为建设和保护历史街巷，仿明清风格对古潭街街道两厢建筑进行过改造，商业店铺有了新的面貌。

三、建筑现状

（一）建筑外立面

1. 屋顶

历史步道建筑屋顶大致可以分为平屋顶和坡屋顶两种，新建砖混建筑多为平屋顶结构。传统民居以及公馆建筑屋顶多为简化了的硬山或歇山，瓦片覆盖，檐口挑出。调查中发现大多数平屋顶的民居建筑在顶部搭设有违章建筑（图2），私自增加了房屋使用面积和楼层高度。

图2　历史步道屋顶私搭私建民居

2. 门窗

历史步道两侧建筑的门可以分为防盗门，卷帘门以及传统木门。窗户可分为木窗，铝合金窗两种材料。其中部分传统木门窗已经出现损坏，比较破旧。窗户多设有外置防盗网。由于防盗网的设置，使得原本不宽的步道视觉上更为拥挤。

3. 墙面

传统建筑以砖木结构为主，墙面用清水青砖或红砖眠砌。而步道上新建的民居以砖混结构为主，墙面多为瓷砖贴面或水磨石墙面，颜色多样。长沙多雨，建筑入口处以及窗户上檐，屋顶大多设有雨棚（图3）。大部分民居经济条件有限，多用塑料雨棚代替。塑料雨棚耐久性和耐腐蚀性较差，在风吹日晒下很多都已经破裂，不仅影响美观，也起不到很好的防雨作用。除此之外，外墙面空调外机随意安置，没有统一设置空调机位，安装空调以方便为主，破坏了建筑外立面完整性，也增加了安全隐患。

图3　历史步道新建民居

4. 管线

在历史步道两侧建筑中，屋面排水多数采用的是传统屋面外排水，屋顶的雨水直接通过落水管排到室外，白色PE雨水管直接裸露在外墙面上。历史步道处于长沙老城区，电线设置没有统一规划，大部分线路老旧，部分居民和商户私自搭接电线，整个街区电线纵横交错，存在极大地安全隐患。长沙是著名的小吃之城，老城区的特色就包括有各种传统小吃的售卖，然而一些传统民居难以满足现代要求。部分商业化民居将厨房的排烟管道直接搭在外墙上，油烟没有经过处理直接排向室外，使得墙面出现了难以清洗的黑色油渍（图4）。

图4　历史步道民居

（二）周边环境

整条步道两侧较窄，绿化面积较少，只有少数景观建筑小品，并且没有地段特色，缺少建筑配套。垃圾桶随意摆放，或没有设置，环境卫生达不到标准。地面以青石板为主，但是因为部分地段没有交通管制，车辆可以随意进出，已有路面已被破坏。

（三）小结

总结建筑现状发现存在以下问题：

（1）历史步道整体特色不突出。历史步道两侧传统民居建筑破坏严重，历史建筑零星的分散在历史步道中或周围，历史整体感不强。周边棚户建筑较多，纵横交错，除了一些青石板路面和清水砖墙外，无法识别所处地点是历史步道，识别性不强。除了改造了的太平街、坡子街以外，其他街巷沿街两侧建筑缺乏统一规划，整体建筑风貌缺乏特色。

（2）强调文物点而非整体步道建筑。步道上历史建筑分布零散，在前期改造和更新中只强调单独保护个别历史建筑，忽略了周边环境，周围林立的高层建筑或拥挤不堪的棚户区完全遮掩了历史文物向外展示的窗口。而其他民居建筑则与已有历史建筑割裂开来，造成了历史文化建筑孤立的现状。

（3）街巷绿化空间较少，整条历史步道行走下来除个别地带有几颗乔木零散地分布在步道两侧，无其他特色景观小品。长达3km的步道布局紧凑，中途及周边公共休息空间较少，易造成游览疲劳。

（4）建筑内部功能无法满足现代生活需求。原住居民私搭私建，破坏建筑风貌。

四、建筑改造

（一）改造原则

1. 整体性原则

保护历史步道内的历史文化遗产，是以保护长沙古城历史格局、传统商贸市井、近代居住建筑为主要特征的城市历史风貌和生活形态以及与长沙近代历史事件与名人活动相关的重要历史场所，整体延续城市的历史发展脉络。

2. 多样性原则

不同历史时期所产成的文化价值和城市记忆各有不同，根据历史建筑不同历史特点、文化内涵、现有完整程度，按照不同的类型划分保护方法，并制订与其对应的保护措施和改造原则，保证历史步道整体风貌的多样性，形成特定的文化记忆和发展脉络。

3. 真实性原则

保护历史步道及周边原有城市肌理、空间布局、街巷尺度、历史建筑等真实历史文化内涵，延续历史的发展，而不是修建一条仿古文化街。

4. 可持续原则

在原有基础上完善内部功能布局，改善周边

环境，提高本历史步道区域内的整体品质。运用多种保护和改造方式，使历史步道既能延续历史文脉的发展，又能适应现代城市生活发展需求。

（二）改造策略

1. 建筑外立面的改造

建筑外立面是展示历史步道形象的重要展示窗口，在建筑改造中应采用修旧如旧，和而不同的改造方式。历史步道作为长沙市历史街区示范点，不能走拆除旧建筑，全部新建统一风格仿古建筑的老路，这样不仅会产生更多的建筑垃圾，也没有了真正的历史痕迹。不同时期对建筑产生了不同的影响，不是所有木构建筑和有封火墙的建筑就是历史的、传统的。在改造中要充分重视建筑本身的历史性。即指改造并非简单的涂脂抹粉式改造，而是充分尊重原有街巷的尺度和肌理，保留传统建筑的特色构件，通过隐蔽式加固、传统元素重构、场景再现等方式，重塑传统历史风貌。整条历史步道的建筑设计应有设计主题，有能够体现地域风格的设计元素，使得整体风格和谐统一，但不是所有的建筑都适合采用统一固定的一刀切改造模式，而是应该通过不同的组合来求同存异，同时针对街巷本身的特点，分类型提出改造策略。

普通民居外立面在改造时，需更换所有破损门窗，外置防盗网改为内置，空调机位做遮挡处理，厨房朝外的排油烟设置增加收集油烟管道。底层有商铺的民居应按照要求进行整改，不需要完全统一招牌，而是保持在整体性改造范围内有所创新，突出特色。

2. 建筑环境的改造

历史步道以商业店铺建筑为主的地段应使商业氛围和传统文化充分融合，太平街和坡子街作为典型的商业型街巷的沿线建筑经过提质后整体效果较好，不建议再修改。而其他街巷在改造中应通过业态引导，塑造商业氛围，并融入民间手艺、特色小吃、非遗文化体验及参与等。在景观设计中要有丰富完善的配套设施及艳丽活泼的色彩以烘托商业氛围。

普通民居建筑为主的地段，首先要恢复原有街道尺寸，拆除违章乱搭建筑。改善供电排水等市政布置。再充分挖掘城市道路及周边场所的文化元素，延续并烘托场地记忆。建筑景观上保持原有街道小品功能不变的基础上，对其风格进行重塑，并保持统一，完善相关设施。新建城市小广场和小范围的休憩空间，增加历史步道游览舒适度。

3. 保留民俗文化

长沙位于湘中，是湖湘文化的中心，湖湘文化融汇百家精粹和湖湘人士敢为人先，思变、创新，勇往直前的精神，使其建筑文化具有创造开拓、开放与兼容的特征。民居是凝固的历史文化，承载着城市历史的发展，展示着历史的足迹，成为城市发展的见证者。对于居民来说，不仅是一个提供居住的物质场所，更赋予其精神的依托，给予人们生存的归属感和力量。作为一种精神文化的物质载体，记录着文化形成、发展、融合的诸多过程，是社会文化心理的综合体现。历史步道作为长沙湖湘文化的缩影，应尽可能保留原住居民和老字号店铺，将民俗文化元素融入建筑，增加历史步道可游性。

4. 绿色节能改造

长沙属于典型的夏热冬冷地区，夏季闷热漫长，冬季湿冷短暂。建筑每年产生的能耗较大。而历史步道建筑的改造工程也应把建筑节能概念纳入其中，使得历史街区的建筑不仅保留了历史文化，也能适应现代化的发展。

门窗。窗户一直是围护结构中能耗较大的部位。使用新型铝合金窗不仅保温、防辐射性能比普通玻璃窗好，并且其结构形式和材料提升了整个窗户的热工性能及气密性。除此之外，在改造设计中应充分利用现代技术，利用计算机模拟软件对室内光、热环境进行模拟，综合各方面因素，准确的设计出最合理的开窗面积，保证室内最大限度的通风和采光。

外遮阳设施。外遮阳能将 80% 的太阳辐射热量遮挡于室外，能够有效降低空调负荷，减少夏季能耗。根据不同位置建筑的不同朝向，安装一定形式的可调外遮阳，这样既能满足夏季遮阳的要求，又不影响采光及冬季日照要求。大大降低太阳辐射的影响，有效节约能源。

墙体。墙体保温是一项重要的节能措施，有实验证明，增加墙体的厚度不仅在冬季有很好的保温，夏季也能够隔绝室外热环境的不利影响。在历史步道建筑改造中，可以采用保温结构一体化、保温装饰一体化等外墙保温技术，以及其他技术进步、性能优越的新型节能材料对外墙进行改造。

屋顶。历史步道两箱建筑排列紧密，屋顶是受太阳辐射最长时间的围护部分。除可利用传统屋顶保温隔热的方法如通风屋顶，种植屋顶外，还能利用屋面空间采用新型可再生能源，安装一定数量的光伏板，不经能够遮阳隔热，还能进行太阳能光伏发电，经济方便。

五、结语

长沙城市历史发展进程中，历史民居建筑与现代化城市发展产生了许多矛盾。如何解决这一矛盾需要有效地进行建筑改造和规划设计。历史步道的改造建设能够有效整合长沙市历史文化资源，继承和弘扬长沙优秀传统文化。在改造设计中，不能采用传统的常规改造方法。要根据历史文化背景，建筑发展脉络，在传承传统历史文化的基础上，结合现代绿色建筑技术，做到既能展示长沙历史风貌，又能符合现代城市建设发展的绿色节能型历史街区。

参考文献：

[1] 吴颖. 基于历史文化保护的步道规划设计策略初探——以长沙历史步道示范段为例 [C]// 中国城市规划学会、沈阳市人民政府 . 规划 60 年：成就与挑战——2016 中国城市规划年会论文集（08 城市文化）. 中国城市规划学会、沈阳市人民政府，2016：13.

[2] 曹建交. 长沙城市历史风貌特色保护研究 [D]. 长沙：中南大学. 2014.

[3] 罗明. 对长沙近代公馆建筑形态的类型学研究 [D]. 长沙：湖南大学. 2005.

[4] 李斌恺，朱炳钧，柳涌鸣. 长沙市志（第五卷）[M]. 长沙：湖南人民出版社，1997：1 – 3.

[5] 龙玲. 近代长沙的城市变迁与发展研究 [D]. 长沙：湖南大学，2005.

[6] 吴科帆. 历史文化名城长沙人文环境的延续与变迁探析 [D]. 长沙：湖南大学 ,2005.

六、其他论文摘要

华夏遗产之珍[①]
——古城水系

吴庆洲[②]

摘　要：本文拟从若干重要方面研究中国古代的城市水系，比如，江河水系如何影响城市选址，城市水系的规划建设等等。文中总结了城市水系的十大功用：供水、交通运输、溉田灌圃和水乡养殖、军事防御、排水排洪、调蓄洪水、防火、躲避风波、造园绿水和水上娱乐、改善城市环境。本文还提供了大量例证说明城市水系在稳定城址、促进工商业的发展、提供了较高质量的生活居住的环境以及有助于形成城市的特色上的重要作用。文中强调城市水系对城市的重要性，必须保护好城市水系，以建设中国文化特色现代城市。文中研究了古温州城市水系的成就，并对温州古城水系的消失表示了忧虑。

关键词：城市水系，遗产，城市的血脉，保护，城市特色

---

① 项目资助：国家自然科学基金资助（50678070；51278197）。

② 吴庆洲，华南理工大学建筑学院教授，亚热带建筑科学国家重点实验室学术委员。

四川鲜水河流域拉日马石板藏寨传统民居初探[①]

聂倩[②]，张群[③]，吴麒麟[④]，于卓玉[⑤]

摘　要：四川鲜水河流域拉日马石板藏寨传统民居在长期适应当地气候特征、地质条件、宗教文化等环境因子过程中，独具地域特色。通过大量访谈调研和建筑实测，文章对寨内的民居建筑进行类型归纳，从平面布局、外部造型、结构形式和构造方式对建筑形式进行分析，并初步梳理了民居建筑的演进脉络和规律，以期为后续研究提供基础资料和设计借鉴。

关键词：鲜水河流域，崩空，石板屋面，康巴藏族

---

① 项目资助：国家自然科学基金资助项目（51278414、51678466、51408474）。

② 聂倩，西安建筑科技大学，博士研究生，ne__archi@163.com。

③ 张群，西安建筑科技大学，教授，zhangqun029@163.com。

④ 吴麒麟，西安建筑科技大学，硕士研究生，1019650375@qq.com。

⑤ 于卓玉，西安建筑科技大学，硕士研究生，921861401@qq.com。

大运河水文化景观及评估体系研究[①]
——以扬州段为例

陈思昊[②]，宋桂杰[③]

摘　要：运河水文化景观是运河自然与人文结合的水文化重要体现，对大运河沿线的城市的经济、文化、绿色生态发展起着极为重要的作用。扬州是大运河最早开凿的河段，大运河的重要城市之一，同时它也是大运河申遗和保护的牵头城市。大运河扬州段是遗产点最多，遗产类型最丰富，在水文化景观方面拥有着极为丰富且珍贵的内容与要素。以此作为示范性水文化景观及评估体系研究具有代表性，且成果涵盖内容与要素较为全面。

关键词：大运河，扬州段，水文化景观，水文化遗产，评估体系

① 项目资助：江苏省文化科研课题(17YB19)；教育部人文社会科学研究规划基金项目（17YJAZH070）。

② 陈思昊，扬州大学美术与设计学院，环境设计硕士研究生，172781960@qq.com 。

③ 宋桂杰，扬州大学建工学院，副教授，扬州大学苏中发展研究院副院长，大运河遗产保护研究中心负责人，364010709@qq.com。

批判的地域主义视角下的朱家角古镇新建筑植入研究——以朱家角人文艺术馆为例

罗宝坤[①]，靳亦冰[②]，张少君[③]

摘　要：当前我国正处于特色小镇和传统村落保护与建设的重要时期，传统历史聚落面临着如何在保留原有聚落文化的前提下发展建设的问题。本文从“批判的地域主义”理论和聚落空间结构形态相关理论的研究入手，以朱家角古镇为具体研究对象，对理论平台进行论证和演绎，由整体聚落空间到单体建筑层面阐述“批判的地域主义”的思维逻辑与实际应用表现，总结归纳出建筑师的思想理念、设计策论表现手法。

关键词：批判的地域主义，聚落，新建筑，结构形态

① 罗宝坤，西安建筑科技大学建筑学院，硕士研究生，179468730@qq.com。

② 靳亦冰，西安建筑科技大学建筑学院，副教授，jinice1128@126.com。

③ 张少君，西安建筑科技大学建筑学院，硕士研究生，249689247@qq.com。

夜景照明与苏州平江历史街区的保护和发展

徐俊丽[①]

摘　要：苏州平江历史街区是古城内迄今保存最为完整、规模最大的历史街区，文物古迹和历史遗存众多。当前，历史街区的夜间景观日益受到广泛关注，然而，苏州平江历史街区夜景照明呈现设计手法单一、光色混乱、缺乏地域特色等问题。本文从地域文化保护与发展的视角，不仅关注街巷、河道、建筑等实物景观，还要实现意境沿承、传统再现等非实物景观的保护与发展，使得夜景灯光营造既能实现对历史街区的保护，又促进其在当代的发展。

关键词：夜景照明，平江历史街区，地域文化，保护，发展

① 徐俊丽，苏州大学建筑学院，讲师，xujunlidd@126.com。

渔泛古村的兴与衰
——江汉平原滨水商贸型聚落的兴衰及现状研究

林文杰[①]

摘　要：渔泛古村位于江汉平原腹地，紧邻汉江滨水而生，因汉江水路交通兴盛于明清时期，曾是江汉平原重要的粮食、棉花的集散地和口岸，属典型的江汉平原滨水商贸型聚落。随着历史更迭，曾经繁盛的渔泛古村如今衰落凋敝。本文以实地调研为依据，以渔泛古村与汉水的关系为纽带，梳理渔泛古村的聚落及传统民居建筑，发掘其价值，以期唤起人们对渔泛古村的关注与保护。

关键词：渔泛古村，滨水商贸型聚落，传统民居

① 林文杰，华中科技大学建筑与城市规划学院，硕士研究生，348616635@qq.com 。

自组织理论下的扬州地区乡村滨水景观营造研究[①]

徐英豪[②]，宋桂杰[③]

摘　要：乡村景观是自然形成的，将自组织理论运用在研究是与乡村景观的形成及发展动因。该理论着重探讨的是系统形成与发展，并且强调这一过程的自主性。这与我国乡村聚落千百年来各自独立发展而又保有鲜明风格的模式极其相似。本文以扬州地区部分乡村为例，从营造的角度研究了如何将审美情趣、功能性以及文化韵味与乡村滨水景观结合。力求为当下被日益重视的乡村聚落滨水区的更新发展提供一个设计和规划的纲要。

关键词：乡村聚落，滨水景观，自组织理论，扬州地区

① 项目资助：江苏省文化科研课题(17YB19)；教育部人文社会科学研究规划基金项目（17YJAZH070）。

② 徐英豪，扬州大学美术与设计学院，环境设计硕士研究生，729275950@qq.com。

③ 宋桂杰，扬州大学建筑科学与工程学院，副教授，扬州大学苏中发展研究院副院长，大运河遗产保护研究中心负责人，364010709@qq.com。

撒拉族传统村落中水渠与街巷空间演变研究

黄锦慧[①]，靳亦冰[②]

摘　要： 在城镇化发展背景下，对青海循化撒拉族传统村落中水渠与街巷空间进行研究，分析水渠与街巷空间在发展过程中功能与形态的特征以及演变的本质原因。本文采用实践调研、文献研究、归纳总结的方法，探究发现水渠与街巷空间具有实用功能与塑造丰富空间的特征，功能需求主导与城镇化的推动是其演变的本质原因，希望能在未来撒拉族传统村落发展规划时，提供理论依据。

关键词： 撒拉族，传统村落，水渠，街巷空间

① 黄锦慧，西安建筑科技大学建筑学院，研究生，578414087@qq.com。
② 靳亦冰，西安建筑科技大学建筑学院，副教授，jinice1128@126.com。

小江村自建住宅空间演化[①]

蒋兴兴[②]，卢健松[③]，姜敏[④]

摘　要：本文将一个普通山村小江村作为研究对象，以建造年代为标尺，提取典型模式：①改革开放前的窨子屋；② 1980 年代土壳屋；③ 1990 年代砖房；④ 2000 年当代新民居。研究小江村自建住宅如何通过形态的改变即不同年代、时期的房屋空间布局的比较研究，主动适应自然、经济、产业、社会、文化、技术、材料、设备等因素的变化，总结自建住宅的发展变迁规律。

关键词：自建住宅，空间，演化机制

① 项目资助：国家自然科学基金项目（51478169）。

② 蒋兴兴，湖南大学建筑学院，硕士研究生；上海拓迪建筑设计有限公司，助理建筑师。

③ 卢建松，湖南大学建筑学院，副教授，Hnuarch@foxmail.com，18684680813。

④ 姜敏，湖南大学建筑学院，副教授。

江安县夕佳山镇五里村传统聚落与民居建筑形态研究

甘雨亮[①]，陈颖[②]

摘　要：传统乡村聚落的形成结合了自然环境、人文背景等多方面因素，是人类长期居住而凝结的文化精华。随着川南经济区快速发展，川南传统乡村聚落正面临众多威胁。针对目前传统乡村聚落空废化、新旧建筑风貌不协调、景观环境要素衰亡、基础设施不完善等问题，论文通过对夕佳山镇五里村传统聚落与民居建筑形态研究，目的在于挖掘传统聚落、建筑营建思想与方法，传承与延续川南地域建筑及文化景观，对传统乡村聚落的继承与发展，保护与利用等方面，具有重要的理论价值与实践意义。

关键词：传统聚落，聚落保护，空间形态，川南建筑

① 甘雨亮，西南交通大学，硕士研究生，632429179@qq.com。
② 陈颖，西南交通大学，副教授。

乾隆时期皇家园林对江南园林写仿的三个阶段[①]
——以四座北方《四库全书》藏书楼为例

杨菁[②]，王笑石[③]

摘　要：本文以乾隆南巡为线索，梳理乾隆写仿江南园林的三个阶段。以写仿浙江宁波天一阁的北京紫禁城文渊阁、圆明园文源阁、承德避暑山庄文津阁和盛京宫殿文溯阁为例，以测绘图纸、复原设计和档案文献为依托，甄别其各自的园林特色，并与天一阁园林空间进行对比研究，以期探寻看似相同原型、相同功能的系列园林建筑，在不同环境、不同时期建设中，所反映的乾隆皇帝对所仿写江南园林的阐释和转译。

关键词：乾隆南巡，皇家园林，南方园林，写仿，《四库全书》藏书楼

① 项目资助：国家社科基金重大项目资助（14ZDB025）；北京市社会科学基金资助（16LSC017）。

② 杨菁，天津大学建筑学院，副教授，yangjing827@aliyun.com。

③ 王笑石，天津大学建筑学院，博士，wangxiaoshi@foxmail.com。

“中体西用”下近代江南园林建构中的文化反思①
——以扬州何园为例

陈喆②，陈国瑞③

摘　要：在19世纪末的中西文化碰撞中，“中体西用”成为我国知识阶层对待外来事物的主流观点。作为这一时期兴建的宅邸院落，何园在的造园者将近代化的居住建筑融合于传统化的园林空间之中。通过对其建构特点的解读，进一步剖析近代化建筑影响下的中国传统造园观念的实践手法，对于理解传统园林理念与异质文化下的本土建筑思想表达具有独特意义。

关键词：文化融合，园林建筑，造园手法

① 项目资助：北京自然科学基金资助（8142007）。

② 陈喆，北京工业大学建筑与城市规划学院，教授，657788544@qq.com。
③ 陈国瑞，北京工业大学建筑与城市规划学院，硕士研究生。

网师园营造山水风格与文化的艺术手法研究

魏胜林[①]，蒋敏红[②]

摘　要：苏州世界文化遗产古典园林网师园中部景区是在建筑布局密集，山石、水体布局偏小的空间格局中，营造山水风格园林的典范。造园家在山石布局中，采用了“实”、“虚”、“借”的艺术手法，通过由“形”到“象”，由“实”到“虚”转换，表现了“山贵有脉”、层峦叠嶂；在水面布局中，采用“尾”“源”结合，巧用了“衬托”、“借景”、“叠岸空透”等艺术手法，表现了“水贵有源”、水面浩淼。依托山水文化，结合“两山夹一谷”布局和虚实结合，形、象贯通的思维方法，营造出山水相依、境因景存、景因境活的文人写意山水景区。

关键词：网师园，山水风格，山水文化，艺术手法

① 魏胜林，苏州大学建筑学院，教授，slwei@suda.edu.cn。
② 蒋敏红，苏州大学建筑学院，硕士研究生，jiangmh92@qq.com。

论中国传统园林理景设计的流动性与整体性①

郭明友②

摘　要：中国经典传统园林理景设计大都是局部流动性与整体一致性的高度统一。流动性设计使园林造景富有变化和韵律，整体性设计使园林空间具有明确而独特的审美景境，二者之间是相辅相成的关系。长期以来，学术界既有人说中国传统园林理景千变万化、步移景异，同时也有人认为其大同小异、千篇一律，根源就在于对此认识不足。只有深入理解了传统园林的景境设计方法，才能更加完整地理解其艺术审美特色与文化价值，才能更好地保护园林文化遗产，更好地继承和发扬传统园林艺术的精髓。

关键词：传统园林，景境，流动性，整体性

---

① 项目资助：江苏省教育厅高校哲学社会科学研究基金资助项目（2015SJB521）。

② 郭明友，苏州大学金螳螂建筑学院，副教授，硕士研究生导师，研究方向为中国园林理论与历史，Email：5065223@sina.com。

"躲进小楼成一统"的苏州文人"园中园"
——以网师园"殿春簃"与艺圃"浴鸥院"对比分析为例

谢伟斌[①]，柳肃[②]

摘　要：苏州园林实际上就是文人的园林，是文人隐逸遁世思想的反映。造园艺术的发展亦离不开文学与绘画的影响。"园中园"作为园林中的一部分，相对独立于园林整体，多为园主人书房，是园林中文人气质最集中的体现，更是典型的受到文人画和文人诗影响的产物。因此，本文以苏州园林中两大"园中园"——殿春簃和浴鸥院为例，通过解析文人画，评析诗文内涵，对比分析殿春簃和浴鸥院的空间布局，探讨造园手法与文人画和文人诗之间的关系。

关键词：文人画，文人诗，园中园

① 谢伟斌，湖南大学建筑学院，硕士研究生，1458096250@qq.com。
② 柳肃，湖南大学建筑学院，教授，liusu001@163.com。

情感与记忆的转置
——大众传媒视角下历史园林的文字表征

李源[①]，李险峰[②]

摘　要：历史园林是城市记忆的物质载体。随着时代发展，大众传媒选择性构建与传播的意象正逐渐影响着人们对历史园林的认知，人们也越来越习惯在大众传媒中记录与分享自己对于历史园林的情感与记忆。本文以拙政园为例，通过编写网络爬虫收集旅游点评网站上的相关评论，并对评论文字进行情感分析与主题模型分析；由此重新审视与思考现代城市居民对历史园林的态度及体验差异，以期为相关设计与研究提供新的思路。

关键词：大众传媒，历史园林，文化，记忆，文本挖掘

① 李源，中国农业大学园艺学院，博士研究生，lucubrator@163.com。
② 李险峰，中国农业大学园艺学院，教授，fineart@cau.edu.cn。

借阅园林——黑格尔美学视角下的江南私园

徐永利[①]

摘　要： 江南私园的特殊性在哪里？当下语境中，面对古典园林，需要一个可供有效交流的角度，阅读经验和园林体验的结合提供了这种可能。读黑格尔《美学》时，园林经验和疑惑成为笔者批注此书的要点。本文尝试总结这些零碎思路，结合其他著作之启发，寻找解读江南私园的可靠逻辑。但园林不是目的，关键是传统空间意境成立的心理依据为何，是否具有普适的规律，故称"借阅园林"。

关键词： 苏州园林，黑格尔，美学，普适

① 徐永利，苏州科技大学建筑与城市规划学院，副教授，gmc2015@126.com。

中国传统园林建筑精神的现代表述[①]

曹怀文[②]

摘　要：本文以直白化设计泛滥的现象为切入点，以中国传统园林建筑为研究对象，以空间的“形”与“意”为研究主题，以探索中国传统园林建筑精神特征为目标，尝试分析中国传统园林建筑精神与现代建筑精神的异同。从而探讨如何发挥传统建筑元素的最大优势，并进行现代化的创新，将其运用到现代园林建筑设计中，以期传统精神能更好地被现代大众所接受，力图在维护传统与发展创新两个目标上寻找平衡。

关键词：园林建筑，直白化设计，传统精神，创新

---

① 项目资助：国家自然科学基金项目（51378317）。

② 曹怀文，沈阳建筑大学建筑学院，硕士研究生，1522735374@qq.com。

岳麓书院园林造园要素及空间研究

曹莉莉[①]，柳肃[②]

摘　要：“纳于大麓，藏之名山。”岳麓书院被掩映于浩瀚青翠的树林，藏在地大物博的岳麓山之中。岳麓书院是中国古代四大书院之一，坐落于湖南长沙市湘江西畔，岳麓山脚，976 年由潭州太守朱洞创建，经历了几个朝代的历练以及历任山长的不断修建才形成现在的宏大的规模。本文从宏观和微观的角度研究分析岳麓书院园林造园要素、造园手法、空间研究等方面，归纳总结岳麓书院的园林艺术以及地域文化下的园林特色。

关键词：岳麓书院，书院园林，造园要素，空间造景

① 曹莉莉，湖南大学建筑学院，硕士研究生，564042961@qq.com。
② 柳肃，湖南大学建筑学院，教授，liusu001@163.com。

点题——中国传统园林“意境”理解的探索

罗正浩[①]

摘　要：中国传统园林不但有着自然山水的形式美，还蕴含着诗情画意的意境美。“以诗情画意写入园林”是中国传统园林创作艺术的特色。中国传统园林综合运用造园的元素赋予物质空间以诗情画意，把人们通过感官感觉到的物质空间升华成为能对人的情感起作用的意境空间。以诗词歌赋等文学艺术作品来强化这种意境，用最简洁的语言，凝练概括特定园林景象的内涵，即用文字点出“意境”，编写赏景的“说明书”。这是中国传统园林的精粹之处，也是中华民族传统文化的重要组成部分。文章作者结合自己在欣赏我国传统园林时的思考，对中国传统园林“意境”的理解进行一定的阐述和研究。

关键词：中国传统园林，点题，意境，含蓄，简练

① 罗正浩，苏州大学建筑学院，博士研究生，379333803@qq.com。

中国古代园林艺术与审美教育及其现代启示

柳肃[①]

摘　要：中国古代儒家教育思想是很重视美育的，除了一般知识的学习之外注意陶冶性情和个人修养，注重人的全面发展。而古代文人的园林艺术，特别是在书院这类教育建筑中的园林，直接起着审美教育的作用。今天的基础教育中缺少了对于审美教育的重视，美育的缺失致使很多不良的文化基因继续承传，而优良的文化反而受到制约，这是导致中国建筑界出现很多问题的社会根源。

关键词：审美教育，园林艺术，建筑问题

① 柳肃，湖南大学建筑学院，教授，liusu001@163.com。

中国古典造园艺术的思想、原则、手法与意境

吴宇江[①]

摘　要：本文全面论述了中国古典造园艺术的理论内涵与学科特点，它主要体现在以下四个方面，这就是虽由人作、宛自天开的中国古典造园艺术思想；巧于因借、精在体宜的中国古典造园艺术原则；曲径通幽、小中见大的中国古典造园艺术手法；诗情画意、情景交融的中国造园艺术境地。

关键词：中国古典造园艺术，思想，原则，手法，意境

① 吴宇江，中国建筑工业出版社编审，wyj@cabp.com.cn。

浅析中村拓志现象学设计实践中的得与失

朱正[①]

摘　要：现象学作为哲学领域的一个研究方向，因其强烈的“本质论”特性与建筑学本身缺乏本质论基础的情况相契合，故与建筑学产生了紧密的联系。而如何将现象学中的哲学语言与建筑语汇产生联系则是众多学者孜孜不倦探求的内容。中村拓志作为一名作品极具现象学特征的年轻建筑师，文章通过对其作品进行分析归纳，总结出其控制空间尺度、控制材料、控制环境以及控制感性因素这四个主要设计手法，并通过将其设计手法与现象学方法论内容进行对比分析，发现其中现象学观点难以贯彻始终、主观因素比重过大两方面主要问题，从而作为现象学在建筑领域中应用发展的重要参考。

关键词：中村拓志，现象学，设计手法

① 朱正，重庆大学建筑城规学院，硕士研究生，2568479185@qq.com。

读王澍建筑里的“自然之道”

宋源[①]，周欣墨[②]，林柔秀[③]

摘 要：王澍“重返自然之道”的理论和实践，就是要建造一个建筑、自然与人类之间和谐共生，富有多样性和差异性的世界。本文从价值理念、地域文化、哲学语境、创新设计四个方面，对他建筑作品里的“自然之道”进行具体展开、深层诠释和意义阐发，并形成了“重返自然之道”自身逻辑和框架结构。我们认为，正是王澍“重返自然之道”的理论创新和实践创新，才使他的建筑设计能够超越争论、永不过时，立足于世界建筑之林。

关键词：王澍，建筑作品，自然之道，重返，创新

① 宋源，绍兴文理学院土木工程学院建筑系，助教，80702873@qq.com。
② 周欣墨，绍兴文理学院土木工程学院建筑系，讲师，85938167@qq.com。
③ 林柔秀，绍兴文理学院土木工程学院建筑系，2015级学生，549670548@qq.com。

非线性的乌托邦
——马岩松的“自组织”形体与“山水城市”理想

卢亦庄[①]

摘　要：作为中国当代青年建筑师的代表，马岩松一直尝试用非线性的形体来构成建筑，以梦露大厦为代表，其作品形象常给人以“动态”“不定”的印象，他们激进的建筑形式令人印象深刻。马岩松在他的建筑实践中强调建筑与自然的和谐，推动并深化“山水城市”理念的发展。通过在梦露大厦、红螺会所等 MAD 的设计项目，分析马岩松在创作中使用非线性手法所表现的空间特点，理解马岩松所想表达的建筑—环境理念。浅谈“山水城市”思想在中国的发展概况及其影响与意义。

关键词：马岩松，非线性，山水城市，建筑—自然和谐

① 卢亦庄，重庆大学建筑城规学院，硕士研究生，a2758699@126.com。

明星建筑师介入下的乡村更新思考
——以富阳文村为例

陈颖[①]，柳肃[②]

摘　要：该文主题是对新型城镇化背景下的农村改造更新模式的探讨，以富阳文村这样一个具有典型江南村落特点但并未列入文保单位的普通村庄为案例，分析在明星建筑师王澍的主持改造下，该村在建筑遗产保护以及乡土文化延续方面的实践经验，特别是明星建筑师的介入对村落带来的影响。

关键词：乡村更新，文脉，新型城镇化，富阳文村

① 陈颖，湖南大学建筑学院，硕士研究生，834471452@qq.com。
② 柳肃，湖南大学建筑学院，教授，liusu001@163.com。

新时期川渝地区文化类建筑特征探讨

蒋丹 ①，李世芬 ②，于璨宁 ③

摘　要：论文围绕川渝地区"新时期"文化类建筑设计展开。川渝地区拥有独特的地域文化和自然环境，新时期经济高速发展，文化交流频繁，也经历了汶川地震等事件，深厚的文化积淀和特定的历史机遇催生了独特的建筑文化。论文基于川渝传统地域文化及其演变过程梳理，提炼出地域文化特征，进而结合案例解析、归纳出新时期川渝地区文化类建筑的创作手法。最后，揭示当前存在的问题，并给出相应对策，希望能为相关研究提供借鉴。

关键词：文化类建筑，川渝地区，新时期，地域性建筑特征，设计观念与方法

① 蒋丹，四川省建筑设计研究院，助理建筑师。

② 李世芬，大连理工大学建筑与艺术学院，教授、博导，oastudio@163.com。

③ 于璨宁，大连理工大学建筑与艺术学院，博士研究生。

基于广府建筑文化的“西关绿屋”低碳住宅整合设计

陈勋[①]，朱瑾[②]

摘　要：本文以“地域性、文化性、时代性”设计理念为指导，在结合文脉和先进的绿色技术做了有益的尝试。总平面顺应城市干道和周围原有建筑的界面，保留原有的向心轴线关系，尊重和借鉴了广府地区颇具特色的西关大屋、骑楼、碉楼等建筑以及瓶形瓷栏河、蚝壳墙等传统技法，迎合当地气候特征组织室内外流线和体块分割，造型注重神似，注重整体风格体现广府建筑氛围。

关键词：广府文化，遮阳方式，生态，通风，低碳建筑

① 陈勋，合肥工业大学建筑与艺术学院，硕士研究生，chenxun2017@126.com。
② 朱瑾，合肥工业大学建筑与艺术学院，硕士研究生。

介护型养老建筑基于“人文关怀”的设计策略

杨椰蓁[①]

摘　要：介护老人因行动、智力的障碍成为老年人群中的弱势群体，因而需要专业的介护型养老建筑来支撑其所需要的介护服务。介护老人需要的不单是医疗护理，而更多的是人文关怀，因此介护型养老建筑的设计不仅要满足介护老人生活照护和医疗护理的需要，还应关注老年人内心的情感需求，营造富有人文情怀的宜养环境，促进身心健康，提高幸福指数。本文从人本情怀出发，分析介护老人的身心特征，探究介护型养老建筑基于“人文关怀”的技术策略。

关键词：介护，失能失智，养老建筑，人文关怀，设计策略

① 杨椰蓁，西安建筑科技大学建筑学院，硕士研究生，1293112776@qq.com。

移动互联时代体验式商业综合体文化价值的挖掘

杨筱平 ①，任婉颖 ②

摘　要：在一个高速发展的变革时代，移动互联正在改变着人们的生活和工作方式，商业综合体的业态、形态必然会发生革命性的变化。在互联互通的语境中，沿循“体验、共享、服务”的主线，商业模式必然由购物消费向体验消费转变，体验式商业综合体将成为商业建筑的主流。对于体验式商业生态系统而言，注重主题文化业态以及本身文化价值的挖掘，不失为具有现实和现时意义的技术策略。

关键词：移动互联，商业综合体，文化，体验，挖掘

① 杨筱平，西安市建筑设计研究院，总建筑师，高级建筑师，国家一级注册建筑师，136634511@qq.com。
② 任婉颖，西北大学城市与环境学院，本科生，rwydora@sina.com。

东北大学校园规划布局的文化传承研究

张珍[①]，于闯[②]

摘　要：本文以东北大学不同时期的三处校园规划为例，分析北陵校区、南湖校区与浑南校区的校园规划布局。发现其三处校区规划在轴线、功能分区、校园中心等关键处的传承。文章提出将校园规划布局作为一种文化传承，其意义在于更好的保护校园文脉，并且将此策略用来指导新校区的规划。

关键词：东北大学，校园规划，文化传承

① 张珍，沈阳建筑大学建筑与规划学院，研究生，yuchuangzhangzhen@163.com。

② 于闯，沈阳建筑大学建筑与规划学院，研究生，yuchuangzhangzhen@163.com。

滨水环境下的当代建筑形态设计手法分析

温常波①，于莉②

摘　要：在建筑设计实践中，滨水环境是对建筑的形态构成产生较大影响的因素之一。“水”在建筑营造中发挥着其独特的影响力，建筑师越来越多的将“水”应用于作品之中。笔者探讨了滨水环境下建筑与水的关系，试提取出具有普适性的滨水环境下建筑形态设计手法，为滨水环境下的建筑创作提供一些参考和建议。

关键词：滨水，水文化，建筑设计

① 温长波，中原工学院建筑工程学院，硕士研究生，wenwenwcba@qq.com。
② 于莉，中原工学院建筑工程学院，副教授，80599591@qq.com。

福州大学旗山校区图书馆的“残缺美”

关瑞明[①]，刘未达[②]

摘　要：福州大学旗山校区图书馆作为校园的核心及标志性建筑，具有重要的景观及象征意义。在福州大学这种地域气氛较为浓厚的学校，校园的规划及建筑设计的地域文化性是较为重要的考虑事项，也是设计师重要的设计理念。本文从设计师提出的几点关于地域及文化的理念出发，结合建筑最基本的实用和美观因素，对此建筑进行分析，总结出几点残缺美以及对于建筑设计的文化运用的想法。

关键词：福州大学图书馆，残缺美，象征，文化，地域

① 关瑞明，福州大学建筑学院，教授，695936765@qq.com。
② 刘未达，福州大学建筑学院，硕士研究生，490655748@qq.com。

城市近郊乡村传统产业建筑“空间–产业”联动更新设计研究①
——以湖南浏阳亚洲湖村老烤烟房改造设计为例

赵彬②，王轶③

摘　要： 传统产业建筑作为乡村农耕文化的象征，承载着人们的集体记忆，却未能受到乡村管理者、建设者、设计师足够的关注，正在不断地衰落、消亡。本文通过对湖南浏阳亚洲湖村老烤烟房更新设计的研究，提出一种适合近郊乡村传统产业建筑改造的“空间 – 产业”联动更新设计模式，为同类型的建筑改造项目提供一定的参考。

关键词： 乡村，传统产业建筑，更新设计，乡村产业

① 项目资助：长沙理工大学湖南省工艺美术产品设计中心开放基金资助项目（编号：2016GYMS04）。

② 赵彬，湖南省工艺美术产品设计中心（长沙理工大学），长沙理工大学建筑学院，城乡规划学本科生，627158103@qq.com。

③ 王轶，湖南省工艺美术产品设计中心（长沙理工大学），长沙理工大学建筑学院，城市规划系讲师，14294174@qq.com。

梳头溪村自建住宅的空间自适应[①]

卿海龙[②]，卢健松[③]，徐峰[④]

摘　要：本研究以湘西双溪乡梳头溪村自建住宅的演化机制为研究核心。在针对现在农村住宅建设量逐渐高于城市住房，以及材料、工艺、形式的改变，造成了农村住宅的趋同。本研究以湖南吉首市古丈县梳头溪村为案例研究对象，整理归纳了梳头溪村自建住宅的典型类型，总结其演化本质，得出传统“三连间”就是梳头溪村自建住宅的建筑原型，归纳出“原型”到“变体”的演化机制，功能空间与住宅主体关系的演化规律和重要空间的演化更新，以及内外因素对于自建住宅的影响。

关键词：湘西梳头溪村，自建住宅，建筑原型，演化机制

---

① 项目资助：国家科技计划（2014BAL06B01）。

② 卿海龙，湖南大学建筑学院，硕士研究生，成都基准方中建筑设计有限公司。
③ 卢建松，湖南大学建筑学院，副教授，Hnuarch@foxmail.com，18684680813。
④ 徐峰，湖南大学建筑学院，副教授。

关于闽南历史建筑保护实践中原真性的一些思考——以泉州几个历史建筑修缮为例分析

钟淇宇[①]，陈培海[②]，申绍杰[③]

摘　要：原真性是历史建筑保护中很重要的概念，本文通过对闽南古建筑保护实践中遇到的问题，结合国内外原真性的研究，探讨对闽南古建筑保护原真性的相关概念和其实践准则。

关键词：闽南，古建筑，原真性

① 钟淇宇，龙岩市城乡规划局，建筑师，409728635@qq.com。
② 陈培海，泉州市骏艺古建筑有限公司，建筑师，410891000@qq.com。
③ 申绍杰，通讯作者，苏州大学建筑学院，教授，275944698@qq.com。

多元文化影响下的普光禅寺建筑群研究

李旭 ①，李泽宇 ②

摘　要：以张家界普光禅寺建筑群为研究对象，首先分析了儒释道等六类传统文化对建筑空间形态、型制及装饰艺术的影响，然后从不同角度对庭院空间的类别加以区分，最后详细分析了大雄宝殿、罗汉殿和观音殿的建筑型制和装饰艺术。结果表明，这三类建筑在器物选择和布置方面处处都有佛教文化的体现，而湘西少数民族文化在装饰艺术等方面的熏染使之与别处建筑不同。

关键词：传统文化，普光禅寺，空间形态，建筑型制，装饰艺术

① 李旭，湖南大学建筑学院，副教授，leexu_2004@163.com。

② 李泽宇，华阳国际工程设计集团长沙分公司，建筑师，185058706@qq.com。

东北亚区域建筑遗产保护的国际合作路径探索

郎朗[①]，王峤[②]，张俊峰[③]

摘　要： 本文在分析了东北亚区域建筑遗产保护国际合作的契合点基础上，对东北亚区域建筑遗产保护的国际合作路径进行探索，分别从建立建筑遗产保护原则共识、协助推进世界遗产申报和保护工作、搭建区域建筑遗产保护的多元化合作平台、构建建筑遗产保护联合监管机制四个方面进行阐释。并对东北亚区域建筑遗产保护国际合作的注意事项进行了总结和概括。

关键词： 东北亚，建筑遗产，保护，国际合作，路径

① 郎朗，吉林建筑大学建筑与规划学院，讲师，906083239@qq.com。
② 王峤，吉林建筑大学建筑与规划学院，讲师，357427345@qq.com。
③ 张俊峰，吉林建筑大学建筑与规划学院，教授，1335068077@qq.com。

贵州西部多民族地区石构民居材料的超民族性与民族性研究
——以汉族、苗族、布依族村落为例

吴桂宁[①]，黄文[②]

摘　要：文章以贵州西部多民族地区的传统石构民居为研究对象，基于实地调研的汉族、苗族和布依族共计7个村落，选取相近年代的代表性石构民居作为样本，对比各民族民居的石构墙体的形态特征，发现使用石材的技术区别，并一窥其中的文化差异，以此强调在多民族地区保护和关注超民族性和民族性的重要意义。

关键词：贵州西部，民居，石材，民族性

① 吴桂宁，华南理工大学建筑学院，教授，412172936@qq.com。
② 黄文，华南理工大学建筑学院，硕士研究生。

地域性建筑的文化研究——桂北干栏式建筑

曾晓泉[①]，朱昊中[②]

摘　要：建筑作为一个民族文化的重要组成部分,其所具有的特性是物质性、行为性和观念性等要素，并与所处的自然环境、社会环境与科学生产技术方式结合的产物。不同的社会意识形态与自然形态产生出不同形式风格的建筑。因此,作为文明载体的传统建筑无论是从其方位布局、材料运用、建造方式都有一定值得探讨研究的共同点，在其建造理念、价值取向以及人文意涵中又有一些需要了解的不同审美观念以及丰富的文化内涵与价值。所以本文以广西三江程阳古寨为例。总结传统村落的地域性文化特色性逐渐衰减的多方面变化，从而在理解了问题的深层原因后，提出:“天人合一”下的桂北杆栏式建筑表象与意向关系与保护措施。

关键词：地域性文化，适应性，再生，行使功能

① 曾晓泉，广西艺术学院建筑学院，教授 博士，874928626@qq.com。

② 朱昊中，广西艺术学院建筑学院，学士，1361921256@qq.com。

中国园林花卉文化的精神力量对身心健康的作用探析

郑丽[①]，孙智勇[②]，王莉[②]，庄严[③]，代星[③]

摘　要：本文从中式园林中的花木配置手法与应用特征展开，分析中国传统花卉文化对园主人表达造园思想和人生际遇的作用与情感寄托。在全球关注人与环境健康关系的现代社会，进一步探讨中国传统花卉文化在园林中表达出的精神力量与提升身心健康的关系，为营造能够庇护身心的园林环境提供借鉴。

关键词：花卉文化，园林，精神力量，身心健康

① 郑丽，苏州大学建筑学院，副教授，zhenglisa@suda.edu.cn。
② 孙志勇、王莉，扬州市五台山医院，神经内科医生，55379039@qq.com。
③ 庄严、代星，云南农业大学园林园艺学院，硕士研究生，zhuangyan17@foxmail.com。

沈阳中街“市声”声景史料研究[①]

张圆[②]，郑旺[③]

摘　要：历史街区是城市重要的文化遗产，留存着城市历史发展的印记。对历史街区的保护不仅局限于建筑遗迹，还应包括非物质的文化遗产。声音作为非物质文化遗产的重要一环，与历史街区的文化习俗和空间分布息息相关。本文通过中街的史料研究与空间分析，还原历史繁盛时期的行市文化，发掘具有人文价值的“市声”声景，绘制清末中街“市声”声景地图；选取场景最为盛大、构成最为丰富，也最具地域特色的灯市民俗声景，进行声景形态解析。

关键词：沈阳中街，“市声”声景，声景地图，灯市民俗声景

① 项目资助：沈阳市社会科学课题（SYSK2017-08-22）。
② 张圆，沈阳建筑大学建筑与规划学院，副教授，jzdxzhy@163.com。
③ 郑旺，沈阳建筑大学建筑与规划学院，建筑学专业，18524409336@163.com。

宋代文学创作与文人园林的互动[①]
——以江西鄱阳洪适《盘洲文集》为例

许飞进[②]，李元亨[③]，谢晨[④]

摘　要：江西私家园林的研究，不少学者做了有益的探索。然而，不同时代江西私家园林的特点则语焉不详。现以宋代鄱阳洪适的《盘洲文集》为例，管窥江西宋代私家园林的特点。洪适为官半生，52岁请退，后期花大量时间经营盘洲园林。56岁撰写了《盘洲记》，宣告盘洲园林的基本建成。《盘洲文集》中集中描写了对园林建筑的营造，对植物的栽培，体现出作者对田园生活的热爱。此后续建楼斋，使得园林中亭、台、楼、阁、榭，以及假山、动物、水系和四季花卉一应俱全，游赏性强。园林实际是作者与自然、亲朋、国家以及内心互动生成的结果。园林的建成，与其说是归隐，实际是真实场景的写照。

关键词：江西园林，文人，互动，上梁文

① 项目资助：国家自然科学基金项目（51568047），江西省高校人文社科课题（LS1509）。

② 许飞进，南昌工程学院土木与建筑工程学院，副教授，硕导，175609343@qq.com。
③ 李元亨，南昌工程学院土木与建筑工程学院学生。
④ 谢晨，南昌工程学院土木与建筑工程学院学生。

语言空间认知下的建筑阅读
——以岳麓书院和湖南大学近现代校园比较为例

蒋甦琦[①]

摘　要：本文以交叉学科的视角，跨越语言表现层面，探究汉语对于思维和空间认知的影响。这与国际上哲学的语言转向和语言学的空间转向的趋势是相一致的。分别阐释语言与认知、语言与思维、语言与空间认知的关系。然后选取岳麓书院和近现代湖南大学校园作为空间范本，通过空间阅读比较两者不同的语言与思维范式。本文试图跨越哲学、语言学、建筑学等学科领域，对于空间的认知和感受的源头深入至语言的层面，而语言又与某种思维方式相关联。这样与人本身的认识能力联系起来，赋予空间以意义。而通过对空间的理解，人们可以更好地理解和阐释语言与认知之间的关系。

关键词：语言，思维，空间认知，岳麓书院，湖南大学，比较

① 蒋甦琦，湖南大学建筑学院，副教授，jsq@hnu.edu.cn。

北京的建筑风格与北京的多元文化
——以历史发展为导向

刘亚男[①]，赵鸣[②]

摘　要：以北京为例，从文化的角度出发对我国当代建筑风格的发展演变进行了较为深入的研究。千城一面早在我国已成为老生常谈。透过现象剖析北京多元文化对建筑风格的影响。这种研究对于我国之后的建筑发展具有一定的参考意义或方向。

关键词：建筑风格，北京建筑，当代文化

① 刘亚男，北京林业大学园林学院，硕士研究生，375888762@qq.com。
② 赵鸣，北京林业大学园林学院，教授，zm0940@126.com。

参与式设计在社区公园景观提升改造中的实践与探索
——以风湖公园参与式设计工作坊为例

张秦英[①]，李佳滢[②]

摘　要：为促进社区公园景观的人性化设计，提升公共参与设计的效率，本文以天津市南开区风湖公园为案例，通过参与式设计工作坊的展开，重点探讨参与式设计的流程与方法对调动公众参与度的影响，为促进参与式设计在国内社区公园改造提升中的有效开展提供参考。

关键词：参与式设计，景观改造，公众参与

① 张秦英，天津大学建筑学院，副教授，qinying_zhang@163.com。
② 李佳滢，天津大学建筑学院，硕士研究生，532171843@qq.com。

基于人口密度的保障性住房大型社区发展预测①

张玲玲 ②

摘　要： 当前中国保障性住房建设进入高速发展时期。许多大城市都以在城市郊区新建大型居住社区作为发展保障性住房的主要途径。这些保障性大型居住社区未来将如何发展？本文通过剖析西方社会住宅区“衰败”和亚洲公共住房“繁荣”历程中“人口密度”的影响，初步提出利用“人口密度”监测保障性大型居住社区发展状况的方法。

关键词： 保障性住房大型社区，人口，密度，预测

① 项目资助：国家自然科学基金项目（51708375）。

② 张玲玲，苏州大学建筑学院，讲师，zhanglingling119@126.com。

基于生活-健康状况的适老社区公共空间环境设计建议①

吴岩 ②

摘　要：文章在问卷与访谈的基础上，从老年人日常生活与健康状况出发，将适老社区公共空间环境结构归纳为适应健康 - 活跃老人的 RLS、适应高龄 - 体弱老人的 RLSN、适应残疾 - 不自理老人的 REH 三种步行结构模式，并从复合性、互补性、可接近性、舒适性的角度提出设计建议。

关键词：适老社区，步行网络结构，设计建议

---

① 项目资助：郑州大学青年教师专项基金项目（32210504）。
② 吴岩，郑州大学建筑学院，讲师，89543728@qq.com。

城市跨河发展的空间形态研究
——以济南为例

牛胜男[①]，程鹏[②]

摘　要：到 2020 年，济南市各项发展指标将达到具备进一步发展北跨战略的基本水平，目前，除交通通勤和抗洪抗灾等安全措施需要部署外，需要对北跨战略的城市功能置换进行明确界定，通过功能置换将城市中心区过于密集的人口合理分配。在总结国内外跨河发展城市早期空间发展形势的基础上，认为近期济南市北跨战略的空间最佳形式应当为棋盘式空间格局，并根据这种空间模式得出济南市北跨发展基本格局，对其分析选定最具积极意义的空间发展形态。

关键词：跨河发展，空间形式，优缺点，济南

① 牛胜男，山东大学土建与水利学院建筑系，硕士研究生，1215957617@qq.com。
② 程鹏，哈尔滨工业大学建筑学院，硕士研究生，841425722@qq.com。

城市聚落空间更新中“场所精神”营造的设计研究
——以台北市蟾蜍山聚落改造竞赛设计为例

王钊[①]，殷青[②]

摘　要：城镇化进程的快速发展带来城市规模的不断扩大，导致旧城区面临建筑老化和居住社区被废弃或通过开发商彻底焕然一新的问题，使得承载着城市文化记忆的历史聚落造成严重破坏。蟾蜍山位于台北市公馆大安区，是台北市最后的山城聚落。本文以台北市公馆蟾蜍山聚落改造竞赛设计为例，通过收集整理蟾蜍山区域历史发展历程，实地调研聚落空间利用与景观环境现状，总结居民生活习惯与特点，分析蟾蜍山社区现存问题，找寻属于蟾蜍山居民的文化记忆；立足“场所精神”的营造，唤醒居民与学生集体回忆，营造当地居民与在校学生和谐共处的空间氛围；探索如何在保持原有传统聚落风貌特色的基础上对聚落中的建筑、环境进行更新。

关键词：城市聚落，更新，场所精神，蟾蜍山，改造设计

① 王钊，哈尔滨工业大学，黑龙江省寒地建筑科学重点实验室，硕士研究生，1512391859@qq.com。
② 殷青，哈尔滨工业大学，黑龙江省寒地建筑科学重点实验室，副教授，hityin@126.com。

洪江区岩门村农民自建住宅更新策略类型研究

杨沐昕[①]，卢健松[②]

摘　要：岩门村是一个典型非历史的普通湘西以农业为主的村落，但其具有代表性的自建住宅演化特色是研究当代农村自建住宅演化及其各方面适应性研究的一个有价值的案例。在自组织理论框架下，岩门村在不同的历史时期和经济环境背景下，展现和演化出了不同的农民自建住宅的更新策略，这些自建住宅的演化对于自然气候、技术构造以及产业经济都产生的不同程度的适应性演化和自发性的建造，我们通过详细的调研和适当的研究方法，揭示湘西地区农民自建住宅的适应性演化的机制，以小见大，进而为全国当代农村自建住宅的发展提供新的思路和科学研究价值。

关键词：农宅，自建，湘西，策略

① 杨沐昕，湖南大学建筑学院，硕士研究生。
② 卢健松，湖南大学建筑学院，副教授，Hnuarch@foxmail.com。

城市老旧工厂居民区景观改造研究
——以南昌市兴柴北苑社区为例

王璐[①]，屠剑彬[②]

摘　要：随着城市的发展，旧城区逐渐失去了昔日的荣光，作为城市历史和文化的载体，我们需要重新焕发出"她"新的生命力。本文的研究对象正是那些在城市中普遍存在并具有典型代表的老旧工厂居民区，由于是早期建造的居住小区，其内部环境存在很多问题。本文以南昌市兴柴北苑社区为例，深入挖掘分析其景观改造原则和景观改造策略，为此类老旧工厂居民区景观改造提供参考。

关键词：城市老旧工厂居民区，景观改造，改造原则，改造策略

① 王璐，昆明理工大学建筑与城市规划学院，硕士研究生，457420835@qq.com。
② 屠剑彬，昆明理工大学建筑与城市规划学院，硕士研究生，458819028@qq.com。

基于文化表达的城市滨水景观规划设计研究
——以湖北省当阳市为例

周绍文[①]，屠剑彬[②]

摘　要:水，是生命之源，人类与生俱来的亲水性使得自古以来人类聚居的地方往往都是靠水而建的。良好的滨水景观规划设计不仅能提高城市人民的生活质量，同时还能彰显城市特色，传承城市文化；而对城市水资源的忽视与破坏，不仅会阻碍城市的发展，还将威胁到地区的自然生态系统。本文通过总结我国城市滨水景观规划设计的发展概况，以湖北省当阳市沮河流域为例，在对当阳市文化背景分析下，通过具体的规划设计手段，将当阳市的三国文化、宗教文化等内容以景观的形式表达出来，从而使得当阳市的沮河流域成为传承当地文化与展现城市形象的核定地带，也希望能为我国类似的城市滨水地区的建设提供一定的借鉴。

关键词：文化，滨水地区，景观

① 周绍文，昆明理工大学建筑与城市规划学院，硕导，高级规划师，2312697030@qq.com。
② 屠剑彬，昆明理工大学建筑与城市规划学院，硕士研究生，458819028@qq.com。

社区营造视角下的惠州市水东街历史文化街区保护更新研究

冯婕 ①

摘　要：历史文化街区是居民非物质文化遗迹，它的一个关键保护要素就是社区集体意识的营造，让居民有归属感，能够积极地参与到街区的保护改造更新中来。本文从社区营造的角度出发，以水东街历史文化街区保护更新为例，从社区营造内容、营造机制、营造模式这些方面进行分析和探讨，希望今后对今后历史文化街区保护更新之路摸索出一个新方向。

关键词：水东街历史文化街区，社区营造

① 冯婕，北京华清安地建筑设计有限公司，工程师，278855175@qq.com。

历史文化街区更新模式与关键

陈禹夙[①]

摘　要：在经历了一轮的大规模的城市更新之后，中国开始认真思考文化遗产对于人类的重要意义，开始理性的寻找文化遗产的保护方法，不论政府还是开发商都积极参与实践，产生了一些比较成功的街区更新案例，并逐步发展为不同的街区更新模式；通过对街区模式的比较，总结街区更新的成败关键。

关键词：模式，更新，成功经验

① 陈禹夙，北京华清安地建筑设计有限公司，建筑师，44869246@qq.com。

广州城市特色风貌研究的理论与方法

唐孝祥[①]，冯楠[②]

摘 要：广州城市特色风貌研究属于跨学科交叉综合研究，应以人居环境科学理论、"两观三性"理论、文化地域性格理论、城市意象理论、城市建筑学理论等为基础，运用文化学的文化结构理论，从物质、制度和精神三个层面厘定广州城市特色风貌的主要内容和系统要素，使城市空间格局、城市街巷肌理、城市景观塑造和城市形象设计体现鲜明的文化地域性格，展现并延续广州城市特色风貌和广州城市文化精神。

关键词：建筑美学，城市特色风貌研究，基础理论，文化地域性格，文化结构层次

---

① 唐孝祥，华南理工大学建筑学院亚热带建筑科学国家重点实验室副主任，广东省现代建筑创作工程技术研究中心副主任，教授，博士生导师，ssxxtang@scut.edu.cn。

② 冯楠，华南理工大学建筑学院亚热带建筑科学国家重点实验室，广东省现代建筑创作工程技术研究中心硕士研究生，arfengn@mail.scut.edu.cn。

南宁市三街两巷历史街区文化特色探讨

银晓琼[①]，韦玉姣[②]

摘　要：本文以南宁市传统历史街区为研究对象，通过系统梳理南宁城演变的历史和文化沉淀，挖掘南宁市历史街区格局和传统建筑特点以及突出的商业文化，为南宁市更新三街两巷历史街区提供一定的理论参考。

关键词：历史街区，更新保护，南宁历史

① 银晓琼，广西大学土木建筑工程学院，硕士研究生，yinxiaoqiong2010@126.com。
② 韦玉姣，通讯作者，广西大学土木建筑工程学院，副教授，yujiaow@126.com。

历史街区空间生态适宜性发展研究[①]
——以泉城济南为例

王宇[②]，刘文[③]，王亚平[④]，赵继龙[⑤]，张天宇[⑥]，郭航[⑦]

摘　要： 随着对历史街区再利用观念的兴起，各地方政府都开始了对历史街区的开发行为。以济南为代表的众多历史文化名城，更是希望借助城市内的历史街区，打造城市名片，弘扬城市文化。本文从空间系统的角度重新解读历史街区空间的价值和作用，从提高城市空间活力、城市特色、生态宜居性、安全性和延续城市空间记忆五个方面探索历史街区空间的潜能，使历史街区空间更好地融入城市空间系统，从而有效提升城市空间的品质。

关键词： 历史街区，生态适宜性，发展研究

---

① 项目资助：国家自然科学基金资助（51708334，51378301，51508311）；山东省高校科技计划项目（J16LG51）；山东省住房城乡建设科技计划项目（2017-K6-002）；山东建筑大学博士科研基金项目（XNBS1415，XNBS1617）；山东省绿色建筑协同创新中心校内平台（建筑城规学院）科研基金项目（01019）。

② 王宇，山东建筑大学建筑城规学院，讲师，16817443@qq.com。

③ 刘文，山东建筑大学建筑城规学院，讲师，123529549@qq.com。

④ 王亚平，山东建筑大学建筑城规学院，副教授，wypzlx@163.com。

⑤ 赵继龙，山东建筑大学建筑城规学院，教授，304972804@qq.com。

⑥ 张天宇，山东建筑大学建筑城规学院，硕士研究生，304972804@qq.com。

⑦ 郭航，山东建筑大学建筑城规学院，硕士研究生，jld258@qq.com。